城市地下工程

李鹏飞　杜修力　张明聚　编著

中国计划出版社

·北　京·

图书在版编目（CIP）数据
城市地下工程 / 李鹏飞，杜修力，张明聚编著.
北京 : 中国计划出版社，2025. 8. -- ISBN
978-7-5182-1867-7
Ⅰ. TU94
中国国家版本馆CIP数据核字第2025WA9252号

城市地下工程
CHENGSHI DIXIA GONGCHENG

责任编辑：刘　涛　　封面设计：韩可斌

中国计划出版社出版发行
网址：www. jhpress. com
地址：北京市西城区木樨地北里甲 11 号国宏大厦 C 座 4 层
邮政编码：100038　电话：（010）63906433（发行部）
北京厚诚则铭印刷科技有限公司印刷

787mm×1092mm　1/16　24. 25 印张　498 千字
2025 年 8 月第 1 版　2025 年 8 月第 1 次印刷

定价：55. 00 元

序　言

随着我国社会经济的持续快速发展，城镇化进程不断加速，城市人口规模呈迅猛增长态势，由此引发的资源供给、交通运行等系列问题日益凸显，同时也对城市地面空间资源形成刚性约束。在此背景下，城市建设已从传统的桥梁修筑和高层建筑开发，逐步向地下空间开发利用领域深度拓展。在城市地表空间资源有限的客观条件下，地下空间的开发利用已成为业界关注的焦点，更成为未来城市可持续发展的战略选择。当前，我国城市地下空间开发利用事业取得显著进展，在实践中形成并完善了一系列先进理论、技术体系与工程经验，已成为全球地下空间开发利用的重要阵地。

在城市地下空间工程领域，虽已出版多部面向高校专业教育的教材，但随着我国地下空间开发事业的快速推进，早期部分教材中收录的施工工艺与工程案例，已难以完全适应行业发展需求，亟需进行内容更新与体系完善。本教材紧密围绕土木工程专业多元化人才培养目标，在参考国内高校现有教材体系的基础上，系统整合近年来国内地下空间工程领域的典型工程案例与创新施工技术，并融入编者多年教学实践与科研工作积累的经验，旨在帮助在校学生全面掌握城市地下空间工程的基础理论，熟悉行业新技术、新方法的发展动态，深刻认识地下空间资源作为国家重要战略资源的属性，以及其在未来数十年内作为国家重点开发领域的战略地位。

本教材结合当前最新科研成果与现行规范标准，精选典型工程实例，系统构建城市地下空间工程施工技术知识体系，全面阐述城市地下空间工程规划原理、建筑设计方法及安全控制理论与技术。系统梳理城市地下空间工程主流施工方法，涵盖明挖法、盾构法、浅埋暗挖法等常规工法及特殊辅助施工技术。全面总结地下空间工程监测技术与施工控制信息技术。

本教材获北京工业大学研究生教材建设项目资助。研究生刘帅磊、郑骜、胡芮玮、李志朋、宋健雨、陈一宁、何娜、杨居宝、宁文启、庞金鹏等承担了大量文献整理与素材汇编工作，在此谨致谢忱。

鉴于研究领域的广泛性及部分前沿资料的局限性，加之编者学术水平与编写时间所限，书中疏漏与不妥之处在所难免，恳请广大读者批评指正。

编者

2025 年 6 月

目　录

1　**绪论** …… 1

1.1　城市地下工程发展前景与意义 …… 2

1.2　城市地下工程发展概况 …… 6

1.3　城市地下工程概念与分类 …… 11

1.4　城市地下工程特点、课程任务与学习方法 …… 15

1.5　本章小结 …… 18

2　**城市地下工程规划与建筑设计** …… 20

2.1　城市地下工程规划基础理论 …… 20

2.2　城市地下工程规划内容 …… 27

2.3　城市地下工程建筑设计理论 …… 35

2.4　城市地下空间智慧设计 …… 43

2.5　本章小结 …… 50

3　**城市地下工程安全控制理论** …… 53

3.1　城市地下工程施工事故的诱因及预防原则 …… 53

3.2　城市地下工程施工控制指标与标准 …… 56

3.3　城市地下工程施工安全形态分级与评价 …… 60

3.4　城市地下工程施工安全即时反馈方法 …… 62

3.5　施工技术安全控制 …… 65

3.6　本章小结 …… 79

4　**城市地下工程结构分析与设计方法** …… 81

4.1　城市地下工程结构分析方法 …… 81

4.2　城市地下工程结构设计方法 …… 92

4.3 地下工程支护结构设计 …… 98
4.4 地下工程结构设计 …… 107
4.5 本章小结 …… 118

5 明挖法 …… 120
5.1 概述 …… 120
5.2 明挖法分类与支护结构 …… 124
5.3 明挖法施工管理与安全措施 …… 141
5.4 明挖法在特殊工况条件下的应用 …… 155
5.5 本章小结 …… 160

6 浅埋暗挖法 …… 162
6.1 概述 …… 162
6.2 浅埋暗挖法关键技术 …… 165
6.3 浅埋暗挖法分类 …… 181
6.4 浅埋暗挖法施工管理与安全措施 …… 201
6.5 本章小结 …… 211

7 盾构法 …… 213
7.1 概述 …… 213
7.2 盾构机的类型与工作原理 …… 215
7.3 盾构法施工阶段与控制要点 …… 226
7.4 盾构技术分类 …… 237
7.5 盾构法施工管理 …… 248
7.6 本章小结 …… 257

8 特殊与辅助施工技术 …… 259
8.1 超前预加固施工技术 …… 259
8.2 冻结法施工技术 …… 269
8.3 注浆加固法施工技术 …… 279
8.4 地面加固施工技术 …… 296
8.5 降水施工技术 …… 300

8.6 本章小结 …… 305

9 地下工程监测技术 …… 308

9.1 概述 …… 308

9.2 现场量测 …… 310

9.3 明挖法施工监测 …… 313

9.4 浅埋暗挖法施工监测 …… 322

9.5 盾构法施工监测 …… 336

9.6 本章小结 …… 348

10 城市地下工程施工控制信息技术 …… 350

10.1 概述 …… 350

10.2 地下工程信息化监测系统应用 …… 358

10.3 地下工程施工安全智慧化管控平台构建 …… 362

10.4 地下工程多源数据管理与智慧化管控技术 …… 368

10.5 本章小结 …… 376

1 绪　　论

随着我国城市化进程的加快，区域经济的不平衡发展，中国大中型城市尤其是一线城市出现了人口暴增、建筑过密、交通拥挤等一系列问题，使城市全面进入超负荷状态。为改善目前中国城市的这种发展模式，缓解由于人口、建筑、车辆增长过快给城市有限地面空间和生态环境带来的恶劣影响，应当对城市地下空间进行系统、适度、有序地开发利用，这已成为提升现代化城市综合竞争力的有效手段。

根据国家统计局数据，自 2012 年起，全国城镇人口比例已超过 50%。截至 2023 年底，我国共有 685 个城市，其中地级以上城市有 293 个，县级市有 388 个。常住人口的城镇化率达到了 66.16%。2013—2023 年中国城市人口数量及比例如图 1-1 所示，可以看出大、中、小型城市不断增加，并且城市规模也在快速扩大。城市人口迅速增长，尤其是在大城市中，导致地面空间日益拥挤。传统的道路交通设施已无法满足现代社会快速发展的需求，这严重制约了城市的可持续发展。城市人口快速增长与现代城市空间增长缓慢、功能配置不协调之间的矛盾日益突出，土地紧张、住房短缺、设施不足、交通堵塞以及环境污染等“大城市病”严重影响了居民生活质量。因此，开发利用地下空间为缓解中国各地区城市地上空间发展压力提供了新方向，有助于实现城市可持续发展目标。

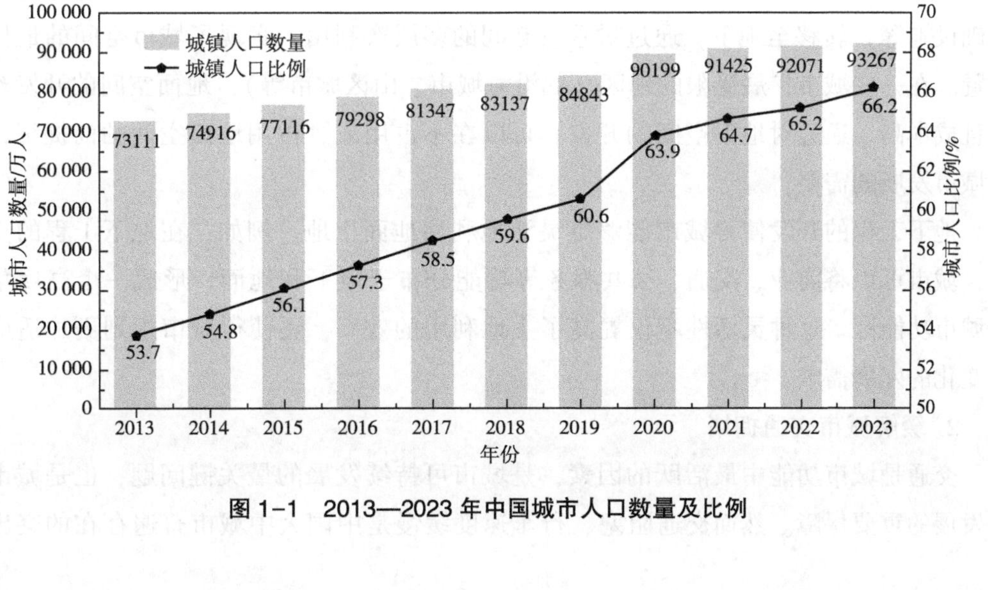

图 1-1　2013—2023 年中国城市人口数量及比例

1.1 城市地下工程发展前景与意义

1.1.1 城市地下工程的意义

城市地下工程是指在岩层或土层中修建各种工程设施、建筑物或结构物的工程，是土木工程的一个分支。它涵盖的范围十分广泛，包括地下铁路、公路隧道、地下商业街、地下住宅、地下停车场、地下仓库、地下工厂、地下管道线路及人防措施等。针对我国大中型城市存在的一些问题，通过合理地开发利用地下空间，可以为城市可持续发展提供新的方向。

1. 集约使用城市土地资源，提供广阔的生存空间

人口增长过快导致城市空间过度拥挤、基础设施超负荷运转，严重影响了城市人口的生活质量。城市地下空间可开发的资源量为可供开发的面积、合理开发深度与适当的可利用系数的乘积，这是一笔很可观而又丰富的资源，若能够得到合理的开发，将会给人类提供广阔的生存空间。《2020 中国城市地下空间发展蓝皮书》指出，“十三五”期间，全国累计新增地下空间建筑面积达到 10.7 亿平方米，新增地下空间建筑面积（含轨道交通）占同期城市建筑竣工面积约 19%。可转入地下的设施领域非常广泛，涵盖了交通设施、市政基础设施、地下综合管廊、商业及文化娱乐设施、防灾设施、贮存及生产设施等。在不增加城市用地的基础上提高了土地的利用率，极大地改善了城市的人居环境，完善了集约化的城市效能。

传统的城市发展模式主要依赖于地面空间的水平扩展，但这种模式在城市土地日益稀缺的背景下已逐渐难以为继。地下工程的开发利用为城市提供了一种全新的立体化空间开发模式，地下工程使得城市可以将部分功能设施（如交通系统、商业设施、基础设施等）转移至地下，通过对垂直空间的多层次利用，实现了城市空间的最优化配置。在一些城市扩展受限的地区（如沿海城市、山区城市等），地面空间的开发难度大且成本高。通过对地下空间的开发，可以在不占用或少占用地面空间的前提下，满足城市发展的需要。

地下工程的开发使得城市能够更灵活地利用地面土地。例如，在地下工程的支撑下，城市可以将商业、交通、公共服务等功能分布于地下和地面，形成一个高度集成的城市功能区。这种灵活性不仅提高了土地利用的效率，还使得城市规划更加适应不断变化的发展需求。

2. 缓解城市交通拥堵

交通是城市功能中最活跃的因素，是城市可持续发展的最关键问题，也是城市健康发展的重要保障。然而交通阻塞、行车速度缓慢是中国大中城市普遍存在的突出问

题，其问题的关键在于城市道路面积在城市面积中的比例及人均道路面积太低，道路的扩展远远赶不上车辆的增长速度。因此，向城市地下要空间成为解决交通问题的关键，修建地下空间建筑、发展城市地下交通线路是未来解决城市拥堵的主要手段。例如，地下车库具有容量大、用地少、布局容易接近服务对象等优点；在地下街、地下综合体建设中使地下停车场比例适当，解决停车难问题。结合地铁车站修建地下车库，可便于换乘地铁到达城市中心区，减轻城市中心区交通压力，提高地铁的利用率。截至2023年底，全国累计已有59个城市投运城轨交通线路，合计11233km。地下交通铁路网与地下通道提高了城市空间的利用率。通过地下工程，城市可以将更多的功能区集成在一个相对紧凑的区域内，减少城市的空间分散和资源浪费。例如，通过地下交通系统的建设，可以减少城市的道路占地面积，使得城市功能区之间的距离更短，交通联系更紧密，推动城市功能的紧凑布局和高效运作。

3. 改善城市生态环境

近几年生态环境部会同有关部门履职尽责，不断推进环境高水平保护，全国空气环境、地表水环境等保持向好，但当前城市环境形势仍较为严峻。一是大气污染日益严重。《2023中国生态环境状况公报》数据显示，2023年全国339个地级及以上城市中，城市环境空气质量超标的城市达到136个，占全部监测城市总数的40.1%。二是水污染影响居民健康，多数的城市污水仍然没有得到有效的集中处理。三是噪声污染影响居民日常生活。全国1/3的城市居民生活在噪声超标的环境中，建筑空间拥挤、城市绿化减少也是城市生态恶化的重要原因。若能大力发展城市地下铁路和轻轨等公共交通运输网，将部分文化娱乐、仓储和工业场地转移至地下，并利用地下空间建立污水、废弃物的收集、输送和处理的统一设施，既能够节省大量的城市用地，又能够将污水和垃圾等对城市的污染降到最低限度，同时将既有城市用地建设园林绿地和开敞空间，减少城市大气污染。

城市地下工程在推动城市绿色发展方面发挥着重要作用。城市热岛效应是现代大城市面临的严重环境问题之一。地下工程可以将一些产生高热量的设施转移至地下，减少地表热量的积聚，从而降低城市的热岛效应。同时地下建筑通常具有良好的保温隔热性能，能够减少能源的消耗。地下空间的开发可以与地表绿色建筑相结合，形成一个能源高效利用的综合体。例如，地表的绿色建筑可以通过地下的地热系统提供采暖或制冷，从而减少对传统能源的依赖，推动建筑的节能环保。

4. 提高城市防灾减灾能力

城市的防灾减灾能力是城市可持续发展的重要内容。城市作为人口和经济高度集中的区域，不论自然灾害或各种突发情况都会给城市造成人员伤亡、道路和建筑破坏、城市功能瘫痪等重大灾难，构成城市可持续发展的严重威胁。在城市总体规划中，除防洪、防空外，尚缺少综合防灾的内容，城市规划设计中缺少对防灾空间或避难空间的规划，各项城市防灾系统达不到现代城市的标准，在城市中缺少统一的防灾组织和指挥机构。

地下空间具有较强的抗灾特性，对地面上难以抗御的外部灾害（如战争空袭、地震、风暴等）有较强的防御能力，提供灾难时的避难空间、防灾物资储藏的防灾仓库、紧急饮用水仓库以及救灾安全通道等。地下工程在提升城市韧性方面的作用不可忽视。地下设施可以在自然灾害或突发事件中为城市提供应急支持，增强城市的抗风险能力。这种韧性的提升，是城市可持续发展的重要保障。

1.1.2 城市化进程中的推动

全球城市化进程不断加速，尤其是在发展中国家，城市人口迅猛增长，城市面积迅速扩展，城市化率不断提高。快速的城市化进程虽然带来了经济繁荣和社会进步，但也给城市管理带来了前所未有的挑战，地面空间资源的紧张问题尤为突出。在快速城市化的背景下，地面空间的有限性直接影响着城市的发展潜力。城市的核心区域往往已被高度开发，剩余的土地资源有限，难以支撑城市的进一步扩展。此外，城市基础设施的负荷压力不断增加，环境污染问题也随之加剧。在此背景下，地下空间的开发利用成为解决城市空间压力的有效途径。地下空间不仅可以缓解地面空间紧张的问题，还能够提供更多的公共服务和基础设施。地下工程的开发使得城市能够在有限的地表空间上实现“立体化”发展，通过垂直空间的利用，增加城市的空间容量。现代城市的地下空间利用已从单一的交通用途扩展到多元化的发展模式，包括地下商业综合体、地下停车场、地下仓储设施、地下综合管廊等。通过这些地下设施，城市不仅可以缓解交通压力，还可以减少城市的热岛效应，提升防灾减灾能力。尤其在一些地价昂贵、人口密集的大城市，地下空间的开发已成为提升城市功能、优化城市空间布局的重要手段。

地下交通系统是现代城市地下工程的核心组成部分，也是最能体现地下空间利用价值的领域之一。随着地面交通的日益拥堵，地下交通系统逐渐成为城市交通体系中的主力军。以地铁为代表的城市地下交通系统，不仅能够缓解地面交通压力，还能连接城市的各个功能区，促进城市的经济发展和空间整合。

地下商业综合体的开发为城市带来了全新的商业模式。通过将商业功能转移至地下，城市可以在不占用地面宝贵土地资源的情况下，提供更多的购物、娱乐和服务设施。地下商业综合体通常与地下交通系统相结合，形成“站城一体化”的模式，为市民提供便利的“一站式”服务。例如，上海人民广场地下商圈等都是成功的例子，展示了地下商业综合体在提升城市商业价值和居民生活质量方面的巨大潜力。

地下基础设施的综合开发包括地下综合管廊、地下能源中心、地下水处理设施等。

这些设施的建设不仅能够优化城市的基础设施布局，还能提升城市的抗灾能力。例如，地下综合管廊可以集中敷设城市的各种管线（如电力、电信、供水、排水、燃气等），避免地面频繁的开挖施工，减少城市交通的扰动。地下水处理设施则能够有效处理城市的污水和雨水，保护城市水环境，减少城市内涝风险。

地下工程涉及的地质条件复杂，施工难度大，技术要求高，因此在规划和建设过程中必须高度重视安全问题。地质勘探、工程设计、施工管理和维护管理都需要采用先进的技术手段，以确保地下工程的长期安全运行。同时也需要考虑地下工程的可持续性。通过使用环保材料、节能技术以及智能管理系统，实现地下空间的绿色开发。随着科技的进步和城市需求的变化，地下工程将向更加多样化和智能化的方向发展。智能化的地下交通系统、绿色环保的地下建筑材料、综合利用的地下空间开发模式将成为未来地下工程的主要趋势。此外，地下空间的开发还将进一步拓展至地面空间资源极为稀缺的城市，如沿海城市、高原城市以及极地城市，为这些城市的可持续发展提供新的空间解决方案。地下空间的开发利用已经成为现代城市规划中的一个重要领域，并将在未来城市发展中占据更加重要的战略地位。通过科学规划、合理利用和技术创新，地下工程将为城市的可持续发展提供强有力的支持，推动城市迈向更加宜居、更加智慧的未来。

1.1.3 经济效益与社会效益

1. 经济效益

在城市化进程中，土地资源的稀缺性愈发显著。特别是在人口密集的大都市，地面空间已经被高度开发，土地利用效率是决定城市发展潜力的重要因素。城市地下工程通过对地下空间的开发利用，能够大幅提升土地利用效率。地下工程使得城市可以在垂直空间上进行开发，形成多层次的空间利用模式。

城市地下工程的建设规模庞大，技术要求高，涉及的领域广泛，因此对建筑业的发展具有显著的推动作用。地下工程施工技术的复杂性促使建筑企业不断进行技术创新和突破。例如，盾构法、TBM（隧道掘进机）技术、喷射混凝土技术、地下冻结法等的研发和应用，大大提升了地下工程的施工效率和安全性。这些技术的推广不仅推动了地下工程领域的发展，还带动了整个建筑行业的技术进步。同时城市地下工程往往是大型基础设施建设的重要组成部分，如地铁系统、地下综合管廊、地下水处理设施等。这些大型项目的建设，不仅直接拉动建筑业的产值，通过其配套设施建设，进一步带动了周边地区的经济发展。例如，地铁线路的建设往往带动沿线房地产市场的升温，提升区域经济的活力。

城市地下工程不仅在建设过程中带来直接的经济效益，还通过其长期运行产生持续的经济贡献。地下工程项目（如地铁、地下停车场等），在投入运营后能够通过票务、租金等方式产生稳定的收益，成为城市财政收入的重要来源。此外，地下商业设施的租赁和使用，还能够带来持续的经济回报，增加地方政府的财政收入。通过地下工程的建设，城市的基础设施得到了优化，公共服务水平得到了提升。这不仅改善了城市居民的生活质量，还提升了城市的整体竞争力，吸引更多的投资和人才流入，推动城市经济的持续发展。

2. 社会效益

地下工程对城市居民生活质量的提升主要体现在交通改善、环境保护和生活便利性等多个方面。

（1）交通改善。城市地下工程中的地铁系统、地下通道等交通设施大大缓解了地面交通的拥堵状况。通过地下交通系统如地铁和地下道路的建设，城市的交通流量得以优化，地面交通压力得到有效缓解。特别是在高峰时段，地下交通系统能够承载大量的客流，分担地面交通的负担，提升城市交通系统的整体效率。此外，地下工程的建设还促进了城市公共交通系统的连通性，减少了居民的通勤时间和交通成本。同时，地下交通系统的安全性和准点率较高，提供了更加可靠的出行选择。

（2）环境保护。城市地下工程有助于减少地面交通对环境的污染。例如，地铁等地下交通工具以电力驱动，产生的尾气和噪声较少，能够有效降低空气污染和噪声污染。此外，通过地下综合管廊的建设，城市的管线敷设得以集中化、系统化，减少了对地面环境的破坏，保护了城市的生态环境。

（3）生活便利性。地下商业综合体、地下停车场等设施的建设，提升了城市居民的生活便利性。地下商业综合体通常与地铁站、公共交通枢纽相结合，形成集购物、娱乐、餐饮于一体的“一站式”生活服务中心，方便了居民的日常生活。同时，地下停车场的建设缓解了地面停车难的问题，提升了城市的生活舒适度。

（4）增强城市韧性与防灾能力。地下工程由于处于地表以下，受地震等自然灾害的影响相对较小。地下避难所、地下储备中心等设施能够在紧急情况下为城市居民提供安全的庇护场所。此外，地下工程中的综合管廊系统可以将城市的电力、通信、燃气等关键设施集中管理，减少地面自然灾害对这些设施的破坏，提升城市的灾后恢复能力。

1.2 城市地下工程发展概况

1.2.1 地下工程支护结构理论的发展

地下工程结构设计的发展是与材料、岩土力学的发展等密切相关的。从 19 世纪初期的砖石材料再到 19 世纪后期钢筋混凝土的出现，大大提升了地下结构的整体力学性能；土力学的发展促进了松散地层围岩稳定和围岩压力理论的发展，而岩石力学的发展促使了围岩压力和地下工程支护结构理论的进一步飞跃。随着新奥法理论的出现以及岩土力学、测试技术、计算机技术和数值分析方法的发展，地下结构设计理论逐渐成熟。地下工程支护结构理论的一个重要问题是如何确定作用在地下结构上的荷载以及如何考虑围岩的承载能力。

地下工程支护结构计算理论的发展大概可分为以下四个阶段：

（1）刚性结构阶段。

19 世纪初期的地下建筑物大都是以砖石材料砌筑的拱形圬工结构，这类建筑材料的抗拉强度很低，且结构物中存在较多的接触缝，容易产生断裂。为了维护结构的稳定，当时的地下结构截面都设计得很大，结构受力后产生的弹性变形较小，因而最先出现的计算理论是将地下结构视为刚性结构的压力线理论。压力线理论认为，地下结构是由一些刚性块组成的拱形结构，所受的主动荷载是地层压力，当地下结构处于极限平衡状态时，它是由绝对刚体组成的三铰拱静定体系，铰的位置分别假设在墙底和拱顶，其内力可按静力学原理进行计算。这种计算理论认为，作用在支护结构上的压力是其上覆岩层的重力，而没有考虑围岩自身的承载能力。由于当时地下工程埋置深度不大，因而曾一度认为这些理论是正确的。压力线假设的计算方法缺乏理论依据，一般情况偏于保守，所设计的衬砌厚度将偏大很多。

（2）弹性结构阶段。

混凝土和钢筋混凝土材料陆续出现，并用于建造地下工程，使地下结构具有较好的整体性。自 19 世纪后期，地下结构开始按弹性连续拱形框架用超静定结构力学方法计算结构内力。作用在结构上的荷载是主动的地层压力，并考虑了地层对结构产生的弹性反力的约束作用。由于有了比较可靠的力学原理为依据，故至今在设计地下结构时仍时有采用。这类计算理论认为，当地下结构埋置深度较大时，作用在结构上的压力不是上覆岩层的重力而只是围岩坍落体积内松动岩体的重力。可以作为代表的有太沙基理论和普氏理论。他们的一致认为坍落体积的高度与地下工程跨度和围岩性质有关。不同之处是，太沙基理论认为坍落体为矩形，普氏理论认为是抛物线形。普氏理论把复杂的岩体之间的联系用一个似摩擦系数来描写，显然过于粗糙，但由于这个方法比较简单，直到现在仍在应用着。松动压力理论是基于当时的支护技术发展起来的。由于当时的掘进和支护所需的时间较长，支护与围岩之间不能及时紧密相贴，致使围岩最终有一部分破坏、塌落，形成松动围岩压力。但当时并没有认识到这种塌落并不是形成围岩压力的唯一来源，也不是所有的情况都会发生塌落，更没有认识到通过稳定围岩，可以发挥围岩的自身承载能力。

20 世纪初，有学者提出地层对衬砌变形有约束作用，从而存在弹性反力。由于弹性反力与形变有关，开始只能对分布情况做些假设。苏联的学者于20世纪30年代先后提出曲墙式衬砌按半月形分布，直墙视作弹性地基梁，用局部变形和共同变形理论计算弹性反力的方法。不用假定反力分布图形而用弹性链杆表示抗力的方法至今仍在使用。

（3）连续介质阶段。

由于人们认识到地下结构与地层是一个受力整体，20世纪中期以来，随着岩体力学开始形成一门独立的学科，用连续介质力学理论计算地下结构内力的方法也逐渐得到发展。围岩的弹性、弹塑性及黏弹性解答逐渐出现。

这种计算方法以岩体力学原理为基础，认为坑道开挖后向洞室内变形而释放的围岩压力将由支护结构与围岩组成的地下结构体系共同承受。一方面，围岩本身受到由支护结构提供的支护力，从而引起它的应力调整达到新的平衡。另一方面，由于支护结构阻止围岩变形，它必然要受到围岩给予的反作用力而发生变形。这种反作用力和围岩的松动压力极不相同，它是支护结构与围岩共同变形过程中对支护结构施加的压力，称为变形压力。这种计算方法的重要特征是把支护结构与岩体作为一个统一的力学体系来考虑。两者之间的相互作用则与岩体的初始应力状态、岩体的特性、支护结构的特性、支护结构与围岩的接触条件以及参与工作的时间等一系列因素有关，其中也包括施工技术的影响。由连续介质力学建立地下结构的解析计算法是一个困难的任务，目前仅对圆形衬砌有了较多的研究成果。典型的有史密德（H. Schmid）和温德尔斯（R. Windels）得出了有压水工隧洞的弹性解；费道洛夫得出了有压水工隧洞衬砌的弹性解；缪尔伍德（A. M. Muirwood）得出了圆形衬砌的简化弹性解析解；柯蒂斯（D. J. Curtis）又对缪尔伍德的计算方法做了改进；塔罗勃（J. Talobre）和卡斯特奈（H. Kastner）得出了圆形洞室的弹塑性解；塞拉格（S. Serata）、柯蒂斯和樱井春辅采用岩土介质的各种流变模型进行了圆形隧道的黏弹性分析；我国学者按弹塑性和黏弹性本构模型进行了很多研究工作，发展了圆形隧道的解析解理论，利用地层与衬砌之间的位移协调条件，得出圆形隧道的弹塑性解和黏弹性解。

（4）数值分析与信息反馈阶段。

20世纪60年代以来，随着计算机技术的推广和岩土介质本构关系研究的进步，地下结构的数值计算方法有了很大发展。有限元法、边界元法及离散元法等数值解法迅速发展，模拟围岩弹塑性、黏弹塑性及岩体节理面等大型程序已经很多，使得连续介质力学的计算应用范围得到扩大。这些理论都是以支护与围岩共同作用和需得知地应力及施工条件为前提的，比较符合地下工程的力学原理。然而计算参数还难以准确获得，如原岩应力、岩体力学参数及施工因素等。另外，人们对岩土材料的本构模型与围岩的破坏失稳准则还认识不足。因此，目前根据共同作用所得的计算结果，一般只能作为设计参考依据。

与此同时，锚杆与喷射混凝土一类新型支护的出现和与此相应的一整套新奥地利隧道设计施工方法的兴起，终于形成了以岩体力学原理为基础的、考虑支护与围岩共同作用的地下工程现代支护理论。目前，工程中主要使用的工程类比设计法，也正在向着定量化、精确化和科学化方向发展。地下工程支护结构理论的另一类内容，是岩体中由于节理裂隙切割而形成的不稳定块体失稳，一般应用工程地质和力学计算相结合的分析方法，即岩石块体极限平衡分析法。这种方法主要是在工程地质的基础上，根据极限平衡理论，研究岩块的形状和大小及其塌落条件，以确定支护参数。

此外，在地下工程支护结构设计中应用可靠性理论、推行概率极限状态设计研究方面也取得了重要进展。采用动态可靠度分析法，即利用现场监测信息，从反馈信息的数据预测地下工程的稳定可靠度，对支护结构进行优化设计，是改善地下工程支护结构设计的有效途径。考虑各主要影响因素及准则本身的随机性，将判别方法引入可靠度范畴。

在计算分析方法研究方面，随机有限元（包括摄动法、纽曼法、最大熵法和响应面法等）、随机块体理论和随机边界元法等一系列新的地下工程支护结构理论分析方法，近年来都有了较大的发展。从发展趋势看，新奥法开创的“理论-经验-量测”相结合的信息化设计体现了地下工程支护结构设计理论的发展方向。

1.2.2 地下工程施工技术的发展

地下工程施工技术的发展是和国家经济发展相关联的。近年来，随着我国社会经济快速发展，城市化进程加快，地面交通增长十分迅猛，而修建水平满足不了发展的需要，造成了城市用地紧张，各种交通设施超负荷运转，交通事故、交通阻塞和交通公害等成为一大社会问题，阻碍了国家和地区经济的发展。因此，开发城市地下空间，规划和修建高水平的交通隧道（如铁路隧道、公路隧道、地下铁道、越江隧道等），是解决上述交通问题的主要方法。

我国是拥有地下工程数量最多的国家，具有悠久的历史。在古代人们挖掘窑洞来居住，是最早的地下工程。我国第一座用于交通的铁路隧道于1887—1889年在我国台湾修建的，位于从基隆到台南的窄轨铁路线上，长261m的狮球岭隧道。1907年，我国杰出的工程师詹天佑主持修建了第一座由中国人自己设计和施工的长1091m的现代隧道——八达岭铁路隧道，目前该隧道还在运营。1949年前，由于我国经济和技术落后，修建的地下工程数量很少，中华人民共和国成立后，地下工程建设有了较大的发展，尤其是改革开放以来，伴随我国经济的腾飞，地下工程施工技术有了飞跃，地下工程的建设得到大规模的发展。目前我国已具备在各种地质条件下修建地下工程的能力，地下工程施工技术水平在许多方面已步入世界先进水平。

地下工程施工技术水平的进步主要体现在：

（1）在修建长大交通隧道方面，近年来修建的交通隧道越来越长，跨度越来越大，如新关角铁路隧道长32km，秦岭终南山公路隧道长18.102km，修建超过20km的大跨隧道技术已十分成熟。我国已掌握了修建长大隧道的成套技术。在不良地质条件下修建隧道方面，已经积累丰富的工程经验和科技成果。例如，在青藏铁路的修建中，解决了在海拔4000m、-40℃的高寒地区修建隧道的问题。在渝怀铁路的修建中，克服了大涌水的困难，修建了圆梁山隧道；1996年建成的南昆铁路家竹箐隧道，克服了高瓦斯、高地应力、大涌水三位一体的困难，填补了我国高瓦斯、高地应力隧道施工技术的空白；在拉林铁路的修建中，面对高达89.3℃的高岩温问题，采用加强通风供氧、制冷降温、多重防护等手段确保了桑珠岭高地温隧道的正常施工。这些成功案例充分说明了我国能够在各种不良地质条件下修建隧道。

（2）在地下工程开挖技术方面，城市明挖地下工程修建中形成了适应各种条件下的基坑敞口开挖、支挡开挖、地下连续墙、盖挖法的施工技术体系；暗挖钻孔技术由人力持钻到支腿架钻，进而采用风动和液压的钻孔台车。目前，部分隧道已发展到采用机械凿岩台车为主的机械化开挖。近年来，非爆破机械开挖技术在我国得到长足的发展，隧道掘进机和盾构机得到广泛的应用，如北京、上海、南京、广州和深圳的地铁就使用盾构修建部分区间隧道，水利建设更是大量使用盾构修建输水隧道；如秦岭双线铁路隧道采用隧道掘进机修建其中一条隧道。

（3）支护和衬砌技术方面，从木支撑、钢支撑发展到锚杆和喷混凝土、格栅支护等广泛应用的技术；修建衬砌由砖石垒砌，到混凝土就地模注、锚喷柔性衬砌、喷射钢纤维混凝土衬砌等。另外，以监控量测信息反馈指导施工，在我国地下工程施工中得到广泛的应用。地下工程施工技术的发展，体现了地下建筑不占地面空间、抗震、隐蔽等优越性，扩大了地下建筑的应用范围，充分利用地下空间的途径已为各界人士所重视，许多地下工厂、地下仓库、地下核能设施、地下休闲设施、地下体育馆、地下废物处理、地下街、地下停车场、地下养殖场等相继出现在城市的规划和建设中。地下工程已经渗透到了国民经济建设的各个领域，成为人们活动的又一新空间。

我国地下工程施工技术的进步为大规模建设地下工程奠定了基础，取得了很大的成就。但是和国外先进技术和管理水平相比，我们还有许多需要学习的地方，许多问题有待研究解决，如怎样获取准确的地质勘查信息、施工中的超前地质准确预报、隧道施工的机械化配套技术、高强度衬砌技术、预制拼装衬砌研究应用、现代化施工管理技术等，都是需要我们认真解决的问题。城市地下工程施工技术的发展从传统技术到现代先进技术，再到智能化与信息化技术，体现了工程技术的不断进步和创新。传统技术如明挖法和暗挖法在一定条件下仍然具有重要应用价值，但随着城市化进程的加快和工程需求的变化，现代施工技术如盾构机、TBM、喷射混凝土技术和地下冻结法逐渐成为主流。同时，智能化与信息化技术的应用，如 BIM 技术、物联网和大数据，正在进一步提升施工效率、质量和安全性。这些技术的发展和应用，不仅推动了城市地下工程的进步，也为未来城市建设提供了更为强大的支持。

1.3 城市地下工程概念与分类

1.3.1 城市地下工程的基本概念

城市地下工程的基本概念涵盖了其广泛的定义和要素。地下工程的建设不仅仅是为了满足城市的功能需求，更是在应对城市化进程中带来的挑战和压力。

1. 城市地下工程的定义

城市地下工程指的是在城市内部或城市区域内，为了实现交通、能源、通信、供水排水、环保等功能在地下建造的一系列工程设施。这些工程不仅服务于地面上的城市生活，也深度融合了城市的整体规划，是现代城市发展的重要组成部分。

地下交通系统是缓解城市交通压力、提高出行效率的重要手段。例如，地铁系统作为地下交通的典型代表，极大地提升了大城市的公共交通承载能力，减少了地面交通的拥堵。城市地下综合管廊指的是将各种市政管线如电力、通信、燃气、供水、排水等集成到一个地下空间中的工程系统。地下管廊不仅优化了城市空间的利用，还便于维护管理，减少地面开挖对城市交通和环境的影响。地下市政设施涵盖地下水处理厂、地下变电站、地下垃圾处理厂、地下污水处理设施等，这些设施在地下运行，减少了对地面环境的影响，节省了地面空间，为城市居民提供了更加洁净的生活环境。

2. 城市地下工程的要素

（1）工程结构。城市地下工程的结构设计是保证工程安全、稳定和持久的基础。地下工程的结构设计需要考虑多方面的因素，包括地质条件、地下水位、施工方法等。常见的地下工程结构类型包括隧道结构、框架结构、管廊结构、桩基结构等。地下工程的结构材料必须具备高强度、耐久性、防水性等特性。常用的材料包括钢筋混凝土、预应力混凝土、钢材、复合材料等。此外，随着技术的进步，新型材料如碳纤维复合材料、高性能混凝土等逐渐应用于地下工程，进一步提升了工程结构的性能和使用寿命。

（2）施工技术。城市地下工程的施工技术决定了工程建设的质量和效率。随着地下工程规模的扩大和复杂程度的增加，施工技术也在不断创新和发展。例如，盾构法施工、钻爆法施工、明挖法与暗挖法、喷射混凝土技术等。盾构法是地下隧道和地铁建设中最为常用的施工技术之一。盾构法具有施工速度快、安全性高、对地表影响小等优点，已广泛应用于各类地下工程中。

1.3.2 城市地下工程的分类

城市地下工程的分类方式有许多种可按使用功能、开发深度、所处的岩土环境、城市地下工程空间布局形式分类。不同的地下工程类型各有其适用范围，城市规划和工程建设中根据具体情况选择合理方案，以满足城市发展的需求。

1. 按使用功能分类

（1）地下交通设施：包括地下轨道交通设施、地下车行通道、地下人行通道、地下停车场、地下公交站等。

（2）地下市政公用设施：包括地下市政管线（给排水）、地下综合管廊等。

（3）地下公共服务设施：包括地下商业设施、地下行政办公设施、地下文化旅游设施、地下教育科研设施、地下体育设施、地下医疗卫生设施等。

（4）地下物流设施：包括地下物流通道、地下货物分拨场、地下货物配送场、地下物流终端场。

（5）地下仓储设施：包括地下粮库、地下油气库、地下物资库等。

（6）地下防灾减灾设施：包括地下消防设施、地下防洪设施、地下避难设施等。

（7）地下人防设施：包括人民防空工程、地下军事交通工程等。

2. 按开发深度分类

（1）浅层地下工程：-15~0m。

（2）中层地下工程：-50~-15m。

（3）深层地下工程：<-50m。

3. 按所处的岩土环境分类

按照城市地下工程所处岩土环境，可将地下工程分为两类，分别是土层中的地下工程和岩层中的地下工程。

（1）土层地下工程。土层地下工程包括单建式地下工程［图 1-2（a）］，即单独建立在土中，地表没有其他建筑物，如地铁等；附建式地下工程［图 1-2（b）］，即各种建筑物的地下室部分，如地下仓库、停车场等。

（2）岩层地下工程。岩层地下工程包括直接在岩石中开挖的地下工程、利用报废的岩层空间建造的地下工程和利用天然溶洞建造的地下工程。具体岩土环境分类见表 1-1。

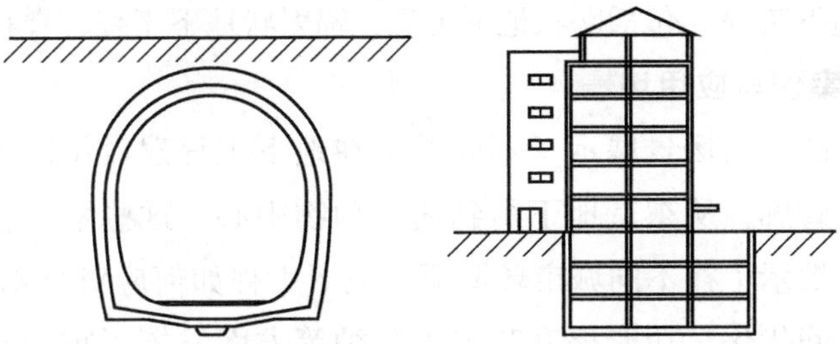

（a）单建式地下建筑　　（b）附建式地下建筑

图 1-2　土层地下工程

表 1-1　城市地下空间所处岩土环境分类

类别	名称	说明
松软土	土层地下工程	坚固系数 0.5~0.6，密度 600~1500kg/m³（包括砂土、粉土、冲击砂土层；疏松的种植土、淤泥）
普通土		坚固系数 0.6~0.8，密度 1100~1600kg/m³（包括粉质黏土；潮湿的黄土；夹有碎石、卵石的砂；粉质混卵石；种植土；填土）
坚土		坚固系数 0.8~1.0，密度 1750~1900kg/m³（包括软及中等密实黏土；重粉质黏土、砾石土；干黄土、含有碎石卵石的黄土、粉质黏土；压实的填土）
砂砾坚土		坚固系数 1.0~1.5，密度 1900kg/m³（包括坚硬密实的黏性土或黄土；含碎石、卵石的中等密实的黏性土或黄土；粗卵石；天然级配砾石；软泥灰岩）
软岩	岩层地下工程	坚固系数 1.5~4.0，密度 1900kg/m³（包括硬质黏土；中密的页岩、泥灰岩、白平土；胶结不紧的砾岩；软石灰岩及具壳石灰岩）
硬岩		坚固系数 4.0~10.0，密度 2200~2900kg/m³（包括泥岩、砂岩、砾岩；坚实的页岩、泥灰岩、密实的石灰岩；风化花岗岩、片麻岩及正长岩等）

4. 按城市地下工程空间布局形式分类

（1）点状地下工程。

（2）线状地下工程。

（3）面状/整体式地下工程。

(4) 组合状地下工程（包括网状地下工程、辐射状地下工程、脊状地下工程等）。

1.3.3 典型案例与应用场景

城市地下工程的应用场景展示了不同城市在地下工程建设中的实践和挑战。从上海地铁到伦敦地下管廊，从东京地下街到迪拜购物中心，这些案例不仅体现了地下工程的多样化应用，揭示了在不同城市环境下，地下工程如何应对技术难题和实际需求。地下工程在城市空间优化、功能提升和灾害防护等方面发挥了重要作用，成为现代城市发展的关键组成部分。

1. 高密度城市的地下空间开发

在高密度城市（如东京、香港和纽约），地下空间开发成为缓解地面空间紧张的重要途径。东京作为一个高密度的国际大都市，其地下空间包括地下购物街、地下车库和地下交通网络。东京地下街（地下街区）系统与地铁、商业区相连，为市民提供了便利的购物和交通选择。此外，东京还在地下建设了排水系统，以应对城市内涝问题。香港的地下空间利用也相当广泛，包括地下商场、地下车库等。香港的地下空间开发通常与地铁系统和商业综合体相结合，优化了城市的空间利用。例如，香港中环地区的地下商场和车库系统有效地解决了城市中心区域的停车难题，并为市民提供了便利的购物环境。

2. 自然灾害频发地区的防灾工程

在自然灾害频发的地区（如地震带和洪水区域），地下工程的建设能够有效提升城市的防灾能力，保护居民的安全。在美国的一些城市，如休斯顿和新奥尔良，以及日本东京，常常面临洪水风险，因此地下排水系统和洪水调蓄设施的建设至关重要。休斯顿建设了复杂的地下排水系统，包括储水池和地下排水管道，以有效地排除暴雨期间的积水。这些设施能够在极端天气条件下快速排水，减少城市内涝和洪水带来的损害，如图 1-3 所示。

图 1-3 某城市地下排水系统

3. 城市综合开发中的地下工程应用

城市综合开发项目将地下工程与地面建筑、商业综合体等结合，形成多功能的地下空间系统，以提升城市的综合效能。例如新加坡的滨海湾金沙（Marina Bay Sands）项目，包括了地下的商业区和停车场，与地面建筑和空中花园相连，为游客和市民提供了丰富的服务设施。此外，新加坡还建设了地下综合管廊以优化城市的基础设施管理。迪拜作为一个迅速发展的城市，其地下工程项目包括地下购物中心、停车场和交通系统。迪拜的地下开发项目往往与豪华的地面建筑相结合，形成独特的城市景观。例如，迪拜购物中心（Dubai Mall）不仅包括地面上的商业区，还拥有地下的停车场和交通设施，提升了城市的整体功能。

城市地下工程的实际应用广泛且多样，通过典型案例可以更好地理解不同类型地下工程的实施情况及其技术挑战。此外，不同的应用场景也展示了地下工程在各类城市环境中的重要作用。

4. 城市地铁交通系统

（1）伦敦地下管廊（London's Thames Water Ring Main）。该项目是一个重要的城市基础设施项目，包括一个环形的供水管网，覆盖伦敦及周边地区，优化了城市的水资源管理，帮助解决了供水不均的问题。项目建设时面临了很多技术挑战，如在历史悠久的城市环境中进行施工等。施工中既要避免对地面建筑的影响，同时要应对复杂的地下水管理问题。为了克服这些困难，伦敦采用了先进的盾构法，并进行了精确的地质勘探，以确保管廊的建设不对现有的地下结构造成损害。伦敦地下管廊的建设极大地改善了城市的供水系统，提高了供水的稳定性和可靠性。这一项目不仅提升了城市基础设施的效能，还在一定程度上减少了城市供水系统的维护成本，提高了水资源的利用效率。

（2）上海地铁系统。该系统是中国非常繁忙的地铁网络之一。自 1993 年首条线路开通以来，已经发展成为世界领先的地铁网络。它的建设体现了现代城市地下工程的先进水平。上海地铁的建设面临着极其复杂的城市地下环境，包括密集的建筑群和高水位的地下水；施工过程中需要特别注意对地面交通的影响，要采取有效的防水措施防范地下水渗漏等问题的出现。上海地铁项目在施工中综合使用了盾构法和暗挖法，采用了先进的地下水控制技术，确保了施工的安全和工程的质量。上海地铁的建成极大地缓解了城市交通压力，提高了居民的出行便利性。地铁系统的建设与发展带动了沿线地区的房地产和商业发展，也促进了城市的经济发展，为上海市民提供了便捷、高效的交通服务。

1.4 城市地下工程特点、课程任务与学习方法

1.4.1 城市地下工程施工特点

城市地下工程的施工具有复杂性、安全性和长期性等显著特点。这些特点对工程

的规划、实施和管理提出了较高的要求，需要科学的技术手段和管理措施来应对各种挑战。

1. 复杂性

地下工程施工通常面临复杂的地质条件，这包括土壤类型、岩层结构、地下水位等多种因素。在城市环境中，地质条件变化无常，通常需要处理混合土层、老旧建筑遗址和潜在的污染土壤等问题。例如，在地铁建设中可能会遇到不同类型的土壤，如黏土、砂土或硬岩，这就要求施工方法的选择和施工技术的应用必须针对具体的地质条件进行调整。此外，城市地下的老旧管线和基础设施也可能与新工程交织，增加了施工的复杂性。同时，地下水的处理是地下工程施工中的一个重要环节。地下水位高的地区，施工过程中需要采取有效的排水和防水措施，以避免地下水渗漏或对施工造成影响。对于高水位区域，常常需要采用深井排水、降水井、地下冻结等技术手段进行控制。这些措施不仅需要精确的施工设计，还要求施工队伍具备丰富经验和技术能力以保证施工安全和工程质量。

在城市地下工程施工过程中，保护周边建筑至关重要。施工过程中可能对邻近建筑造成，如振动、沉降或变形等影响，这可能会对已有建筑的结构安全造成威胁。因此，在施工前需要进行详细的周边建筑调查，采取相应的保护措施，如地面沉降监测、建筑加固等。同时，施工过程中需要严格控制施工引起的振动和地面沉降，确保周边建筑的安全和稳定。

2. 安全性

地下工程施工中的塌方风险是一个严重的安全隐患，特别是在暗挖法施工中，土体的稳定性是关键因素。为了防止塌方，需要采取有效的支护结构和技术措施，如临时支撑、喷射混凝土支护等。同时，在施工过程中应实时监测地面和地下的土体变形情况，及时调整施工方案，防止塌方事故的发生。在地下水位高或地质条件复杂的地区，透水风险较高。透水可能导致施工现场积水、土体流失或施工设备损坏。为了应对透水风险，需要在施工过程中采用有效的排水措施，并进行充分的地下水预测和分析。在施工前，需进行地下水位监测，并根据监测结果调整施工方案，确保施工过程的顺利进行。在某些地质条件下，如煤矿区或气体丰富的地区，地下工程施工中可能面临瓦斯爆炸的风险。瓦斯爆炸通常由于瓦斯积聚、火源引燃等原因引起，对施工人员和设备造成严重威胁。为了防止瓦斯爆炸，施工过程中需要进行严格的通风和瓦斯检测，确保施工现场的空气质量符合安全标准。此外，施工人员需要接受专业的安全培训以提高对瓦斯爆炸风险的认识和应对能力。

3. 长期性

地下工程的施工周期通常较长，这主要由于施工环境复杂、技术要求高、施工方法多样等因素。比如，大型地下交通项目如地铁、隧道的建设可能需要几年甚至十年以上的时间。长时间的施工周期不仅要求施工团队具有持久的作业能力，也要有长期规划和协调的项目管理能力。地下工程的建设投入通常较大，这包括工程设计、施工设备、材料采购以及施工人员的费用等。由于地下工程施工的特殊性，施工过程中可能会遇到各种不可预见的问题，如地质条件变化、环境影响等，这些问题可能导致额外的成本支出。为了有效控制成本，项目管理团队需要进行详细的成本估算和预算控制，并采取有效的风险管理措施，避免预算超支。为了有效控制地下工程的施工周期和成本，合理的规划和管理至关重要。在项目启动阶段，需要进行详细的前期研究和规划，确定施工方案、技术路线和资源配置。施工过程中，需要进行科学的进度控制，定期评估项目的进展情况，并根据实际情况调整施工计划。此外，还需要进行严密的质量控制和风险管理，确保工程按照预定目标顺利完成。

城市地下工程施工具有复杂性、安全性和长期性等显著特点。施工的复杂性主要体现在地质条件、地下水处理和周边建筑保护等方面，这要求工程团队在施工前进行充分的调查和准备，并采取有效的技术措施和保护措施。安全性方面，需要对塌方、透水和瓦斯爆炸等风险进行严格的防控，并加强施工过程中的安全管理。长期性方面，施工周期长、建设投入大，需要进行合理的规划和管理，以控制工期和成本。通过对这些特点的深入理解和科学管理，可以有效提升城市地下工程施工的效率和安全性，确保工程的顺利进行和长期稳定运行。

1.4.2 城市地下工程课程学习方法

城市地下工程课程的学习不仅需要掌握丰富的理论知识，还要将理论应用于实践。有效的学习方法可以帮助学生更好地理解课程内容，提高实际操作能力。城市地下工程课程中，理论学习和实践操作是相辅相成的。学习过程中应合理安排时间，确保理论知识的学习与实践操作的有效结合。在理论学习阶段，重点掌握基础知识、核心理论和相关技能，通过课堂学习、教材阅读和在线资源的学习来巩固基础。在实践操作阶段，学生需要投入足够的时间进行实验、项目设计和现场参观，以将理论知识转化为实际操作技能。建议学生每周制定一个具体的学习计划，将理论学习和实践操作的时间进行合理分配。

案例分析是深化课程理解的重要方法。学生应通过分析实际工程案例，了解工程项目的实际应用、技术难点和解决方案。建议学生选择具有代表性的案例，如地铁建设、地下管廊工程等，进行详细的案例分析。通过案例分析，学生可以理解不同工程背景下的技术应用和问题解决方法，提升对课程内容的实际应用能力。课堂上，教师可以组织案例讨论会，让学生分享自己的分析结果和见解，促进对案例的深入理解。

项目设计是将理论知识应用于实际工程的有效方式。学生在项目设计中需要综合运用所学的理论知识，进行工程方案的编制、技术选择和施工规划。通过参与项目设计，学生可以实践设计技能、解决实际问题，并提升综合能力。建议学生在课程中积极参与设计任务，提出创新性的设计方案，并进行详细的方案论证和优化。在项目设计过程中，学生可以利用课程中学到的技术和管理知识，如施工方法、材料选择和成本控制等，进行全面的项目规划和实施。

城市地下工程课程的学习方法包括学习规划与时间管理、案例分析与项目设计，以及团队合作与交流。通过制定详细的学习计划，平衡理论学习与实践操作，学生能够有效掌握课程内容并提高实际操作能力。深入分析实际工程案例和参与项目设计有助于将理论知识应用于实际工程中，提升综合能力。积极参与团队合作和交流讨论，能够增强学习效果和提升综合素质。通过这些学习方法，学生能够全面掌握城市地下工程的核心知识和技能，为未来的工程实践奠定坚实的基础。

1.5　本章小结

城市地下工程在现代城市发展中扮演着至关重要的角色，不仅能够缓解城市地面空间压力，还能有效应对交通拥堵、环境污染等问题。本章全面探讨了城市地下工程的重要性、基本概念、施工技术发展现状、课程特点及学习方法，通过详细介绍这些内容可以更深入地理解城市地下工程的复杂性和发展趋势，并为后续章节奠定坚实基础。

城市地下工程的发展将在智能化、绿色化和综合化方向上持续前进。随着技术不断进步，未来的地下工程将更加注重智能化管理和施工过程的优化。智能施工设备、自动监测系统和大数据分析技术将进一步提升施工效率和质量。同时，绿色建筑和可持续发展理念将贯穿于地下工程的设计与施工过程中。未来城市地下工程的应用场景也将更加多样化，如随着城市对综合交通系统需求增加，地下交通网络将进一步扩展，并实现与地面交通系统更高效连接。接下来我们会深入探讨这些发展趋势，并详细介绍城市地下工程在不同领域的应用案例，希望读者通过本章内容为未来学习与实践打下坚实基础，并对城市地下工程的未来发展充满期待。

思考题

1. 为什么城市化进程加速会导致地下工程的重要性日益凸显？请结合具体问题，如空间紧张和交通拥堵，阐述城市地下工程的作用。

2. 城市地下工程中工程结构、施工技术和材料选择的核心要素有哪些？如何确保这些要素在设计和施工中的合理应用？

3. 为什么分析实际工程案例对理解城市地下工程课程至关重要？请举例说明具体案例的分析如何帮助提升学习效果。

4. 城市地下工程如何改善城市居民的生活质量。请提供具体的例子，说明地下工程对交通、环境和城市韧性的改善作用。

5. 结合城市地下工程的未来展望，预测未来地下工程的发展趋势和应用场景。如何应对这些趋势带来的挑战和机遇？

6. 当前地下工程施工技术面临的主要挑战有哪些？

参考文献

[1] 刘鑫，洪宝宁．城市地下工程［M］．北京：中国建筑工业出版社，2020.

[2] 郭院成．城市地下工程概论［M］．郑州：黄河水利出版社，2014.

[3] 蒋楠．城市地下空间工程施工技术［M］．武汉：武汉大学出版社，2022.

[4] 张彬，刘艳军，李德海．地下工程施工［M］．北京：人民交通出版社股份有限公司，2017.

[5] 王勇．城市地下工程［M］．北京：冶金工业出版社，2024.

2　城市地下工程规划与建筑设计

城市化进程加快，地面空间难以满足日益增长的城市发展需求。利用城市地下空间已成为解决城市空间不足、优化交通、提升城市功能的重要途径。在城市发展总体规划下，科学合理的城市地下工程规划与建筑设计直接关系到地下空间开发利用效率和效益，以及城市可持续发展。本章将探讨城市地下工程规划与建筑设计的基本理论、特点、原则和具体内容，并介绍相关的建筑设计理论和智慧设计理念。通过本章内容，能够全面学习城市地下工程规划与建筑设计的基本概念和方法，掌握地下空间开发利用的原则和策略，并了解智慧设计在城市地下空间发展中的应用前景。

2.1　城市地下工程规划基础理论

2.1.1　城市地下工程规划基本概念

城市地下工程规划是城市总体规划的重要组成部分，涉及科学规划和有效利用城市地下空间。该规划以城市发展目标为基础，结合对地下空间现状的研究和未来一定期限内地下空间发展的预测，主要包括开发战略、功能、规模与形态的规划，以及地下空间开发利用的实施步骤，旨在与城市保持系统协同发展。

城市地下工程规划应当注重保护和改善城市生态环境，科学预测城市发展需求，坚持远近兼顾、全面规划、分步实施的原则，其中包括竖向分层、立体综合开发、横向相关空间相互连通、地下工程与地面建筑协调配合的开发模式。而城市地下工程规划的规划对象主要指可用地下空间资源，如广场、绿地、道路、水面等的下部空间，以及空地和一般性建筑物的下部空间。此外，《城市地下空间规划标准》GB/T 51358由住房城乡建设部发布，提供了详细的规划指导，包括地下空间资源评估、分区管控、需求分析、空间布局、交通设施、市政公用设施、综合防灾和生态保护等方面。这些规划和建设活动旨在提高城市安全水平和综合承载能力，满足人民群众日益增长的美好生活需要。

城市地下工程规划基础理论涉及城市规划、土木工程、环境科学等多个领域，构建了一个综合性理论体系。该理论体系聚焦于城市地下空间的合理规划与有效利用，旨在为城市可持续发展提供学术支撑。

城市地下工程规划的基础理论核心内容包括对城市地下空间的历史、概念、类型、属性及其开发过程的深入探讨。此外，城市地下空间规划的基础理论还涵盖了规划原理和方法，包括对功能定位、容量拓展、生理与心理效应的考量等方面，并对规划的概念、特性、类型、作用和原则进行详细阐述。除核心内容外，我们还要考虑工程规划的具体方法，如资料收集、资源评估、需求预测、空间管制和绩效评估等多个关键环节，以确保地下空间规划科学性和实用性。

城市地下工程规划基础理论是一个涵盖多个学科领域的综合性理论体系，不仅关注技术层面的规划与设计，还涵盖了经济、社会、环境等多个方面因素的考量，为城市地下空间的合理开发与高效利用提供了坚实的理论基础。

2.1.2 城市地下工程规划的特点

城市地下工程规划作为城市总体规划的一部分，本质上与地面设施的规划类似，但在实施中有其独特的特点，包括以下几点：

（1）空间利用的多层次性，是城市地下工程规划中的一个重要特点，指的是在有限的地下空间中，通过合理规划和分层使用，实现多种功能的有效整合。由于城市地面空间的日益紧张，地下空间成为缓解城市拥堵、满足各类功能需求的关键途径。城市的地下空间不仅用于地铁、地下停车场、隧道等交通设施，还用于包括供水、排水、供电、通信等基础设施管网，以及商业、文化、娱乐等功能。为了最大化利用地下空间，规划者往往需要对地下层次进行分区和功能分配，使得不同的层次承担不同的功能。例如，较浅层次的地下空间适合设置人流密集型建筑，比如地下商场和步行通道，而较深层的空间则通常用于交通隧道、地铁以及地下管网等。地下空间的多层次利用不仅能够缓解地表建筑的压力，释放更多地面空间，还可以通过功能分区减少不同设施间的干扰。又例如，将地下交通与商业区隔离可以减少噪声和振动影响，从而提升地下设施的整体舒适性和实用性。通过合理分层，可以提高地下空间的利用效率，满足城市日益增长的人口和基础设施需求，推动城市的可持续发展。

（2）技术复杂性，是城市地下工程规划的一个显著特点，反映了地下空间开发中所需的高水平技术要求和复杂的工程条件。首先，地下工程涉及的环境极为复杂，规划和施工必须对地下的地质条件、土壤结构、地下水位等因素进行详细勘察后再进行。每个城市的地质条件各不相同，有的城市可能存在岩石地层，有的则是软土或松散砂土，这些都直接影响到施工的难度和方法。其次，地下水处理是一个关键的技术挑战。地下水位的变化可能导致工程结构的渗漏和不稳定，因此在施工中必须使用专业的防水技术，如防水混凝土、密封材料等，来确保长期安全。此外，控制地下水位的排水和降水系统的设计也尤为重要，尤其是在地下水丰富的地区，错误的排水设计可能导致地面沉降甚至周围建筑物的损坏。

地下工程通常需要复杂的支护结构来确保施工过程中的安全。深基坑、隧道等工程常常需要使用挡土墙、排桩等设备来抵抗土压力和水压力，这些支护结构的设计和安装要求极为严格，稍有不慎可能导致严重事故。尤其是在人口密集的城市中心区域进行施工时，如何控制施工对地面建筑和交通的影响，降低噪声、振动和粉尘的干扰，也是技术上的难点之一。挡土墙、排桩支护基坑见图 2-1。

图 2-1　挡土墙、排桩支护基坑

地下工程的施工通常需要借助先进的设备和技术，如盾构机、大型挖掘机等，尤其是在长距离隧道或大面积地下空间的开挖中，盾构机的使用大大提高了施工效率和安全性。但这些设备的操作复杂、成本高昂，也对施工团队的专业水平提出了极高要求。

总的来说，城市地下工程规划的技术复杂性源于地下环境的不确定性、特殊的施工需求以及工程中需要克服的多种自然和技术难题。这使得每一个地下工程项目都必须经过精密设计、详尽勘测和高水准的技术实施，才能确保工程的安全、可靠和长期稳定。

（3）功能整合性，是城市地下工程规划中的核心特点，指的是在有限的地下空间内，通过科学合理的布局，实现多种功能的共存与协同。由于地下空间资源有限，且开发难度较高，规划时必须充分考虑各类设施的空间需求和相互关系，以便最大化利用地下资源。城市地下工程涉及的功能广泛，包括交通系统、基础设施管网、商业和公共服务设施、防灾设施等。因此，如何在有限的地下空间内协调这些不同功能，避免彼此干扰，并确保它们高效运行，是规划中的关键问题。

首先，交通功能的整合是地下空间规划中的重点，尤其是在大型城市中，地下交通网络如地铁、隧道、地下停车场等必须与地面的交通系统和其他地下设施紧密衔接。这意味着在规划中，交通线路、车站的位置和布局需要与地下其他功能区如商业区、行人通道等紧密结合，既要方便市民使用，又要避免交通设施对其他功能空间造成噪声、振动等负面影响。

其次，基础设施管网如供水、排水、电力、通信等功能也需要与交通和其他功能区相协调。例如，地下管网通常需要与地铁隧道和地下停车场等设施共存，这就要求规划时仔细设计管道的走向、深度和维护通道，确保它们能够相互避让或并行。同时，地下工程必须具备一定的冗余和扩展性，以适应未来城市发展带来的新需求，如新的交通线路或市政设施的接入。

此外，商业功能和公共服务设施的整合也是地下空间利用中的重要内容。例如，许多城市通过将地下商业街区与地铁站、停车场无缝衔接，形成一个综合性的交通枢纽和商业中心，这不仅提高了地下空间的使用效率，还提升了城市生活的便利性。为了实现这种整合，规划者必须对人流动线、设施布局、紧急疏散通道等进行细致设计，确保不同功能区域既能高效运作，又能在发生紧急情况时快速反应和互相支持。

总之，城市地下工程的功能整合性体现在多个层面，要求规划者不仅要考虑各个功能设施的单独需求，还要确保它们能够在有限的空间中和谐共存。这种整合既能提高空间利用效率，也能提升城市运行的整体效能，尤其是在城市扩展和人口增加的背景下，功能整合性对城市的可持续发展起着至关重要的作用。

（4）环境与安全要求，是城市地下工程规划中的关键特点之一，涉及地下空间开发过程中对周边环境和工程安全的高度关注。由于地下工程通常处于不可见的空间，且涉及复杂的地质和水文条件，规划时必须慎重考虑如何有效应对潜在的环境风险和确保长期的安全性。

首先，地下工程对自然环境的影响是不可忽视的，特别是在施工阶段。地下空间开发常伴随土方开挖、地下水位变化和噪声、振动等环境影响。例如，挖掘隧道或地下基坑时，可能会破坏地下水的自然流动，导致地下水位下降或地面沉降，进而影响周边建筑物的稳定性。为此，地下工程的规划必须包含详细的环境影响评估，以识别潜在的风险，并采取有效的防护措施。常见的技术措施包括使用防水屏障、稳定地基的技术以及地下水位监控系统，以避免对自然环境和地面建筑的损害。建设项目环境影响评估流程见图 2-2。

其次，地下工程的安全性是另一个至关重要的因素。地下空间开发涉及的安全风险多种多样，如塌方、渗水、火灾等，因此规划时必须严格遵守安全标准并引入先进的技术手段来应对这些挑战。例如，在地震多发地区，地下工程需要特别设计抗震结构，以确保在地震发生时，隧道或地下设施能够承受强烈的震动。防水技术同样关键，尤其是在地下水丰富或雨量多的地区，渗漏问题不仅会影响地下工程的寿命，还可能威胁公共安全，因此，防水设计必须严密且具有长期可靠性。

消防安全也是地下工程规划中的一个重要方面。由于地下空间封闭且通风条件有限，一旦发生火灾或有害气体泄漏，疏散和救援将面临极大的挑战。因此，地下工程必须具备完善的消防设施和应急通道设计，以确保在紧急情况下人员能够迅速疏散。

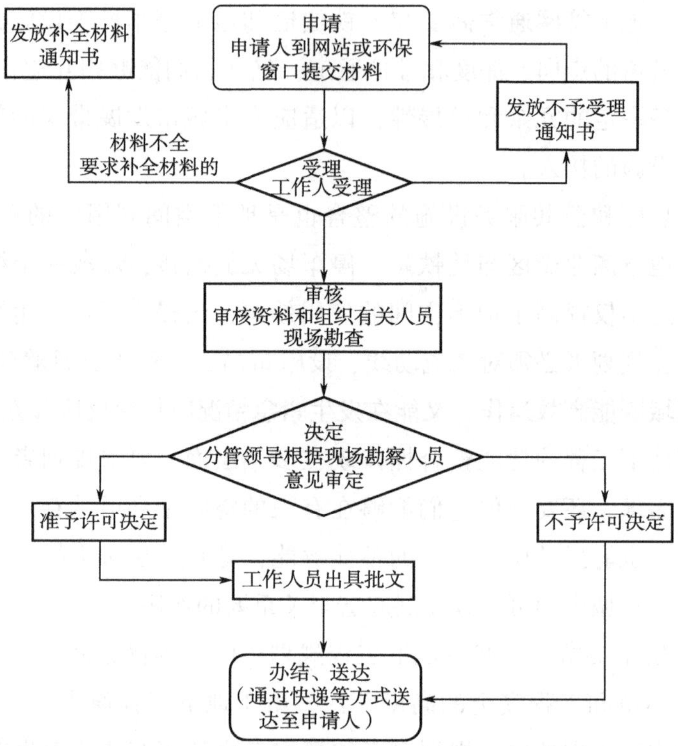

图 2-2　建设项目环境影响评估流程

通风系统的设计也至关重要，尤其是在长距离的隧道或地铁系统中，合理的通风设计可以有效排除有害气体，提供新鲜空气，确保空间的宜居性和安全性。

同时，长期的安全运营依赖于持续的监控和维护。地下工程一旦建成，仍然需要定期检查和维护，以确保结构的稳定性和功能的正常运作。例如，隧道的支护结构、排水系统、消防设备等都需要定期检查和维修，避免长期使用中出现故障或老化，影响安全性能。

总之，城市地下工程的环境与安全要求强调了对自然环境的保护与对工程本身的安全防护。它不仅涵盖了施工过程中的环境影响控制和安全保障，还包括工程建成后的长期维护和应急措施设计。有效的环境与安全规划能够确保地下空间的可持续开发，同时降低对城市环境和居民生活的负面影响，保障工程的长期稳定与安全。

2.1.3　城市地下工程规划的原则

城市地下工程规划的原则是为确保地下工程能够科学合理地服务于城市的发展目标，同时兼顾环境保护和文化内涵。以下是每条原则的详细解释：

（1）总体规划要服务于生产力的发展。这一原则强调城市地下工程规划应以推动城市经济和社会生产力的提升为核心目标。地下空间的开发和利用，不仅仅是解决城市空间不足的问题，更重要的是通过科学合理的规划来促进城市的经济增长和提高城市的生产力水平。这意味着，地下工程的总体规划必须与城市的产业布局、经济结构以及未来发展趋势相协调。

首先，地下工程应该为城市的交通、能源供应、通信等基础设施提供支持，确保生产活动的高效运转。例如，地下交通系统如地铁和隧道的建设，可以大幅减少城市地面交通的压力，提升物流、通勤效率，进而推动整个城市的经济活动。这些地下基础设施的建设，有助于连接城市的主要生产区域、商业区和居住区，使得城市各个功能区域能够更加紧密地联系在一起，提升资源的流动性和利用率。

其次，地下工程还需为现代化工业、商业和服务业的发展提供配套设施。例如，在城市中心商业区周围的地下空间，可以规划用于商业中心、仓储物流、数据中心等功能。这不仅节省地表空间，还能为现代服务业和高科技产业的发展提供基础设施支持，从而提升城市的经济效益和竞争力。规划时应充分考虑城市产业结构的特点，使地下空间的开发与特定行业的需求相结合，如物流业可能需要更便捷的地下交通通道和仓储设施，科技行业可能需要高标准的地下数据中心等。

最后，随着城市化进程加快和城市人口的增长，城市的生产力依赖于基础设施的升级和扩展。地下工程规划应具有前瞻性，不仅要满足当前的生产力需求，还需为未来的发展留有充分的余地。例如，地下的供水、供电、通信管网系统不仅要服务于当前的产业生产，还要预留扩展空间，以便适应未来工业规模扩大、技术进步带来的更高需求。合理的地下工程规划能够提升城市的承载能力，为各类生产活动提供持续的支持。

因此，总体规划服务于生产力发展，要求城市地下工程不仅仅是基础设施的建设，更是城市经济功能的有机组成部分。地下空间的合理开发与利用，可以有效提升城市运行效率，促进产业发展，进而推动整个城市的生产力增长和经济繁荣。

(2) 从实际出发，符合国情。这一原则强调城市地下工程规划必须以实际情况为基础，充分考虑国家和地区的特定条件、资源限制以及社会经济发展水平。每个城市的地理位置、地质条件、气候特征、经济结构和文化背景都有所不同，因此，地下工程的规划不能采取一刀切的方式，而应根据当地的实际需求和特点进行量身定制的设计。

首先，地下工程规划需要针对不同地区的地质条件进行充分的勘察和分析。在一些地质条件复杂、地下水丰富的地区，地下工程的设计和施工需要特别关注土壤稳定性和水文条件，以防止潜在的渗漏、沉降等风险。例如，在软土地区，必须采取更为严密的支护和防水措施，而在岩层较多的地区，选择合适的挖掘技术和设备显得尤为重要。因此，规划者必须对当地的地质和水文条件有深入了解，以制定出切实可行的工程方案。

其次，经济和社会发展水平也是规划的重要考量因素。在经济发展较快的城市，地下空间的需求和功能多样化，可能需要综合考虑商业、交通、公共服务等多方面的需求。而在经济基础相对薄弱的地区，规划则应以基本的公共设施和基础服务为主，避免过度开发和投资浪费。因此，规划者需要根据不同地区的经济实力和社会需求，制定相应的规划目标和实施策略，以确保资源的合理利用和最大化效益。

再次，文化和社会习惯也对地下工程的规划有着重要影响。不同地区的居民在使用空间和公共设施时的习惯和需求可能大相径庭，规划时应充分尊重和考虑当地居民的实际生活方式。例如，在一些文化传统较强的城市，地下空间的利用可能需要融合地方特色，设计出符合当地文化的商业、休闲空间。这种人性化的设计不仅有助于提升使用体验，也能增强居民对地下空间的接受度和认同感。

最后，政策法规和技术标准也是规划中不可忽视的方面。不同国家和地区对地下工程的管理和法规要求存在差异，规划时需严格遵循当地的法律法规和行业标准，确保工程的合规性和安全性。这不仅包括施工标准，还涉及环境保护、土地利用等方面的政策要求，确保地下工程在促进经济发展的同时，也能维护生态平衡和社会稳定。

因此，“从实际出发，符合国情”这一原则要求城市地下工程规划必须具备针对性和适应性，立足于当地的实际情况、经济发展水平和文化背景，确保规划的科学性和可行性。通过灵活应对各地的特定条件，能够更有效地推动城市地下工程的顺利实施和长期可持续发展。

（3）建设与环境保护相结合。这一原则强调在城市地下工程规划和建设过程中，必须将生态环境保护与基础设施的建设相协调，以实现可持续发展目标。城市化进程的加快常常伴随着环境问题的加剧，如地面沉降、地下水位下降、生态破坏等，因此，地下工程的规划者在推动城市发展的同时，必须充分考虑对环境的影响，努力实现建设与环境保护的双赢。

首先，地下工程的建设往往涉及对土壤、地下水和生态系统的直接影响。在施工阶段，土方开挖、地下水排除等活动可能导致周边环境的变化，如土壤侵蚀、水土流失等。因此，规划时应通过环境影响评估，明确潜在的环境风险，并采取相应的保护措施。例如，施工期间可以采取修筑排水沟、植被恢复等措施，减少土壤侵蚀，同时设立地下水监测系统，以实时掌握地下水位变化，确保不对周边水资源造成负面影响。

其次，地下工程的设计应该考虑生态环境的承载能力，确保不对生态系统造成长期性损害。地下空间的开发应当优先选择对环境影响较小的区域，并在规划中合理布局，避免破坏重要的生态敏感区。此外，地下工程的构建应遵循绿色建筑的理念，采用环保材料和节能技术，减少施工和运营过程中的能耗和污染。这不仅能降低对环境的影响，也能提高资源的利用效率，实现生态友好的城市发展。

在整体规划过程中，地下工程还应与城市的绿色基础设施建设相结合。例如，结合城市的雨水管理系统，规划地下蓄水池和渗透设施，可以有效管理雨水径流，减少城市内涝，同时为地下水补给提供支持。通过将地下工程与绿色基础设施相结合，能够在满足城市发展需求的同时，提升城市的生态环境质量，促进水土资源的可持续利用。

最后，地下工程的建设过程还应积极与社区管理人员和公众进行沟通，提升公众的环保意识。通过公开环境保护措施和建设进展信息，让公众参与环境保护的过程，能够增强社区居民对地下工程的理解和支持，从而在建设与环境保护之间找到平衡。让公众参与，提高规划的透明度，为工程实施提供更广泛的社会支持。

综上所述，“建设与环境保护相结合”这一原则要求城市地下工程在规划和建设过程中充分考虑环境的承载能力和生态保护的需求，采取科学合理的措施来减少对环境的负面影响。通过在建设过程中有效融合环境保护的理念，可以实现地下空间的合理利用和可持续发展，促进城市的经济增长与生态平衡之间的和谐共生。

以上这些原则共同构成了一个科学、合理、具有前瞻性的城市地下工程规划框架，确保地下空间的开发能够有效服务于城市的长期发展目标。

2.2　城市地下工程规划内容

城市地下工程规划内容涵盖了多个方面，涉及城市地下空间的综合开发与利用。首先，地下交通系统是规划的核心之一，包括地铁、隧道、地下道路等，它们是缓解地面交通压力的重要手段。其次，市政基础设施（如给排水管道、供热管网、电力电缆和通信线路等）也需在地下进行规划，以减少对地面环境的干扰。再次，地下商业及公共服务设施的规划也是重要内容，如现在的地下商场、地下停车场、人防工程等，在优化地面空间的同时也为城市居民提供了便利的公共服务。最后，地下工程的规划还需充分考虑地质条件、地下水情况及环境影响，确保工程的安全性和可持续性。

综合考虑这些因素，城市地下工程规划在现代城市发展中扮演着越来越重要的角色，是实现城市资源高效配置和可持续发展的关键。

2.2.1　城市地下工程总体规划

城市地下工程的总体规划是指在城市发展过程中，对地下空间进行系统性、长远性和综合性的规划与布局，以有效利用有限的地下资源，满足城市经济、社会和环境的多重需求。总体规划的核心目标在于通过科学合理的设计和有效的管理，提升地下空间的使用效率，促进城市可持续发展，并为市民提供安全、便利和高效的服务。

在进行城市地下工程的总体规划时，首先，需要对城市的地理条件、地质结构和地下水文环境进行详尽的勘查和分析。这一过程通常包括对地下土壤、岩层、地下水位等进行地质调查，以便为后续的规划设计提供科学依据。通过对这些基础数据的充分了解，规划者可以识别出适合进行地下工程建设的区域，避免在地质条件复杂或风险较大的地方进行开发，降低工程的风险和成本。

其次，总体规划需要综合考虑城市的功能布局与发展需求。这涉及对城市交通、公共设施、商业区及居住区的合理布局，确保地下工程能够与地面设施形成良好的互动。例如，地下交通系统如地铁和隧道应与地面交通网络、公共服务设施相衔接，实现多层次、多功能的立体交通网络，提升城市的交通效率。此外，地下空间的规划还应考虑到未来城市发展的需求，预留必要的扩展空间，以适应城市规模的不断增长和技术的进步。

再次，总体规划要考虑环境保护和安全性。在总体规划中，必须将环境保护与地下工程建设相结合，制定有效的环境影响评估机制，确保工程在施工和运营过程中不会对周边生态环境造成负面影响。这可能包括对地下水资源的保护、对土壤结构的稳定性分析以及对生态敏感区的避让等。同时，规划中还需充分考虑地下工程的安全性，包括防灾减灾措施、结构的抗震设计以及应急疏散通道的设置，确保在突发情况下能够快速响应，保障公众的安全。

总体规划还应强调多方参与和公众参与的重要性。城市地下工程的建设不仅仅是技术和管理的问题，还涉及广大市民的利益和需求。因此，在规划过程中，规划者应积极与政府、社区、企业等各方进行沟通，征求他们的意见和建议，以便更好地理解和满足当地居民的实际需求。同时，通过增强公众对规划的认同感，可以提升工程实施的社会支持和可行性。

最后，城市地下工程的总体规划还需要制定相应的政策和管理机制，以保障规划的有效实施，包括建立完善的法律法规框架，针对不同类型的地下工程制定相应的技术标准和管理规范，确保地下工程建设的合规性和标准化。此外，定期对地下空间的使用情况进行评估和监测，以便根据城市发展变化及时调整规划策略，实现动态管理和持续优化。

综上所述，城市地下工程的总体规划是一个综合性、系统性的过程，涉及多个学科和领域的知识与技术。通过科学的规划和有效的管理，能够实现地下空间的合理利用，促进城市的可持续发展，同时为市民提供安全、便利的生活环境。

2.2.2 城市地下工程详细规划

1. 地下交通系统的规划

在地下交通系统的城市地下工程规划中，“空间布局与衔接”“安全性设计”“运营维护”和“交通流量与容量分析”是四个关键方面。

（1）空间布局与衔接。城市地下工程中地下交通系统的“空间布局与衔接”是规划的核心部分，旨在确保地下交通与地面交通、其他地下空间及城市功能的无缝连接。首先，规划应合理安排交通系统的出入口，确保与地面道路、公共交通枢纽（如火车站、地铁站、公交站等）以及人行道系统的紧密衔接。出入口的分布需综合考虑城市的人流和车流分布，避免形成瓶颈或盲区，并确保便捷的换乘通道设计，以减少乘客的步行距离和换乘时间。

其次，地下交通系统的空间布局要充分考虑地上建筑和城市功能的协调性，避免地下工程与地面设施之间的冲突。例如，地铁线路、地下隧道的布局应避开地面重要建筑物的基础，确保建筑物的安全性，同时减少对地面城市景观和活动的干扰。交通系统还需要与地下的其他功能区域（如地下商业区、停车场、步行通道等）进行有效整合，实现多功能共享，以最大化利用地下空间。

在空间衔接方面，还要确保地下交通系统与其他城市基础设施的无缝过渡，特别是需要充分考虑行人和车辆的流线设计。对于地下停车场、步行隧道和自行车道，规划需要精细设计以保证它们能够顺畅地与交通干线连接，避免交通拥堵。此外，规划还应为未来的扩展留有空间，以便随着城市的扩展和交通需求的增长，可以灵活地进行功能调整或系统扩容。

总体而言，地下交通系统的空间布局与衔接要求规划者既要满足当前的交通需求，又要为未来的城市发展预留充足的调整空间，确保系统在功能性和可扩展性上都具有长远的可持续性。

（2）安全性设计。城市地下交通规划的安全性设计是确保地下交通系统在规划、设计、建设和运营全生命周期中具备抵御各类风险、保障乘客及设施安全的关键环节。其核心目标是通过系统性、前瞻性的技术手段和管理措施，最大限度降低自然灾害、人为事故、设备故障等潜在威胁的影响，实现安全与效率的平衡。在具体实施中，安全性设计需涵盖以下几个重要方面：

首先，地下交通系统的结构安全是基础保障。规划阶段需结合地质勘察数据，采用抗震、抗渗、抗变形设计标准，确保隧道与车站结构在极端地质条件（如地震、地层沉降、地下水侵蚀等）下的稳定性。例如，采用复合式衬砌结构增强承压能力，设置柔性接头吸收地层变形，并针对软土、高水位等特殊地质条件制定差异化支护方案。同时，防火分区划分和耐火材料选择需满足高温下的结构完整性要求，防止火灾引发连续坍塌。

其次，防灾疏散体系的设计需遵循冗余性原则。通过多通道疏散路径、防烟楼梯间、避难间等设施形成立体逃生网络，确保任何单一节点失效时人员仍能安全撤离。同时车站站厅与站台的布局需优化人流导向，设置明显应急标识和智能照明系统，保证在断电或浓烟环境下仍能引导疏散。通风排烟系统需采用双向可逆设计，结合火灾场景模拟优化气流组织，避免烟囱效应加剧危害。此外，防灾系统应与城市应急响应平台联动，实现灾情实时监测与资源快速调度。

再者，运营安全依赖于智能化监控与预警技术。通过分布式传感器网络对结构健康度（如裂缝、位移）、环境参数（如温湿度、有害气体）、设备状态进行全天候监测，结合大数据分析预判风险。同时电力供应系统需配置多路电源和快速切换装置，关键负荷配备 UPS 或应急发电机。

最后，安全性设计需贯穿全生命周期管理。规划阶段开展风险评估与应急预案编制，设计阶段采用 BIM 技术进行安全仿真验证，施工阶段实施动态岩土工程监测，运营期定期开展安全演练与设备维护。同时，需建立乘客安全教育机制，通过宣传材料、模拟体验等方式提升公众自救互救能力。安全性设计还应具备适应性，预留模块化升级空间以应对未来气候变化或新型威胁。通过以上综合措施，地下交通系统方能实现从被动防护到主动防控的安全效能跃升。

（3）运营维护。在城市地下工程中的地下交通系统规划中，运营维护是确保系统安全、可靠和高效运行的关键环节。首先，运营维护的主要目标是保证设施的正常运转和服务质量，这包括对轨道、列车、信号系统、通风设备和其他关键设施的定期检查与维护。规划时需制定详尽的维护计划，明确各项设备的检修周期、检查内容和标准，确保在规定时间内进行必要的维护和检修，以防止因设备故障而导致的服务中断或安全事故。

其次，在维护过程中，需建立健全的监控与管理系统，通过实时监测技术，及时发现潜在问题，进行预警和处理。例如，使用传感器监控轨道和列车的运行状态，可以及时识别异常情况，从而减少事故发生的可能性。此外，地下交通系统的环境特点使得设备维护更为复杂，因此在设计阶段需充分考虑到维护的便利性，规划应设置专用的检修通道和设备进入点，以确保维护人员能够安全、便捷地进行检修工作，降低维护成本和时间。维护团队的专业培训也是运营维护的重要组成部分，规划时应考虑到维护人员的专业技能和知识更新，通过定期培训和演练，提高团队的应急反应能力和技术水平。

最后，运营维护还需要结合数据分析，定期评估系统的运行状态和维护效果，利用历史数据和故障记录，优化维护策略和资源配置，从而提高系统的整体运行效率和经济性。

总之，地下交通系统的运营维护是一个系统化的过程，涵盖了技术、管理和人员等多个方面，其有效实施能够保障系统的长期稳定运行，满足城市交通发展的需要。

（4）交通流量与容量分析。在城市地下工程中，地下交通系统规划中的“交通流量与容量分析”是一个至关重要的环节，旨在确保系统能够高效、安全地满足当前和未来的交通需求。首先，交通流量分析涉及对不同时间段内乘客和车辆流动情况的深入研究。这通常通过数据收集和统计分析来实现，包括历史交通数据、现场流量监测、问卷调查等手段，以全面了解高峰时段与非高峰时段的流量变化。这一过程可以帮助规划者识别交通高峰、潜在的拥堵点及其成因，为后续设计提供基础数据支持。

其次，容量分析关注的是地下交通系统各个组成部分在不同运营条件下的承载能力。这包括对车站、轨道、隧道和其他交通设施的设计能力进行评估，以确定在最大流量情况下系统能够承载多少乘客或车辆。此分析需要综合考虑各个环节的设计规范和运营限制，例如，车站的乘客通行能力、轨道的运行速度、信号控制系统的响应时间等。通过对这些因素的量化，规划者可以有效预测系统在高峰期间的流量承载能力，从而识别系统潜在的瓶颈，并为改进方案提供依据。

再次，交通流量与容量分析还需考虑未来城市发展对交通需求的影响。在城市快速发展的背景下，规划者应预见到可能的流量增长或降低，并在设计中考虑到必要的扩展空间和灵活性，以便在未来可以方便地进行调整或扩建。这种前瞻性的思维方式不仅能提高系统的适应性，也能减少后期的改造成本。

最后，这些分析结果将为地下交通系统的运营管理提供重要指导。通过对流量模式的理解，管理者可以在高峰时段优化服务调度、调整车次和制定应急响应计划，以提高系统的运营效率和乘客满意度。总之，交通流量与容量分析是地下交通系统规划中的核心内容，关乎系统的设计合理性、运行安全性以及未来可持续发展能力。综合来看，地下交通系统的规划设计、运营维护和环境影响之间相互关联，只有在这些方面都进行周密考虑和精心管理，才能确保地下交通系统的长期可持续发展和社会效益的最大化。

2. 市政基础设施的规划

城市地下工程规划在市政基础设施方面的内容包括城市电力、燃气、供水、排水、通信等多种基础设施的综合布局与协调建设。

（1）电力与能源供应。市政基础设施规划中的电力与能源供应是城市发展和运营的核心组成部分，直接关系到城市的经济活力和居民的生活质量。在这一领域，规划的首要任务是确保城市在各个发展阶段都能获得安全、稳定和高效的电力供应。规划首先需评估城市的电力需求，考虑现有用户的用电情况以及未来人口增长、产业发展等因素对电力的潜在需求。通过详细的需求分析，可以制定合理的电力负荷预测，从而确保电网的设计能够满足未来的增长需求。

电力与能源供应的规划需要建立一个综合性的电力网络，包括发电、输电和配电系统。发电方面，规划应考虑多样化的能源来源，以减少对单一能源的依赖，促进可再生能源的使用，例如太阳能、风能和水能等。这不仅有助于减少环境污染，还可以提高能源供应的稳定性和安全性。在输电与配电系统的设计中，应考虑电网的灵活性与智能化，采用现代化技术如智能电网（Smart Grid），实现对电力流动的实时监控与管理，提高电力输送的效率和可靠性。

此外，电力与能源供应的规划还需融入能源效率的理念，鼓励在城市中推广节能技术和智能设备，减少能源浪费。这可以通过对建筑物实施节能标准、支持绿色建筑认证以及推广智能家居系统来实现，确保用户在享受便利的同时，也能够有效降低能源消耗。同时，规划中应考虑到能源供应的可持续性，制定长期的发展战略，促进清洁能源的开发与利用，以应对全球气候变化带来的挑战。

在城市电力与能源供应的规划中，社区参与也是不可或缺的一环。通过提高公众对能源使用和节能的重要性的认知，鼓励居民和企业参与到能源管理中来，形成良好的社会共识，有助于推动节能减排目标的实现。政府在这一过程中应发挥引导作用，设立相关政策和激励机制，以支持可再生能源的投资和基础设施建设，推动电力与能源系统的转型升级。

总的来说，市政基础设施规划中的电力与能源供应不仅仅是对电网和发电设施的简单布局，而是一个复杂的系统工程，需要综合考虑经济、环境和社会等多方面的因素，以实现安全、可持续和高效的能源供应，为城市的可持续发展提供有力保障。

（2）给水排水系统。在地下市政基础设施规划中，给水排水系统是确保城市供水安全、污水处理有效以及雨水排放畅通的重要组成部分，其设计与管理直接影响到城市的生态环境和居民生活质量。给水系统的规划首先需要对城市的水源进行评估，包括地表水和地下水的可用性，选择合适的供水源并制定合理的供水方案。规划中还需考虑到管网的布局，确保供水管线能够覆盖城市的各个区域，满足不同用户的用水需求。在这一过程中，管道的材质、口径以及埋设深度等技术参数也需依据水流量、压力和地质条件进行科学设计，以保证供水系统的高效和耐用。

污水排放系统的设计同样至关重要，它负责收集和处理城市的污水，防止对环境造成污染。在这一方面，规划者需要评估污水产生量，并根据不同类型的污水（如生活污水、工业废水）制定相应的处理方案。污水管网的布置应合理，以确保污水能够顺利流向污水处理厂，避免产生滞留和淤积现象。为提高污水处理的效率，设计中还应考虑雨污分流系统的实施，将雨水和污水分开收集，减少处理负担，提高水资源的利用率。

雨水排放系统在城市防洪和雨水管理中扮演着重要角色。通过对城市地形和降水特征的分析，规划者可以设计合理的雨水管网系统，以有效排放雨水并防止城市内涝。同时，雨水收集与利用设施的建设也是一种重要的措施，能够通过设置雨水收集池、渗透设施等，实现对雨水的合理利用，缓解城市供水压力，增强城市的水循环能力。

在给水排水系统的规划过程中，还需重视环境保护与可持续发展理念的融入。采用先进的污水处理技术，如膜技术和生物处理等，提高污水的处理效率和水质，努力实现水资源的循环利用。此外，合理设计排水系统中的生态绿地和雨水花园等设施，不仅可以增加城市的绿化面积，还能通过自然的水处理方式改善水质，实现生态与城市的和谐共存。

总的来说，地下市政基础设施规划中的给水排水系统是一个复杂而系统的工程，涉及水源选择、管网布局、污水处理和雨水管理等多个方面。通过科学的规划与设计，可以有效保障城市的水资源安全，提高城市的环境质量，推动城市的可持续发展，为居民提供更加健康、舒适的生活环境。

3. 地下商业规划

（1）功能布局的规划。地下商业规划中的商业功能布局是设计和组织地下商业空间的关键环节，旨在创造一个高效、便利且吸引顾客的商业环境。在这一过程中，首先需要对目标市场进行深入分析，包括潜在顾客的需求、消费习惯以及区域的商业环境。这种分析有助于确定不同商业功能在地下空间中的合理配置，包括零售、餐饮、娱乐、服务等多种业态的组合。

在商业功能布局的设计中，功能区的划分是非常重要的。通常情况下，零售区可以设定在靠近主要出入口的位置，以便于顾客的进入和流动，吸引更多的客流。餐饮区则可以设置在相对独立的区域，既能提供舒适的就餐环境，又可以避免厨房排放的气味影响到其他零售商铺的体验。此外，娱乐设施如电影院或游戏中心，通常需要较大的空间，可以规划在商业中心的较远位置，以减少对其他商铺的干扰，但同时又需保持一定的可达性。

另一个关键因素是动线设计。合理的顾客动线能够有效引导顾客在各个功能区之间流动，提升顾客的购物体验。例如，设置宽敞的走道、清晰的指示标志以及便捷的通道，可以让顾客轻松找到他们想要的商店或服务。同时，在动线设计中，可以通过策略性的空间安排来增加顾客的停留时间，如设置休息区域、展示区和活动区域，促进顾客的互动和消费。

商业功能布局还应考虑到各个业态之间的协同效应。例如，结合零售和餐饮的功能布局，可以创造出更具吸引力的购物环境，鼓励顾客在购物后选择就餐，进而提高整体的客流量和销售额。此外，还应考虑到配套设施的设置，如公共卫生间、信息咨询台、休息区等，以提高顾客的便利性和满意度。在布局过程中，灵活性和适应性也是不可忽视的因素。随着市场环境和消费者需求的变化，商业功能布局应具备一定的调整能力，以便于根据市场动态进行优化。通过对布局的不断评估和调整，能够确保地下商业空间在不同阶段都能满足顾客的需求，保持活力和竞争力。

综上所述，地下商业规划中的商业功能布局不仅仅是对空间的简单划分，更是通过深入分析市场和顾客需求，结合合理的动线设计和业态配合，创造一个高效、便捷、吸引顾客的商业环境，以推动地下商业空间的可持续发展和繁荣。

（2）通风和采光。在地下商业规划中，照明与通风的设计是确保空间舒适性和功能性的关键因素，对于提升顾客的购物体验和保障安全性具有重要意义。首先，照明设计的目标是创造一个明亮、舒适且具有吸引力的商业环境。由于地下空间天然光源的缺乏，照明系统必须通过合理的布局和设计来弥补这一不足。照明的选择通常包括通用照明、重点照明和氛围照明三种类型。通用照明提供均匀的基础照明，以确保整个空间的可见度；重点照明则用于突出特定的商品或展示区域，吸引顾客的注意力；氛围照明通过不同的色温和灯光效果，营造出温馨、舒适的购物氛围。照明设备的选择也应注重节能和环保，例如使用 LED 灯具，不仅能降低能耗，还具有较长的使用寿命，减少维护成本。

通风设计在地下商业空间中同样至关重要，主要目的是确保空气流通，维护良好的室内空气质量。地下空间常常面临湿气、异味和二氧化碳积聚等问题，因此有效的通风系统能够帮助排除有害气体和多余的湿气，为顾客和工作人员创造一个健康的环境。通风设计通常包括自然通风和机械通风两种方式。自然通风依靠自然风的流动来实现空气的交换，通常通过设置开口、通风井或排气口等方式来加强空气的流通。而机械通风则通过安装风机、空调系统等设备，实现强制性空气流动，以保证在任何天气条件下都能维持良好的空气质量。

在实际应用中，照明与通风的设计应紧密结合，形成一个整体的环境控制系统。例如，合理配置照明和通风设备的布局，可以避免因照明设备产生的热量导致空气不流通，从而影响顾客的舒适度。因此，设计时需充分考虑空间的功能分区及顾客的活动流线，以确定最佳的照明与通风布局。此外，利用智能化控制系统，能够根据实际使用情况自动调节照明和通风强度，提高能效，降低运营成本。

总的来看，地下商业规划中的照明与通风设计不仅关乎视觉舒适度和空气质量，还对商业环境的安全性和吸引力产生深远影响。通过科学合理的设计与布局，能够有效提升顾客的购物体验，促进地下商业空间的繁荣与可持续发展。

（3）安全与防灾。在地下商业规划中，安全与防灾的设计是确保顾客、员工和设施安全的关键环节，其重要性不仅体现在日常运营中，还涉及应对突发事件和自然灾害的能力。首先，安全设计需要从整体布局入手，确保地下商业空间的出入口设置合理，以便在紧急情况下能够迅速疏散人群。出入口的位置应明显且易于识别，且应与地面交通系统和周边建筑物形成良好的衔接，确保人员能够快速找到逃生通道。

在消防安全方面，地下商业空间由于密闭性较强，火灾隐患相对较高，因此需严格遵循消防法规，进行有效的防火设计。这包括设置足够的消防通道、灭火器、自动喷淋系统和烟雾探测器等，确保火灾发生时能够迅速响应和处理。此外，应在设计阶段就考虑到材料的防火性能，选择具有防火特性的建筑材料，减少火灾蔓延的风险。

地下商业规划还需要考虑到自然灾害的防范，例如洪水和地震。在地震多发区域，设计中应注重结构的抗震能力，通过合理的建筑结构设计和加强措施来确保空间的稳定性和安全性。而在洪水风险较高的地区，应设计有效的排水系统，确保在强降雨或水位上升的情况下，能够迅速排除积水，防止水浸造成的损害。

安全监控系统也是地下商业空间安全设计的重要组成部分。通过安装监控摄像头、报警系统和访问控制系统，可以有效监测场内外的安全状况，及时发现和处理潜在的安全隐患。同时，合理的照明设计也有助于提升安全性，增强夜间和低光环境下的可见度，减少安全事故的发生。在日常运营中，安全与防灾的管理同样不可忽视。制定详细的安全管理制度和应急预案，定期进行安全演练和培训，提高员工和顾客的安全意识和应急能力，是确保地下商业空间安全运营的重要措施。通过模拟火灾、地震等突发事件的应急演练，能够帮助相关人员熟悉应急流程，增强实际应对能力。

总之，地下商业规划中的安全与防灾设计是一个系统化、综合性的过程，涵盖了从空间布局到设施配置、从自然灾害防范到日常安全管理的各个方面。通过科学合理的设计与管理，能够最大限度地降低安全隐患，保障顾客和员工的生命安全，同时为地下商业空间的可持续发展提供有力支持。

城市地下工程规划内容见表 2-1。

表 2-1 城市地下工程规划内容

序号	类型	内容
1	地下交通系统规划	包括地铁、地下隧道、地下道路等，用于缓解地面交通压力，改善交通网络
2	市政基础设施规划	涉及供水、排水、供热、电力、电信等管线的地下布置，以减少对地面环境的影响，确保城市功能的正常运行
3	地下商业规划	如地下商场、停车场、人防工程等，旨在优化地面空间利用，提供便利的公共服务

2.3 城市地下工程建筑设计理论

城市地下工程建筑设计理论是一个综合性、跨学科的领域，涵盖了地质工程、结构设计、环境影响、施工技术和城市规划等多个方面。这一理论的核心目标是通过科学合理的设计，实现地下空间的安全、高效、可持续利用，以应对城市化过程中土地资源紧张、交通拥堵、环境污染等挑战。

2.3.1 城市地下工程建筑设计理论的依托

城市地下工程建筑设计理论的形成，是依托于多个学科的理论基础、实践经验的积累以及技术创新的发展。这一理论的产生和发展并非一蹴而就，而是随着城市化进程的推进、工程技术的进步以及人类对城市空间需求的不断变化而逐渐完善的。

1. 地质工程学

地质工程学在城市地下工程建筑设计理论中起着指导性作用，主要涉及土壤和岩石的物理、化学和力学性质，以及地下水的分布与运动规律。由于地下工程通常在复杂的地质条件下进行，因此，设计者必须深入了解所处地区的地质特征，以确保工程的安全性和经济性。首先，地质工程学为地下工程提供了必要的基础数据，通过现场勘察、取样和实验室测试等手段，获取有关地质构造、土层厚度、土壤类型、抗压强度和渗透性等重要信息。这些数据为设计提供了科学依据，使得设计师能够根据实际情况制定合适的工程方案。

其次，地质工程学帮助设计者预测和评估地下工程在施工和使用过程中的潜在风险。例如，地下水的存在可能影响施工的安全性和土体的稳定性，因此，在设计时必须考虑排水系统的设置，以防止水流对土壤的侵蚀和软化。此外，设计师还需要评估土壤和岩石的强度、变形特性以及承载能力，以确保地下结构在外部荷载和地质变化作用下的稳定性。这一过程涉及复杂的力学分析和模型计算，确保在设计阶段对各种可能的地质变化做好充分的准备。

地质工程学还涉及对土体变形和沉降的研究。由于地下工程的建设可能引发周围土壤的沉降或位移，设计者需要评估这些变形对周边建筑物和基础设施的影响，采取相应的加固和防护措施。这通常需要运用地基处理、加固技术和沉降监测系统，以确保建筑物和地下结构的安全性和稳定性。

此外，地质工程学还与地下工程的环境影响密切相关。在设计过程中，必须考虑对地下水资源的保护，避免施工过程中对水质和水位造成影响，确保不引发土壤污染或地下水枯竭等环境问题。因此，地质工程学提供的理论和方法，为地下工程设计的可持续性和环境友好性提供了重要保障。

总之，地质工程学作为城市地下工程建筑设计理论的重要依托，为工程的可行性、经济性和安全性提供了科学基础。通过对地质条件的深入分析和合理利用，设计者能够在复杂的地下环境中，制定出合理的工程方案，从而有效推动城市地下工程的建设与发展。

2. 结构工程学

结构工程学在城市地下工程建筑设计理论中扮演着至关重要的角色，它涉及结构的设计、分析和评估，确保地下建筑物能够承受各种外部荷载和内部作用力，从而保障其安全性和耐久性。在地下工程中，结构设计不仅要考虑常规的建筑荷载，如自重、使用荷载和风荷载，还需要充分评估由于地下水压力、土体压力、地震等自然因素带来的荷载和影响。

在进行地下工程设计时，结构工程师需要采用力学原理和结构分析方法，对结构的静态和动态响应进行深入研究。首先，设计者需要确定地下结构的形状和构造形式，这包括选择合适的材料和截面尺寸，以确保结构的强度和刚度满足使用要求。例如，使用钢筋混凝土或预应力混凝土等材料可以有效提高结构的承载能力和抗裂性能。在此基础上，结构工程师会进行详细的荷载计算，评估各种荷载对结构的影响，并采用计算模型模拟其反应，确保结构在实际使用中不会出现失稳或破坏。

此外，地下工程的特殊环境条件也对结构设计提出了更高的要求。例如，地下水的存在可能导致结构遭受水压和腐蚀作用，设计中需考虑防水和抗渗透措施，以确保结构的长期稳定性和安全性。同时，地下结构可能受到周围土体的侧压力和浮力影响，因此在设计时还需对这些力进行合理的计算和分析，采用适当的支撑和加固措施，防止土体塌陷或结构变形。

结构工程学还强调了设计过程中的安全性和可靠性。在地下工程中，由于施工环境相对复杂，结构在施工和使用过程中的安全性尤为重要。因此，设计者需遵循相关的规范和标准，进行全面的安全评估与风险分析。这包括采用适当的冗余设计原则和失效模式分析，以提高结构的抗灾能力，确保在极端条件下的安全性。

综上所述，结构工程学作为城市地下工程建筑设计理论的核心依托，为地下建筑的安全性、稳定性和耐久性提供了科学基础。通过力学分析、荷载计算及风险评估，结构工程师能够设计出合理、可靠的地下结构方案，确保地下工程在各种复杂环境条件下的正常运作，从而推动城市的可持续发展与繁荣。

3. 环境科学

环境科学在城市地下工程建筑设计理论中发挥着重要的支持作用，主要关注工程项目对生态环境的影响以及如何在设计中有效地保护和利用环境资源。地下工程的建设往往会对周围环境产生直接或间接的影响，如对地下水资源的抽取和污染、对土壤结构的破坏以及对生物栖息地的干扰。因此，在地下工程的设计阶段，必须充分考虑环境科学的相关原理和方法，以确保工程的可持续性和生态友好性。

在进行地下工程设计时，环境科学提供了必要的评估工具和方法。环境影响评估（EIA）是一种重要的工具，旨在识别和分析工程项目可能对环境造成的影响。在设计初期，项目团队通常会开展全面的环境影响评估，以评估施工、运营及其后期维护对空气质量、水资源、土壤及生态系统的潜在影响。通过这一过程，设计师能够识别出潜在的环境风险，并采取相应的缓解措施，确保项目对环境的影响降到最低。

此外，环境科学强调资源的可持续利用。在地下工程设计中，需合理规划地下水的使用，确保在满足工程需求的同时，不对地下水位造成过度抽取和下降，维护水资源的可持续性。同时，设计过程中也应考虑水土保持和水质保护，避免施工过程中可能造成的水体污染。合理的排水设计和污水处理系统不仅能保障地下工程的正常运行，还能为周边环境的生态保护提供支持。在考虑环境影响的同时，环境科学还鼓励绿色建筑和低碳设计的理念。在地下工程的建筑设计中，使用可再生材料、节能技术和清洁施工工艺，将有助于降低资源消耗和环境负担。例如，采用节能的照明系统和高效的通风设施，可以在保证地下空间舒适性的同时，减少能源消耗。通过积极推行绿色设计和施工标准，能够有效减少地下工程对环境的负面影响，实现经济与生态的双赢。例如，北京的地铁 16 号线，在规划阶段充分考虑了沿线的地质条件和环境敏感区，采取了严格的环境保护措施，确保了工程建设对环境的影响降到最低，是一个成功的案例。

环境科学还涉及公众参与和社区影响。设计过程中，积极与当地社区进行沟通，了解居民的环境关切和需求，可以帮助设计团队更好地调整设计方案，确保项目的社会接受度和长久的可行性。这种公众参与不仅能提升规划的透明度和公平性，还能增强社区对环境保护的认同感和责任感，从而在工程实施过程中促进社会的和谐。

总之，环境科学作为城市地下工程建筑设计理论的重要依托，帮助设计师在复杂的环境背景下，综合考虑工程对生态系统的影响，制定出符合可持续发展理念的设计方案。通过环境影响评估、资源的合理利用和绿色设计的实施，环境科学为地下工程的顺利进行提供了重要的保障，促进了城市的和谐发展与生态文明建设。

4. 施工技术与管理理论

施工技术与管理理论在城市地下工程建筑设计理论中起着关键的作用，主要体现在确保工程的安全、高效和经济地实施。地下工程通常面临复杂的施工环境，包括地质条件的多样性、地下水的影响以及有限的空间等，这使得施工过程中的技术和管理要求更为严格。在这种背景下，施工技术与管理理论为设计阶段提供了重要的支持，以实现项目目标。

首先，施工技术的选择和应用直接影响到地下工程的质量和进度。在设计阶段，工程师需要考虑所选技术的适应性和可行性。例如，开挖方法的选择（如盾构法、明挖法或非开挖技术）应根据地下土层的性质、工程规模和周围环境等因素进行综合评估。现代施工技术，如自动化施工、信息化管理和新型材料的使用，能够提升施工效率，降低施工风险。同时，施工技术的创新也能解决传统方法难以克服的问题，如在城市密集区域施工时，减少对周围建筑物和交通的影响。盾构施工示意图见图 2-3。

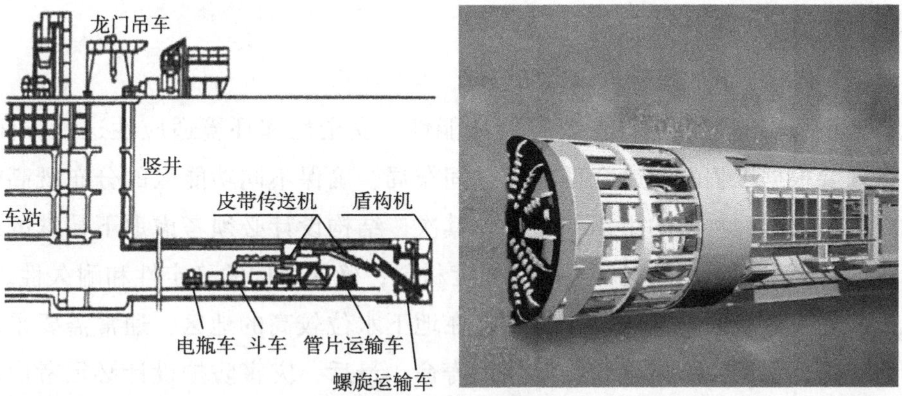

图 2-3 盾构施工示意图

其次，施工管理理论为地下工程的实施提供了系统的组织和协调框架。有效的施工管理能够确保各项工作按照预定的计划进行，控制工程进度、成本和质量。在地下工程中，施工管理涉及多方面的协调工作，如人力资源的配置、设备的调度以及材料的供应等。通过运用项目管理理论，施工团队能够制定详尽的施工计划和风险管理方案，对潜在问题进行前期预测，并及时调整施工策略，以确保工程在预定时间内顺利完成。

安全管理在地下工程施工中尤为重要。由于地下工程常常涉及高风险作业，如深基坑开挖、隧道施工等，施工过程中需要严格遵循安全管理规范，确保工人的安全和施工现场的稳定。在这一方面，施工技术与管理理论为安全评估、风险控制和应急响应提供了有效指导。通过建立完善的安全管理体系，施工团队可以制定并执行有效的安全措施，开展安全培训，提高工人的安全意识，从而降低事故发生率。施工技术与管理理论还强调对环境影响的控制。在地下工程施工过程中，可能会对周围的生态环境和城市生活造成影响，因此，施工管理中必须考虑环保措施的实施。例如，施工过程中应设立隔音屏障、采取粉尘控制措施和合理的排水系统，以减小对周边环境的影响。同时，制定施工废弃物处理方案，确保施工过程中产生的废弃物能够得到妥善处理，防止对环境造成污染。

施工技术与管理理论作为城市地下工程建筑设计理论的重要依托，为地下工程的实施提供了科学和系统的指导。通过技术创新和有效管理，不仅能够提高工程的施工效率和质量，还能保障工人的安全和周边环境的保护，确保城市地下工程的顺利进行，为城市发展提供坚实的基础设施支持。

总的来看，城市地下工程建筑设计理论是依托于地质工程、结构力学、材料科学、城市规划以及环境科学等多学科基础逐步发展而来的。通过这些学科的交叉与融合，我们能够在复杂的地下环境中设计出安全、耐久、功能齐全的地下空间，为现代城市的发展提供强有力的支撑。

2.3.2 城市地下工程建筑设计的步骤

城市地下工程的建筑设计主要围绕功能性、安全性和环境适应性这三方面展开。首先，设计要根据工程的用途合理规划空间布局，确保不同功能区的分布既高效又独立，同时方便人流和物流的组织与疏导。其次，结构设计必须考虑地下特殊的地质条件和荷载要求，采用如钢筋混凝土等高强度材料，确保结构的稳定性和耐久性。此外，防水设计是地下建筑的关键之一，特别是在地下水位较高的地区，通常需要采取多层防水措施，避免水侵蚀影响建筑物的使用寿命。最后，灾害防护设计必须考虑诸如地震、火灾、洪水等潜在风险，确保建筑具有良好的抗灾能力和紧急疏散措施。整体上，城市地下工程的设计应注重多方面的综合考量，既要满足当下的使用需求，又能应对未来的发展和扩展需求。

1. 空间布局设计的步骤

城市地下工程的空间布局设计步骤可以分为以下几部分：

（1）确定功能需求：明确地下工程的主要功能，如交通设施（地铁、停车场）、商业区域或市政设施，根据这些需求进行整体的规划和分区。

（2）功能区分布与分区：根据功能需求，将不同的功能区域合理划分开来，确保各个区域既能独立运行，又具备良好的互联性，便于后期的使用和维护。

（3）人流与物流分析：对人流和物流的动线进行规划，特别是对于交通枢纽或公共空间，动线设计需确保高效的人员流动，避免拥堵，且设计应包含紧急疏散通道和应急方案。

（4）垂直空间利用与分层设计：充分利用地下的垂直空间，将不同功能分层布置。例如，地铁站通常设计为多层结构，包括站台层、换乘层和出入口层，使空间利用更加合理。

（5）与地面空间的连接：通过出入口、楼梯、电梯等设施设计，确保地下空间与地面建筑、街道等的顺畅连接，方便人群在地上与地下之间流动。

（6）考虑地质条件：布局设计必须结合地下的自然条件，如地质结构、地下水位等，避免因地质不良导致工程建设难度增加或后期使用出现安全问题。

（7）模拟与评估：完成初步布局后，通过模拟和评估测试，确保布局设计能够有效满足当前需求，同时具有一定的弹性以适应未来的扩展和变化。

2. 结构设计的步骤

城市地下工程的结构设计步骤可以分为以下几部分：

（1）地质勘探与分析：对工程区域进行详细的地质勘探，收集土壤类型、岩层结构、地下水位等数据。了解地质条件是结构设计的基础，确保后续设计能够适应地下环境的复杂性。

（2）结构类型选择：根据地质勘探结果和建筑的功能需求，选择合适的结构类型。常见的结构类型包括钢筋混凝土结构、预应力混凝土结构等，选择时需考虑地面荷载、地下水压力、抗震需求等因素。

（3）荷载分析：对地上建筑、地下压力、土壤荷载等进行全面的荷载分析，确保结构能够承受这些荷载的长期影响，并设计出最优化的受力方案。

（4）基础设计：根据荷载分析结果，设计合适的基础结构。地下工程基础通常包括桩基础、筏板基础等，设计时需确保基础具有足够的承载力和稳定性，能够抵抗沉降和地下水的侵蚀。

（5）施工工艺选择：根据设计要求，选择合适的施工工艺，如盾构法、沉井法、钻孔桩等。施工工艺的选择需考虑地质条件、结构规模和施工场地的限制。

（6）材料选择与优化：选择适当的建筑材料，如高强度混凝土、耐腐蚀钢材等，确保材料的强度、耐久性和经济性。在此过程中，还需进行结构优化设计，以在保证安全性的同时减少材料使用量，降低成本。

（7）结构模拟与检验：完成以上所有初步设计后，进行结构模拟和检验，使用结构分析软件对设计进行验证，模拟各种荷载条件下的受力情况，确保设计的可靠性和安全性。

3. 防水设计的步骤

城市地下工程的防水设计是确保地下结构长期稳定和安全的关键环节。其具体步骤包括：

（1）地质和水文调查：进行详细的地质和水文调查，了解地下水位、土壤渗透性、地下水流向等情况。这些信息是防水设计的基础，可以帮助确定所需的防水等级和技术方案。

（2）选择防水类型：根据地质调查结果，选择合适的防水类型。常见的防水类型包括外部防水层（如防水涂料、防水膜）、内部防水层（如防水混凝土）、排水系统等。选择时需考虑地下水压力、渗透性、工程成本等因素。

（3）接缝处理：在防水层的设计中，接缝处理尤为重要。应采用专用的接缝材料和技术，如热熔焊接或胶粘，确保防水层在接缝处不发生渗漏。设计时要特别注意接缝处的密封性能和耐久性。

（4）排水系统设计：设计有效的地下排水系统，以排除渗漏水和地下水。排水系统通常包括集水井、排水管道、泵站等。系统设计要确保能够在防水层出现问题时快速排除积水，减轻对结构的负担。

（5）维护和检查：以上防水设计完成后，定期进行维护和检查，尤其是对地下排水系统和防水层的检查。及时发现并修复可能的渗漏问题，确保结构长期保持良好的防水性能。

4. 灾害防护设计的步骤

城市地下工程的灾害防护设计是确保地下设施在各种潜在灾害中能够安全使用并迅速恢复的关键环节。具体步骤包括：

（1）灾害风险评估：首先进行详细的灾害风险评估，识别可能影响地下工程的各类灾害，如地震、火灾、水灾、洪水等。评估工程所在地的地质、气象和历史灾害数据，以确定灾害的类型、频率和潜在影响。

（2）设定防护目标：根据风险评估的结果，设定防护目标。这些目标包括确保结构的安全性、人员的生命安全、设施的正常运行，以及灾后恢复的能力。需注意目标设定应符合相关法规和标准。

（3）抗震设计：在地震多发区域，抗震设计尤为重要。设计需要考虑地下结构的抗震能力，通过增强结构的刚度和韧性、合理设置抗震支撑系统等措施来提高抗震性能。设计中还需考虑地震波的传播特性及其对地下结构的影响，以提高整个抗震支撑系统的抗震性能。

（4）火灾防护设计：设计防火措施，包括防火墙、防火门、自动灭火系统（如喷淋系统）、火警报警系统等。地下工程的通风系统也需要设计成在火灾情况下能够有效控制烟雾的流动的形式，同时设置足够的紧急疏散通道和标识。

（5）防爆设计：如果地下工程可能面临爆炸风险（如在化学品储存区），需要设计防爆墙、防爆门等措施。设计时应考虑爆炸波的传播特性，确保建筑物能够承受爆炸冲击，避免结构破坏和人员伤亡。

（6）紧急疏散与应急响应：设计紧急疏散系统，包括疏散通道、紧急照明、指示标识等，确保在灾害发生时，人员能够迅速、安全地撤离。制定详细的应急响应计划，包括应急救援、修复和恢复等步骤，确保在灾害发生后建筑物的各项使用功能能够迅速恢复正常运营。

城市地下工程建筑设计理论见表 2-2。

表 2-2 城市地下工程建筑设计理论

序号	类型	内容
1	空间布局设计	地下空间的组织和功能分区是设计的核心。需要结合交通、市政设施、商业、停车等不同功能，合理布局各个功能区，确保它们之间的独立性和互联性。人流和物流的动线设计尤为重要，以避免拥堵或混乱
2	结构设计	地下建筑受地面荷载和地质条件的影响，因此结构设计必须具备足够的强度和稳定性。常用的结构形式包括钢筋混凝土结构和复合结构。设计时需充分考虑地质条件、地下水位、岩层特点等因素，确保工程长期安全
3	防水设计	地下工程面临较大的防水挑战，特别是在地下水位较高的地区。防水设计通常采用多层防水措施，包括防水混凝土、外包防水层等，确保地下建筑不受渗水侵害
4	灾害防护设计	地下空间的灾害防护是设计的重点，包括抗震、防火、防水及应急疏散设计。在地震多发区域，地下工程的抗震能力要求较高，设计时必须考虑不同灾害的影响，并提供应急预案和设施

2.4 城市地下空间智慧设计

2.4.1 概念

1. 智慧城市

智慧城市（Smart City）是一种通过信息技术和数据分析来优化城市管理、提高生活质量、实现可持续发展的城市模式。智慧城市的核心在于利用先进的技术手段，将信息和通信技术（ICT）、物联网（IoT）、大数据、人工智能等整合应用于城市的各个方面，从而使城市运行更加智能、高效和响应迅速。

在智慧城市中，信息技术的应用涵盖了城市的方方面面，包括交通管理、公共安全、能源管理、环境监测、医疗卫生、教育服务等。通过建立智能传感器网络和数据采集系统，城市可以实时监测和分析各种信息。例如，智能交通系统可以通过实时交通数据优化交通信号控制，减少交通拥堵；智能电网系统能够通过数据分析优化能源分配，提高能源利用效率；环境监测系统可以实时追踪空气质量和水质，及时预警污染事件。

智慧城市的建设不仅关注技术的应用，还强调与城市发展战略、社会需求和环境保护的协调。智慧城市的目标是提升城市治理的效率和透明度，增强市民的生活质量，并推动城市的可持续发展。通过智能化的管理和服务，智慧城市能够更好地应对城市化进程中的各种挑战，如人口增长、资源短缺、环境污染等。

总之，智慧城市通过将技术创新与城市管理相结合，致力于创造一个更加宜居、便捷和可持续的城市环境。

2. 地下空间智慧设计

地下空间智慧设计是将现代化信息技术、智能化系统与地下空间的规划、建设、运营相结合，以提高空间利用效率、优化管理流程、提升用户体验并增强安全性和可持续性的一种设计理念。这种设计充分利用大数据、物联网、人工智能等前沿技术，建立一个数字化、自动化和高度集成的地下空间管理体系。通过对地下环境的实时监测和数据分析，智慧设计能够动态调整空间的温度、湿度、通风、照明等环境参数，确保空间的舒适性和能源的高效利用。同时，智慧设计也注重在交通流量、人员疏散、应急响应等方面的智能优化，能够根据人流量和交通状况实时调整通道设置和调度方案，提升地下交通系统的运营效率。

在安全性方面，智慧设计通过物联网技术实现对地下设施的全方位监控，能够监测结构状态、识别潜在风险，并在发生紧急情况时自动触发预警系统，指导人群快速疏散。此外，智慧设计还注重地下空间的可持续发展，通过智能控制系统减少能源消耗、优化资源利用，如使用智能照明和节能通风系统来降低运行成本。最后，智慧设计可以为未来的扩展和改造提供灵活的数字化基础，便于进行远程管理和控制，减少人力需求，提升管理的精准度和效率。

智慧设计不仅限于技术层面的集成，还强调与城市地面空间的紧密联系和综合发展。它通过数字孪生技术实现地下空间与地上空间的虚拟建模，进行整体性的规划和模拟分析，以确保地下空间的功能与城市的总体布局相协调，避免出现规划冲突或资源浪费。因此，地下空间智慧设计不仅是对物理空间的优化，更是对城市资源的高效整合，为未来城市的智慧化发展奠定基础。

2.4.2 城市地下空间智慧设计要求

1. 总的要求

城市地下空间智慧设计的总体要求主要包括优化空间利用、提高安全性、实现可持续发展和增强智能管理。首先，设计应充分考虑地下空间的多功能性，通过合理布局和规划，实现商业、交通、文化等多重功能的有机结合，以最大化其空间效益。同时，安全性是关键，设计必须整合先进的监测与防护系统，以应对可能的自然灾害和人造风险，确保人员和财产的安全。此外，设计应重视环境保护与资源节约，采用绿色建筑材料和可再生能源，促进地下空间的生态化发展，减少对地表环境的负面影响。最后，智能管理系统的集成是提升地下空间使用效率的重要环节，通过物联网、数据分析和智能化控制，实现对空间的动态管理和实时监测，从而优化运营和维护流程，提升用户体验。这样的综合设计理念不仅能够提升地下空间的使用价值，还能为城市的可持续发展提供强有力的支持。

2. 详细要求

（1）地下商业智慧设计要求。城市地下空间的商业智慧设计要求涉及多个方面，旨在提升地下商业环境的功能性、用户体验和运营效率。

城市地下空间的商业智慧设计要求可以分为以下几个方面：

1）空间布局与动线优化：设计需确保地下商业空间的合理布局和动线规划，优化商铺分布和顾客流动路径，避免拥堵，提升空间利用效率。智能导航系统和实时人流分析技术可以帮助顾客快速找到目标店铺。

2）环境舒适性：智慧设计应包括先进的通风、照明和温控系统，通过智能传感器实时监测环境参数，并自动调整系统以保持舒适的购物环境，提升顾客的舒适度，同时节能降耗。

3）安全性：设计需要集成智能监控和报警系统，包括视频监控、火灾探测器和紧急疏散指示系统。智能安全系统应能够实时检测和响应潜在的安全威胁，确保顾客和商户的安全。

4）能源管理与可持续性：智慧设计应包括智能化的能源管理系统，实时监控和优化能源使用，如照明、空调和电力，提升能源效率，降低运营成本。设计还应考虑使用节能设备和可再生能源，符合环保和可持续发展要求。

5）运营管理：集成智能化管理系统，包括自动化库存管理、销售数据分析和顾客行为分析系统，以帮助商户优化运营策略、提升销售业绩，并提供个性化服务。运营过程中可使用智能化的排队和支付系统，他们能够提高顾客的购物便利性，减少排队时间。

（2）地下交通智慧设计要求。城市地下空间的地下交通智慧设计要求涵盖了多个关键方面，以确保地下交通系统的高效、安全和可持续运行。具体要求包括：

1）智能交通管理系统：设计需要集成智能交通管理系统，包括实时交通监控、信号控制和数据分析功能。这些系统可以实时跟踪交通流量、调整信号灯配时，优化交通流，减少拥堵，并提高整体交通效率。

2）自动化控制与监测：地下交通系统应采用自动化控制技术，如自动驾驶列车、智能车库管理系统等。这些技术能够自动调节交通流量、提高车辆运行的安全性和效率，并减少人工干预。

3）智能停车管理：设计应包括智能停车管理系统，提供实时停车位信息、智能车位导航和自动收费功能。系统可以帮助驾驶员快速找到空闲车位，优化停车空间的使用，提高停车效率。

4）数据分析与优化：利用大数据分析技术对交通数据进行深度分析，识别交通模式、预测需求趋势，优化交通规划和管理策略。数据分析可以帮助制定更有效的交通政策和改进措施。

5）可持续发展：设计应考虑可持续发展，采用节能设备、环保材料和绿色技术，减少地下交通系统对环境的影响。例如，使用低排放车辆、优化能源使用等措施，以推动绿色交通发展。

通过这些智慧设计要求，城市地下交通系统能够实现高效、安全、舒适和可持续的运营，为城市交通提供强有力的支持。

（3）地下安防智慧设计要求。城市地下空间的地下安防智慧设计要求涵盖了确保地下环境安全、可靠运行的各个方面。具体要求包括：

1）智能监控系统：设计需集成高性能的视频监控系统，包括高清摄像头、全景摄像头和夜视功能。系统应能够覆盖地下空间的所有关键区域，并实现 24/7 实时监控，确保对潜在安全威胁的全面覆盖。

2）异常行为检测：利用人工智能和机器学习技术进行异常行为检测。系统应能够识别并自动警报可疑行为，如非法入侵、异常聚集等，从而及时采取必要的安全措施。

3）入侵检测与报警系统：安装先进的入侵检测系统，如红外传感器、门禁系统和运动探测器。这些系统应能实时检测未授权的进入尝试，并自动触发报警和通知安保人员。

4）火灾检测与应急响应：设计应包括智能火灾探测系统，如烟雾探测器、温度传感器和喷淋系统。系统应能实时检测火灾迹象，并自动启动灭火装置，同时发出警报并启动疏散程序，确保人员安全。

5）用户权限管理：设计应包括完善的用户权限管理系统，确保只有授权人员才能访问或操作安防系统。系统应能够记录和审计用户活动，防止未经授权的操作或数据篡改。

通过这些智慧设计要求，城市地下空间能够实现全面、智能的安全防护，保障地下环境的安全与稳定。

2.4.3 城市地下空间智慧设计应用的技术

1. 传感器与监测技术

传感器与监测技术在城市地下空间智慧设计中的应用至关重要，它们通过实时收集和分析各种环境数据来确保地下结构的安全和性能。这些技术涉及多种传感器类型，每种传感器都针对不同的监测需求。例如，温湿度传感器能够测量地下空间的温度和湿度变化，这对于控制地下环境中的微气候至关重要，以防止潮湿导致的结构腐蚀或霉菌滋生。压力传感器则用于监测地下结构的承载力和变形情况，这些数据可以帮助工程师评估地下结构的稳定性和安全性。此外，位移传感器可以测量地下建筑物或隧道的位移，实时跟踪任何潜在的结构移动，从而预警可能的安全隐患。

这些传感器的数据通常会通过物联网技术传输到中央监控系统，通过数据分析和处理，能够实现对地下空间的全面监控。例如，通过数据集成和分析，系统可以实时识别异常情况，如检测到过高的压力或不正常的位移，会触发警报，然后采取及时的维修或调整措施。此外，长期的数据积累还可以用于分析地下空间的长期变化趋势，为未来的维护和改造提供依据。

传感器与监测技术通过提供实时的、准确的环境和结构数据，增强了对地下空间的控制能力和响应速度，保障了地下设施的安全性和可靠性。

2. 物联网技术

物联网技术（Internet of Things，IoT）是一种通过互联网连接和交换数据的技术，使得各种物理设备能够智能地相互通信和协作。在物联网系统中，设备和传感器被嵌入到日常物品中，通过网络进行数据采集和传输。这些设备可以是各种传感器、执行器、智能设备等，能够实时监测和控制环境中的各种变量。物联网的核心思想是将物理世界的数据数字化，通过网络进行传输和处理，从而实现更智能的控制和管理。

在物联网系统中，每个设备都被赋予唯一的标识符，能够在互联网上进行识别和通信。例如传感器捕捉到的环境数据，如温度、湿度、压力等，会被实时传输到云端或数据中心。在这些中心，数据会被存储、处理和分析，从而生成有价值的信息。这些信息不仅可以用于实时监控和警报，还可以用于长期的数据分析，帮助优化系统的性能和效率。

物联网技术的优势在于其能够实现设备的智能互联和自动化管理。通过物联网，设备能够在没有人工干预的情况下，根据预设的规则或数据分析结果自动执行操作。例如，当传感器检测到环境参数异常时，系统可以自动触发警报、调整设备设置或启动应急程序。这种自动化和智能化的功能大大提高了系统的响应速度和处理能力，减少了人工操作的需要。

此外，物联网技术还支持远程监控和管理。用户可以通过互联网远程访问和控制设备，无论是从办公室还是家中，用户都可以快速地了解远端系统的运行状况，这种便捷性使得设备管理变得更加灵活和高效。

总体而言，物联网技术通过将设备智能化和互联化，实现了数据的实时采集和分析，提升了管理和控制的效率。这种技术的应用覆盖了从工业生产到智能家居、城市基础设施等多个领域，正在推动各行各业向更智能、更高效的方向发展。

3. 数据分析和人工智能技术

数据分析和人工智能（AI）技术在现代应用中扮演了越来越重要的角色，它们通过从数据中提取有价值的信息和模式，推动了智能决策和自动化的实现。在数据分析中，首先是数据的收集和整理，这是分析过程的基础。收集的数据可以来自各种来源，如传感器、用户行为记录、市场调查等。整理的数据需要经过清洗和预处理，以去除噪声和异常值，确保数据的质量和一致性。数据分析技术包括统计分析、回归分析、时间序列分析等，旨在揭示数据中的趋势、关系和模式。

统计分析帮助识别数据的基本特征和分布情况，例如均值、方差等；回归分析则用于探究变量之间的关系，并预测未来的趋势；时间序列分析则专注于处理按时间顺序排列的数据，分析其变化模式和周期性。这些分析方法能够提供对数据的深入理解，帮助做出基于数据的决策。

人工智能技术，尤其是机器学习和深度学习，进一步扩展了数据分析的能力。机器学习是一种使计算机能够从数据中学习并做出预测的技术，无需显式编程。它通过训练算法模型来识别数据中的复杂模式和关联，从而做出预测或分类。深度学习是机器学习的一种高级形式，利用神经网络模拟人脑的处理方式，能够自动从大量数据中提取特征，并进行复杂的模式识别，如图像识别、语音识别等。

AI 技术的优势在于其能够处理大量和复杂的数据集，提供高精度的预测和智能化的决策支持。例如，在金融行业，AI 可以用来预测市场趋势、检测欺诈行为；在医疗领域，AI 能够帮助分析医学影像、预测疾病风险。数据分析与 AI 技术的结合使得从海量数据中获取洞察变得更加高效和准确，为各行各业提供了强大的支持。

数据分析和人工智能技术通过深度挖掘和智能化处理数据，不仅提升了数据的利用价值，也推动了智能决策和自动化系统的发展，这些技术在提高效率、优化资源配置和改善决策质量方面发挥了重要作用。

4. BIM（建筑信息模型）技术

建筑信息模型（Building Information Modeling，BIM）技术是一种集成的数字化工具，用于创建和管理建筑和基础设施项目的详细信息模型。BIM 技术通过构建三维数字模型来反映建筑物的物理和功能特性，并在项目的整个生命周期中提供数据支持，从设计、施工到运营和维护。与传统的二维建筑图纸不同，BIM 不仅提供了建筑物的几何信息，还整合了材料、结构、设备和系统等多方面的数据，使得设计和管理过程更加全面和高效。

在 BIM 的应用中，设计师和工程师使用三维模型创建建筑物的详细虚拟表示。这些模型包含了建筑的各个组成部分，如墙体、地板、屋顶、门窗等，并且可以模拟建筑物的功能、性能和结构。这种三维模型能够实现可视化的设计，使各方利益相关者可以直观地了解建筑物的外观和布局，进行设计优化和方案验证。

BIM 的核心优势在于其集成和协作能力。通过 BIM 技术，不同专业的团队，如建筑师、结构工程师和机电工程师，可以在同一个数字平台上进行协作和信息共享。这种集成性减少了信息传递中的误差和遗漏，提高了设计的准确性和协调性。例如，结构工程师在进行结构设计时，可以实时查看建筑师设计的平面图，并与机电工程师协调，确保管道和电缆的布置不会与结构发生冲突。

此外，BIM 技术还支持建筑项目的生命周期管理。在施工阶段，BIM 模型可以用于施工规划、进度管理和施工模拟，帮助识别潜在的施工问题并进行预先调整。建筑物建成后，BIM 模型仍然具有重要作用，可以用于设施管理和维护。例如，维护人员可以通过 BIM 模型查看建筑物的维护记录、设备配置和系统图，帮助维护人员进行高效的维修和管理。

总之，BIM 技术通过创建详尽的三维模型和集成的信息平台，提升了建筑设计和施工的精度与效率，并为建筑物的运营和维护提供了有力的数据支持，这种技术不仅优化了建筑项目的各个阶段，还促进了跨专业的协作和信息共享，是现代建筑工程领域的重要创新工具。

5. 数字孪生技术

数字孪生技术在城市地下空间智慧设计中是一项关键技术，它通过创建地下空间的虚拟模型，将物理世界与数字世界紧密结合，实现对地下空间的实时监测、模拟分析和管理优化。数字孪生技术的核心是通过传感器、物联网设备等手段，获取地下空间中的实时数据，如结构健康状况、环境参数、设备运行状态等，并将这些数据输入到虚拟模型中，构建一个与现实世界同步更新的数字“孪生体”。

在智慧设计的背景下，数字孪生技术能够帮助规划者和管理者实现多维度的功能。例如，通过数字孪生模型，地下空间的设计与施工可以在虚拟环境中进行模拟与优化，预先发现潜在问题并调整设计，降低施工中的不确定性。同时，运营过程中，数字孪生可以实时反馈地下空间的使用状况，帮助管理者根据实际情况进行调整，如优化交通流量、调节通风系统或照明设备等。对紧急情况的响应能力也得到了提升，数字孪生可以模拟火灾、洪水等灾害发生时的动态变化，辅助应急预案的制定，并在实际事件中通过虚拟与现实的对比，实时优化应急措施。

此外，数字孪生技术还能为地下空间的维护提供智能化支持。通过对基础设施的实时监测和数据积累，数字孪生模型能够识别设施的老化情况、预测可能的故障点，从而进行预防性维护，避免突发故障造成的停运或安全隐患。同时，该技术为未来的扩展与改造提供了高度的灵活性，规划者可以基于数字孪生模型对未来的需求进行预测和模拟，设计出更加适应未来城市发展的地下空间方案。

总的来说，数字孪生技术为城市地下空间的设计、运营和维护带来了全新的智能化手段，它通过虚拟模型与物理空间的联动，打破了时空的限制，实现了更加精细化的管理和优化，为城市地下空间的智慧化发展奠定了坚实的基础。

城市地下空间智慧设计技术见表 2-3。

表 2-3　城市地下空间智慧设计技术

序号	类型	内容
1	传感器与监测技术	通过在地下环境中部署各种传感器，实时采集温度、湿度、压力、位移等环境和结构数据。这些数据通过物联网传输到中央监控系统，进行分析和处理，从而实现对地下空间的全面监控与管理
2	物联网技术	通过将传感器、设备和系统互联，实现数据的实时采集、传输和分析，进行智能管理和自动化控制
3	数据分析和人工智能技术	通过对传感器采集的大量数据进行处理和分析，识别环境变化、设备状态等模式，为安全管理和优化决策提供支持
4	BIM（建筑信息模型）技术	通过创建地下空间的三维数字模型，将建筑的几何信息、材料、结构和设备数据整合在一个平台上，实现设计、施工和运营的全生命周期管理
5	数字孪生	创建地下空间的虚拟模型，通过实时数据反馈，实现虚拟环境中的模拟和测试，帮助进行规划、管理和决策

2.5　本章小结

本章详细阐述了城市地下工程规划与建筑设计的基本理论、特点、原则及具体规划内容，并探讨了城市地下工程的建筑设计理论和智慧设计理念，并强调了在规划与设计过程中需要多学科融合、系统协调，才能有效支持现代城市的可持续发展目标。

城市地下工程规划作为城市总体规划的重要组成部分，涵盖了地下空间开发战略、功能、规模和形态的规划等内容。其核心在于合理利用地下空间，以支持城市可持续发展。在规划过程中，需注重保护和改善城市生态环境，兼顾远近需求，并遵循竖向分层、立体开发、横向空间联通以及地下工程与地面建筑协调配合的模式。规划对象主要包括城市中可用的地下空间资源，如广场、绿地、道路等下方空间，以及空地和一般建筑物的下部空间。总体上，地下工程规划需要与城市发展目标相契合，确保地下空间的开发利用与地上空间保持系统的协调发展。

在地下工程规划原则方面，规划应当以服务城市生产力的发展为导向，并与经济发展目标相一致；必须充分考虑实际情况，符合国情，同时考虑经济实力、技术水平、地质条件和城市需求的差异；建设要与环境保护相结合，避免对地下水流、土壤稳定性及城市生态系统造成破坏，并通过合理的地下停车场布局减少地面空间的压力。以上这些原则确保了地下空间开发能够有效服务于城市长期发展目标，并且有助于提升城市安全水平和综合承载能力。

城市地下工程建筑设计理论是一个综合性的多学科领域，涵盖地质工程、结构设计、施工技术、环境影响和城市规划等多个方面。设计的目标是通过科学合理的建筑设计，实现地下空间的安全、高效和可持续利用。城市地下工程建筑设计的步骤包括空间布局设计、结构设计、防水设计和灾害防护设计等多个方面，每一步骤都需要考虑地下特殊的地质条件、荷载要求以及环境的适应性，以确保工程的长期稳定性和安全性。

最后，城市地下空间智慧设计是未来发展的重要方向，结合信息技术、物联网、大数据和人工智能等手段，实现地下空间的智能监控、动态调节和自动化管理。智慧设计不仅关注基本功能，还包括如何在地下环境中有效管理能源、交通、环境等系统。智能化的监控和预警系统可以实时识别潜在风险，确保地下空间的安全与高效。智慧设计旨在提升地下环境的功能性和适应性，为未来城市的智能化和可持续发展提供支持。

思考题

1. 城市地下工程规划作为城市总体规划的重要组成部分，为什么需要考虑远近结合、全面规划、分步实施的原则？在实际操作中，这些原则如何具体体现？

2. 在城市地下工程规划的过程中，经济和技术条件是如何制约地下空间开发的？请结合实际案例分析这些制约因素对项目可行性的影响。

3. 城市地下空间的开发通常遵循“先开发地面空间，再开发上部空间，最后开发地下空间”的顺序。在这种开发顺序下，哪些地下空间资源常常被忽视或浪费？如何通过规划避免这些问题？

4. 结合文中提到的城市地下工程规划的三大特点（经济技术制约、建设环境影响、法律保障），分析在具体规划实践中，如何平衡这三者之间的关系，确保规划的顺利实施？

5. 在城市地下工程的总体规划中，地下交通系统、市政基础设施、地下商业和公共服务设施的布局应该如何协调，以最大化地下空间的利用效率？请提出具体的协调策略。

6. 城市地下工程建筑设计理论依托于地质工程、结构力学、材料科学、城市规划和环境科学等多学科。结合具体项目案例，说明这些学科在地下建筑设计中是如何交叉融合、相互支撑的。

7. 智慧城市概念在城市地下空间智慧设计中有何应用？请结合智慧设计的具体要求，分析物联网、大数据和人工智能等技术在地下交通和地下商业智慧设计中的实际应用效果。

8. 在城市地下工程建筑设计中，防水设计是一个关键环节。面对不同的地质和水文条件，如何选择和实施合适的防水措施，以确保工程的长期稳定和安全？请详细说明防水设计的步骤和注意事项。

参考文献

［1］刘波．城市地下工程［M］．北京：机械工业出版社，2020.

［2］刘鑫，洪宝宁．城市地下工程［M］．北京：中国建筑工业出版社，2020.

［3］姚海波，李鹏飞．城市地下空间概论［M］．北京：中国建材工业出版社，2022.

［4］张彬，刘艳军，李德海．地下工程施工［M］．北京：人民交通出版社股份有限公司，2017.

3 城市地下工程安全控制理论

城市地下工程的建设过程中，不仅会受到复杂的水文地质环境所带来的影响，还会受到工程技术、风险分析、决策能力等众多因素的制约。鉴于诸多不确定因素，地下工程施工期间，涌水涌砂、地表沉陷、周围建（构）筑物损坏等事故屡屡发生。因此，工程技术和研究人员持续开展有关地下工程施工安全控制的相关理论与技术的研究。本章将剖析城市地下工程安全的控制标准与控制举措，对地下工程施工安全控制理论的相关研究成果予以总结，并将从明挖法、浅埋暗挖法以及盾构法出发，对地下工程安全控制展开分析。通过对本章内容的学习，能够了解到城市地下工程的施工安全控制水准，增进对施工安全控制理论的学习。

3.1 城市地下工程施工事故的诱因及预防原则

3.1.1 施工事故的诱因

在城市地下工程施工进程中，存在诸多潜在的安全风险，致使施工事故屡屡发生。此类事故通常呈现为经济损失、工程工期的延误、人员的伤亡、社会负面效应以及生态环境的破坏等状况。地下工程的建设周期漫长，并且常常牵涉多个项目的同步开展，施工技术形式繁杂多样，再加上工程水文地质环境复杂且多变，致使施工过程中的不确定性显著提升，进而引发事故的频繁出现。

地下工程在建设方面呈现出投资规模庞大、施工工艺繁杂、施工周期冗长、周边环境多元、建筑材料多样以及施工设备众多等特性，所涉专业工种与人员数量庞大，具体体现为：工程建设所面临的工程地质与水文地质等自然条件具有复杂性；工程建设中所运用的机械设备、技术人员以及技术方案存在复杂性；工程建设的决策、管理和组织方案具有复杂性；工程建设周边环境（如建筑物、道路、地下管线以及周边区域环境等）呈现出复杂性。地铁及地下工程在建设期面临的风险具体涵盖工程地质勘察出现错误或失真情况，设计存在失误或遗漏项目，所执行的规范或设计存有问题，工程施工方案有误，施工设备发生故障，人员决策或操作出现失误，施工质量无法满足标准要求，施工工期出现延误等。

工程风险的形成源于致险因子（如施工技术、设备运行、施工操作等）在复杂的工程地质和水文地质环境中逐步积聚，并最终致使施工事故出现。具体而言，施工事故的诱发因素能够归结为以下三个方面。

1. 人员的不安全因素

人员因素是施工事故中最为关键的因素之一，它包括个体的心理、生理以及行为上的不安全因素：

（1）心理上的不安全因素：指施工人员在工作中由于性格、情绪、气质等心理特征，可能产生的不利影响。例如，焦虑、紧张、疲劳等心理状态下，人员更容易出现操作失误。

（2）生理上的不安全因素：包括视觉、听觉等感觉器官的障碍，体能的衰退，年龄或健康状况不适合当前作业的情况等，这些生理因素往往会影响人员的判断力和操作能力。

（3）行为上的不安全因素：指施工人员在作业过程中出现的违规操作行为，如忽视安全警告、不正确使用个人防护用品、使用不安全设备、误操作机械设备、进入危险区域等，这些行为都可能直接导致施工事故的发生。

2. 物的不安全状态

物的不安全状态主要指施工现场的设备、设施、工具等存在的缺陷或不良状态：

（1）安全防护装置的缺失或缺陷，如施工现场缺少必要的安全护栏、安全网等防护装置，或已有的防护装置存在设计或安装上的缺陷，无法起到应有的防护作用。

（2）设备、设施、工具的缺陷，包括机械设备的老化、工具的磨损或故障、设施的不完善等，这些缺陷可能导致设备或工具在使用过程中出现故障，从而引发事故。

（3）个人防护用品的缺少或缺陷，如施工人员未配备必需的安全帽、安全带等防护用品，或所配备的防护用品存在质量问题，无法有效保护施工人员的安全。

（4）施工场地环境的不良，包括施工现场布置乱、光线昏暗、通风不良、交通阻塞、材料堆放混乱等，这些不良环境不仅增加了施工人员的工作难度，还可能直接导致安全事故的发生。

3. 管理上的不安全因素

管理上的不安全因素通常表现为对施工过程的管理不到位或管理失误。

（1）施工方案的管理失误，如施工方案设计不合理、技术措施不完善、结构设计存在缺陷等，这些管理失误可能导致施工过程中出现不可预见的安全隐患。

（2）现场管理的缺陷，包括施工作业现场环境的管理不善、对施工人员缺乏有效的安全教育和培训、对施工过程中的安全检查不严等，这些管理上的缺陷往往是事故发生的主要原因之一。

(3) 操作规程和工艺过程的管理失误：如未严格遵循操作规程进行施工，或对工艺过程中的安全控制措施不力，可能导致施工过程中出现意外事故。

3.1.2 施工事故的预防原则

针对城市地下工程施工中潜在的安全风险，预防施工事故的发生是安全管理工作的核心目标。以下四项原则是预防施工事故的基本原则：

(1) 可能预防原则。与自然灾害不同，城市地下工程施工中的安全事故大多是可以通过有效的预防措施加以避免的。要实现事故的预防，必须做到防微杜渐，将防患于未然作为安全管理工作的重中之重。这意味着不仅要考虑事故发生后的应对措施，更要在事故发生之前就制定并实施相应的预防措施。通过对以往事故原因的深入分析，可以发现，许多事故的发生并非不可避免，而是由于缺乏有效的预防对策导致的。因此，在地下工程施工安全管理中，应把重点放在事故预防上，全面落实“安全第一、预防为主”的方针。

(2) 偶然损失原则。偶然损失原则强调，事故发生的后果（如人员伤亡、经济损失等）通常具有随机性和不可预测性。即使是同类事故，其损失的程度和性质也可能因具体情况的不同而有所差异。这种偶然性使得我们在制定安全对策时，不能仅仅依赖于事故发生后的补救措施，而是要尽可能地预防事故的再次发生。只有通过对各类事故的重视和有效控制，尤其是对险肇事故的有效管理，才能真正减少事故损失的发生。

(3) 继发原因原则。继发原因原则指出，事故的发生往往是多个因素相互作用的结果，这些因素之间通常存在因果关系。事故原因可以分为直接原因和间接原因。直接原因是在时间上最接近事故发生的因素，通常包括物的不安全状态和人的不安全行为。间接原因则包括技术、教育、身体、精神和管理等方面的缺陷。如果事故的根本原因没有被彻底消除，那么类似的事故很可能会再次发生。因此，为了有效预防事故的发生，必须从根本上消除所有可能引发事故的因素。

(4) 选择对策原则。为了防止施工事故的发生，通常采用技术对策、教育对策和管理对策三种方法。

1) 技术对策：在地下工程施工过程中，应对所有潜在的危险源进行深入研究，预估事故发生的可能性，并从技术上制定预防对策。这包括对施工工艺、材料、机械设备、地质条件等的全面分析和控制，确保施工过程的安全性。

2) 教育对策：安全教育是提高施工人员安全意识和技能的重要手段。通过系统的安全知识培训，使每一位施工人员都能认识到安全施工的重要性，并具备识别和应对施工风险的基本能力。

3）管理对策，是通过制定和实施严格的管理制度，对施工过程进行全面的安全管理。这包括安全审查、设计评估、竣工验收、安全检查、风险评估等一系列管理措施，以确保施工过程的安全性。

地下工程施工阶段是施工事故预防的关键阶段，也是施工事故能否得到有效控制的关键。随着工程进展，诱因在不断变化，各项事故的发生概率及其损失也在不断改变。因此，工程的施工阶段事故预防原则应以先期各阶段完成的风险管理为基础，进行风险的动态管理与控制。

在工程可行性研究阶段，应对可能采取的工程施工方法加以对比选择与风险分析。目前，地铁及地下工程的施工方法主要分为三大类：明挖法、暗挖法、明暗结合开挖法。针对建设工程类型和特点，可同时有多种施工方法供选择。施工方法选择不当可能会发生重大事故，引发严重的安全、经济、环境和工期风险。综合考虑地铁及地下工程的建设工程规模、水文地质条件、邻近地下及地面环境等因素，从施工方法的可实现性、安全性、适应性、技术性和经济性，工期进度及对周围环境影响等因素进行综合分析，选择合适的施工方法，以期最大程度地控制和减少风险，避免因施工方法不适合所引起的工程风险。主要考虑工程初步设计中水文地质条件、地层物理力学参数取值、结构设计计算模型的采用等方面存在的不当或失误，对由此可能导致的风险事故进行分析。针对不同的风险等级，建设单位和设计单位可采用调整初步设计方案、补充地质勘探、对新技术进行试验研究等措施规避风险。

3.2 城市地下工程施工控制指标与标准

3.2.1 施工控制指标

在城市地下工程施工中，安全控制指标是确保施工过程安全的重要保障。这些指标用于监测工程的关键参数，帮助施工管理人员及时发现潜在的安全隐患并采取相应措施。根据不同的工程类型，施工控制指标可以分为基坑工程和隧道工程的控制指标。

1. 基坑工程的安全控制指标

（1）支护结构的位移和内力。

1）水平位移和竖向位移。基坑围护结构在施工过程中容易受到周边土体和地下水压力的影响，导致位移的发生。控制水平位移和竖向位移是确保基坑稳定性和周边建筑物安全的关键。

2）支护结构的深层水平位移。监测支护结构的深层水平位移有助于了解土体的应力变化及支护结构的受力状态，从而预防基坑失稳。

3）立柱的竖向位移。立柱是支撑基坑的重要构件，其竖向位移的控制直接影响基坑的稳定性及施工安全。

（2）岩土体变形和内力。

1）地表竖向位移，常用来反映基坑开挖对周边地面的影响，过大的沉降可能导致地表裂缝或周边建筑物的破坏。

2）坑底隆起，主要是由于基坑开挖后土体应力重分布引起的，过大的隆起可能导致基坑失稳。

3）土体分层竖向位移。通过监测土体在不同深度的竖向位移，可以判断土体的整体稳定性，防止局部失稳。

（3）周边环境的控制。

1）周边建筑的位移，包括竖向位移、倾斜位移和水平位移等，这些指标用于评估基坑开挖对周边建筑物的影响，防止建筑物因基坑施工而损坏。

2）地表裂缝监测。地表裂缝的出现通常是基坑开挖导致的地表沉降或建筑物位移的早期表现，及时监测并处理裂缝能有效防止事故的扩大。

3）周边管线的变形。基坑施工可能对地下管线产生不利影响，监测管线的变形有助于避免管线破裂或泄漏带来的次生灾害。

基坑工程的变形指标直接反映支护结构工作状态。基坑变形控制标准应根据基坑支护本身的变形承受能力和周边环境对附加变形的承受能力综合确定。由于我国各地区地质条件和经济发展水平差异较大，现行国家标准《地铁设计规范》GB 50157—2013 和行业标准《建筑基坑支护技术规程》JGJ 120—2012 对基坑变形控制指标均没有明确规定，但是基坑的变形控制指标对基坑支护结构造价影响很大。若变形控制指标太严格，会导致支护结构造价大幅上升；若变形控制指标较宽松，又会带来安全隐患。例如，针对安全等级为一级的基坑，其地面最大沉降量≤0.1%H，支护结构最大水平位移≤0.14%H。然而实际工程中，相当数量的基坑监测变形数据超过了上述标准，导致基坑施工安全频繁报警，但实际工程并未发生险情。各工程在设计过程中为了满足上述严格的变形控制标准，可能需要采取地基加固、降水、加大支护桩（墙）刚度或加大支撑刚度等措施，导致了不必要的工程浪费。基坑变形控制标准应综合考虑地质条件、周边设施使用现状及变形限值合理确定。当基坑周边环境没有明确的变形控制标准时，可参考现行国家标准《城市轨道 交通工程监测技术规范》GB 50911 的相关规定。针对使用型式最广泛的桩、墙式围护结构，其变形控制指标可参见表 3-1。

表 3-1　桩、墙式基坑支护结构变形控制指标

环境保护等级	土地类型	支护结构最大水平位移允许值/mm	地表最大沉降允许值/mm
一级	坚硬~中硬土	0.15%H，且≤30	0.15%H，且≤30
	中软~软弱土	0.20%H，且≤35	0.20%H，且≤40
二级	坚硬~中硬土	0.30%H，且≤40	0.25%H，且≤35
	中软~软弱土	0.40%H，且≤50	0.30%H，且≤50
三级	坚硬~中硬土	0.40%H，且≤50	0.50%H，且≤40
	中软~软弱土	0.70%H，且≤60	0.60%H，且≤60

注：H 表示基坑从自然地面至坑底的设计开挖深度，单位：m。

2. 隧道工程的安全控制指标

（1）隧道本身的安全控制。

1）隧道沉降及水平位移：隧道结构在施工过程中可能发生沉降和水平位移，过大的位移可能导致隧道衬砌开裂或变形，影响隧道的使用寿命和安全性。

2）隧道断面收敛变形，是隧道围岩压力作用下的典型表现；控制断面收敛变形可以有效防止隧道坍塌。

3）隧道轴线偏移控制。隧道施工过程中，由于地质条件或施工误差，隧道轴线可能发生偏移，控制轴线偏移是保证隧道施工精度的重要指标。

4）隧道内表面平整度。隧道内表面的平整度不仅影响行车舒适性，还关系到隧道衬砌的受力状态和耐久性，平整度控制是隧道施工质量的重要指标。

5）隧道内有害气体含量。隧道内施工时，可能会产生有害气体，如二氧化碳、一氧化碳、甲烷等。监测这些有害气体的含量，确保其在安全范围内，是保障施工人员健康和隧道施工安全的重要措施。

（2）岩土体变形控制。

1）地表沉降。隧道开挖可能引起地表沉降，尤其是在城市地下工程中，这类沉降可能对地面建筑物和基础设施造成严重影响，必须严格控制。

2）土体沉降和位移。监测土体沉降和位移有助于评估隧道开挖对周边土体的扰动程度，及时发现和处理潜在的地质灾害。

3）土体应力及孔隙水压力。隧道开挖过程中，土体应力和孔隙水压力的变化是影响隧道稳定性的重要因素。通过监测这些指标，可以预判隧道围岩失稳的风险，采取相应的支护措施。

（3）周边环境控制。

1）周边建筑的竖向、倾斜位移。隧道施工可能引起地表和建筑物的位移，特别是

在城市密集区，必须严格控制建筑物的竖向和倾斜位移，以防止建筑物开裂或倒塌。

2）地表裂缝和周边管线的变形。隧道施工可能导致地表裂缝产生，影响地面建筑物和道路的安全，同时也可能影响地下管线的稳定性，导致管线破裂或泄漏，必须进行全面的监测和管理。

针对隧道工程，其变形控制指标可参见表3-2。

表3-2　隧道工程控制指标临界施工状态下的范围及数值

控制指标	累计值/mm	变化速率
地面沉降	+10～-30	3mm/12h
隧道沉降	30	3mm/d
隧道结构内部收敛	0.2%D	10mm/d
管片接缝张开度	2～6	—
管片错台	4～8.5	—

注：D为隧道外径，"+"表示隆起；"-"表示下沉。

3.2.2　施工控制标准

施工控制标准的制定是基于施工控制指标的监测数据，它在施工过程中起着指导性作用。合理的施工控制标准不仅能够保证施工安全，还能够提高施工效率，降低工程成本。施工控制标准的制定和实施需要考虑以下几个方面：

（1）基于工程重要性的控制标准。

1）高安全等级要求的工程。对于关系到公共安全和重大经济利益的工程，如地铁、地下商场等，其施工控制标准应严格设定，确保绝对安全。

2）中等安全等级要求的工程，如城市地下停车场、一般市政隧道等，这类工程的安全等级相对较低，但仍需考虑施工对周边环境和设施的影响，控制标准应在安全和经济性之间取得平衡。

3）低安全等级要求的工程，如临时性地下工程或影响较小的工程，这类工程的控制标准可以相对放宽，但仍需满足基本的安全要求。

（2）结合地质条件的控制标准。

1）复杂地质条件下的控制标准，如软土、膨胀土、岩溶区等地质条件复杂的地区，施工控制标准应更为严格，以防止地质灾害的发生。

2）简单地质条件下的控制标准。在地质条件相对简单、稳定的地区，如硬岩区，控制标准可以适当放宽，但仍应考虑突发情况的应急预案。

（3）施工阶段的控制标准。

1）开挖阶段，是地下工程施工中最为关键的阶段之一，控制标准应侧重于土体变形、支护结构内力的控制，确保施工安全。

2）在支护和衬砌阶段，控制标准应侧重于支护结构的变形和材料质量的控制，确保结构的稳定性和耐久性。

3）在施工的收尾阶段，控制标准应包括地表沉降的回弹、地下水位的恢复及周边环境的复原等，确保工程的长久安全。

（4）应急控制标准。

1）风险预警标准。设定合理的预警标准值，当监测数据接近或达到预警标准时，应立即启动应急预案，采取相应的安全措施。

2）事故应急标准。当施工过程中出现突发事故（如基坑坍塌、隧道漏水等），应根据事先设定的应急标准迅速采取措施，减少事故对工程和周边环境的影响。

3）在安全风险管理和监控量测中，对量测结果应采取三级预警管理制度（表3-3）。根据不同阶段采取相应控制措施对重点风险源，一般在采取上述行业通用标准的同时，通过专业检测、监测或咨询单位对其进行专项风险评估，以确定最终的控制标准。

表3-3　三级预警状态判定

预警级别	预警状态描述
黄色（预警）	实测位移的绝对值和速率值双控指标均达到极限值的70%～85%时，或双控指标之一达到极限值的85%～100%而另一指标未达到该值时
橙色（报警）	实测位移的绝对值和速率值双控指标均达到极限值的85%～100%时，或双控指标之一达到极限值而另一指标未达到时，或双控指标均达到极限值而整体工程尚未出现不稳定迹象时
红色（控制）	实测位移的绝对值和速率值双控指标均达到极限值；还出现下列情况之一时：①实测的位移速率出现急剧增长；②隧道或基坑支护混凝土表面已出现明显裂缝，同时裂缝处已开始流水

3.3　城市地下工程施工安全形态分级与评价

3.3.1　施工安全形态分级

在城市地下工程施工中，安全形态分级是评估和管理施工风险的重要手段。通过对施工过程中存在的各种风险因素进行分析和分级，可以帮助管理人员更好地掌握工程的安全状态，并采取相应的安全控制措施。

施工安全形态的分级通常依据事故发生的概率、后果的严重性、环境影响等因素，将施工过程中的安全状态划分为不同的等级。常见的施工安全形态分级标准见表3-4。

表3-4 常见施工安全形态分级标准

风险等级	事故发生概率	事故造成后果
低风险等级（安全状态）	事故发生概率低	此等级下，事故发生的可能性极低，施工过程基本处于可控状态。通常情况下，只需按照常规的施工程序进行，适当加强监测和管理即可。 事故后果轻微，即使发生事故，其影响范围和损失程度也较小，对工程进度和周边环境没有重大影响
中风险等级（临界状态）	事故发生概率中等	此等级下，事故发生的可能性较高，施工过程中存在一定的安全隐患，需加强监测和管理，必要时调整施工方案以降低风险。 事故后果中等，事故一旦发生，可能会对工程进度、人员安全和周边环境产生较大影响，需采取针对性的安全措施进行防范
高风险等级（危险状态）	事故发生概率高	此等级下，施工过程中存在较大的安全隐患，事故发生的可能性很高，必须采取严格的安全措施，如暂时停止施工、调整施工方案、增加安全设施等。 事故后果严重，此类事故一旦发生，可能造成人员伤亡、重大经济损失、工程延误或环境破坏，需立即启动应急预案，采取紧急措施
极高风险等级（危急状态）	事故几乎必然发生	此等级下，施工过程已处于极度危险状态，事故发生的概率几乎为100%。此时应立即停止施工，进行全面的安全检查和整改。 事故后果极其严重，一旦发生事故，可能导致施工人员大量伤亡、工程彻底失败或严重的社会影响，需采取最高级别的应急响应措施

3.3.2 施工安全形态评价

施工安全形态评价是通过对施工过程中可能存在的安全问题进行系统分析，评估施工的安全性，并提出相应的改进措施。施工安全形态评价不仅仅是对当前施工状态的判断，还包括对未来可能发生的安全问题进行预测和防范。常用的施工安全形态评价方法见表 3-5。

表 3-5　常用施工安全形态评价方法

定性分析法	专家评估法：通过组织专家对施工现场的安全状况进行综合评估，提出改进建议。专家评估法适用于对复杂工程项目的安全性进行初步判断
	失效模式与影响分析法（FMEA）：此方法通过识别施工过程中可能出现的失效模式及其影响，分析其对工程安全的潜在威胁，并制定相应的预防措施
定量分析法	概率风险评估（PRA）：通过计算施工过程中各种风险事件发生的概率及其后果，量化施工安全性，帮助管理人员制定科学的风险防控措施
	模糊数学综合评判法：此方法通过模糊集合理论，对施工过程中存在的模糊性和不确定性进行综合分析，评估施工安全性
半定量分析法	事故树分析法（FTA）：通过构建事故树模型，分析施工过程中可能导致事故的各种因素及其相互关系，识别关键风险点，提出控制措施
	事件树分析法（ETA）：此方法通过构建事件树模型，分析施工过程中可能发生的各种事件及其后果，评估不同事件序列下的安全性
综合分析法	层次分析法（AHP）：综合利用定性和定量分析方法，通过构建层次结构模型，对施工安全性进行系统评价。该方法适用于复杂工程项目的综合安全评估
	蒙特卡罗模拟法：通过模拟不同施工条件下的风险事件发生过程，评估施工安全性，并根据模拟结果调整施工方案

施工安全形态评价的结果可以为施工管理提供科学依据，帮助制定更为有效的安全管理策略和应急预案，确保施工过程的安全性和顺利进行。

3.4　城市地下工程施工安全即时反馈方法

随着城市地下工程施工技术的不断发展，施工项目的规模和复杂性日益增加，安全管理面临的挑战也越来越大。为了应对这些挑战，施工安全即时反馈方法成为一种重要的手段。通过实时监测和数据反馈，可以及时发现施工过程中出现的安全问题，并迅速采取相应的措施，避免事故的发生。

施工安全即时反馈方法主要分为两类：理论反馈法和经验反馈法。理论反馈法基于实时监测数据的理论分析，而经验反馈法则依赖于历史工程经验的总结与应用。以下分别对这两种方法进行详细说明。

3.4.1 理论反馈法

理论反馈法是基于施工过程中实时监测数据的理论分析，通过与设计参数的比较，及时调整施工方案，确保施工的安全性。理论反馈法通常包括以下两种形式：

(1) 直接反馈法。

本方法通过对施工参数的即时修正保障工程安全，主要实施方式包括：

1) 实时数据比对：在施工过程中，实时监测数据与设计参数进行比对，当发现较大偏差时，立即采取措施调整施工方案。直接反馈法特别适用于那些对安全要求较高的工程项目，如地铁、隧道等。

2) 参数修正：根据施工过程中收集到的实时数据，修正设计中的关键参数，确保后续施工的安全性和准确性。例如，在隧道开挖过程中，根据围岩的实时变形情况，调整支护设计的参数，从而确保隧道的稳定性。

(2) 间接反馈法。

本方法适用于地质条件复杂的软土隧道等工程，通过逆向分析优化工程模型，主要实施方式包括：

1) 反演分析：通过施工过程中监测到的数据，反算出施工过程中地质条件、支护结构受力等的实际情况，并据此调整施工方案。间接反馈法适用于地质条件复杂、施工难度大的工程项目，如软土隧道、地下空间开发等。

2) 模型更新：间接反馈法还包括对原有设计模型的更新和优化，根据施工过程中的实际监测数据，不断修正和完善设计模型，使之更符合实际情况。

3.4.2 经验反馈法

经验反馈法是一种基于以往工程经验的反馈方式，通过对历史数据的分析和总结，提炼出适用于当前工程的安全控制措施和标准。经验反馈法包括以下几个方面：

(1) 工程类比法。

工程类比法是一种基于以往类似工程经验的分析方法，用于指导当前工程的设计和施工安全管理。其核心思想是通过比较当前工程与历史上具有相似地质条件、结构特性或施工方式的工程，借鉴过去的经验和教训，以预测潜在风险、制定应对措施，从而提高施工的安全性和管理效率。

具体来说，工程类比法包括两个主要方面：

1）历史数据分析：通过分析类似工程的历史数据，提炼出当前工程可参考的安全控制措施。例如，在同一地质条件下施工的隧道工程，可以借鉴以往工程的支护设计和施工方法。

2）经验公式应用：根据以往工程总结出的经验公式，预测当前工程中可能出现的安全问题，并提前制定防范措施。经验公式的应用可以大大提高施工管理的效率和准确性。

（2）类比判断法。

类比判断法是一种通过比较当前工程与历史上类似工程的经验，从而进行风险分析和判断的方法。其核心思想是利用已有的类似工程经验，识别潜在的安全风险、施工难题或挑战，以指导当前项目进行风险预防和控制。

具体来说，类比判断法包括以下内容：

1）类似工程对比：将当前工程与类似的历史工程进行对比，分析它们在施工过程中可能面临的风险和挑战，并借鉴类似工程中成功的经验和教训。

2）风险预测：通过对比分析，判断当前工程可能出现的风险，并提前采取措施进行防范，避免类似事故的发生。

3.4.3 实时监测与反馈系统

在城市地下工程施工中，实时监测与反馈系统是实现即时反馈的核心技术手段。通过先进的监测设备和数据传输系统，施工管理人员可以随时掌握施工现场的安全状态，并根据监测数据及时调整施工方案。

1. 监测设备

（1）传感器布置。在施工现场布置各种传感器，如位移传感器、应力传感器、温度传感器、气体传感器等，用于实时监测施工过程中各项关键参数。

（2）自动化监测系统。利用自动化监测系统，实时采集和传输施工现场的监测数据，并将数据上传至中央控制系统，供管理人员分析和使用。

（3）数据传输与处理。

1）无线传输技术：通过无线传输技术，实现现场监测数据的实时传输，确保数据的及时性和准确性。

2）数据处理与分析：利用大数据分析技术，对监测数据进行实时分析，发现潜在的安全隐患，并生成反馈报告，提供给施工管理人员参考。

2. 反馈机制

（1）预警系统。建立施工安全预警系统，当监测数据超出设定的安全阈值时，系统会自动发出预警，提醒管理人员采取紧急措施。

（2）即时调整。根据反馈数据，施工管理人员可以即时调整施工方案，如改变开挖顺序、增加支护措施、调整施工进度等，以确保施工安全。

3.5 施工技术安全控制

3.5.1 明（盖）挖法施工安全策划重点

明（盖）挖法施工过程中的五个阶段包括前期准备阶段、围护桩（墙）施工阶段、降水施工阶段、土方开挖及支撑施工阶段，以及地下建筑回填阶段。以下是对每个阶段的详细总结：

1. 前期准备阶段

前期准备阶段是确保基坑工程顺利进行的基础，主要包括以下几个方面：

（1）图纸准备。基坑施工必须基于主体结构的设计资料，这些资料包括建筑总平面图、建筑和结构平面图、建筑和结构剖面图，以及基础或桩基设计资料。这些资料是确定基坑与红线、周边环境的距离关系以及施工顺序的重要根据。

（2）地质资料收集。地质资料是基坑支护型式、开挖方法、降水方法及地基加固方法设计的关键依据。必须详细了解基坑所处地层的构成、土层分类、土的参数、地质剖面图及勘探点地质柱状图，以确保设计的可靠性和施工的安全性。对特殊地层的工程，如软土基坑工程，还需进行额外的土工试验，查明膨胀性、湿陷性、触变性、冻胀性、液化势等不良特性参数。

（3）周边环境保护。随着城市化进程的加快，基坑工程规模越来越大，施工时必须考虑对周边建筑物、管线以及其他设施的影响。在施工前应进行周边环境的详细调查，了解邻近建筑物、隧道、防汛墙、地下综合管廊等设施的结构、埋深、材料、尺寸和保护要求，以便为施工提供必要的保护设计。

（4）施工工艺确定。需要对支护工艺、开挖工艺、辅助工法工艺等进行详细的分析，对基坑阳角、明暗挖结合处、支护体系转换处等关键部位进行风险分析，以确保施工的安全性。

（5）施工方案制定。合理的施工方案是基坑施工安全的保证，主要包括土方开挖顺序、降水施工、施工设备选用及施工场地布置等内容。

（6）应急预案制定。项目部应设立应急领导小组，负责事故应急救援的指挥、救援布置、实施、监督和事故处理工作，并定期进行应急预案演练，以确保在紧急情况下能够高效、有序地开展救援工作。

（7）监测方案。基坑开挖过程中应采取相应的监控保护措施，确保边坡的稳定性和基坑施工的安全。监测点应得到良好的保护，尤其是水位、轴力、测斜等关键监测点位，确保监测数据的连续性和可追溯性。

2. 围护桩（墙）施工阶段

围护桩（墙）施工阶段是基坑支护系统的重要组成部分，主要内容包括：

（1）重型施工道路。施工现场的道路布置、材料堆放、车辆行驶线路等，必须符合设计控制荷载要求。道路应具有足够的承载能力，通常包括坑外道路、坑内土坡道路、坑内栈桥道路等。对于临时性使用的道路，可以采用铺设路基箱作为路面结构。

（2）大型机械管理。施工过程中应经常检查成槽机、卷扬机、起重机等设备的磨损情况，并按规定及时更新，确保机械设备的安全性。

（3）成孔（槽）施工。围护桩和墙体施工的关键在于保持孔壁槽壁的稳定性，防止塌方。施工时应严格遵守操作要求，保持设备的正常运转，并对泥浆护壁、地下水位等因素进行有效控制。

（4）槽壁稳定措施。为确保槽壁的稳定性，可以采取槽壁加固、加强降水、泥浆护壁、周边限载、导墙选择等措施，预防塌方、管涌、流砂等施工风险。

（5）钢筋笼吊装。钢筋笼的吊装过程中，需严格控制吊车与孔边的距离，确保吊具、钢丝绳等设备的完好性，避免因设备故障导致的施工事故。

（6）钢结构吊装。钢支撑通常不采用重叠连接，而是采用平面刚度较大的同一标高连接，确保钢结构的受力可靠性。吊装过程中，需根据支撑的跨度、长度采用适当的吊装方法，以快速形成支撑，确保基坑的安全性。

3. 降水施工阶段

降水施工阶段是基坑开挖过程中控制地下水位的重要环节，主要内容包括：

（1）降水井打设。现场操作人员必须持证上岗，确保机械设备正常运行，施工人员必须佩戴安全帽，施工现场应设置防护装置或明显标志，避免施工过程中发生意外。

（2）承压水位控制。降压井的数量及井管深度应满足基坑开挖时降低承压水位的要求，抽水期间需专人观察周围环境，结合监测数据进行基坑动态分析，确保环境安全。

（3）排水设施。包括集水明排、集水井排水、人工井点降水、回灌排水等方式，需根据地质环境的不同，合理选择排水方法，确保施工过程中基坑内土体的干燥和稳定。

（4）封井。封井步骤包括垫层浇筑、套管安装、底板防水施工、底板混凝土浇筑、地下室墙顶板浇筑等环节，封井时需特别注意止水环的连续焊接和填充砂石级配的密实度，确保封井质量。

（5）井管拔除。需在地下结构物竣工后进行，拔除后的孔洞应立即用砂土填实，确保基坑底板的完整性和结构的稳定性。

4. 土方开挖及支撑施工阶段

土方开挖及支撑施工阶段是基坑施工的核心环节，直接关系到基坑的稳定性和安全性，主要包括：

（1）程序安排原则。施工程序应根据工程地形、地质特点及设计要求合理安排，确保工程质量、进度和安全性。

（2）开挖前准备工作。开挖前需对原始地貌进行复测，完成开挖区周边截水沟等排水工程的施工。

（3）土方分层开挖。基坑开挖应分层进行，开挖深度应根据支撑的位置和基坑的平面特点合理确定，采用“分块、对称”开挖的方法，限时完成支撑或垫层。

（4）边坡稳定。边坡的稳定性对基坑施工至关重要，放坡开挖时应严格控制放坡坡度和放坡平台宽度，并采取集水明排措施，确保边坡稳定。

（5）井管保护。降水施工时需做好井点管滤网及砂滤层结构，防止抽水带走土层中的细颗粒，确保井点管的正常使用，避免因井点管失效导致的施工事故。

5. 地下建筑回填阶段

（1）回填材料选择。确保回填材料符合设计标准，优先选择具有良好颗粒级配和抗压强度的材料。避免使用不合格或污染的土壤，确保材料的干燥和无有害物质。

（2）回填方法。采用分层回填的方法，每层厚度应控制在30~50cm范围内，具体根据材料类型和设计要求确定。每层回填后需进行适当的夯实，确保土体密实，防止后期沉降。

（3）压实度检测。在每层回填后，使用标准试验方法（如核密度仪或沙瓶法）进行压实度检测，确保压实度达到95%或设计要求。如发现压实度不达标，应立即进行补夯或重新回填。

（4）防护措施。在回填施工区域设置明显的警示标志，确保施工人员和周围行人的安全。配备必要的防护设施，如护栏和安全网，以防止意外事故发生。

（5）排水措施。确保地下结构周边的排水系统畅通，防止降雨或地下水渗入回填土中。在回填过程中，设置集水井或排水管道，以有效引导水流，保持土体干燥。

（6）检测与监测。定期对回填土进行沉降监测，设置监测点，观察沉降情况，确保回填后结构稳定。若发现异常沉降情况，需及时分析原因并采取相应措施，如加强排水或调整回填方案。

（7）施工记录与报告。详细记录每层回填的材料类型、厚度、压实度测试结果以及任何异常情况。施工结束后，形成完整的回填施工报告，确保后续工作的依据。

3.5.2 明挖法基坑施工风险源及控制措施

在明挖法基坑施工过程中，存在多种施工风险源。为了确保施工安全，需要针对每个风险源采取相应的控制措施。

1. 围护桩（墙）施工阶段

（1）风险源：

1）施工道路：存在路面开挖未及时设置护栏，堆土未及时清理，夜间施工无警示灯等安全隐患。

2）大型机械：大型机械进场时，可能存在吊装方案或管理流程缺失，指挥不当，操作不规范等风险。这些问题可能导致吊装事故，特别是在起重臂旋转半径内有人员作业时。

3）成孔（槽）施工：在成孔（槽）施工时，如果水泥搅拌池边或泥浆池边未设置防护措施，可能导致施工人员失足跌落。此外，泥浆参数控制不当可能引发孔壁塌孔。

4）吊装施工：主要风险包括多机抬吊、邻近架空线路或建筑物的吊装作业，尤其是SMW工法中H型钢的起拔作业。

5）围护结构：围护结构的施工缺陷可能导致基坑开挖时的渗漏、涌土、喷砂等现象。例如，地下连续墙垂直度超标、接缝错裂、SMW工法桩桩间空隙等问题。

（2）控制措施：

1）施工道路：在施工道路开挖后，必须及时设立护栏，并清理堆土。在夜间施工时，应设置明显的照明警示灯，并根据工程需要设置超高限制标志。

2）大型机械：大型机械进场前，需提前设计专项方案并完成审批。施工前，对操作人员进行安全生产教育，确保指挥信号明确，严禁违章操作。

3）成孔（槽）施工：在水泥搅拌池或泥浆池周围必须设置防护措施，成孔（槽）施工过程中，严格控制泥浆液位和参数，避免孔壁塌陷。浇筑混凝土前，孔口需加板并设置防护栏，同时设立警示标牌。

4）吊装施工：现场操作人员及指挥人员必须持证上岗，接受施工专业培训，统一指挥施工，严格管控多机抬吊的工况。SMW工法H型钢起拔施工需严格按照施工方案进行，严禁违章施工。

5）围护结构：地下连续墙施工时，需在接头处用接头刷连续清洗，防止夹泥和冷缝。注浆孔位应按设计要求设置并密封保护，注浆需达到设计要求后方可停止。成槽过程中的偏移应通过测斜仪和经纬仪监测和纠偏，确保垂直度要求。SMW工法施工时，需严格控制提升速度、水泥用量、喷浆均匀性和施工机械性能，相邻桩应连续施工，间歇不得超过24小时。

2. 降水施工阶段

（1）风险源：

1）降水井施工：在降水井施工阶段，地下障碍和空中管线未确认，井点管埋设不规范，施工用电不规范，技术人员未向作业人员交底等问题，可能导致施工安全隐患。

2）承压水控制：降水施工时，如果承压水控制不到位，可能引起坑外地面沉降、管线移位，甚至坑底管涌。

（2）控制措施：

1）降水井施工：冲孔前联系相关单位确认地下障碍和空中管线情况。埋设井点管前，需对施工人员进行安全教育和技术交底，施工过程中，操作人员应严格按照操作规程作业，起拔降水井时需设立专人指挥。

2）承压水控制：基坑降水必须由具备资质的设计单位进行深化设计，并经专家评估和有关部门审批。施工前需验算降水方案，预降水时间不少于15天。降水施工中应布设观察井，随时监测地下水位变化，采取分阶按需降水的方法，控制基坑周边地表沉降变化，出现异常情况时需立即采取措施。

3. 土方开挖及支撑施工阶段

（1）风险源：

1）土方开挖与放坡：如果分层高度、分块、开挖深度、地面超载等不符合设计要求，可能导致周边环境和地下管线的变形，引发安全隐患。此外，边坡留设不当、土体裂缝未及时处理，也可能导致滑坡。

2）基坑临边防护：基坑临边未设置防护设施，防护设施不牢固或不符合标准，可能导致施工人员坠落或其他事故。

3）支撑施工：支撑施工时，若支撑分段浇筑不符合设计要求，或混凝土垫层未达到要求强度上部施工，可能导致围护变形过大。

4）基坑监测：监测部位和频率不符合要求，测点保护不到位，支护设施变形未及时预警等问题，可能导致基坑失稳。

5）塔吊基础：塔吊基础设计方案不完备，基础承载力不足，焊接效果不佳，可能导致塔吊倾覆。

（2）控制措施：

1）土方开挖与放坡：土方开挖应遵循“分层、分段，对称、均衡、限时”的原则，控制每段的挖土长度和深度，设置纵坡，确保土体开挖综合纵向坡不陡于1∶1.5。开挖过程中，支撑安装与开挖应紧密配合，遵循“短开挖、快支护、严治水、勤测量、分层分段、先撑后挖”的原则，分段开挖并及时安装下层支撑，每段施工时间控制在12小时内。

2）基坑临边防护：围护结构、挖土洞口应设置围栏和防护网，基坑楼梯处设置扶手，防止坡顶重物下落。对“四口”加强防护措施，严格按《建筑施工安全检查标准》JGJ 59执行，设置防护栏杆，安装立网，预留口加盖防护。

3）支撑施工：基坑施工开挖应先撑后挖，跨度较大的基坑中部应设置格构钢柱和大直径钢管支撑搭接，增强横向支撑刚度。

4）基坑监测：施工前对相关人员进行技术交底，建立地面监测和信息反馈系统。重要管线处采取跟踪注浆措施，监测地面沉降情况，必要时继续注浆，直至地面沉降稳定。预备足够的机动设备，应对突发情况。

5）塔吊基础：塔吊基础设计单位需具备相应资质并提供完整设计方案，材料质量应严格把关，塔吊轨道基础需制定专项深化方案并验算，施工验收合格后方可使用。塔吊基础周围应设置排水设施和围护边坡。

4. 地下结构回筑阶段

（1）风险源：

1）大底板施工：若钢筋支架设置不当，可能导致工程安全隐患。

2）拆除工程（支撑拆除和分隔墙拆除）：在拆除支撑和分隔墙时，未设置警戒线或未按安全规程操作，可能导致施工事故。爆破作业时，管理不严密也可能导致意外。

3）防水处理：防水处理不当可能导致结构渗漏，影响后期建筑运营。

（2）控制措施：

1）大底板施工：必须制定钢筋支架设置方案，现场施工严格按计划方案进行，确保施工安全。

2）拆除工程（支撑拆除和分隔墙拆除）：施工前，技术人员需对施工人员进行技术交底和安全培训。拆除过程中严格按照施工方案进行，设置警戒线和安全立足点，爆破作业时严密管理爆破器材，确保周边安全。

3）防水处理：防水材料需严把质量关，混凝土配合比应优选，掺加磨细矿渣或粉煤灰及高效复合减水剂，提高混凝土的抗裂能力。防水混凝土应尽可能保持连续浇筑，施工缝处设“凹”形接缝和止水带。后续混凝土浇筑前，需对接缝进行凿毛，并涂刷素水泥浆。混凝土应及时养护，控制温度，防止裂缝产生。

通过对这些风险源的识别和采取相应的控制措施，可以有效降低明挖法基坑施工过程中可能出现的安全隐患，确保工程的顺利进行和施工人员的安全。

3.5.3 浅埋暗挖法安全策划重点

浅埋暗挖法施工过程复杂，存在较高的风险。施工中需要根据项目具体的地质条件，对不同的技术安全措施进行策划，以确保洞室施工安全；同时减小周边土体沉降，使洞室施工对周边地表与地下构筑物的影响最小化。

1. 前期准备阶段

1）确立项目施工安全目标。

2）制定、完善各项安全生产规范，根据不同部门、职级、工种的特点，制定相应的安全管理体系。并定期进行安全检查。

3）落实各级管理人员和操作人员的安全职责。

4）编制应急预案，明确应急抢险组织成员。

5）提高职工安全意识，做好相应的安全生产培训，制定相关制度和流程，树立“安全第一”的思想。

6）每一工序开工前，应制定详细的施工方案、完善施工措施，保证施工技术及安全工作的交底质量。

2. 超前加固阶段

1）勘查工程周边的水文地质情况。

2）了解工程项目周边建（构）筑物、地下管线、周边道路和交通情况，对环境保护方式进行分析策划。

3）确定超前支护措施的手段和安全施工措施。

4）确定降水方案、工艺参数和安全施工措施等。

3. 开挖支护施工阶段

1）确定掘进方式、开挖进尺和施工安全措施。

2）确定隧道内支护方式和施工安全措施。

3）安全使用主要施工机械。

4）施工衬砌使用的脚手架、工作平台、跳板、梯子等工具的承重应当在设计能力范围内。

5）对特大断面、受力复杂部位进行分析，对可能发生的安全风险进行识别。

6）确定施工监测方案、安全巡查内容等。

3.5.4 浅埋暗挖法施工风险源及控制措施

在浅埋暗挖法施工过程中，由于施工对土体的扰动不可避免，存在多种风险源。为了保障施工的安全与质量，需要对这些风险源进行识别和控制。以下是各类施工风险源及其对应的控制措施：

1. 自然环境风险及控制措施

（1）风险源：

1）地质风险：围岩的物理性质变化、抗震不利地段、溶洞、膨胀土等。

2）水文风险：未探明的暗河、流砂、突水、突泥等。

3）自然灾害：地震、泥石流、山体滑坡等。

（2）控制措施：

1）前期勘察设计：加强前期勘察，充分了解地质和水文条件，识别潜在风险点。采用模拟计算和实地监测结合的方法，优化设计方案。

2）实时监测：在施工过程中，通过实时监测地质和水文变化，及时调整施工策略，防止灾害发生。

3）应急准备：针对可能发生的自然灾害，制定详细的应急预案，准备充足的应急物资，如防塌设备、医用急救包等。

2. 技术及设备风险及控制措施

（1）风险源：

1）不合理的施工方案。

2）施工设备备件短缺或维修不当。

3）施工设备对工程的适用性不足。

（2）控制措施：

1）施工组织设计：根据工程实际情况，合理选择施工方法和设备，确保适用性和安全性。

2）设备维护与管理：定期检修设备，确保设备处于良好状态。准备充足的备件以应对设备突发故障。

3）技术培训：对操作设备的人员进行专业培训，确保正确使用设备，降低操作失误风险。

3. 施工作业风险及控制措施

（1）风险源：

1）浅埋暗挖法施工工艺复杂，在地层改良、超前支护、开挖支护等环节容易出现问题。

2）注浆孔设置不合理，造成地层改良效果不佳。

3）注浆压力或配比不合理，导致土层变形或逸浆。

4）超前支护钢管搭设不当，或开挖过程中地层大变形、塌方。

（2）控制措施：

1）地层加固与改良：合理设置注浆孔、注浆压力及配比，确保地层改良效果达到设计要求。

2）加强注浆施工监督，及时调整施工参数。

3）支护设计与施工：精确搭设超前支护钢管，并严格控制支护施工的角度和精度，避免对地层造成过大扰动。

4）开挖方法优化：选择适当的开挖方法，控制开挖进尺和关键工序间距，减少围岩扰动，防止塌方。

4. 周边环境风险及控制措施

（1）风险源：

1）在城市密集建筑区施工时，施工扰动可能对周边建筑物和设施造成影响。

2）施工引起的邻近建筑物沉降、开裂、倾斜。

3）影响邻近建筑物的正常使用功能，造成财产损失。

4）管线迁移困难，影响施工进度和安全。

（2）控制措施：

1）周边环境监测：在施工前和施工过程中，持续监测周边建筑物的沉降、开裂等情况。根据监测数据及时调整施工方案。

2）施工隔离与保护：对周边重要建筑物和设施进行支护加固，必要时采取隔离措施，避免因施工扰动造成损坏。

3）管线保护与迁移：提前规划并实施地下管线的保护或迁移方案，确保施工安全，减少对周边环境的影响。

5. 作业环境风险及控制措施

（1）风险源：

1）施工人员在半封闭环境中工作，面临有害气体、火灾爆炸、照明不足等风险。

2）地层中释放的有害气体对作业人员造成伤害。

3）可燃气体或瓦斯引发火灾、爆炸。

4）洞内照明不足，导致安全事故。

（2）控制措施：

1）有害气体监测：施工前检测作业环境中的有害气体浓度，确保通风系统正常运作，保持新鲜空气供应。

2）防火防爆措施：严格执行防火防爆规定，配备可燃气体探测仪和灭火设备，定期进行消防演练。

3）照明与安全标识：确保隧道内照明充足，设置安全标识，防止施工人员因能见度低而发生意外。

6. 管理风险及控制措施

（1）风险源：

1）管理风险主要来自工程各方管理水平的差异及沟通不畅。

2）施工现场各方通信不畅，导致协调不力。

3）安全措施落实不到位，材料供应不及时。

（2）控制措施：

1）加强沟通与协调：建立畅通的通信渠道，确保施工各方及时沟通与协调，统一指挥调度。

2）完善管理体系：制定详细的安全管理制度，明确各岗位职责，定期组织安全检查，确保安全措施落实到位。

3）供应链管理：加强材料、设备、成品和半成品的供应管理，确保施工进度和质量。

浅埋暗挖法施工过程中，存在多种风险源，包括自然环境、技术设备、施工作业、周边环境、作业环境和管理等方面。针对这些风险源，必须采取全面的控制措施，如加强前期勘察设计、优化施工组织与设备管理、强化安全技术措施、重视周边环境保护、完善管理流程等。通过系统的风险控制，确保施工安全，减少对周边环境的影响，提升整体工程质量。

3.5.5 盾构隧道施工安全策划重点

在盾构隧道施工过程中，由于涉及的安全管理内容较为广泛且复杂，因此必须在施工前制定详尽的安全策划，以确保施工过程中能够实施全面、有效的安全控制。以下从五个方面对盾构隧道施工安全的重点进行详细策划。

1. 明确安全管理目标

明确安全管理目标的主要目的是动员全体员工及分包单位，使所有参与者理解并执行这些目标。这不仅有助于建立统一的安全意识，还能确保施工过程中的安全管理措施得到有效落实。项目经理承担主要职责，负责组织制定、发布、评估和修改安全管理目标。

安全管理目标：

（1）轻伤事故：在10亿元产值的基础上，负伤频率不大于1人。

（2）生产安全事故：不发生一般及以上的各类生产安全事故。

（3）环境污染事故：无环境污染事故发生。

（4）投诉管理：无业主、社会相关方和员工的重大不良投诉。

2. 危险源和环境因素辨识和评价

为了有效控制事故和污染，项目部门必须在施工过程中识别潜在的风险和环境因素，并据此制定目标和管理计划。项目经理负责组织所有管理人员学习并识别各个领域中的危险源和环境风险因素。安全员汇总风险源分析结果，以确保关键部位处于受控范围内，并确定重要环境因素。

危险源和环境因素的辨识：项目经理负责分析施工过程中的所有活动（包括正常、定期和临时、紧急活动），以及所有进入施工现场人员的活动、现场材料、设施和设备的状况，逐一明确危险源和环境风险因素。

风险评价和环境因素评价：项目经理部组织人员对已辨识的危险源进行半定量评价，采用 $D=L\times E\times C$ 的方法进行风险评估。其中，风险等级为Ⅰ级和Ⅱ级的，以及被评定为Ⅲ级但列入《不可容许的风险及其危险源控制目标和管理方案》的，需进行重点控制。对于环境因素，采用评分法对其进行打分，并将评分线以上的项目列入《重要环境因素控制目标和管理方案》进行重点控制。

3. 风险控制措施内容的特别要求

根据现场施工安全管理策划，确保辨识出的危险源和环境因素相关的活动、人员、设施、设备始终处于受控状态，以从根本上控制和减小安全风险和重大环境因素。项目工程师（技术负责人）负责编制专项施工方案、施工安全措施，并制定关键部位的应急预案及响应程序，同时组织相关人员进行交底。技术员、施工员参与分部、分项工程的安全技术交底。安全员和环保员负责交底安全操作技术规程。

（1）管理要求：项目经理部根据施工组织设计方案，对照《危险性较大的分部分项工程及其重大危险源》划分表，勾选出该工程中危险性较大的分部分项工程，并编制专项安全施工方案，必要时需进行专家论证。同时，项目部需编制《不可容许的风险及其危险源控制目标和管理方案》，明确安全措施的交底、验收、检查、动态监控及相关方沟通的内容与要求。

（2）现场施工安全运行管理：对《不可容许的风险清单》中的所有风险进行重点控制管理。编制专项安全技术方案，并对现场作业人员进行交底。总包单位需对分包人员进行三级安全教育及进场安全总交底。严格按照采购管理要求，对防护设施及安全防护用品进行进场验收。审查项目管理人员及现场作业人员的执业资格能力，确保符合规定的安全培训要求。对进场的物资、小型设备等进行验收和标识，对大型设备的安装、拆除进行专职人员验收。

（3）文明施工及消防管理：制定文明施工措施和实施计划，保持工地的文明卫生。加强对周边地下管线的保护和监测，并与相关管线单位签订保护协议。根据现场实际情况配置灭火器材，并定期进行维护检查，动火时需按规定申报并进行专职监护。

（4）环境运行管理：施工废水、粉尘、噪声须按环境管理方案进行控制，确保符合国家和所在城市的排放标准。对现场出现的危险废弃物和可回收垃圾分类收集、堆放，并由专人记录和处置。危险化学品及危险仓库的管理需严格执行相关条例。

4. 资源配置计划

资源配置计划的目的是确保施工过程中所需的法律法规、人员、物资、设施设备、检测工具和劳防用品得到有效配置和管理。明确安全法律、法规、标准和其他要求的识别及获取相关管理内容。

项目安全工程师组织人员收集并确定适用于项目的相关法律法规和标准，安全员负责列出清单并保存。收集国家相关安全法、国务院部门发布的安全规定、住房城乡建设部发布的安全法规和标准，以及地方安全法规和要求，通过电话、传真等途径获取信息，并定期更新。

（1）技术、管理人员、分包单位和作业班组：

项目经理部应按组织结构配备相应岗位人员，执行相关职责。特殊情况下，可根据实际情况设置兼职岗位，但职责内容应予以覆盖。

分包单位的选择需严格按照公司内部招投标管理规定，选择合格的分包方。

作业班组根据施工周期变化随时调整，班组的安全管理应从进场三级安全教育后即开始实施。

（2）物资、设施、设备、检测器具和劳防用品：

对施工现场使用的机械设备进行统计、验收，并做好日常检查和保养记录。

对安全物资的采购、验收和使用过程进行严格把关和控制。

配备安全检测工具，对关键节点或部位进行检测，并定期进行计量。

根据《个人劳防用品发放管理规定》进行劳防用品的发放，分包单位参照执行。

5. 策划结果的修订和调整

策划结果的修订和调整旨在确保在施工过程中能够及时应对变化，保持安全管理的有效性。重点部位及主要环境因素变化时，应重新制定或修订相关管理计划及实施内容。以下情况需更新《不可容许的风险及其危险源清单》和《重要环境因素清单》：

（1）法律法规有变更时。

（2）添加或改造新设备时。

（3）在日常或专项安全检查中发现问题时。

（4）更改施工计划或方案时。

（5）发生意外事故，如自然灾害。

3.5.6 盾构隧道施工风险源及控制措施

1. 盾构隧道施工风险源

盾构施工由于其工艺特性所致，其施工所涉及的风险源可分为两个大类：一类是建筑工程普遍存在的风险源，另一类是由于其工艺的特殊性而存在的风险源。以下分别进行阐述。

（1）普通风险源：普通风险源是正常的建筑工程施工均有所涉及的风险源，包括中毒、物体打击、坍塌、起重伤害、机械伤害、车辆伤害、火灾、高处坠落、触电、爆炸、淹溺等。

（2）特殊风险源：特殊风险源是由于盾构法工艺带来的在施工过程中涉及的风险源，包括盾构始发（凿除洞门时出现涌土、流砂，洞口土体流失；盾构推进姿态不良；反力系统出现失稳）；盾构推进（掘进面土体失稳；推进过程中遇到障碍物；地面隆起变形；盾构出现涌土、流砂、漏水；盾尾密封装置泄露；盾构沉陷；盾构掘进轴线偏离设计轴线；管片破损；刀盘或土舱结泥饼；螺旋机喷涌）；换刀施工（掌子面漏水、涌砂、坍塌；人员伤害；障碍物）；盾构接收（凿出洞口时出现涌土、流砂；洞口土体流失；盾构卡住无法进洞）；大型设备吊装（吊车倾覆；吊物坠落）；穿越建（构）筑物［建（构）筑物发生不均匀沉降，造成建筑物倾斜、开裂，管道断裂，隧道开裂、变形，高架桥梁倾覆等］；孤石爆破施工［爆破事故；周边建（构）筑物损坏］。

2. 盾构隧道施工风险源控制措施

（1）盾构选型及配置：

选择盾构时应充分考虑地层条件、用地环境、安全性和经济性等因素：

1）根据地层渗透系数、颗粒级配选择合适的盾构型号。

2）深入调查施工场地条件，合理选择盾构工作井位置。

3）参考国内外类似工程经验，综合考虑盾构周边环境。

4）深入研究地层资料，合理选择盾构设计参数。

5）提高设备性能储备，应对盾构施工过程中的困难。

（2）盾构始发施工：

1）洞口土体失稳：提高洞口加固质量，确保加固土体达到设计要求。对洞门圈进行加固封堵，如双液注浆、水平冻结等。加强洞门圈附近、工作井和周围环境的监测。

2）洞口土体流失：确保洞门密封圈安装准确，并适当增加润滑。设计时预留可调节构造，保证密封性能。

3）盾构推进姿态不良：盾构基座与隧道轴线保持一致，适当调整基座放置方向。验算基座强度和刚度，满足推进反力要求。控制盾构姿态，使其轴线与基座中心夹角一致。垫实基座与始发井底板的接触面。合理控制总推力，避免千斤顶受力不均。

4）反力系统失稳：验算各构件的强度和刚度，稳定性。采用可靠的连接方式，确保安装精度和焊接质量。

（3）盾构推进施进：

1）正面掘进土体失稳：合理选择土舱压力，利用膨润土浆和空气压力系统控制。遇不利地层及时注入新鲜泥浆，改善土体性状。超浅覆土段控制掘进速度和渣土排放量。

2）遇到障碍物：采用先进勘探技术准确定位障碍物。使用特种设备进行地面或洞内清障。如需爆破要严格设计。

3）地面隆起变形：加强监测频率，及时调整施工参数。分析掘进参数规律，合理设定切口压力和推进速度。

4）盾构出现涌土、流砂、漏水：设定合理的切口压力。控制推进速度，2~4cm/min为佳。向前方和土舱内加注改良剂改善渣土性状。

5）盾尾密封装置泄漏：控制盾构纠偏量，减少盾尾挤压。采用优质盾尾油脂，及时均匀压注。严格控制同步注浆量和压力。

6）盾构沉陷：加密勘探孔，分析不良地层影响。提前探测开挖面前方20m。保持盾构机良好工作性能。

7）盾构轴线偏离：每环测量偏差，及时调整姿态。绘制偏差曲线，采取缓慢纠偏。控制滚动角在±10mm/m以内。

8）管片破损：加强管片吊装、运输、堆放、拼装等环节的管理。提高管片拼装质量，控制各项技术指标。

9）刀盘或土舱结泥饼：设计时选用适当开口率、搅拌装置等。根据土体性状合理设定切口压力和推进速度。监测土压差，及时改良黏性土体。

10）螺旋机喷涌：采用双闸门控制、二次注浆等措施。加强盾构铰接密封检查和盾尾密封刷填油脂。发生喷涌时及时采取应急措施。

（4）换刀施工：

1）掌子面失稳：带压施工时制作泥膜、监测地面变形等。常压施工时逐步减压、观察土体状态后开舱。

2）人员伤害：开舱前检测有害气体和温度，必要时通风。限制土舱内作业人数和时间，设置接应人员。

3）障碍物：确保良好照明条件，规范工具管理。

（5）盾构接收：

1）洞口失稳：提高洞口加固质量，及时注浆补充。尽量缩短盾构进洞时间，减少土体暴露。采用二次进洞方法。

2）盾构卡住：进洞前准确测量姿态，严格控制推进过程。在可能碰撞位置设置导轨引导盾构。

（6）大型设备吊装：

1）吊车倾覆：编制专项吊装方案，经专家论证。开展地基承载力试验，确保满足要求。对吊装设备进行全面检查，确保状态良好。进行人员交底，明确吊装控制参数。严格按方案指挥施工，严禁擅自变更。采取双机协同作业等措施。

2）吊物坠落：对吊装索具进行检查，确保符合要求。做好吊物附件的拆除或加固。

（7）穿越建（构）筑物：

1）穿越建筑物及一般构筑物：

组织措施：成立专项维稳小组，做好房屋维修等工作。成立应急抢险注浆工作组。

技术措施：对盾构进行改造，提高穿越能力。详细调查建（构）筑物及地下管线情况。建立完善的监测系统，严格控制沉降变形。设置模拟段，优化施工参数。严格控制正面土压力、推进速度等关键参数。

2）穿越大直径管线：

摸清管线位置及结构情况，加密监测点。检修机械电气设备，确保顺利穿越。根据监测数据及时调整施工参数。做好同步注浆及盾尾封堵等关键环节。控制管片拼装精度，严格施工操作。

（8）孤石爆破施工：

1）爆破技术措施：严格控制标孔、钻孔等过程。检查爆破器材，确保使用安全。检查导爆管网路，防止早爆事故。采取有效的飞石防护措施。设置警戒区域，排查盲炮等。作业人员严格持证上岗。禁止在爆破作业点吸烟和明火。恶劣天气下应立即停止作业。

2）周边建（构）筑物损坏：详实调查收集影响区内建（构）筑物信息。合理设计爆破参数，控制震动速度。采取有效的减震措施。

3.6 本章小结

城市地下工程施工事故屡见不鲜，其成因涵盖复杂的水文地质环境、工程技术、管理水平、风险分析以及科学决策能力等要素。事故的诱发因素主要可划分为人员的不安全因素、物的不安全状态以及管理上的不安全因素。本章提出了可能预防原则、偶然损失原则、继发原因原则和选择对策原则，着重强调借助有效的预防举措来规避事故的出现。阐述了基坑工程和隧道工程的安全控制指标，同时说明了应如何依据工程的重要程度、地质条件以及施工阶段来确立施工控制标准。并且通过安全形态分级，对施工风险予以评估和管理。

本章对城市地下工程安全控制理论予以探讨，着重强调了地下工程施工安全的关键意义，并给出了一系列理论与实践相融合的安全控制举措。针对明挖法、浅埋暗挖法以及盾构法这三种主要的地下工程施工方式展开了深度剖析。经由对明挖法、浅埋暗挖法、盾构法这三种主要地下工程施工方法的安全控制理论予以总结，着重凸显了施工安全的重要性，并且给出了相应的风险控制举措，旨在保障地下工程的顺利推进以及施工人员的安全。

? 思考题

1. 描述城市地下工程施工中可能导致事故的三大类主要诱因，并给出相应的预防措施。

2. 讨论“可能预防原则”在实际工程中的应用，并给出一个具体的实施案例。

3. 选择一个特定的地下工程类型（如地铁隧道），并讨论其施工控制指标如何影响工程安全。

4. 考虑地质条件的复杂性，如何为软土地区的地下工程制定合理的施工控制标准？

5. 比较全放坡明挖法和围护结构加支撑明挖法的适用条件和优缺点。

6. 阐述浅埋暗挖法的施工流程，并讨论在施工过程中如何确保支护结构的稳定性。

7. 识别浅埋暗挖法施工中的风险源，并提出相应的风险控制措施。

8. 列举盾构隧道施工过程中的特殊风险源，并说明控制措施。

9. 比较明挖法、浅埋暗挖法和盾构法在施工安全、环境影响、成本和施工速度方面的差异。

参考文献

［1］朱心潇，周刘刚．复杂地下工程施工安全风险评估与控制［J］．江苏建筑职业技术学院学报，2014，14（02）：18-20.

［2］王涛，施斌．江苏省城市轨道交通基坑工程安全等级与变形控制指标研究［J］．现代城市轨道交通，2019（07）：89-92.

［3］龚剑，吴小建．地下工程施工安全控制及案例分析［M］．上海：上海科学技术出版社，2021.

［4］广州地铁集团有限公司．城市轨道交通建设工程安全文明施工标准化指南［M］．广州：世界图书出版广东有限公司，2020.

4 城市地下工程结构分析与设计方法

本章阐述城市地下工程的结构分析方法、结构设计方法以及支护结构设计，并以城市浅埋地铁隧道结构设计为例，对地下结构最终形式设计的相关内容予以介绍。城市地下工程在结构形式、受力状况，乃至地质环境的处理等方面，皆与地上工程存在差异，这种差异反映在结构分析方法上，即针对所分析的地下工程结构，从几何特征(结构类型)、荷载条件以及岩土体性质等维度选用不同的分析方法。

4.1 城市地下工程结构分析方法

城市地下工程从结构形式、受力条件，包括对地质环境的处理等方面，均与地上的工程有区别，反映在结构分析方法上也不同，即需要针对所分析的地下工程结构，从几何特征（结构类型)、荷载条件和岩土体性质等方面选用不同的分析方法。

4.1.1 地下工程结构类型

城市地下工程的结构类型主要取决于其功能、地质特征以及施工的各种因素。结构类型首先受使用要求制约，如人行通道，可以构建为单跨矩形或拱形构造；地质条件与围岩压力大小直接相关，如果地质条件不良，首选应是圆形断面结构；在相同的使用功能和地质环境条件下，如果使用不同的施工技术，往往会需要选择不同的建筑结构类型：例如，盾构法衬砌采用装配式结构，而矿山法衬砌则多采用现场浇筑或者喷锚式结构。按照地下工程结构的多种形式，它们主要可以划分为四个大类：拱形结构、圆管结构、框架结构和薄壳结构。

1. 拱形结构

拱形结构是一种主要承受轴向压力并由两端推力维持平衡的曲线或折线形结构，又叫推力结构，可以把受到的压力分解成向下的压力和向外的推力，是所有结构中唯一产生外推力的结构。地下工程中衬砌结构的横断面多数是拱形结构。拱形结构根据围岩坚固性系数的大小，又分为喷锚结构、半衬砌结构、厚拱薄墙结构、直墙拱结构等，如图 4-1 所示。

各种拱形结构形式的适用条件和主要特点如下：

(1) 喷锚结构。当围岩的坚固性系数 $f_k>8$，稳定性好并且干燥时，可采用喷锚

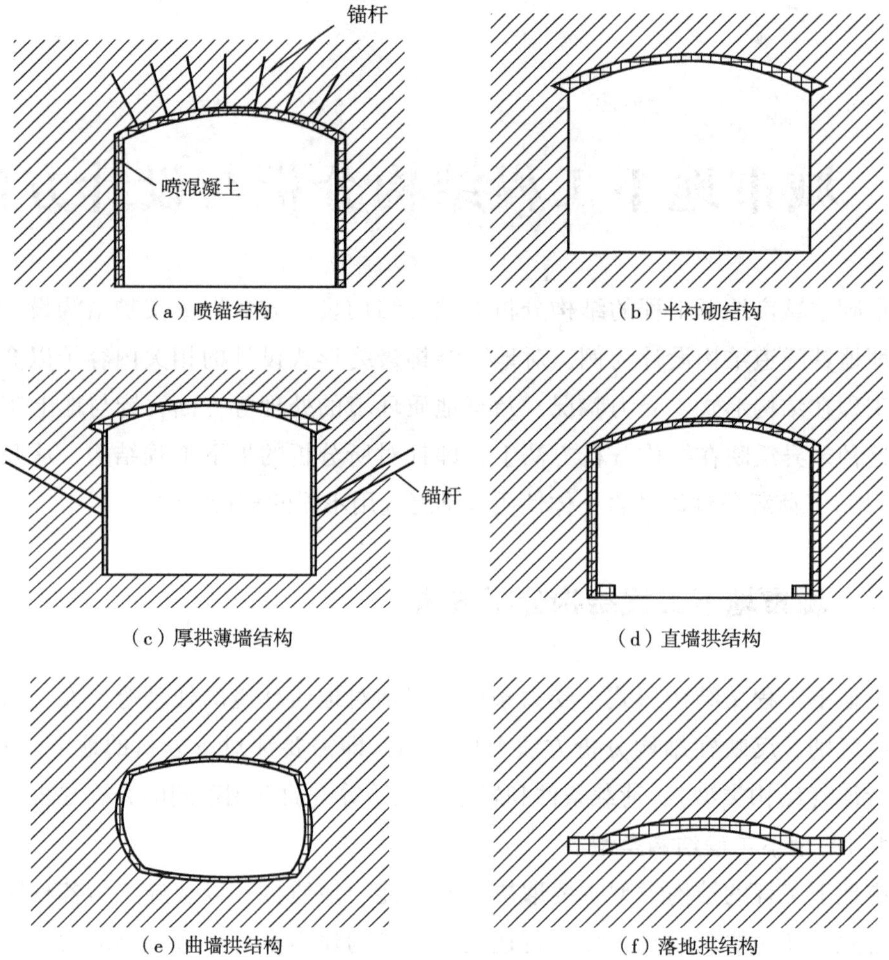

图 4–1　地下工程中常见的拱形结构形式

结构。

（2）半衬砌结构。当围岩的坚固性系数 $f_k \geqslant 8$，侧壁无坍塌危险，仅顶部岩石可能有局部脱落时，只在顶部衬砌，称为半衬砌结构。此时为了岩石不受风化，常在侧壁表面喷一层厚 2~3cm 的水泥砂浆。

（3）厚拱薄墙结构。顶拱的拱脚较厚，边墙较薄，这样可将顶拱所受的力通过拱脚大部分传给围岩，充分利用了岩石的强度，使边墙所受的力大为减少，从而减少了边墙的厚度，节约了建筑材料。一般围岩的坚固性系数 f_k 在 6 和 7 之间时，可采用这种结构。为了保证边墙稳定性，可在边墙的上端打入锚杆，将边墙和岩石锚固在一起。

（4）直墙拱结构。顶拱与边墙浇筑在一起，形成一个整体结构。当围岩的坚固性系数 $f_k = 3 \sim 7$ 时，可采用这种结构。在铁路隧道、地下厂房、地下仓库、军事坑道、水工隧洞等地下工程中，直墙拱结构使用最广泛。直墙拱结构不但在坚硬地层中常被采用，在软土中小跨度的人防通道也常应用。

(5) 曲墙拱结构。当围岩坚固性系数$f_k \leqslant 2$时，松散破碎易于坍塌，可采用曲墙拱结构。这种衬砌结构的形式很像马蹄，因此，也叫马蹄形衬砌，如围岩比较坚硬，又无涌水现象，底板可做成平面，并与边墙分开。

(6) 落地拱结构。多用于大跨度的仓库，如飞机库等，在岩石和软土中均可使用。

2. 圆管结构

圆管结构是一种具有空心圆形断面且可以把径向压力转化为沿圆缘部分的轴向压力的结构。软土中的地下铁道或穿越河床的交通隧道常采用圆管结构，有的做成装配式，又称为管片结构，施工时用盾构掘进；有的为预制圆管，用顶管法或沉管法施工。

3. 框架结构

箱形结构是由钢筋混凝土的底板、顶板、侧墙及一定数量的内隔墙构成的封闭箱体，具有良好的抗弯和抗扭特性，整体性、抗震效果也好。软土中明挖施工的地下铁道通常采用箱形结构，如图4-2所示，沉管施工的过江管一般做成箱形结构。计算这种结构常采用框架计算理论，故称作框架结构。软土中的地下厂房、地下医院或地下指挥所也常采用框架结构。

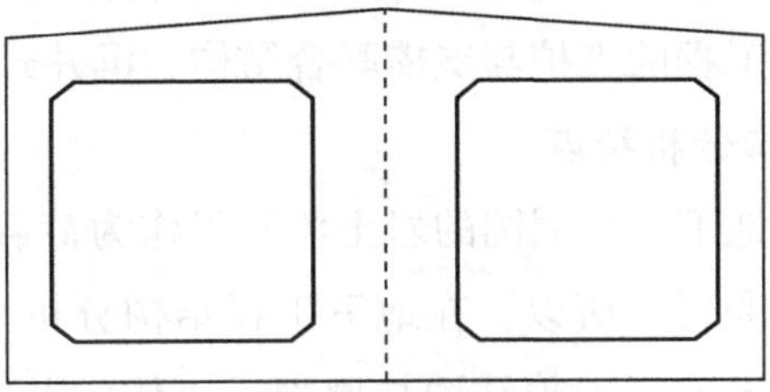

图4-2 箱形结构隧道

4. 薄壳结构

薄壳结构是一种可以把受到的压力均匀地分散到物体的各个部分，减少受到的压力的结构，能充分利用材料强度，同时又能将承重与围护两种功能融合为一，如图4-3所示。常见的薄壳结构有：岩石中地下油库罐室的顶盖常采用穹顶、软土中地下厂房有的采用圆形沉井结构。

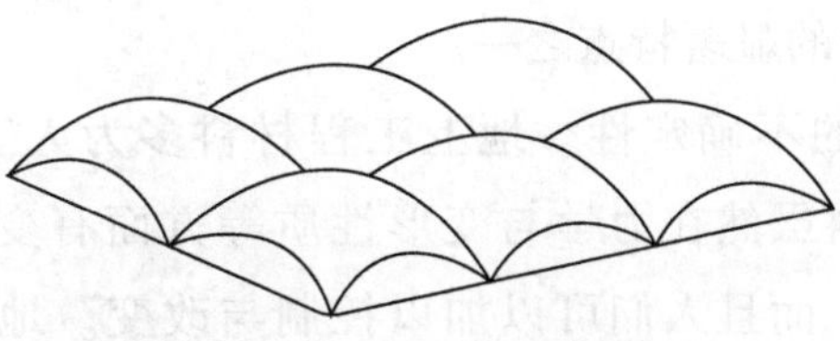

图4-3 地下工程中的薄壳结构

根据壳体形状可分为：

（1）柱面薄壳。单向有曲率的薄壳，由壳身、侧边缘构件和横隔组成。

（2）圆顶薄壳。正高斯曲率的旋转曲面壳由壳面与支座环组成，壳面做得很薄，厚度一般为曲率半径的1/600，跨度可以很大。支座环对圆顶壳起箍的作用，并通过它将整个薄壳搁置在支承构件上。

（3）双曲扁壳（微弯平板）。一抛物线沿另一正交的抛物线平移形成的曲面，其顶点处矢高与底面短边边长之比不应超过1/5。双曲扁壳由壳身及周边四个横隔组成，横隔为带拉杆的拱或变高度的梁。适用于覆盖跨度为20~50m的方形或矩形平面（其长短边之比不宜超过2）的建筑物。

（4）双曲抛物面壳。一竖向抛物线（母线）沿另一凸向与之相反的抛物线（导线）平行移动所形成的曲面。此种曲面与水平面截交的曲线为双曲线，故称为双曲抛物面壳。工程中常见的各种扭壳也为其中一种类型，因薄壳结构容易制作，稳定性好，容易适应建筑功能和造型需要，所以应用较为广泛。

除上述四大类基本结构形式外，在实际工程问题的结构分析中还常遇到如地下工程中的房间型洞室（有端墙或承力中隔墙）、网锥形筒壁、球形壳体结构、不规则外形的地下贮存仓库、隧道接头、矿山平巷的接岔（马头门）等地下多跨拱架结构与地下空间结构，以及深大基坑工程的支护与支撑联合结构、沉井式结构等。

4.1.2 地下工程结构分析特点

地下工程结构埋置于地下，其周围的岩土体不仅作为荷载作用于地下工程结构上，而且约束着结构的移动和变形。所以，在地下工程结构分析中除了要计算因素多变的岩土体压力之外，还要考虑地下工程结构与周围岩土体的共同作用。从计算理论和计算方法角度看，地下结构分析有如下特点：

（1）受力特点不同。地上工程先有结构，后有荷载，即经过施工形成结构后，再承受自重和其他静载或动载。而地下工程常是先有荷载，后有结构，即在受载情况下形成结构，结构形成后除需承受自重和其他静载或动载外，还需承受来自地层的作用力。如在岩土体内构筑地下工程结构，在工程开挖之前就存在着地应力荷载，整个开挖过程伴随着地层应力逐步释放；当结构形成后，除承受主动荷载作用（如围岩压力、结构自重等）外，还承受一种被动荷载，即地层的弹性抗力。地层抗力也是地下工程结构区别于地上工程结构的显著特点之一。

（2）工程材料特性的不确定性。地上工程材料多为人工材料，如钢筋混凝土、钢材、砖石等。这些材料虽然在力学与变形性质等方面有变异性，但与岩土材料相比，不但变异性小得多，而且人们可以加以控制与改变。地下工程材料所涉及的材料，除了支护材料性质可控制外，其工程围岩均属于难以预测和控制的岩土体。岩土体不仅含有大量的断层、节理、夹层等不连续介质，而且存在较大的不确定性，更为复杂的是地下工程围岩内往往分布大量地下水，使得岩土体的性能更难准确把握。

（3）工程荷载的不确定性。地上工程结构，所受荷载较为明确，虽然某些荷载存在随机性，但荷载的变异性与地下工程对比相对较小。对于地下工程，工程围岩的地质体不仅会对支护结构产生荷载，同时它又是一种承载体。因此，不仅作用到支护结构上的荷载难以估计，而且此荷载又随着支护类型、支护时间与施工工艺的变化而变化。

（4）破坏模式的不确定性。工程的数值分析与计算的主要目的在于为工程设计提供评估结构破坏或失稳的安全指标，这种指标的计算是建立在结构的破坏模式基础之上的。对于地上工程结构，其破坏模式一般比较容易确定，在结构力学或土力学中有介绍，如强度破坏、变形破坏等。对于地下工程结构，其破坏模式一般难以确定，它不仅取决于岩土体结构、地应力环境、地下水条件，而且还与支护类型、支护时间与施工工艺密切相关。

（5）地下工程信息的不完备。地质力学与变形特性的描述与定量评价，取决于所获得信息的数量与质量。然而，地质条件的千变万化，岩土体工程性质的复杂性，本身就很难准确把握，再加之地下工程只能在局部的工作面或有限的范围内获取信息，而且获取的信息也有可能存在错误，如地质勘察资料无论如何也达不到实际工程的要求，多少会与设计时所考虑的情况有出入。

岩土体的复杂性（非均质、各向异性、非线性、时间相关性等）和岩土体构造的复杂性（节理、裂隙、断层等），使得在地下工程应力和变形分析中，难以采用解析方法，获得解析解，即使采用也必须进行大量的简化，而得出的结果则难以满足工程需要。至于要模拟复杂地下洞室的施工过程，需考虑各种开挖方案和支护措施等因素，解析方法就更无能为力了。伴随着电子计算机的应用，而发展起来的数值分析方法，与大型物理模拟实验和现场实验相比，具有快速、便捷、费用低，可以模拟各种岩土体材料和构造特性以及施工过程，易于改变参数、重复计算等特点，在地下工程的结构分析中，越来越显示出强大的生命力，并得到越来越广泛的应用。

4.1.3 地下工程结构分析方法

在地下工程结构分析中，常用的数值方法有：有限元法（FEM）、边界元法（BEM）、有限差分法（FDM）、离散元法（DEM）、块体理论、刚体有限元法（RFEM）、界面元、非连续变形分析法（DDA）、流形元法（MM）、无单元法（EFM）、耦合分析与反演分析等（表4-1）。

表 4-1　地下工程结构分析方法

分析方法大类	连续变形数值分析	非连续变形数值分析	耦合分析与反演分析
具体数值方法	有限元法、边界单元法、有限差分法	离散单元法、块体理论、刚体有限元法等	耦合分析方法、反演分析方法等

1. 连续变形数值分析方法

这类方法将岩土体介质抽象为连续介质模型，主要包括：有限元法、边界元法、有限差分法等。有限元法和边界元法是建立在连续介质力学基础上，适合于小变形分析，是发展的较早、较成熟的方法，尤以有限元法应用更为广泛，而边界元法由于它仅对于计算域边界进行剖分，而具有独特的优越条件。

（1）有限元法。以离散化原则为基础，把一个复杂的整体问题离散化为若干个较小的、等价的单体。通过变分原理（或加权余量法）和分区插值的离散化处理，将基本支配方程转化为线性代数方程，把求解域内的连续函数转化为求解有限离散点（节点）处的场函数值。有限元的典型软件有 ABAQUS、ANSYS、PLAXIS 等。

（2）边界单元法。有限单元法实质上属于微分法，与微分法相对应的是积分法，积分法所涉及的边界可包围整个问题域，而数值分析的离散化仅在边界上近似，即在内部问题的外边界或外部问题的内边界上划分单元作近似处理。积分法统称为边界单元法，有直接法和间接法两类，它们都是利用了简单奇异问题的解析解，并可近似满足每个边界单元的应力和位移边界条件。由于该法仅仅限定和离散问题的边界，可把平面问题的重点转移到边界上来，可有效地使已知问题的维数降低一维，并由此减小方程组的规模，使计算效率大大提高。由于边界元法可以正确地模拟远处的边界条件，并可以保证在整个材料体内应力场和位移场变化的连续性。因此，边界元法最适用于均质材料和线性形态情况。

（3）有限差分法。有限差分法的理论基础是拉格朗日元法，该方法运用流体力学中跟踪质点运动的物质描述方法，即拉格朗日拖带坐标系方法，它利用差分格式，按显式时步积分方法进行迭代求解，根据构形的变化不断更新坐标系，以此模拟岩土介质的有限变形和大位移行为。基于拉格朗日元理论编写的专用程序 FLAC，已广泛应用于边坡、基础、坝体、隧道、地下采场和洞室等岩土工程分析中。

2. 非连续变形数值分析方法

这类方法将岩土体介质抽象离散体系模型，主要有：离散元法、块体理论、刚体有限元法、界面元、非连续变形分析法、流形元法等。离散元法和块体理论是分析多节理岩体的另一类重要方法，它们把岩体抽象成为被节理、裂隙切割成分离的块状体系，再进行力学分析，适合于大变形问题，虽然发展较晚，而且不够成熟，但发展相当迅速，对分析裂隙岩体是一种强有力的工具。

(1) 离散单元法。尽管有限元法或边界元法将问题域的内部或边界进行了离散化，但在计算过程中，仍要求保持整体完整性，单元之间不允许拉开，应力仍保持连续。Cundll 于 1971 年首次提出的离散单元法则完全强调岩体的非连续性，该方法最先用于计算节理及块状岩体的非连续变形，后又进一步发展可考虑块体本身的弹性变形，并推广至三维和动力问题。

(2) 块体理论。块体理论实质上是一种几何学的方法，根据岩体中实际存在的节理倾角及其方位，利用块体之间的相互作用条件找出具有移动可能性的岩体及其位置，故也称关键块理论。该理论是一种通过判别和描述洞室围岩最危险岩石块体运动来确定岩体稳定性的分析方法。

(3) 刚体有限元法。刚体有限元法则把岩块视为刚体块单元，块体之间以具有相应刚度的弹簧（阻尼器）连接形成总的系统，建立相应的基本方程。用刚体有限元法（RBFEM）给出的应力精度不会低于甚至高于位移精度，优于传统的以位移法为基础的有限元数值解。

以上三种不连续块体方法在模拟节理岩体方面，克服了连续体力学的局限性，在模拟岩体运动趋势及失稳条件方面有其优点，然而也存在一些不足，如离散元法中关于块体之间阻尼系数、运算的时间步长等参数的确定带有极大的随意性和盲目性，至今没有作为确定这些参数可遵循的原则。三种方法中关于块体单元的划分带有随意性，对最终成果的影响尚有待探讨。

除了上述方法外，还有几种非连续变形数值分析方法，如界面元法、DDA 方法、流形方法、无单元法等，也常用于地下工程结构分析。

3. 耦合分析与反演分析

除连续变形分析方法和非连续变形分析方法所述的各种数值方法与计算模型外，耦合分析方法和反演分析方法也逐步在地下工程结构分析中应用。

(1) 耦合分析方法。该方法是将两种或两种以上方法耦合形成的新方法，近年来也得到了发展与应用，如有限元与边界元的耦合、有限元与离散元的耦合、离散元与边界元的耦合等，这些耦合方法可分别发挥各种方法的优点并进行耦合提高。

(2) 反演分析方法。该方法是逆向思维方法在数值分析中的体现，它不仅是单纯利用现场量测信息为数值分析方法提供实用的计算参数，而且也可作为工程预测分析的一种工具，为地下工程信息设计和专家系统的形成提供了可能性，从而有着良好的应用前景。

在上述各种数值分析方法中，以有限元为代表的连续性数值分析方法，在实际岩土工程中应用较为广泛；从学科发展角度看，更符合实际岩土体变形特点的非连续变形分析有着更广阔的发展空间。然而，特别是连续性分析、开裂以及非连续性分析的统一问题，长期没有得到很好的解决，这一方面有待进一步的深入理论研究。

4.1.4 地下工程结构计算模型

地下工程结构计算模型主要有三种：荷载结构模型、收敛约束模型和连续介质模型（或称地层结构模型），它们在地下工程结构分析和设计中广泛应用，对工程的设计和施工起到了良好的指导性作用。当参数模糊或者不确定时，也常采用工程类比法进行地下结构的分析与计算。

1. 荷载结构模型

荷载结构模型是我国隧道设计规范中推荐采用的一种方法，也称为作用反作用模型或者结构力学模型，在20世纪六七十年代的设计计算中占主导地位。在计算中，是按地层（围岩）分类法或由实用简化公式先确定地层压力，并将其作为施加于地下结构（衬砌结构）外荷载（主要指开挖洞室后松动岩土的自重所产生的地层压力），按弹性地基上的结构物，计算衬砌内力，并进行结构截面设计。

计算过程中，首先确定地层压力，然后计算衬砌结构地层及其他荷载作用下的内力分布，最后，根据内力组合进行衬砌结构的断面验算。采用这种结构计算模型，计算方法简单，工作量小，具有明确的安全系数评价法。结构设计人员采用这种方法进行设计计算时，依据规范而行，比较有信心。在我国铁路隧道结构设计中，大量采用的隧道衬砌标准图，就是基于这种力学计算模式理论而编制，它构成了我国铁路隧道结构设计的框架基础。这种计算方法也有缺点，主要是对地质条件的模拟过于简单，误差较大。

2. 收敛约束模型

收敛约束模型是一种以理论为基础，实测和施工实践为依据，经验为参考的较为完善的地下结构设计模型，在国际隧道界也占有一席之位。该模型认为围岩的压力和支护的抗力是在围岩和支护系统共同变形中形成的，它主要关心的是支护抗力作用下的地层状态，而不再是荷载作用下的支护结构状态，从而体现了新奥法的岩石支撑作用的思想。

收敛约束模型的基本原理是将地下结构的计算建立在连续介质的基础上，按黏弹塑性理论等推导公式后，在以洞周位移为横坐标、支护抗力为纵坐标的坐标平面内，给出表示地层受力变形特征的收敛线，并按结构力学的原理在同一坐标平面内绘出表示衬砌结构受力变形特征的支护限制线，得出以上两条曲线的交点，如图4-4所示，根据交点处表示的支护抗力值进行衬砌结构设计。对软岩地下洞室、大跨度地下洞室和特殊地形地下洞室的设计，比较适合用这种方法。但该方法在具体应用时，存在着很多理论和实验技术上的问题难以解决，如黏弹塑性力学模型的推导、参数的选取等；

实测的定位、精度控制等，仍停留在定性分析上，要将其推向为隧道支护定量分析与设计的实用阶段，还有许多理论上的难题需要解决。目前一般仅按照量测的洞周收敛值进行反馈和监控，以指导地下工程的设计和施工。

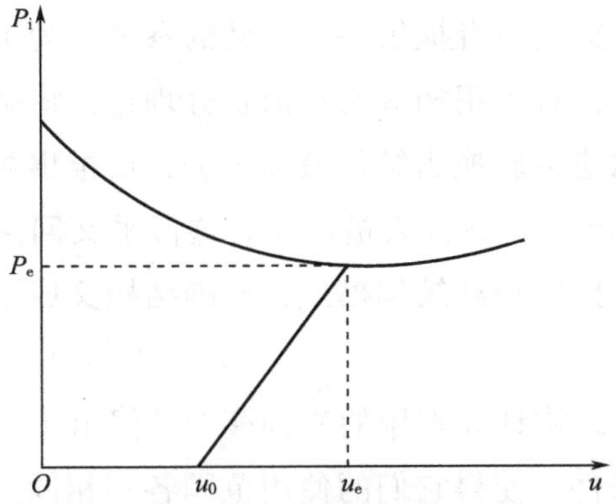

图 4-4 收敛约束模型

图 4-4 中，曲线 1 为地层收敛线，曲线 2 为支护特征线。两条曲线交点的纵坐标（P_e）即为作用在支护结构上的最终地层压力，横坐标（u_e）则为衬砌变形的最终位移。因洞室开挖后一段时间需隔开一段时间后，才能实施衬砌，图中以“u_0”值表示洞周地层在衬砌修筑前已经发生的初始自由变形值。

3. 连续介质模型

连续介质模型又称地层结构模型。20 世纪 70 年代中期以来，随着电子计算机的广泛应用，特别是有限元、边界元等方法的推广，为连续体模型在地下工程中的应用创造了条件，喷锚支护一类以“主动”加固岩体为机制的支护形式，以及以这种支护技术为背景的新奥法的应用，使连续介质模型得以发展。

在这种模型中，围岩和支护系统不再作为相互作用的两个方面，而把它们作为一个联合系统加以考虑，计算的目的在于分析由开挖引起的地应力重分布和由此产生的变形和围岩稳定性问题，支护手段是作为“连续体”模型的一个边界条件来考虑的。该模型认为，岩土介质有自承载作用，即地下工程周围的土层不仅能对衬砌结构产生荷载，而且其自身也能承受荷载；同时认为，地下结构承受荷载的大小并不是固定不变的，它与岩土介质及结构自身的刚度密切相关。地下结构是否安全可靠，首先取决于周围地层的稳定状态，由此，衬砌结构的作用是在洞室周围地层应力重分布的过程中参与地层的变形，对地层提供必要的支撑抗力，并与地层一起组成共同受力的整体，以保持洞室的稳定。内力计算的特点是，不仅要计算衬砌结构的内力，而且需计算洞室周围地层的应力。在计算过程中，通过位移协调条件使地层应力与衬砌结构的内力保持平衡。

由于目前国内外尚无与之相适应的安全度评价标准，缺乏明确的定量设计依据及围岩稳定性判据，以至于在进行洞室的有限元计算，得到支护应力与围岩塑性区范围后，仍无法判定设计的支护强度是否合理。因此，其计算结果多数都没用到工程实践上，只能为设计人员和方案决策者提供一个定性的参考。为了将基于地层结构模型得出的结果，用于实际工程，有人用相应的数值积分理论，将基于地层结构模型而求得的有限元高斯积分点上的应力转换为结构截面内力，反推出衬砌支护结构的弯矩、轴力、剪力等内力值，以利于工程设计人员应用。这似乎又回到了荷载结构模式，或者说地层结构模型并未真正摆脱荷载结构模式，衬砌结构又成了主要的承载结构，而对于岩体结构的状态无法评价。

以上介绍了地下工程结构计算常用的三种模型，但由于每一种计算模型均带有一些假定前提和种种限制条件，使得它们的使用范围各不相同。因此，若采用某种单一的计算模式，便不足以反映地下结构形式上的多样性，以及它与周围地层或岩体相互制约而呈现的受力复杂性。如果采用多种计算模式，将计算结果相互对比分析，从而可避免过分依赖某一种计算模式所造成的风险。然而，由于结构计算模型和模型中力学参数自身存在一些不确定性和模糊性，使得在地下工程结构分析和设计中，常采用工程类比法。

4. 工程类比法

由于地下结构所处的岩土介质在漫长的年代中经历过多次地质构造运动，影响其物理力学性质的因素很多，至今还没有完全被人们所认识，常使理论计算的结果与实际情况有较大的出入，很难用作确切的设计依据，所以，地下结构的分析和设计很大程度上还是依据经验和实测，由此派生出了工程类比法。

工程类比法在我国甚至于世界的隧道与地下工程设计领域中，仍占主导地位。我国已成功修建了长 14. 30km 的大瑶山隧道，以及长 18. 46km 的秦岭特长隧道，在结构分析和设计中也都毫不例外地指出，在设计中以工程类比法为主，辅之必要的力学计算。当然，在采用力学计算方法时，也绝不可能排斥建立在工程类比基础上的经验设计方法。如主要根据经验总结而创立的新奥法（在我国称之为“喷锚构筑法”），在预设计阶段，支护参数仍需采用工程类比的经验来确定，即便是依据监控量测资料而随机应变的施工方法和支护参数的设计变更，经验仍起决定作用。

工程类比的经验设计方法是建立在正确的围岩分类体系，以及既有工程资料的积累和整理之上，然而，现行的围岩分类本身带有很大的人为因素，仍是一个以定性为主的分类，工程类比也只是在依据局部有限的经验进行类比，同时标准图的设计对具体工程的适应性也绝非尽善尽美，基于此设计出的地下工程设计文件，也未做到精益求精，其“经济合理性”的评定标准也只是人为而已。随着大数据等先进技术的发展和推广与应用，有望大幅度提高工程类比的准确性和可操作性。

虽然地下工程的理论研究滞后，但不能否定理论研究的重要性，随着把有限元、边界元、离散元、杂交元、人工神经网络等计算方法引入地下工程中，在地下工程结构分析和设计中考虑弹、塑、黏，以及反映岩土体不可逆、剪胀、应变软化、各向异性等种种不同情况，理论研究将来逐渐显现它们的应用价值。

4.1.5 国内外设计模型地下工程

下面以盾构隧道的衬砌管片为例，介绍国内外的设计模型。

管片与接头共同构成隧道衬砌结构，因此，管片的结构型式、拼装方式都会直接影响结构的力学性能。另外，盾构工法同其他工法相比，在开挖方式和支护方式上也存在着显著不同，荷载的作用机制也更为复杂，因此，衬砌管片设计需要面临三个主要问题：衬砌结构本身横向受力模型及纵向受力模型的选取、衬砌管片复杂接头如何模拟、衬砌与周围地层的作用如何考虑。

国内外常用的衬砌管片横向设计模型。20 世纪，国内外学者即开始了对盾构隧道结构分析方法的研究。为更加简洁地对隧道衬砌结构进行分析，相关研究大多使用简化分析方法，即将管片简化为二维或假三维模型。其中，横向设计方法包括惯用法及其修正方法、多铰圆环法、梁 - 弹簧模型法。日本土木工程协会最早提出了惯用设计方法，该方法中，衬砌管片接头被简化忽略，并且假定地层抵抗力呈三角形分布，且抗力最大值出现在水平直径处。此后，该协会又提出了惯用法的修正方法，即采用局部地层弹簧抗力来替代修正惯用法中三角形分布的地层抗力。衬砌管片中，铰接头形式有自由铰和弹性铰。多铰圆环法的特点是采用铰结构模拟了衬砌管片接头的抗弯效应，但该方法无法模拟环向接头的力学效应，从而不能反映管片真实的力学特性。Kubo 分别采用梁和弹簧来模拟衬砌管片和管片接头，从而建立梁 - 弹簧模型，通过该模型，衬砌结构的接头效应得到充分考虑。此后，小泉淳和村上博智等综合考虑接头的弯曲刚度和剪切刚度，进一步完善和发展了梁 - 弹簧模型。此外，朱合华等人对盾构隧道管片接头部位的力学分析做了深入研究，取得了一系列重要成果。朱合华及其合作者先后提出了梁 - 接头模型和梁 - 接头不连续模型，其研究同时发现，全周地层弹簧模型和考虑接头效应的结构设计模型更为合理。在上述横向设计方法中，惯用法无法计入环缝和纵缝的影响；修正惯用法实质为准三维模型，该模型考虑了错缝拼装时管片体对相邻接头的添接作用；多铰环法在没有考虑环缝的影响的同时夸大了纵缝的影响；从理论上讲，梁 - 弹簧模型法较为精确，该方法全面地反映了结构特征。但是对于完全错缝拼装的情况，由于模型自身为平面计算模型，其还不能反映该情况下结构的真实受力状态。

国内外常用的衬砌管片纵向设计模型。在隧道建设施工和运营使用过程中，过度的不均匀纵向变形经常发生，尤其对于软土隧道，这种现象更为严重和普遍，这对隧道的耐久性和安全性带来了极大隐患，因此，纵向模型研究的重要意义变得日益突出。日本学者纵向结构理论方面成果显著，等效连续化模型和梁－弹簧模型是其中两个重要代表。其中，纵向梁－弹簧模型由村上博智和小泉淳提出，等效连续化模型由志波由纪夫建立。在纵向梁－弹簧模型中，衬砌环采用梁单元模拟，环向接头和螺栓以及土与隧道之间的作用采用弹簧进行模拟；纵向等效连续化模型中，隧道采用均质的圆环进行等效，并采用相同刚度和结构特性的连续梁模拟纵向接头和管片，再把隧道看作弹性地基上的直梁进行计算。上述纵向设计方法中，均是采用沿纵向简化为梁的方式，而衬砌结构由众多管片和螺栓连接形成，结构性态极其复杂，因此，这两种纵向设计方法都很难准确反映衬砌环之间的结构性能。总而言之，上述设计方法均采用平面化模型，而衬砌结构的实际受力往往是复杂的空间三维受力状态，采用平面模型实际上是对结构分析的简化处理，在错缝拼装下，衬砌结构的受力状态无法准确反映，结构的横向受力性能和纵向受力性能的关系也无法正确体现。

4.2 城市地下工程结构设计方法

地下工程要求从结构选型、埋置条件、施工方式、荷载组合等方面进行多方案的分析、比较，选择最佳方案，力求形成一个最合理的岩土结构体系，使得大部分外力由岩土介质承受。在设计中它不像地上建筑那样，只通过内力和外力的平衡，去进行内力分析和选择截面，而是除掌握地上建筑的设计知识外，必须掌握土体和岩体的性质。

4.2.1 地下工程结构设计特点

地下工程除少数可以自由选择，修建在均匀完整、强度高的坚实岩体中，无须支护衬砌者外，大多数均需设置在工程地质条件欠佳的岩土体中。因此，需特别重视设计环节。若设计不合理，轻则增加施工难度和影响施工质量，重则导致整个工程建设的失败。如在隧道工程中，若位置选择不当（特别是洞口），易造成洞口或进出口地段滑坡，堵塞洞门、洞身外移破裂；若进出口段埋深不足且受偏压，易招致塌落、冒顶等事故。因此，选择隧道的合理位置最为关键，也是首先需要解决的重要问题。如果隧道场地位置及轴线方向选择合理，就会从根本上排除危及围岩稳定性的某些不利条件，最大限度地保持隧洞进出口、挖方边坡的稳定及洞身的受力平衡状态。地下工程结构设计的特点主要表现在如下方面：

1）地下结构不同于地上结构，最突出的是：地上结构是做好后受载，而地下结构是在受载状态下构筑。地下结构承受地层垂直压力和双侧向压力，或者承受其中之一。

地下结构形成后是一个空间体系，可以承受地层实体对人工开挖的地下空间的作用。但在形成过程中，地下结构不是空间体系，或者不完全是空间体系，不能有效地承受地层的作用，因此在设计中需要考虑支护体系。

2）地下结构所在的地层不是单纯的载体。地层有一定的自承载能力，不论在垂直方向还是水平方向，地层均有一定的自稳范围和自稳时间。由于地层种类和构造不同，其自稳范围和自稳时间会在一个很大的范围内变化。地下结构设计要充分利用或者改善地层的自稳范围与自稳时间，达到性价比最高的构筑。

3）地下结构是以地下空间代替地层实体的承载物。在替代过程中，在一定范围和时间内，依赖地层的自承载能力实现这一替代过程，土层会产生变形。设计和施工者的任务就是将这一变形控制在允许范围之内。完全不变形是不可能的，较少变形也会带来造价的增高。

4）地层如果是土体，一般可以看成是松散的连续体；地层如果是岩体，因为在施工过程中的爆破振动等原因，会引起围岩松弛；开挖卸荷会产生应力重分布和变形，这将破坏岩土体的整体性，降低岩土体的强度，引起岩体失稳与坍塌，因此就要特别注意岩体的结构面的不利和有利的组合，这样才能在安全的条件下，经济、有效地建造地下结构。

5）地下水的状态往往对地下工程和结构产生巨大影响，在设计和施工中，首先要了解地下水的情况，还要注意地下水的变化，注意地下水的变化带来的地层参数的变化和静、动水压力的变化。

基于上述特点，在形成预期的地下结构的过程中，需注意地下工程结构与地层、辅助施工结构、临时支护结构的共同作用，使形成的空间构成封闭的三向受力体系，减少或控制变形。因此，工程的安全与投资大小，既取决于岩土体特性，也取决于地下工程结构的设计与施工。合理的地下工程布置和设计，能适应岩土体应力释放后的受力变化，维持稳定。

在掌握地下工程结构设计特点后，还需要特别注意，在设计时获取的地质条件只是一个概略的资料，只有在施工过程中才能逐步了解地质状态，并且随着时间的推移，由于受力状态的变化，地层和岩层还会流变。另外，由于地壳运动等因素，如地震，都会使地层随时间有一个明显或不明显的变化。这也使得地下工程的变更设计特别多。地下结构的设计与施工有一个特殊的模式：设计→施工及监测→信息反馈→修改设计→修改或加固→建成后一段时间的监测。

4.2.2 地下工程结构设计方法

1. 设计方法

地下结构的设计就是地下结构的形成与最终状态的设计，可以概括如下：当要修建一个特定的地下工程时，在考虑地下工程结构设计特点后，可以确定最终要建成什么样的地下结构，然后研究拟建场地的地质条件（包括工程地质和水文地质条件）、环境条件等有什么困难，可以采取哪些方法克服，或者说是研究能达到地质条件和环境条件等的限度。在拟采取的方法中，应区别哪些方法是可以选择的，哪些方法是必须选择的，这些方法中是否可以利用永久地下结构，或者部分利用永久结构形成各阶段的施工结构。达到上述要求的方法可能有多种，其差异可能是明显的，也可能是不明显的。明显的从定性的研究就可以决策，不明显的拟用经济技术指标进行比较后决策。按照上述思路描绘的地下结构设计方法框图，如图 4-5 所示。

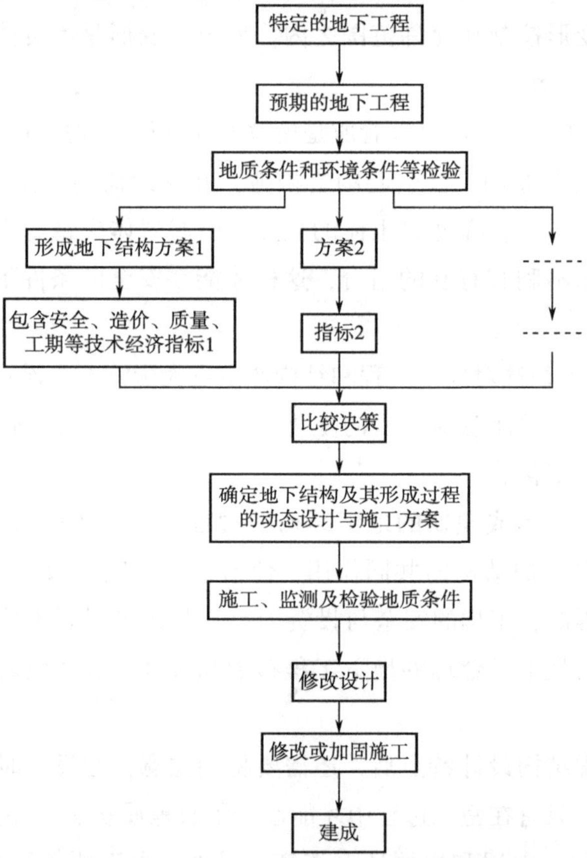

图 4-5　地下结构设计方法框图

从图 4-5 中可以看出，地下结构的设计较地面结构设计复杂，因为地下工程在地层包围之中，周围地层的水文、工程地质情况复杂多变，土质又有很大的区域性，常使理论计算结果与工程实际有差别。另外，在具体设计中，还需特别注意如下一些问题：

1）地下空间内建筑结构替代了原来的地层，结构承受了原本由地层承受的荷载。

在设计和施工中，要最大限度发挥地层自承能力，以便控制地下结构的变形，降低工程造价。

2）在受载状态下构建地下空间结构物，地层荷载随着施工进程发生变化，因此，设计时要考虑最不利的荷载工况。

3）作用在地下结构上的地层荷载，应视地层介质的地质情况进行合理判断。对于土体一般可按松散连续体计算；而对于岩体，首先查清岩体的结构、构造等发育情况，然后确定按连续介质或非连续介质处理。

4）地下水状态对地下结构的设计和施工影响较大，设计前必须弄清地下水的分布和变化情况。

5）地下结构设计要考虑结构物从开始构建到正常使用，以及长期运营过程的受力状况，注意合理利用结构反力作用，节省造价。

6）在设计阶段获得的地质资料，有可能与实际施工揭露的地质情况不一样。因此，地下结构施工中应根据工程的实时工况动态修改设计。

7）地下结构的围岩既是荷载的来源，在某些情况下又与地下结构共同构成承载体系。

地下工程结构设计时，对上述因素要全面综合考虑，不能分割地静止地对待，因此，要有一整套地下结构及其形成过程的设计，要有详细的施工顺序说明，要有监测系统的安排，并考虑可能的变化和相应的措施。

2. 结构设计

地下工程的类型较多，以上只是从一般性的角度介绍了地下工程结构的设计方法，以及需关注的一些问题。应该讲，不同的地下工程类型，不同的国家，在设计方面，以及所采用结构分析和计算方法还是有区别的。以隧道设计为例，国际隧道协会 1978 年成立了隧道结构设计模型研究组，收集汇总了各会员国在隧道方面采用的地下结构设计方法，如表 4-2 所示。我国基本上均采用整体式圆形衬砌计算法，即把衬砌环看作按自由变形的均质刚度圆环来计算。

表 4-2 国际隧道协会各会员国目前采用的地下结构设计方法

国名	隧道类别			
	盾构开挖的软土质隧道	喷锚钢拱支撑的软土质隧道	中硬石质深埋隧道	明挖施工的框架结构
奥地利	弹性地基圆环	弹性地基圆环，有限元法；收敛约束法	经验法	弹性地基框架

续表4-2

国名	隧道类别			
	盾构开挖的软土质隧道	喷锚钢拱支撑的软土质隧道	中硬石质深埋隧道	明挖施工的框架结构
德国	覆盖层大于 $2D$，顶部无支承弹性地基圆环；覆盖层大于 $3D$，全支承弹性地基圆环，有限元法	覆盖层大于 $2D$，顶部无支承的弹性地基圆环；覆盖层大于 $3D$，全支承弹性地基圆环，有限元法	全支承弹性地基圆环，有限元法，连续介质或收敛法	弹性地基框架（底压力分布简化）
法国	弹性地基圆环，有限元法	有限元法，作用反作用模型经验法	连续介质模型，收敛法，经验法	—
日本	局部支承弹性地基圆环	局部支承弹性地基圆环，经验法加测试有限元法	弹性地基框架，有限元法，特殊曲线法	弹性地基框架，有限元法
中国	自由变形或弹性地基圆环	初期支护：有限元法、收敛法；二期支护：弹性地基圆环	初期支护：经验法；永久支护：作用反作用模型；大型洞室：有限元法	弯矩分配法解算箱形框架
瑞士	—	作用-反作用模型	有限元法、收敛法	—
英国	弹性地基圆环，缪尔伍德法	收敛约束法、经验法	有限元法、收敛法、经验法	矩形框架
美国	弹性地基圆环	作用-反作用模型	弹性地基圆环，Proctor-White 法，有限元法，锚杆经验法	弹性地基上连续框架

注：D 表示隧道外径。

3. 设计与施工原则

相同的地下工程类型在不同地质环境下，选取的设计方法不同，在形成过程的施工方法选择上也存在不同，以岩层地下工程为例，说明设计与施工原则。岩层地下工程的设计与施工原则可归纳如下几个方法：

1）在洞室的布置和造型上应适应原岩应力状态和岩体的地质、力学特征，尽量争取较好的受力条件。在洞形设计上应选择较好的造型，因为在其他条件相同的情况下，洞室的形状对应力分布的影响是相当大的。

2）施工过程中，尽量采用控制爆破技术，以减少对围岩的扰动强度，使断面成形规整，以利于围岩自身承载能力的保持和支护结构作用的发挥。

3）尽可能减少开挖时对围岩的扰动。对于断面较小的洞室，应尽量采用全断面或分上下台阶开挖的方案，以减少扰动次数，提高工效；对大跨度洞室，尤其在松散岩体中，则可采用分部开挖方案，化大断面为小断面，以减小扰动的强度。

4）支护要及时快速。及时支护的目的是抑制围岩变形的有害发展。所谓“及时”不能简单而片面地理解为就是“紧跟作业面施工支护”；只有当围岩变形已有适度发展，但又未出现有害松动前进行支护才是合理的。而对某些软弱围岩，它要求及早提供支护以制止围岩出现有害松动。为实现及时支护，可采用速凝和早强的锚杆和喷射混凝土支护，必要时甚至采用超前锚杆支护和超前围岩注浆等。

5）合理利用开挖面的“空间效应”，抑制围岩变形。如果在“空间效应”的范围内设置支护，就可以减少支护前的围岩位移量，从而起到稳定围岩的作用，因而施工中要求把支护施工面与开挖面的距离限制在一定范围之内。

6）尽量减少其他外界因素（主要是水和潮气）对围岩的影响。例如，对风化、潮解、膨胀等岩体要尽早封闭；有地下水的裂隙岩体，则要注意防止大的渗透压力。

7）初期支护采用分次施工的方法。采用二次喷射或二次锚固的方法是调控围岩变形的一种重要手段。在初次喷射混凝土或锚固时，由于喷层薄、支护少，能有效地控制围岩出现较大的变形。当第二次喷锚时，又能迅速降低变形量，以免围岩出现过量变形而丧失稳定。

8）当围岩变形量很大时，则必须再加大支护可塑性来调控围岩变形。实际上，锚杆本身是一种良好的可塑性支护，在所有支护构件中，只有锚杆支护能不受围岩变形影响而保持支护能力。锚固体的模型试验证明：锚杆锚入碎石所组成的锚固体，既具有较高的抗压能力，又能适应较大的变形。

9）调节支护封底时间。有时施工做了补强支护，围岩变形仍不断发展，但封闭仰拱后，变形很快就停止了。仰拱闭合时间对软弱围岩中修建的隧道关系重大，闭合过晚甚至会导致施工失败。一般规定，在极不稳定的围岩及塑性流变岩体中，仰拱封底应在最终支护之前进行，尤其是变形量大的围岩，仰拱封底以尽早为宜。通常可根据量测结果来确定仰拱闭合时间。应当说明，仰拱只是在必要时才设置，而且设置的时机一定要适时。

4.2.3 地下工程结构的形式

城市地下空间的开发利用会遇到各种类型和规模的地下工程，特定的地下工程类型对于地下结的采取什么形式起了主导作用；反过来，由于在地层实体中开发，地质条件和环境条件也影响着地下结构及其施工方法，决定着形成过程中的结构形式。总的来讲，不同的地下工程类型对地下结构采用什么形式起主导作用。胡振赢先生（1998）认为，从结构设计角度来看，地下结构的形式可以分为两种主要类型。

1. 主要承受垂直地层作用的地下结构

主要承受垂直地层作用的地下结构，跨度的变化对地下结构的形成过程影响很大，如单线几米宽的铁路隧道，主要利用地层有一定的自稳时间来完成地下结构的施工，当遇到软弱地层时，常用加固地层的方法提高其自稳时间的能力。如遇到城市地下空间（如地铁大型车站）要求较大跨度时，单纯用加固地层的方法达不到预期的目的，则需要把地下空间在施工过程中分成若干部分，然后，构成最终的大空间。该类方法的基本做法是利用最终的地下结构，加上施工所需的结构（这一部分在最终完成时拆除）形成较小的、地层可以承受的自稳范围和自稳时间的结构体系，待其稳定后，将小的结构体系连接，形成建筑类型要求较大的地下空间结构体系。这就是当地下工程要求越来越大的空间，地质条件和环境条件等对于整体建成地下结构有困难时，出现的各种施工方法和施工结构，相应的力学问题也被命名为施工力学，其基本的原理是“化大为小”，将地层的作用和能量逐步释放，以适应地质和环境条件可以接受的程度。

2. 主要承受双侧向地层作用的地下结构

主要承受双侧向地层作用的地下结构，如高层建筑的基坑，随着基坑深度、地质条件和环境条件的变化而出现各种情况。例如，重庆的砂泥岩中开挖基坑，基岩的层面角通常为左右的缓倾角，可以直接开挖而不需支护；又如，有较宽的场地，可以按自稳坡角放坡，也不需要支护。但在软弱地基上建造高层建筑，则必须对基坑支护才能施工基础和地下室，在这类情况下，已经创造了许多专门的临时支护方法。

无论是软土还是基岩地层，侧向也都有地质条件赋予地层的自稳范围和自稳时间，考虑这一条件，应尽可能利用地下结构，既作永久结构又作临时支护。近年来发展起来的逆作法就是这一原理的充分体现，它与地层共同工作，在地下结构的形成过程中，随时构成空间受力体系，逐步开挖出地下空间，逐步将地层的侧向作用转移到地下结构上，同时，也解决了某些环境条件的限制。

4.3 地下工程支护结构设计

地下工程形成过程设计是修筑地下工程的过程中，需要进行的支撑、衬砌、支护设计，重点是地下工程的支护结构设计。与地面建筑不同，地下工程是按照使用要求等在地层内挖掘而成，需要根据围岩在挖掘后所处的稳定状态和地下水渗漏等情况，结合使用要求进行必要的支撑、衬砌、支护设计。

4.3.1 地下工程支护结构理论的发展

在地下工程的施工过程中，当岩体不太稳定时，首先应考虑设置支撑。支撑是加固围岩的临时性措施。支撑的结构和强度必须与围岩的大小和性质相适应。近年来，喷射混凝土支护已广泛使用，与传统的木支撑、钢支撑和混凝土支撑相比，既方便、有效，又节省材料和时间，值得进一步推广。与支撑相对应，衬砌是加固围岩的永久性结构，一般用浆砌条石、混凝土、钢筋混凝土砌筑。地下工程的支护是继开挖工程之后，地下工程施工中的另一项主导工程，对地下工程进行支护，是为了保持围岩的稳定、防水、防潮、隔潮，以保证洞室的正常使用。地下工程支护结构形式很多，按照对围岩的作用和支护的结构特征不同，类型如下：

(1) 喷射混凝土支护，包括喷射混凝土支护、喷射混凝土锚杆支护、喷射混凝土锚杆钢筋网支护、喷射混凝土钢拱架支护等（多用于岩体，用于土体时一般要打锚杆）。

(2) 衬砌支护，包括现浇衬砌支护、预制衬砌支护（盾构法、顶管法等）、局部衬砌支护、整体衬砌支护等。采取什么形式，一般根据坚固性系数 f_k 来确定，可参见相关标准和规范。

(3) 其他支护，包括锚杆支护、桩体系支护、挡土墙支护、钢板墙和桩排式地下连续墙支护等，在土体中应用较多。

4.3.2 支护结构设计方法

在支护结构设计中，最常用的方法仍是工程类比法和荷载结构模型法。作为辅助的理论方法有：收敛约束模型法和地层结构模型（连续介质模型）法等，对于不同支护结构类型，也有用现场监控法和计算机数值模拟法等进行设计。

1. 喷锚支护设计方法

一般情况下，对各级围岩，初期支护均应优先考虑选用喷射混凝土支护或喷锚联合支护。其设计原则如下：支护类型的确定应根据围岩地质特点、工程断面大小和使用条件要求等综合考虑；合理选择锚杆类型与参数，在围岩中形成有效的承载力。喷锚支护工程的成败与选用的支护的设计参数、支护的时机、支护的刚度、围岩的性态及施工方法等都有密切关系。即使完全相同的条件，采用不同的施工也可能导致截然不同的结果。更何况由于岩性及地质条件复杂多变，很难于施工前得到准确的原始参数，加之喷锚支护与围岩共同工作的特点，就更增加了设计的困难。所以，喷锚支护设计要求做到勘测、设计、施工紧密配合，这就是喷锚支护工程的主要特点。对于地下工程喷锚支护的设计，目前概括起来主要有三种设计方法：以围岩分类为基础的工程类比法，以计算为基础的理论分析法和以量测为基础的现场监控法设计。

（1）工程类比法。工程类比法发展最早，也是当前喷锚支护设计中应用最广泛的方法。目前国内有关喷锚支护规范仍以此法为主。现在的工程类比法主要是在编制围岩分类表的基础上，根据拟建工程的围岩等级与工程尺寸等，结合已建类似工程的经验，直接确定喷锚支护参数与施工方法。工程类比法与设计者的实践经验关系很大。此外，工程类比通常要涉及地质和工程多方面的因素，所以，要进行严格的类比也是比较困难的，还往往受到客观实践状况的限制。但尽管如此，在对喷锚支护作用机理还认识的不透的今天，这种方法仍然是主要的实用设计方法。

（2）理论计算法。理论计算法（收敛约束模型法）是在测得岩体和支护力学参数的前提下，根据围岩力学特征建立数学模型，通过计算确定支护参数的方法。这种方法是基于岩体力学的发展，考虑围岩与支护共同作用而逐渐形成的。其具体的力学模型和计算方法主要根据岩体的力学属性和结构类型而定。当前有近似的解析计算法和借助电子计算机的有限元、边界元等数值解法，后者能考虑弹塑性、各向异性、节理裂隙等多方面因素，因而在工程设计中已逐步被采用。但理论计算法发展尚不成熟，这主要是因为围岩地质状况复杂多变，其力学模型和岩体力学参数不易选定测准，加之在计算方法中要反映施工方法、支护时机等因素的影响亦很困难，所以，一般只作为设计参考。

（3）现场监控法。现场监控法又称为信息设计法，是新近发展起来的一种以现场量测为手段的设计方法。这种方法是以现场监测的信息为设计的依据，其最大特点是在施工时，一边进行各种量测，一边把量测的结果反馈到设计施工中，使设计、施工变得更符合现场实际，最终确定支护参数。由于这种方法是以现场实测为依据，故有助于人们进行科学判断，而且它又能适应多变的地质条件和各种不同的施工条件，因而它比工程类比法及理论计算法更为实用可靠，这也正是当前此法在软弱地层设计中迅速发展的原因。由于这种方法主要用在施工过程，且其量测地段的选择、量测数据的分析与应用，仍依赖于人们的经验，加之受目前量测技术发展水平所限，所以，这一方法的推进受到一定的阻碍。另外，此法需要做许多量测工作，工作量、耗资和对施工的干扰都较大，这也是其推广受阻的原因。

综上所述，喷锚支护的三种设计方法各有利弊，单靠哪一种方法都有其局限性。从当前喷锚支护设计的发展情况来看，三种方法互相渗透、互相补充将是今后发展的方向。目前正在国内外蓬勃兴起的反演分析计算法，就是监控设计法与理论设计法的互相渗透，既较好解决了岩体力学参数和地应力难取的问题，又完善了监控设计法的反馈工作。然而这种方法也离不开经验和工程类比，因为初始参数的确定仍借助于工程类比和人们的经验。这正是体现了三种的设计方法的互相渗透与结合。

2. 衬砌支护设计方法

根据衬砌结构与地层相互作用方式的不同假设，隧道衬砌结构设计方法可大致分为两类，即荷载结构模型法和地层结构模型（连续介质模型）法。

（1）荷载结构模型法。此法认为地层对结构的作用只是产生作用于衬砌结构的荷载，包括主动地层抗力和被动地层抗力，并以此计算衬砌结构的内力和变形。根据计算所采用地层变形理论的不同，荷载结构模型法主要可分为局部变形理论计算法和共同变形理论计算法两类。

（2）地层结构模型法。此法认为衬砌与地层一起构成受力变形的整体，并根据连续介质力学原理来计算衬砌与周边地层的变形和内力。根据计算中所选用的地层岩土体材料的本构关系的不同（如线弹性、非线性弹性、黏弹性、弹塑性和黏弹塑性等）对计算类型进行分类。

荷载结构模型法和地层结构模型（连续介质模型）法的求解过程均可采用有限单元法进行数值计算。由于有限单元法计算过程中能很好地体现材料非线性、几何非线性、节理和其他不连续特征以及开挖效应等许多复杂工程因素对衬砌结构变形和内力分布的影响，故在隧道衬砌结构计算中得到了广泛发展。

目前，国内外隧道衬砌结构设计主要以荷载结构模型法为主。根据计算过程中对管片接头的不同力学处理方式以及对管片接头刚度、纵向螺栓内力传递和外荷载分布形式的不同假设，盾构隧道管片衬砌结构设计方法又主要分为惯用法、修正惯用法、多铰圆环法和梁弹簧模型法 4 种计算方法。我国主要采用（修正）惯用法或在依据已有工程经验的基础上采用工程类比法进行衬砌结构计算，而国外主要采用多铰圆环法或梁弹簧模型法对盾构隧道管片衬砌结构进行内力计算和结构设计。

不同计算方法对盾构隧道管片接头力学性能的假设也不尽相同，从而使工程设计过程中因设计者采用不同设计方法计算所得控制衬砌结构设计的力学参数，如结构变形、内力大小及分布等产生较大差异，导致设计过于保守或偏于不安全。

3. 其他支护设计方法

其他支护包括：锚杆支护、桩体系支护、挡土墙支护、钢板墙和桩排式地下连续墙支护等，在土体中应用较多。以锚杆支护设计方法为例，进行说明。

锚杆支护设计关系到巷道锚杆支护工程的质量优劣，关系到安全可靠程度及经济是否合理等重要问题。目前锚杆支护设计方法基本上有 3 种。

（1）工程类比法。在锚杆支护设计方法中，工程类比法包含着较简单的经验公式。其建立在以往解决岩土层控制的经验基础上。该设计方法的缺点是强调控制工程问题的本身，而缺乏对引起不稳定的内在原因重视。由于围岩条件千差万别，且某一类别中尚存在各种不同情况，所以使用时必须参照多方面经验。

（2）理论计算法。理论计算法（收敛约束模型法）是建立在解决支护问题的结构和岩石力学理论基础上的设计方法，它分析围岩的应力与变形，给出锚杆支护参数的解析解。理论计算方法很多，计算中一些参数难以可靠确定，因此计算结果存在局限性，在某些条件下能够应用，在某些条件下则难以应用。它的重要性是为研究锚杆支护机理提供了理论依据。该方法一般通过公式估算有关支护参数。

（3）计算机数值模拟法。以计算机数值模拟为基础的设计方法，在原采用工程类化法和理论计算法的基础上，认为锚杆支护设计必须保证隧道始终处于安全可靠状态，而可靠的设计必须以对开挖引起的岩层变形、锚杆受力及支护效果的精确测量为基础。应采用以下两种方法：

1）进行监测，找出围岩压力显现特征及掘进期间锚杆支护受力的特性。

2）利用计算机对支护结构系统构造的数学模型进行模拟，模拟可能遇到的应力场范围内岩层压力显现与锚杆支护过程，评价所选择的各种锚杆支护系统或支护结构的可行性与可靠程度。

澳大利亚、英国等国家在锚杆支护设计上形成了以计算机数值模拟为基础的集地质力学评估、初始设计、现场监测、信息反馈和修改、完善设计等步骤为一体的锚杆支护设计方法。具体实施分 4 个步骤：

1）地质力学评估包括对围岩力学性质的测定、地应力测试和现场勘查。

2）初始设计是利用计算机数字模拟方法在隧道开挖前进行。

3）现场监测即是利用测力锚杆、深孔多点位移计对锚杆受力，隧道顶板、两边的离层以及对围岩表面位移进行实时观测。

4）信息反馈和修改、完善设计是根据现场监测信息与初始设计进行对比分析，若接近或相同则证实初始设计比较正确，否则应修正初始设计，调整锚杆支护结构和参数，完成最终设计。

下面，以土层锚杆为例，诠释衬砌支护设计方法。土层锚杆是由岩石锚杆发展起来的。1958 年，联邦德国的宝尔公司在深基础施工时，为了固定挡土墙，采用锚杆注浆技术制成土层锚杆获得成功，引起了各国工程技术界的重视。随后各国学者和公司相继投入土层锚杆技术的开发研究工作，并使这项技术得到迅速发展。现在土层锚杆技术已能施工长达 50m 以上的锚杆，在黏性土中抗拔力可达 1000kN，在非黏性土中达 2500kN，被锚固的挡土墙可达 40m 以上。由于它发展迅速，并已成为一项新的地下工程施工支护技术，许多国家先后制定了土层锚杆规范，欧洲已开始制定统一的欧洲标准规范。但是，土层锚杆技术和其他地基加固技术一样，它的发展主要不是依靠理论上的突破，而是大量采用实践的施工经验，故理论研究往往落后于施工实践。

在我国，土层锚杆技术于 20 世纪 80 年代初在北京、天津等地开始研究和应用。如天津某污水处理厂的沉淀池，曾用1338根长度12~13m的垂直土层锚杆作为抗浮措施，大大减少池底板的厚度，节约了工程建设投资。其后，又在地铁、深基坑挡土墙支护和其他市政工程中应用。

地面土层锚杆是一个受拉构件，如图4-6所示。整根土层锚杆长度分为锚固段和自由段。锚固段是土层锚杆中以摩擦力形式传递荷载的部分，它是由水泥、砂浆等胶结物以压浆形式，注入钻孔中凝固而成的。其中受拉的锚杆（钢筋或钢丝束等），它的上部连接自由段。自由段不与钻孔土壁接触，仅把锚固力传到锚头处。锚头是进行张拉和把锚固力锚碇在结构上的装置，它使结构承受锚固力。

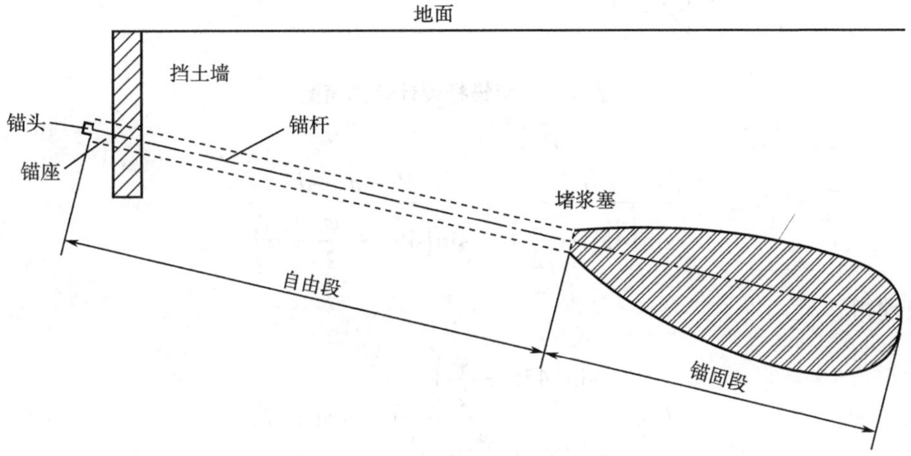

图4-6 土层锚杆构造示意图

土层锚杆的设计应考虑以下因素：

1）土层锚杆的使用时间，一般使用时间在2年以内为临时性土层锚杆，超过2年为永久性土层锚杆。

2）土层锚杆的锚固体截面积和长度直接影响土层锚杆的承载力，通过试验表明，在饱和软土中土层锚杆承载力与锚固段长度和直径呈正比关系。

3）锚杆钢筋（或钢丝束）和水泥砂浆强度的确定。在设计荷载作用下，主要通过考虑锚固砂浆产生的裂缝宽度和裂缝间距来控制。

4）设计土层锚杆拉力由锚固体与土体间摩擦力确定，在实际工程应用时，应进行现场抗拔试验，确定其极限承载力。

斜土锚的设计计算简图，如图4-7所示。斜土锚的高度为d，宜在填土层下，以防钻孔时发生坍塌。

斜土锚的自由长度l_f，应是位于土体滑裂面的锚固长度，当斜锚与地面成夹角α时，根据图中所示锚杆与破裂面及支护结构所构成的三角关系可得：

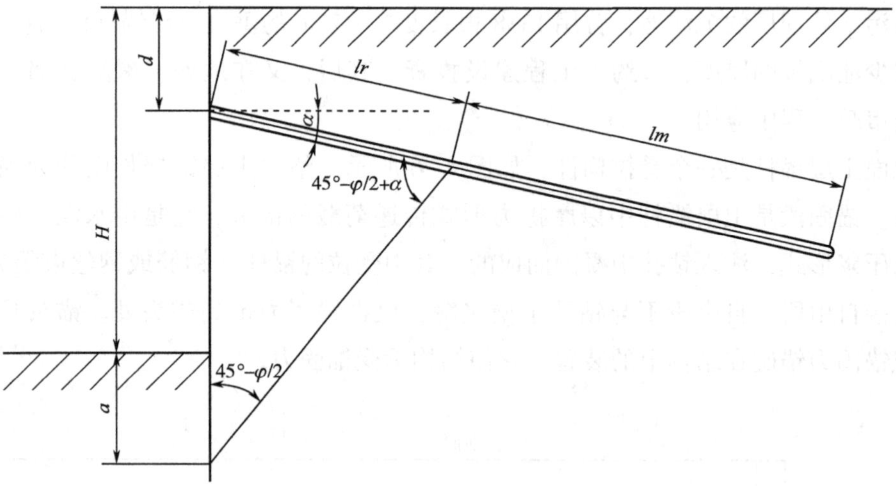

图 4-7　斜锚杆设计计算简图

$$\frac{l_{\mathrm{f}}}{\sin\left(45° - \frac{\varphi}{2}\right)} = \frac{H + a - d}{\sin\left(45° + \frac{\varphi}{2} + \alpha\right)} \tag{4-1}$$

整理得：

$$l_{\mathrm{f}} = \frac{\sin\left(45° - \frac{\varphi}{2}\right)}{\sin\left(45° + \frac{\varphi}{2} + \alpha\right)}(H + a - d) \tag{4-2}$$

斜锚的锚固段长度应进行到较硬的持力层中，锚固段的长度不应小于 4m，锚固段的长度 l_{m} 由锚杆设计拉力值及锚固段土体摩阻力强度确定：

$$F_{\mathrm{n}} = \frac{1}{K}\pi D\sum_{i=1}^{n} l_i f_i \tag{4-3}$$

$$l_{\mathrm{m}} = \sum_{i=1}^{n} l_i \tag{4-4}$$

式中：F_{n}——单锚容许抗拔力（kN）；

K——安全系数，根据锚杆破坏后的危害程度决定，对于永久性锚杆 K=1.8~2.2，对于临时性锚杆 K=1.4~1.8；

l_i——穿越第 i 层土的厚度；

f_i——第 i 层土的极限摩阻力（kPa）；

n——锚杆穿越的土层数；

D——锚杆段直径，当钻孔直径为 d_0 时，采用一次灌注，$D=1.2d_0$；采用一次灌注，然后第二次压力注浆 $D=1.5d_0$。

锚杆直径 d_g 应符合下式要求：

$$d_g \geqslant 2\sqrt{\frac{R_a}{\pi[\sigma]}} + \delta T \tag{4-5}$$

式中：d_g——锚杆直径（mm）；

R_a——设计锚杆应力；

$[\sigma]$——锚杆材料容许拉应力（kN/mm²）；

δ——锚杆钢材年锈蚀量，取 0.04~0.05mm/年；

T——锚杆使用年限。

为了避免群锚作用降低单锚承载力，锚杆水平间距一般为 1.5~4.0m，上下层锚杆间距不宜大于 2.5m，锚杆的倾斜角一般取 15°~25°，以保证充分利用锚杆的水平力。

4.3.3 喷锚支护设计

在地下工程支护结构设计中，将着重介绍地下工程喷锚支护设计、土层锚杆设计，其余支护设计可参见相关规范、手册等。喷锚支护最初是在奥地利发展起来的，所以又称新奥法。它具有投资少、施工快、质量可靠的优点。

1. 喷锚支护的组成

喷锚支护结构的基本组成是锚杆和喷射混凝土，按使用期限、锚固机理、有无预应力、喷射混凝土方式，又可分成若干类型。

（1）锚杆。锚杆按使用期限不同，可以分为临时性和永久性锚杆两种。临时性锚杆用于施工期或使用年限较短的洞室；永久性锚杆一般与喷射混凝土结合使用。锚杆按有无预应力，可以分为预应力锚杆（或锚索）和无预应力锚杆两种；按锚固机理不同，可分为机械型和胶结型锚杆。胶结型锚杆（也称灌浆锚杆）按照胶结材料的不同，又分为砂浆锚杆和树脂锚杆。

（2）喷射混凝土。喷射混凝土有干式喷射和湿式喷射两种。干式喷射混凝土是先将砂、石、水泥和速凝剂按一定比例干拌均匀，然后装入喷射机，在压缩空气的推动下，使干拌料沿管线连续地输送到喷枪，再在该处与水混合，以极高的速度喷射到岩面上，凝结硬化而成。干式喷射的缺点是粉尘较大，为此，国内外均在研究湿式喷射混凝土。湿式喷射混凝土工艺流程与干式有所不同，它是将原材料湿拌均匀后，再装入混凝土喷射机，因此粉尘较少。

喷射混凝土的施工方法，不用模板，将混凝土的输送、灌注和捣固等合为一道工序，施工工艺大为简化，操作简单施工速度快，地质条件变化时，也可灵活地改变喷层厚度及调整喷射时间，保证施工安全。

从已建成的工程看，喷锚支护结构的质量和效果都比较好，而且造价低。但到目前为止，喷锚结构的设计还主要是根据实践经验而定，校核的方法是采用施工过程中的应力、应变等测量资料来补充和说明，至今还没有一个标准的设计准则。

2. 喷锚支护特点

喷锚支护较传统的构件支撑，无论在施工工艺和作用机理上都有一些特点，主要反映在以下几方面：

（1）灵活性。喷锚支护是由喷射混凝土、锚杆、钢筋网等支护部件进行适当组合的支护形式，它们既可以单独使用，也可以组合使用。其组合形式和支护参数可以根据围岩的稳定状态，施工方法和进度，隧道形状和尺寸等加以选择和调整。它们既可以用于局部加固，也易于实施整体加固；既可以一次完成，也可以分次完成。充分体现了“先柔后刚，按需提供”的原则。

（2）及时性。喷锚支护能在施作后迅速发挥其对围岩的支护作用。这不仅表现在时间上，即喷射混凝土和锚杆都具有早强性能，而且表现在空间上，即喷射混凝土和锚杆可以最大限度地紧跟开挖而施工，甚至可以利用锚杆进行超前支护。

（3）密贴性。喷射混凝土能与坑道周边的围岩全面、紧密地黏结，因而可以抵抗岩块之间沿节理的剪切和张裂。

（4）深入性。锚杆能深入围岩体内部一定深度，对围岩起约束作用。

（5）柔韧性。喷锚支护属于柔性支护，它可以较便利地调节围岩变形，允许围岩作有限的变形，即允许在围岩塑性区有适度的发展，以发挥围岩的自承能力。

（6）封闭性。喷射混凝土能全面及时地封闭围岩，这种封闭不仅阻止了洞内潮气和水对围岩的侵蚀作用，减少了膨胀性岩体的潮解软化和膨胀，而且能够及时有效地阻止围岩变形，使围岩较早地进入变形收敛状态。

3. 喷锚支护设计

根据岩体的产状，将围岩按大类分为整体、块状、层状和软弱松散等几类。不同结构类型的围岩，开挖洞室后力学形态的变化过程及其破坏机理各不相同，喷锚设计原则也有差别。

1）对于整体状围岩，可以只喷上一薄层混凝土，防止围岩表面风化和消除表面凹凸不平以改善受力条件；仅在局部出现较大应力区时才加设锚杆。

2）在块状围岩中必须充分利用压应力作用下岩块间的镶嵌和咬合产生的自承作用；喷锚支护能防止因个别危石崩落引起的坍塌。通过利用全空间赤平投影的方法，查找不稳定岩石在临空面出现的规律和位置，然后逐个验算在危石塌落时的力作用下锚杆或喷射混凝土的安全度。

3）在层状围岩中，洞室开挖后，围岩的变形和破坏，除了层面倾角较陡时表现为顺层滑动外，主要表现为在垂直层面方向的弯曲破坏，用锚杆加固使围岩发挥组合梁的作用。

4）软弱围岩近似于连续介质中的弹塑性体，采用喷锚支护时，宜将洞室挖成曲墙式，必要时加固底部，使喷层成为封闭环，用锚杆使周围一定厚度范围内的岩体形成“承载环”，以提高围岩自承能力。

目前应用最广的是全长黏结式锚杆。端头锚固型锚杆一般用于局部加固围岩及中等强度以上的围岩中。预应力锚索一般用于大型洞室及不稳定块体的局部加固，而预拉力小且锚固于中硬以上岩体时宜采用涨壳机械式锚头。摩擦式锚杆目前主要用于矿山工程。

锚杆的数量和间距的确定，一般以能充分发挥喷层作用为准则。合理的锚杆数量能使初期喷层恰好达到稳定状态，这样复喷才能提高支护结构的安全性。为了防止锚杆之间的岩体塌落，通常要求锚杆的纵横向间距小于杆体长度的一半。同时考虑便于施工，锚杆的纵向间距最好与掘进进尺相适应。

锚杆长度的确定应当以能充分发挥锚杆的功能，并获得经济合理的锚固效果为原则。一般来说，锚杆的最小长度应超过松动圈厚度，留有一定安全余量，且不宜超过塑性区。对于裂隙岩体和层状岩体，锚杆主要是对节理、裂隙面起加固作用，这时锚杆宜适当长些，尽量穿过较多的节理和裂隙。根据我国喷锚支护的设计经验，锚杆长度可在洞跨的范围内选取，而国外采用的锚杆长度一般都超过我国所用的锚杆长度。加固不稳定块体的锚杆，应根据实际需要来定，不受上述原则限制。

锚杆直径的选取通常视工程规模、围岩性质而确定。一般全长黏结式锚杆在之间。在选取锚杆的钢材类型、直径和长度时，还应当充分考虑到尽量发挥锚杆的效用，力求使锚杆杆体的承载力与锚杆的拉力相当，并要考虑锚杆杆体与砂浆之间的黏结力以及砂浆与围岩间的摩擦力。

锚杆的布置应采用重点（局部）布置与整体（系统）布置相结合。为了防止危石和局部滑塌，应重点加固节理面和软弱夹层，重点加固的部位应放在顶部和侧壁上部。为防止围岩整体失稳，当原岩最大主应力位于垂直方向时，应重点加固两侧，以防止该处出现所谓“剪压破坏”，但在顶部仍应配置相当数量的锚杆，因为只锚固两侧的做法通常不能收到预期的效果。

4.4 地下工程结构设计

地下结构最终形式设计是指在确定地下结构选型后，进行相应的截面设计、配筋设计等工作。以城市浅埋地铁隧道结构设计为例，介绍地下结构最终形式设计的相关内容。其余地下结构设计可参见相应的规范、手册等。

4.4.1 结构断面的确定

地铁的设计包括线路设计和隧道结构设计。地铁线路设计应注意如下问题：选线时，应尽量避开不良地质现象或已存在的各类地下埋设物、建筑基础等，并应使地铁施工对周围的影响控制在最小范围；地铁线的曲线段应综合考虑运输速度、平稳维修以及建设土地费等对隧道曲率半径的影响与要求等，制定最优路线。确定线路的纵向埋深时，应考虑如下因素：地下各类障碍物的影响；两条地铁线交叉或紧挨时，两者之间的位置矛盾与相互影响；工程与水文地质条件的优劣程度及埋深对造价的影响。

地铁的结构设计是在完成线路设计，确定了线路平面图与纵断面之后进行的。地铁构筑物，包括车站、隧道及其他结构，一般均采用钢筋混凝土衬砌，因此，浅埋地铁结构物的设计和地上钢筋混凝土结构物的设计基本相同。箱形结构承受垂直压力、侧压、车辆等荷载，计算时，沿隧道纵向取为计算单元，作平面问题处理。设计中框架结点视为刚结，外力作用下的结构为高次超静定，其近似计算常用力矩分配法。

在结构断面的确定中，首先按建筑限界、线路的平面和纵断面、道床高度等计算结构内部空间尺寸；然后，根据结构高宽比、荷载状况，类比参照已有结构尺寸，假定断面厚度，选定供计算用的结构形状尺寸，并假定合理的计算图式。其设计步骤如下：

（1）隧道净断面的确定。

建筑接近限界是确定净断面的主要依据，由建筑接近限界规定隧道内空间的最小尺寸和形状，然后将曲线半径、超高、道床、施工误差等影响因素加以考虑，最后，确定净断面。

（2）估算建筑断面的厚度。

箱形框架内力的计算，必须以假定的框架截面尺寸为先决条件。截面估算时，应考虑混凝土或钢筋混凝土的强度、承受的荷载、建筑物的高宽比和钢筋保护层厚度等因素。估算或假定厚度的过程，首先将框架分解成若干基本构件，然后计算出作用在构件上的荷载、引起的内力，由此估算出构件的厚度，最后参照实践经验做必要的类比修正。

1）关于顶板截面厚度，假定顶板截面的厚度为跨度的1/10~1/8，即如果跨度为4500mm，则其截面在间选取450~550mm，然后，概略计算顶板荷载，并根据荷载估算顶板弯矩值，以进一步假定顶板截面的厚度。

2）关于底板截面尺寸，可比顶板截面厚度增加50mm，我国一般采用与顶板尺寸相同。

3）关于侧墙截面尺寸，可参照顶板尺寸假定的基本步骤确定，考虑施工和防水要求，厚度最小应在400mm左右。

在隧道净空间和截面尺寸计算的基础上，隧道结构的断面随之确定。

4.4.2 荷载计算

在隧道结构设计中，荷载计算需要考虑的因素很多，较为复杂，应明确以下计算原则：

1）作用在浅埋隧道结构上的荷载一般包括：路面活荷载、垂直土压力、侧向土压力和水压力、作用在结构底板上的荷载、特殊荷载及其他荷载。

2）进行结构设计时，对于作用在结构上的各种荷载，应根据规范和具体条件采用设计荷载组合，画出设计荷载图。然后，再进行框架内力分析计算。

3）结构按极限状态法设计时，应将标准荷载乘以超载系数作为计算荷载，即计算荷载=标准荷载×超载系数，而超载系数对不同的荷载性质可取1.0~1.2。

浅埋隧道结构承受各种荷载的确定如下：

1）路面活荷载。一般浅埋地铁隧道设置于城市主干街道的地下，通常要考虑路面的活荷载。这类荷载由地面建筑物、行驶的车辆及其他公共设施产生，它与结构距地面的距离关系很大，当覆盖层超过8m，其影响就不甚重要了。

路面活荷载通过路面下的土层传递于结构上，它在土中的传递状态随土质密实状况和荷载分布形状而定。地面活荷载在土中的压力分布复杂，作用在结构上的计算方法很多，但常用的有弹性力学解法和波士顿规范法。

弹性力学解法是按各向同性均质体的直线变形理论计算土层内的压力分布，即以弹性力学公式用积分的方法求解。通常认为用此法解得的压力分布接近实际，但计算较为繁杂。波士顿规范法认为活荷载向下传递时，假定荷载板的边缘对垂直面成α角度（一般为30°）扩散，且压力在该面积上做均匀分布，如图4-8所示。此法应用比较广泛，日本和莫斯科地下铁道的设计，活荷载的传递取45°角向外扩散计算。按波士顿方法，当荷载板为正方形或圆形时，土中的压力q按下式计算：

$$q = q_0\left(\frac{\dfrac{b}{d}}{\dfrac{b}{d} + 2\tan\alpha}\right)^2 \tag{4-6}$$

当荷载板为长条形基础时，q按下式计算：

$$q = q_0\left(\frac{\dfrac{b}{d}}{\dfrac{b}{d} + 2\tan\alpha}\right) \tag{4-7}$$

式中：q——土中深度d处荷载集度（kPa）；

q_0——地面荷载集度（kPa）；

b——地面荷载分布宽度（m）；

d——计算压力处土层深度（m）；

α——扩散角。

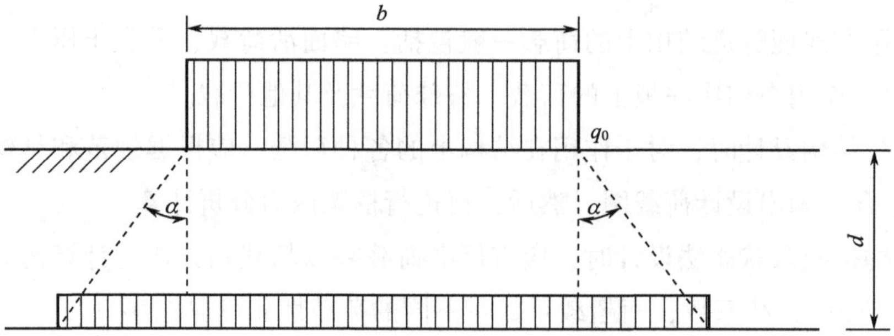

图 4-8　活荷载在土中的传递

2）垂直土压力。作用在浅埋地铁隧道顶部的垂直土压力，即是结构正上方各种物体的全部重量。该重量包括三部分：道路铺砌的重量、地下水位以上土的重量和水位以下土体重量，如图 4-9 所示。

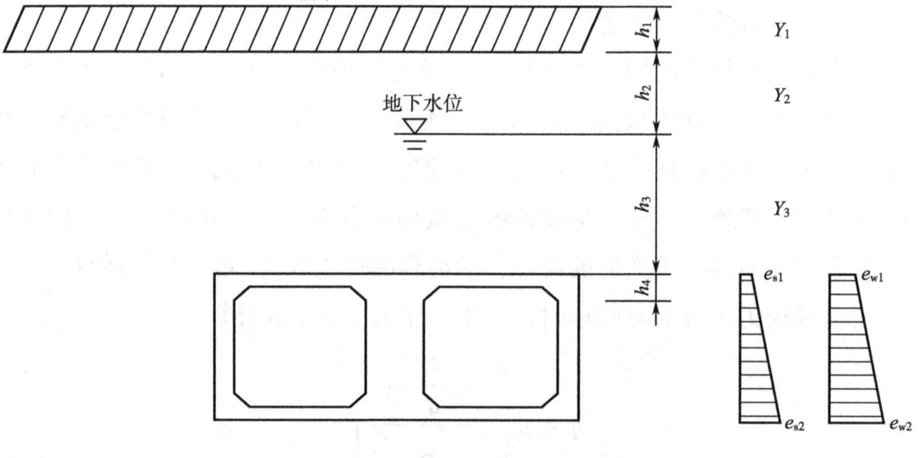

图 4-9　作用在浅埋地铁隧道结构上垂直、水平荷载

注：e_{w1}、e_{w2} 分别为侧墙上端、下端侧向水压力（kPa）；e_{s1}、e_{s2} 分别为侧墙上端、下端侧向土压力（kPa）

隧道顶部的垂直土压力 W_1 可按下式计算：

$$W_1 = \gamma_1 h_1 + \gamma_2 h_2 + \gamma_3 h_3 \tag{4-8}$$

式中：W_1——作用于隧道结构顶部的垂直土压力；

γ_1、h_1——路面材料的重度（kN/m^3）、厚度（m）；

γ_2、h_2——地下水位线以上土的重度（kN/m^3）、厚度（m）；

γ_3、h_3——地下水位线以下土的重度（kN/m^3）、厚度（m）。

3）侧向土压力和水压力。在结构侧墙上，一般作用有土压力和水压力，计算时可采用土压和水压加在一起的综合土压力计算方法和土压与水压的分算方法。目前，土压力计算常用朗肯和库仑法。我国上海地区，经模型实验和现场实测，认为地下工程的土压力数据与朗肯理论的计算结果更为接近。

4）结构底板的荷载。结构底板的荷载是指承托结构的地基对结构作用的反力。此反力是由作用在结构上的所有垂直荷载，通过底板传给结构底面上的地基，而地基由此产生了向上的反力，反作用于底板上形成荷载（图 4-10），而结构内车辆行驶与地板的自重一般不考虑。反力一般视为均匀分布。

底板荷载的计算公式为：

$$W_2 = W_1 + \frac{2Q_1 + Q_2 + Q_3 + Q_4}{2L} \tag{4-9}$$

式中：W_2——底板荷载（kPa）；

W_1——顶板荷载，包括顶板上部垂直土压力和顶板自重（kPa）；

Q_1、Q_2、Q_3、Q_4——侧墙、纵梁、立柱、梗肋的自重（kN/m）；

$2L$——隧道结构的总宽度（m）。

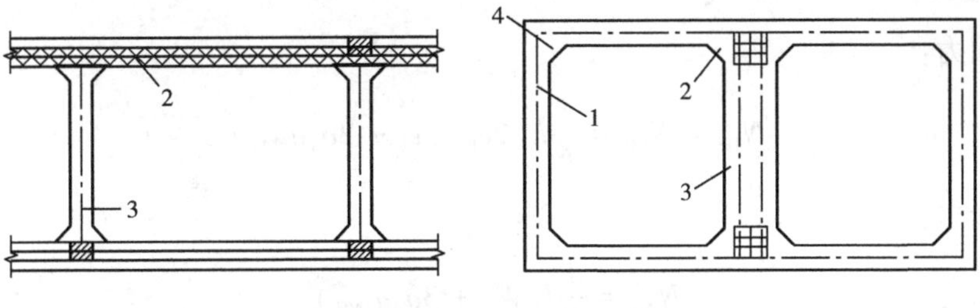

1—侧墙；2—纵梁；3—中柱；4—板肋

图 4-10 结构底板荷载组成

5）特殊荷载。根据地下铁道隧道结构的重要性及防护要求，不同埋深和结构形式，规定出结构不同部位的荷载数值。

6）其他荷载。地震的影响、温度变化及混凝土收缩等的影响，均属于此类荷载。全部埋置于地下的结构，地震的影响不如对地面结构强烈，认为地下结构可以承受，不必再做计算。如果结构上部覆盖层很浅，或为附建式结构，则必须作地震因素引起的土压力变动的计算。

通过以上两个设计步骤，可以得到隧道结构断面及荷载分布图。在此基础上即可开展结构的内力计算。

4.4.3 框架内力计算

框架内力包括轴力、弯矩和剪力。只有获得框架内力的数值，才可进行钢筋混凝土强度和配筋设计。双跨双线箱形隧道结构是一种对称结构。在对称荷载作用下，弯矩图和轴力图是对称的，而剪力图为反对称，在反对称荷载作用下，弯矩图和轴力图是反对称的，而剪力图是对称的。利用此种原理，可取结构的一半进行计算，即可取双跨双线箱形结构的左侧框架设计，则其计算图形见图 4-11。

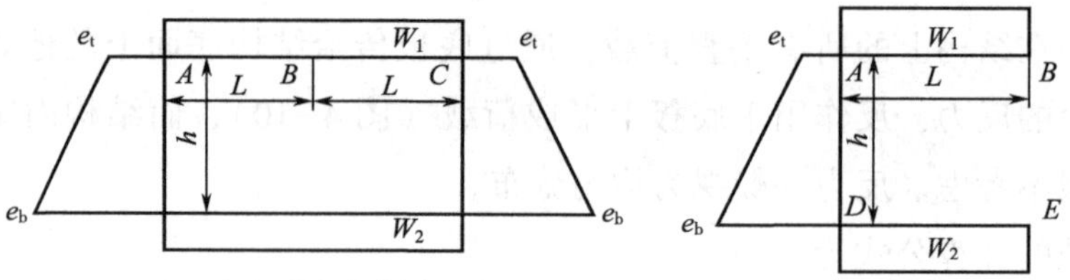

（a）框架荷载图　　（b）左侧框架计算图形

图 4-11　框架计算图形

1. 轴力计算

计算轴力，应对特殊荷载进行折减。各构件轴力计算公式如下：

顶板轴力：

$$N_{AB} = N_{BA} = \frac{1}{6}h(2e_t + e_b + 3aq_{墙特}) \tag{4-10}$$

底板轴力：

$$N_{DE} = N_{ED} = \frac{1}{6}h(2e_b + e_t + 3a_1q_{墙特}) \tag{4-11}$$

侧墙轴力：

$$N_{AD} = \frac{1}{2}l(W_1 + 3a_2q_{顶特}) \tag{4-12}$$

$$N_{DA} = \frac{1}{2}l(W_2 + 3a_3q_{底特}) \tag{4-13}$$

$$N_{AD中} = \frac{1}{2}(N_{AD} + N_{DA}) \tag{4-14}$$

式中：N_{AB}、N_{BA}、N_{DE}、N_{ED}、N_{AD}、N_{DA}、$N_{AD中}$——分别为 AB 构件 A 端、B 端，DE 构件 D 端、E 端，AD 构件 A 端、D 端及中部的配筋用轴力（指单位长框架构件轴力）；

e_t、e_b——不包括特载的侧墙上端、下端的水平荷载（kPa）；

W_1、W_2——不包括特载的顶部垂直土压力和底板荷载（kPa）；

$q_{墙特}$、$q_{顶特}$、$q_{底特}$——墙部、顶板、底板的特载值；

a_1、a_2、a_3、a——特殊载折减系数，根据不同部位选用0.3~0.6。

2. 弯矩计算

箱形框架的弯矩计算，采用力矩分配法较为简便。这种渐进计算方法步骤，可归纳如下：

1）根据框架左侧，如图4-11（b）所示，每一刚性节点均为固定，依表4-3算出杆件各端的固端力矩。

表4-3 杆端力矩（M^F）表

荷载状态	支撑状态			
	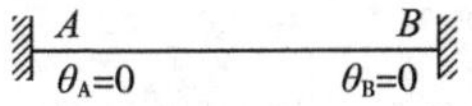		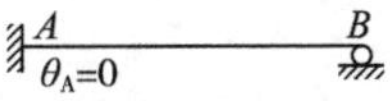	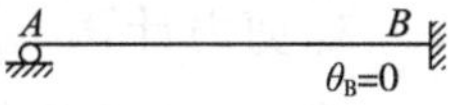
	M^F_{AB}	M^F_{AB}	M^F_{AB}	M^F_{AB}
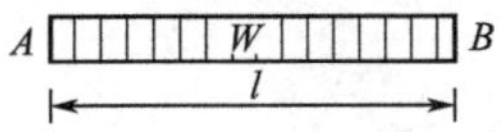	$\frac{zt^2}{12}$	$\frac{wt^2}{12}$	$\frac{wt^2}{8}$	$\frac{wt^2}{8}$
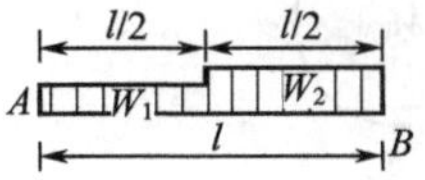	$\frac{(11w_1+5w_2)\ l^2}{192}$	$\frac{(5w_1+11w_2)\ l^2}{192}$	$\frac{(9w_1+7w_2)\ l^2}{128}$	$\frac{(7w_1+9w_2)\ l^2}{128}$
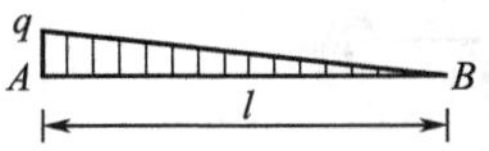	$\frac{ql^2}{20}$	$\frac{ql^2}{20}$	$\frac{ql^2}{15}$	$\frac{ql^2}{15}$
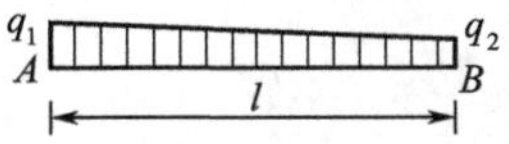	$\frac{l^2}{60}(3q_2+2q_1)$	$\frac{l^2}{60}(2q_2+3q_1)$	$\frac{l^2}{120}(8q_2+7q_1)$	$\frac{l^2}{120}(7q_2+8q_1)$
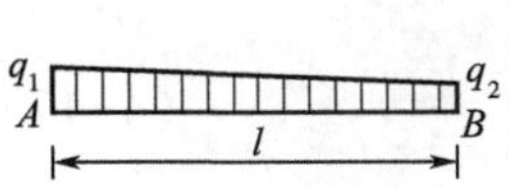	$\frac{q}{60}[2a_2+\frac{3b}{l}\times(2l^2-b^2)]$	$\frac{q}{60}[2a_2+\frac{3b}{l}\times(2l^2-b^2)]$	$\frac{q(l+b)}{120l}\times(7l^2-3b^2)$	$\frac{q(l+b)}{120l}\times(7l^2-3a^2)$

2）放松其中一个节点（其他节点仍固定），将放松节点不平衡力矩反号，按刚度分配系数分给相交于该点的各杆端，并进行力矩传递，如此该点的力矩暂时平衡。

不平衡力矩 M^μ 为固端力矩 M^F 之和。分配系数按下式计算：

$$u_{ij}=\frac{S_{ij}}{\sum S} \tag{4-15}$$

式中：S_{ij}——抗弯刚度；

$\sum S$——会交于该点各杆抗弯刚度之和。

因此，同一节点各杆分配系数总和为1。传递系数按下式计算：

$$C_{ab}=\frac{M_{ba}}{M_{ab}^{D}} \tag{4-16}$$

式中：M_{ba}——由杆件 AB 的 A 端的分配力矩传给 B 端的传递力矩；

M_{ab}^{D}——杆件 AB 的 A 端的分配力矩。

一般均匀截面的直杆，传递系数 Cab 取 0.5。

3）放松第二个节点，按第2步同法进行力矩分配和传递。如此继续至所有节点均放松并平衡其力矩。

4）每次分配力矩和传递力矩数值很快收敛。将固端力矩、分配力矩和传递力矩相加，即为杆端最后力矩。

3. 剪力计算

首先，按框架各构件的受力情况计算剪力。如顶板结构 AB 梁［图4-11（b）］，其受力情况如图4-12所示。

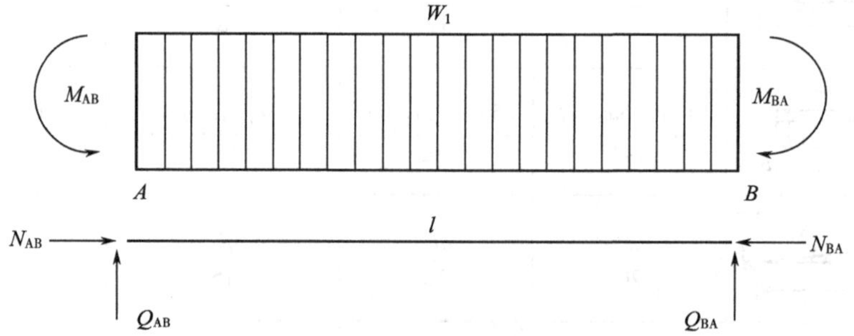

图4-12 框架顶板结构剪力计算图

A 端剪力，可对 B 点列出力矩方程，做如下计算：

令
$$\sum M_B=0 \tag{4-17}$$

$$M_{AB}^{计}+\frac{1}{2}W_1l^2-Q_{AB}^{计}l-M_{BA}^{计}=0 \tag{4-18}$$

由于
$$M_{AB}^{计}=M_{BA}^{计} \tag{4-19}$$

所以
$$Q_{AB}^{计}=\frac{1}{2}W_1l \tag{4-20}$$

式中：$Q_{AB}^{计}$——顶板 A 端剪力（kN）；

$M_{AB}^{计}$、$M_{BA}^{计}$——AB（BA）构件 A 端（B 端）支座轴线处弯矩，称为计算弯矩

（kN·m）；

W_1——与上文侧墙轴力式中意义一致；

l——顶板宽度。

通过对图 4-11（b）中各构件剪力求解后，可得到图 4-13 所示的剪力图。如同计算弯矩，计算剪力作用在轴线处，不可以用配筋。控制配筋的剪力应是作用在支座边缘处的剪力，其关系如下式所示：

$$Q_{ij}^{配} = Q_{ij}^{计} - \frac{1}{2}W_{ij}b \tag{4-21}$$

式中：$Q_{ij}^{配}$——ij 构件 i 端支座边缘处的剪力，称为配筋剪力（kN）；

$Q_{ij}^{计}$——ij 构件 i 端支座轴线处的剪力，称为计算剪力（kN）；

W_{ij}——ij 构件承受的荷载（kN/m）；

b——ij 构件端处的支座宽度（m）。

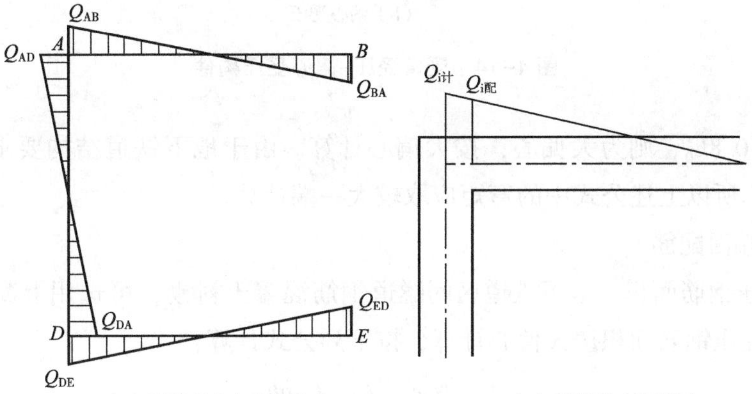

（a）计算剪力与配筋剪力　　（b）配筋剪力计算图

图 4-13　框架剪力图

4.4.4　结构配筋

钢筋混凝土框架结构的配筋计算，应依构件的受力情况进行。现以顶板梁为例进行研究，取其沿隧道长轴方向 1m 宽度考虑，则 AB 梁同时在弯矩、轴力和剪力作用下，视为受弯受压（受剪）构件，如图 4-14 所示。

1. 偏心状况判断

计算偏心受压构件的偏心距大小，以确定采用的受力钢筋面积的公式：

$$e_0 = \frac{M_{ij}^{配}}{N_{ij}} \tag{4-22}$$

式中：e_0——偏心距（m）；

$M_{ij}^{配}$——构件承受的弯矩（kN·m）；

N_{ij}——构件承受的轴力（kN）。

$$h_0 = h - a \tag{4-23}$$

式中：h——构件高度；

a——钢筋保护层，一般取50mm。

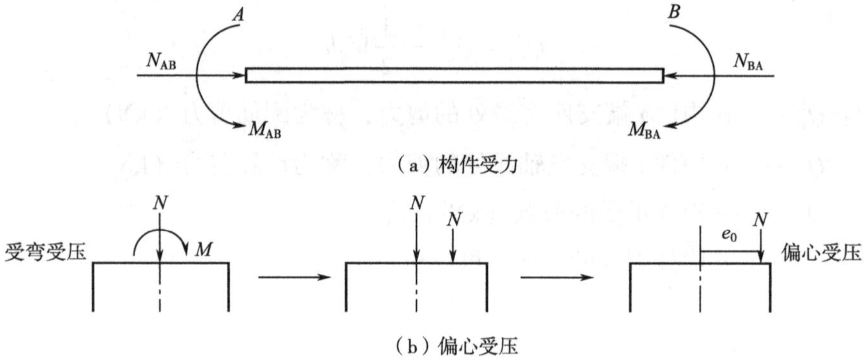

图4-14 受弯受压-偏心受压构件

如果$e_0>0.8h_0$，则为大偏心，按大偏心计算。由于地下铁道结构要求较高，钢筋一般不截断，所以上述公式中的弯矩应取较大一端计算。

2. 构件端面配筋

（1）受压钢筋面积。地下铁道区间隧道钢筋混凝土衬砌，可选用混凝土C30和Ⅱ级钢筋，则受压钢筋面积按大偏心计算，按下列公式计算：

$$A'_s = \frac{N_{ij}e - A_{0max}f_{mc}bh_0}{f'_y(h_0 - a')} \tag{4-24}$$

$$e = \eta e_i + \frac{h}{2} - a' \tag{4-25}$$

$$e_i = e_a + e_0 \tag{4-26}$$

$$A_{0max} = \xi_b(1 - 0.5\xi_b) \tag{4-27}$$

式中：A'_s——受压钢筋面积（mm^2）；

N_{ij}——轴向力（kN）；

f_{mc}——混凝土抗弯抗压强度（N/mm^2）；

f'_y——钢筋抗压设计强度（N/mm^2）；

b——构件沿轴线1m宽度，$b=1000mm$；

a'——受拉钢筋保护层（mm）；

h——构件高度；

h_0——构件有效高度；

e——轴向力作用点至受拉钢筋合力点之间的距离（mm）；

η——偏心距增大系数；

e_i——初始偏心距（mm）；

e_a——附加偏心距（mm），取偏心方向截面尺寸的$\frac{1}{30}$和 20mm 中的较大者；

e_0——轴向力对截面重心的偏心距（mm）；

A_{0max}——截面的最大抵抗系数；

ξ_b——相对界限受压区高度。

如果按上述公式计算的受压钢筋面积出现负值，说明受力上不需要受压钢筋，此时钢筋可按结构布置。

（2）受拉钢筋面积。受拉钢筋面积按下列公式计算：

$$A_s = \frac{M_{ij}^{配}}{f_y \gamma_0 h_0} \tag{4-28}$$

$$\gamma_0 = 0.5(1 + \sqrt{1 - 2A_0}) \tag{4-29}$$

$$A_0 = \frac{M_{ij}^{配}}{f_{mc} b h_0^2} \tag{4-30}$$

式中：A_s——受拉钢筋面积（mm）；

A_0——截面抵抗系数；

γ_0——结构重要性系数。

其余符号如上所述。

（3）抗剪钢筋面积。按截面混凝土抗剪强度与受力进行比较，如混凝土具备的抗剪强度大于承受的剪力，则可做结构布置。截面混凝土的抗剪强度为 $0.25f_c bh_0$，其中 f_c 为混凝土抗剪强度设计值。

至此，可以绘出构件端面的钢筋布置，如图 4-15 所示。

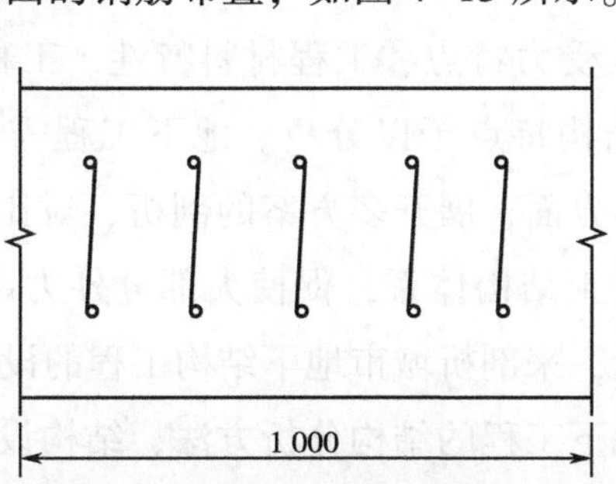

图 4-15 构件端面钢筋布置

（4）构件跨中钢筋布置。由于框架各构件的弯矩沿跨度发生大小和方向的变化，构件端部的配筋方法不适用于跨度中部。为了进行跨度中部的钢筋配置，必须求得最大弯矩的位置，即弯矩对跨度距离变量导数为零的位置。

令 $dM/dx=0$（M 为弯矩，x 为 ij 构件离 i 端距离变化），可求得 x 值，一般说最大弯矩 1/2 在跨度的地方。然后，用 x 值代入弯矩方程求得最大弯矩数值。

因此，以框架顶梁为例，其端部与跨度中部受力不同。端部的上方受拉，下部受压，而跨度中部上方受压，下方受拉。在顶板构件中钢筋不截断，在端部上方的钢筋中弯下一部分，以作中部下方抗拉钢筋用，如图 4-16 所示。

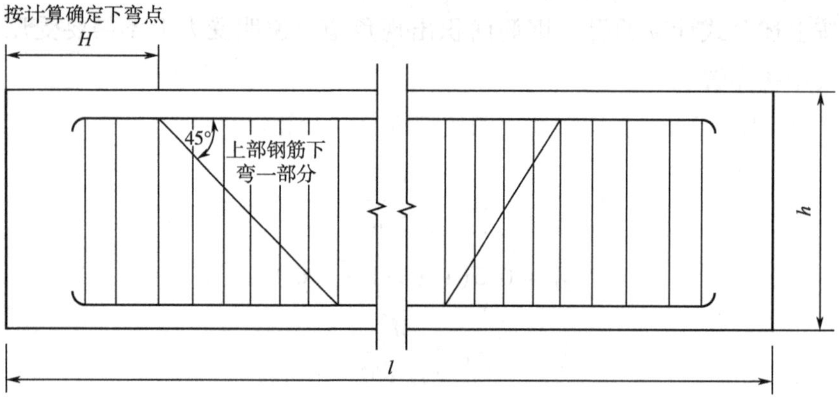

图 4-16　框架顶板结构钢筋配置

框架的顶板、侧墙、底板、中柱各部分构件，经荷载计算，内力计算和配件设计，则可进行设计图的绘制工作。

4.5　本章小结

城市地下工程的结构类型主要涵盖拱形结构、圆管结构、框架结构以及薄壳结构。针对不同的结构类型，需从受力特点、工程材料特性、工程荷载、破坏模式、地下工程信息等方面着手，对其结构特点予以分析。地下工程需要从结构选型、埋置条件、施工方式、荷载组合等诸多方面，展开多方案的剖析、对比，经由设计选定最优方案，竭力构建一个最为合理的岩土结构体系，促使大部分外力由岩土介质承担。基于对地下工程结构设计特点的考量，来剖析城市地下结构工程的设计方法。

本章重点阐述了城市地下工程的结构分析方法、结构设计方法以及支护结构设计，并以浅埋地铁隧道结构设计为例，阐述了地下结构最终形式设计的相关内容。将连续变形数值分析、非连续变形数值分析以及耦合分析与反演分析方法归为大类，介绍了有限元法、边界单元法、有限差分法、离散单元法、块体理论、刚体有限元法等具体数值方法。涵盖了地下工程结构常见的三种计算模型，即荷载结构模型、收敛约束模型和连续介质模型，以及常用的结构分析方法工程类比法。最后介绍了喷锚支护设计和土层锚杆设计，需依据围岩在挖掘后的稳定状况以及地下水渗漏等情形，结合使用需求开展必要的支撑、衬砌、支护设计。

思考题

1. 城市地下空间结构与地上结构有何区别？
2. 城市地下空间结构设计程序分为哪几个步骤？
3. 简述地下空间结构的力学计算模型之间的联系和区别。
4. 地下结构可靠度分析原理是什么？
5. 地下空间结构有哪些荷载？
6. 你对未来地下空间结构设计发展有何看法？
7. 地下工程结构分析特点是什么？设计方法有哪些？
8. 支护结构设计方法有哪些？

参考文献

[1] 刘鑫，洪宝宁．城市地下工程［M］．北京：中国建筑工业出版社，2020.
[2] 曹平，王志伟．城市地下工程导论［M］．武汉：中国水利水电出版社，2013.
[3] 王勇．城市地下工程［M］．北京：冶金工业出版社，2024.

5 明 挖 法

随着城市化进程的加快，城市地下空间的开发利用逐渐成为城市建设的重要组成部分。地下工程作为城市基础设施建设的关键环节，其施工方法的选择直接影响到工程的安全、质量和经济性。在众多地下工程施工方法中，明挖法因其施工工艺相对简单、适用范围广泛和施工效率高，成为了城市地下空间工程中应用最为广泛的技术之一。本章将对明挖法施工的基本原理、特点以及适用范围进行系统阐述，以帮助读者深入理解该方法在城市地下工程中的重要性。

本章将详细探讨明挖法施工的具体流程，包括施工准备、开挖工艺、支护系统的设置以及安全防护措施等内容，以及特殊工况下明挖法的施工工艺，并结合实际案例分析，探讨在复杂城市环境中应用明挖法施工的挑战与解决方案。希望通过本章的学习，读者能够掌握明挖法施工的基本理论和实践经验，为今后的工程设计与施工提供有益的参考。

5.1 概述

当前，城市地下工程结构开挖施工与支护施工技术方法有若干种，根据开挖施工所采用的技术措施，可将地下结构开挖施工方法归纳为三大类，即明挖法、暗挖法和特殊施工方法。明挖法是挖除地下结构上部的覆盖层，新建地下结构在露天状态下施工而不是在地下施工，待地下结构施工完成后回填覆土，这种方法适用于浅埋地下结构，是目前最安全、经济的施工方法之一。

5.1.1 明挖法定义与施工特点

明挖法是从地面表面开始向下开挖，在地下设计位置修筑结构物，然后再进行回填覆土的施工方法的总称。在各种城市地下工程中，如高层建筑地下室、地下停车场、城市地下管道、地下变电站、浅埋的地下铁道工程等，获得了广泛的应用。明挖法是挖除地下结构上部的覆盖层，新建地下结构在露天状态下施工而不是在地下施工，待地下结构施工完成后回填覆土，这种方法适用于浅埋地下结构，是目前最安全、经济的施工方法之一。

一般在地形平坦，埋深小于 30m 时，适合采用明挖法。在地面交通和环境条件允许的地方，也优先选择明挖法施工。

地下工程明挖法施工具有如下优点：

1）明挖法施工工序相对简单，易于掌握和操作。

2）由于工作面开阔，可以组织大量人员、设备、材料、机具等进行快速施工。

3）在拆迁量小的情况下，明挖法施工的人员和设备投入相对较少，造价较低。

4）明挖法的施工工序和作业面大部分可以直接观察和检查，安全隐患便于发现，施工的安全、质量和进度容易控制。

然而，随着地下工程埋深的增加，明挖法的工程费用、工期都将增大。同时，明挖法对周围环境的影响大，对地面交通、商业活动和居民生活都有较大影响，地下管线的拆迁量也比较大。当地下水位较高时，地下工程施工降水和地层加固费用非常高。因此，在采用明挖法时，应充分考虑各种施工方法的特征，选择最能发挥其特长的施工方法。

5.1.2 明挖法在城市地下工程中的应用

明挖法在城市地下工程中的应用可大致分为两大类：一类为明挖浅埋隧道，如地下铁道及地下车站、地下过街通道、地下市政共同管道、大型排水及污水处理系统等；另一类为明挖基坑工程，如高层建筑地下室、地下停车库、地下商业街、地下变电站、地下仓库、地下民防工事以及其他地下民用和工业设施等。

1. 明挖浅埋隧道

（1）浅埋隧道的基本要求。对于浅埋隧道，当采用明挖法修筑时，要考虑的首要问题是隧道设置深度。一般来说，隧道应设置在尽可能良好的地层中。要充分进行调查，从技术、经济、运营、地层等方面考虑，慎重研究设置深度。通常情况下，隧道设置深度应不超过20m，以确保隧道建成后的使用功能和安全性。

一般而言，根据地质状态，隧道建成后的地层有可能发生位移时，要充分研究其影响，并在设计上采用相应的措施。特别是在有软弱地层且其厚度变化大的情况下，可能沿纵向产生地层的不均匀下沉，而造成结构纵向的异常变形。此外，在饱和的松散土砂中时，地震会诱发砂层液化，从而使结构物受到较大的应力等。这些问题在隧道规划、设计和施工时必须给以足够的关注。隧道纵向结构都是连续的，一般在良好的地层中，可以不考虑隧道纵向的影响，但对荷载状态及地层状态有显著变化的情况和隧道断面有显著变化的情况，要充分研究这些情况对隧道稳定性的影响。

（2）浅埋隧道的结构形式。明挖法浅埋隧道采用的结构形式是多种多样的，大体可归结为直墙拱、单跨、双跨或多跨矩形闭合框架等。但一般都是箱形的、纵向连接的结构，中间构件多采用柱结构或墙结构，箱形结构的侧墙多采用连续墙作为主体结构的一部分。

2. 明挖基坑工程

基坑工程最基本的作用是为了给各种地下工程敞开开挖创造条件，大多数基坑工程是由地面向下开挖的一个地下空间。基坑在早期一直是作为一种地下工程施工辅助措施而存在，它是施工单位为了便于地下工程敞开开挖施工而采用的临时性的施工措施，正如要浇捣钢筋混凝土构件必须要立模板一样。但随着基坑的开挖越来越深，面积越来越大，基坑围护结构的设计和施工越来越复杂，远远超越了作为施工辅助措施的技术复杂程度范畴。

（1）基坑工程的基本要求。

1）安全可靠。基坑工程的作用是为地下工程的敞开开挖施工创造条件，首先必须确保基坑工程主体的安全，为地下结构的施工提供安全的施工空间；其次，基坑施工必然会产生变形，可能会影响周边的建筑物、地下构筑物和管线的正常使用，甚至会危及周边环境的安全，所以基坑工程施工必须要确保周围环境的安全。

2）经济合理。基坑围护结构体系作为一种临时性结构，在地下结构施工完成后即完成使命，因此在确保基坑本体安全和周边环境安全的前提条件下，尽可能降低工程费用，要从工期、材料、设备、人工以及环境保护等多方面综合研究经济合理性。

3）技术可行。基坑围护结构设计不仅要符合基本的力学原理，而且要能够经济、便利的实施，设计方案应与施工机械相匹配，确保各种施工方案、施工措施能满足设计要求。

4）施工便利。基坑的作用既然是为地下结构的提供施工空间，就必须在安全可靠、经济合理的原则下，最大限度地满足便利施工的要求，尽可能采用合理的围护结构方案减少对施工的影响，保证施工工期。

5）保护环境。基坑开挖卸载带来地层的沉降和水平位移会给周围建筑物、构筑物、道路、管线及地下设施带来影响。因此，在基坑围护结构、支撑及开挖施工设计时，必须对周围环境进行周密调查，采取措施将基坑施工对周围环境的影响限制在允许范围内。

6）风险管理。在地下结构施工的过程中，均存在着各种风险，必须在施工前进行风险界定、风险辨识、风险分析、风险评价，对各种等级的风险分别采取风险消除、风险降低、风险转移和风险自留的处置方式解决。在施工中进行动态风险评估、动态跟踪、动态处理。

（2）基坑工程分类。基坑工程根据其施工、开挖方法可分为无支护开挖与有支护开挖两大类，如图 5-1 所示。

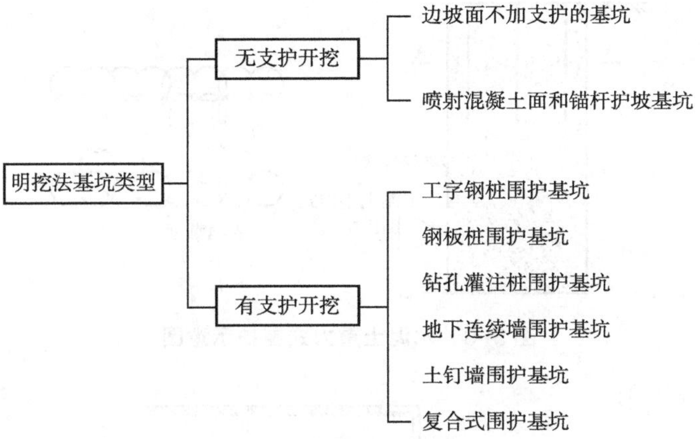

图 5-1　明挖法基坑分类

1）无支护开挖。基坑工程采用无支护放坡开挖是在施工场地处于空旷环境的一种普遍常用的基坑开挖方法，一般包括以下内容：降水工程、土方开挖、地基加固及土坡护面。当基坑工程附近地质条件良好、基坑较浅、施工场地开阔且对基坑周围土体变形要求小时，可通过放坡开挖来发挥土体自身的稳定性以维持基坑自身及周围土体的稳定。由于基坑敞开式施工，因此工艺简便、造价较低、施工进度快。放坡开挖示意图，如图 5-2 所示。

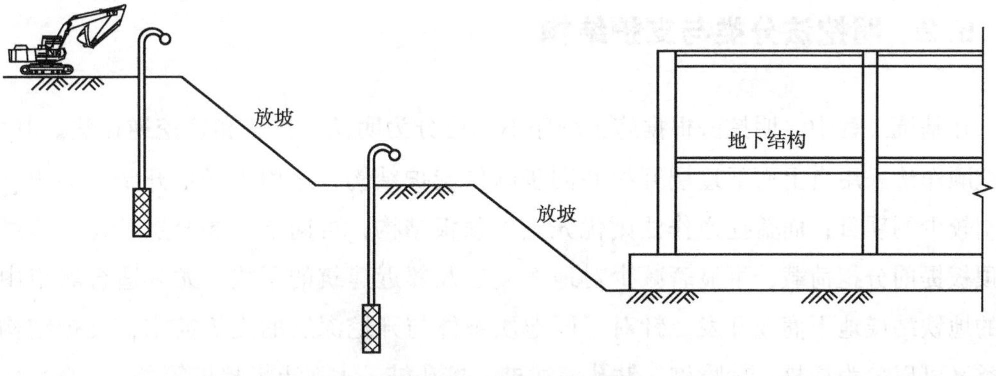

图 5-2　放坡开挖示意图

2）有支护开挖。有支护的基坑工程一般包括以下内容：围护结构设计、支撑/锚杆体系、土方开挖（工艺及设施）、降水工程、地基加固、基坑监测、环境保护、安全风险管理。基坑工程的支护体系包括直立式围护体系和板式支护体系两大类，其中直立式围护体系又可分为水泥土重力式围护、土钉支护和悬臂板式支护（图 5-3、图 5-4）；板式支护又包括围护墙结合内支撑系统和围护墙结合锚杆系统两种形式。

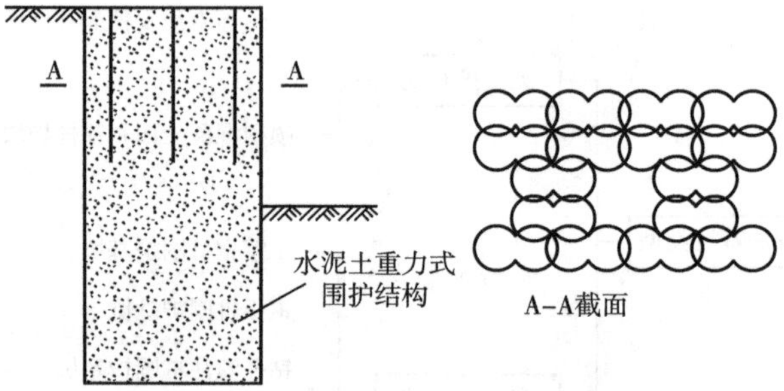

图 5-3　水泥土重力式围护示意图

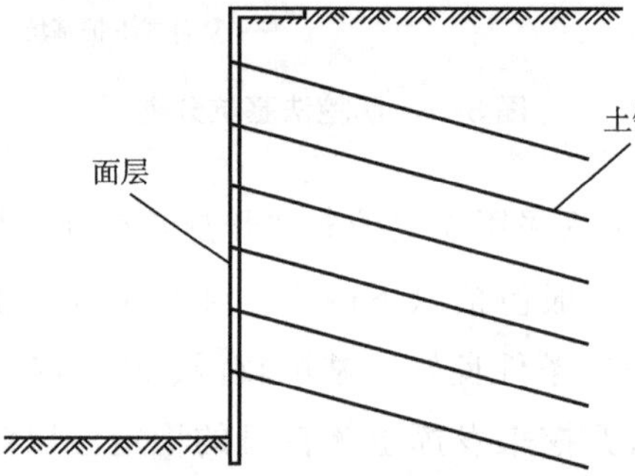

图 5-4　土钉支护示意图

5.2　明挖法分类与支护结构

在基坑工程中，明挖法根据施工顺序不同可分为明挖顺作法和盖挖逆作法。其中，明挖顺作法采用自上而下逐层开挖并同步施作支护结构，适用于场地开阔、周边环境限制较少的项目；而盖挖逆作法则优先施工顶板结构，再向下逆序分层开挖，通过结构顶板提前分担荷载，可显著减少对地面交通及邻近建筑的干扰，尤其适合城市中心区的地铁站或地下商业开发。针对不同地质条件与开挖深度的支护需求，支护结构的种类又可以分为板桩、旋喷桩、钻孔灌注桩、挖孔桩、水泥土搅拌桩等。

5.2.1　明挖顺作法

明挖顺作法是一种从地表自上而下分层开挖土方，并同步施作支护结构，最终由下至上顺次完成地下主体结构的施工方法。其核心特点为“先支护、后开挖，分层作业，顺序施工”，适用于埋深较浅、施工场地开阔且周边环境允许大面积开挖的工程，如地铁车站、地下管廊、地下商场等。明挖顺作法具有以下特点：

（1）明挖顺作法施工效率高、成本低。采用分层开挖与同步支护，工序连续性强，无需频繁停工，可快速推进工程进度。并且其施工技术简单，设备投入少，材料可重复利用，综合造价显著低于盖挖法或暗挖法。

(2) 明挖顺作法质量控制与安全性强。明挖顺作法支护结构受力明确，便于设计优化和施工监测。施工过程直观，安全隐患易发现，应急抢险条件较好，整体安全风险可控。

(3) 明挖顺作法适应性与灵活性高。适用于浅埋、地质条件均匀的工程如黏土、粉土，且对复杂结构形式，如地铁车站多跨框架，兼容性强。施工场地开阔时，可多作业面并行施工，缩短工期。

(4) 明挖顺作法对环境影响显著。大面积开挖导致扬尘、噪音污染严重，对周边居民及商业活动干扰大。降水作业可能引发地面沉降，威胁邻近建筑物和地下管线安全。

(5) 明挖顺作法易受场地与交通限制。需占用大面积场地，拆迁量大，有时需临时改道或中断道路，对城市交通干扰严重。不适用于交通繁忙区域或地下管线密集的敏感环境。

(6) 明挖顺作法对地质与气候敏感。流砂、承压水地层需谨慎使用，否则易引发基坑失稳或渗漏。严寒、暴雨等恶劣天气可能延缓施工进度并增加风险。

明挖顺作法施工工序，可概括性地描述为：基坑围护结构施工→基坑内井点降水或基坑底土体加固→第 1 层开挖→设置第 1 层支撑→第 n 层开挖→设置第 n 层支撑→最底层开挖→底板混凝土浇筑→最下层支撑拆除→混凝土内衬浇筑→自下而上逐步拆支撑→顶板混凝土浇筑。其施工过程如图 5-5 所示。

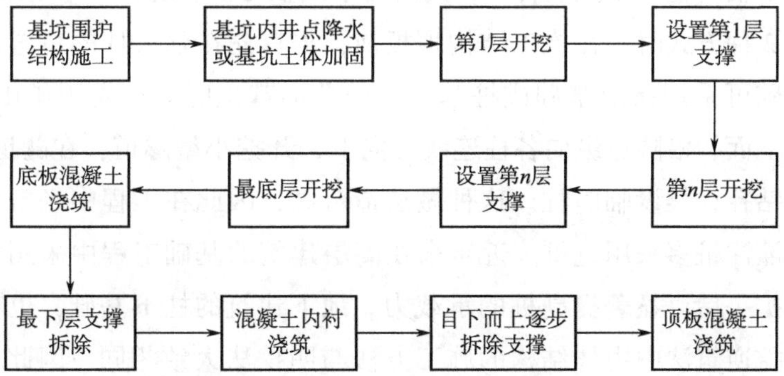

图 5-5　明挖顺作法施工流程图

5.2.2 盖挖逆作法

盖挖逆作法又称盖挖逆筑法（Top Down Method），其施工工序是先建造地下车站的柱、梁和顶板，然后以此为支撑构件，在顶板上面恢复地面交通，下部进行土体开挖及地下主体工程施工的一种施工方法。盖挖逆筑法按施工期间对地面交通的影响程度，可分为以下几种施工方案：

1）利用临时路面维持地面交通的方案。首先施工两侧边桩（墙）、中间临时支柱及其下部基础，架设临时路面系统，然后在其保护下采用顺筑法或逆筑法开挖土方，进行主体结构的修建。

2）以结构顶板维持地面交通的方案。施工完边桩（墙）及中间立柱后，在明挖的基坑中修建顶板，回填顶部覆土并恢复地面交通后立即转入暗挖作业。为减少施工占用道路的时间，可使顶板尽量接近地表，将路面结构与顶板合二为一。

3）半明半暗方案。首先采用矿山法修建两个旁侧隧道及中间梁柱，最后用盖挖法完成中间的主体结构。

边墙支护一般可采用地下连续墙或灌注桩，并尽可能将其作为主体结构侧墙的一部分。边墙作为围护结构主要承受横向荷载和水压力，同时也承受水平构件传来的竖向荷载；中柱主要承受竖向荷载，如地面荷载。

逆筑法施工时结构的底板滞后完成，此时顶板、楼板上的荷载传向地基有两种做法：

1）利用基坑两侧的挡墙传递竖向荷载的方法。此时，主体为一单跨结构，此方案的优点是作业程序少，施工占用地面交通时间短，一般适用于需要严格限制封闭路面的时间或车站硐室、隧道宽度较窄以及设置临时中间竖向支撑系统很不经济时。

2）设置中间竖向支撑系统与基坑两侧的挡墙共同传递竖向荷载的方法。中间竖向支撑的设置有 3 种方式：一是在永久支柱两侧单独设置临时柱；二是临时柱与永久柱合二为一；三是临时柱与永久柱合一，同时另增设临时柱。现大多采用第 2 种方式。

当采用第 2 种方式时，在施工结构顶板前，需首先在永久柱的位置修建柱及柱下基础。柱下基础可采用条形基础或桩基。采用条形基础时，首先用矿山法等暗挖法，在建筑物底板下面，沿隧道纵向各柱连线方向上，开挖小型隧道，在隧道内浇筑底梁，再从地表往下钻孔，架设临时柱。这种做法造价高，因此在工程中经常采用的是灌注桩基础。钻孔灌注桩多采用直桩。近年来在高层建筑的基础工程中采用大直径扩底桩墩基础，桩底扩头后可显著提高桩的承载力。地下建筑的柱下基础，也有采用扩底桩墩基础的。盖挖逆筑法中主体结构的施工方法与明挖法大致相同，因此，本章主要结合盖挖逆筑法介绍较具有特点的地下连续墙及桩基础的施工方法。

如果开挖面较大、覆土较浅，周围沿线建筑物过于靠近，为尽量防止因开挖基坑而引起邻近建筑物的沉陷，或需及早恢复路面交通，但又缺乏定型覆盖结构，可采用盖挖逆作法施工。其施工步骤为：先在地表面向下做基坑的围护结构和中间桩柱，和盖挖顺作法一样，基坑围护结构多采用地下连续墙，或钻孔灌注桩，或人工挖孔桩，中间桩柱则多利用主体结构本身的中间立柱以降低工程造价。随后即可开挖表层土至主体结构顶板底面高程，利用未开挖的土体作为土模浇筑顶板。它还可以作为一道强有力的横撑，以防止围护结构向基坑内变形，待回填土后将道路复原，恢复交通。以后的工作都是在顶板覆盖下进行，即自上而下逐层开挖并建造主体结构直至底板。在特别软弱的地层中，且邻近地面建筑物时，除以顶板、楼板作为围护结构的横撑外，还需设置一定数量的临时横撑，并施加不小于横撑设计轴力 70%～80% 的预应力，盖挖逆作法施工步骤见图 5-6。

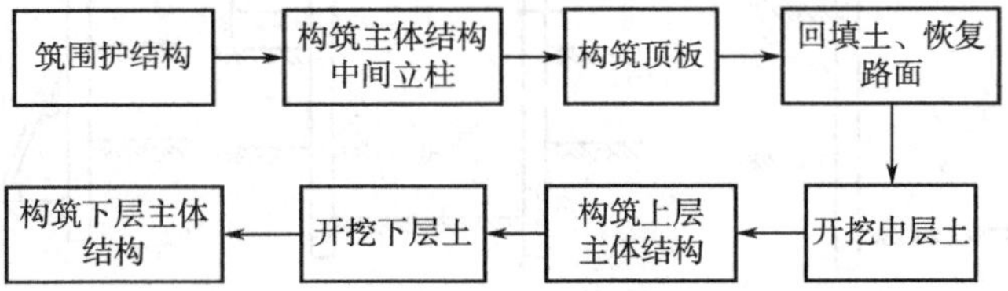

图 5-6　盖挖逆作法施工步骤

为了减少围护结构及中间桩柱的入土深度，可以在做围护结构和中间桩柱之前，用暗挖法预先做好它们下面的底纵梁，以扩大承载面积。当然，这必须在工程地质条件允许暗挖施工时才可能实现，而且在开挖最下一层土和浇筑底板之前，由于围护结构和中间桩柱都无入土深度，故必须采取措施，如设置横撑以增加它们的稳定性等。

采用盖挖逆作法施工时，若采用单层墙或复合墙，结构的防水层较难施作。只有采用双层墙，即围护结构与主体结构墙体完全分离，无任何连接钢筋，才能在两者之间敷设完整的防水层。但需要特别注意中层楼板在施工过程中因悬空而引起的稳定和强度问题，一般可在顶板和楼板之间设置吊杆予以解决。

采用盖挖逆作法施工时，顶板一般都搭接在围护结构上，以增加顶板与围护结构之间的抗剪能力和便于铺设防水层。所以，需将围护结构外露部分凿除，或将围护结构仅做到顶板搭接处高程，其余高度用便于拆除的临时挡土结构围护。

5.2.3　板桩法

1. 板桩的类型与施工程序

板桩法是明挖法施工中维护坑壁稳定的一种手段，特别是在施工场地受到限制的条件下为基坑开挖经常采用的一种临时支护方法。根据基坑的深度与宽度，板桩形式可分为无支撑板桩和有支撑板桩。若基坑深度较浅，在地质条件允许时，即地下水位很低且土质密实时，可采用无支撑的悬壁式板桩，见图 5-7（a）。当基坑较深且基坑宽度不大时，可设一道或多道水平支撑，见图 5-7（b）和图 5-7（c）。为了减少板桩长度或土压力，可将基坑四周适当卸荷，采用图 5-7（d）的形式；基坑宽度比较大，或支撑影响施工时，可采用图 5-7 中（e）或图 5-7（f）的形式，用拉锚代替水平支撑，或采用斜撑。

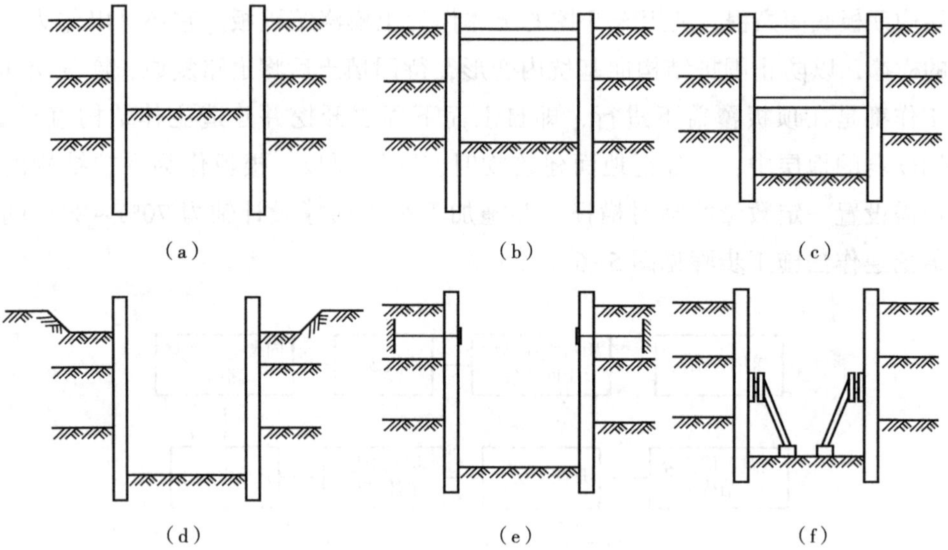

图 5-7　基坑的支撑结构

板桩法施工程序为：先将工字钢打入基坑周围土体中至要求深度（通常为 3~5m），然后进行分层挖土，至安装横撑深度时，自上向下安装横列板并设置横撑。按此程序重复开挖到基底为止。

2. 板桩的设计与计算

板桩设计通常要考虑：①板桩的入土深度；②板桩的滑动计算；③板桩基底的管涌现象；④板桩基底的隆起或回弹。此外，大面积基坑一般都要采取降水措施，以保证基坑在干燥状态下开挖和保持基坑的稳定。

（1）作用在板桩上的土压力。

常用的计算方法为库仑或朗金公式。

1）对于黏性土，深度 h 处的土压力按下列公式计算：

$$e_{\mathrm{a}} = p\tan^2\left(45° - \frac{\varphi}{2}\right) - 2c\tan\left(45° - \frac{\varphi}{2}\right) = pK_a - 2c\sqrt{K_a} \tag{5-1}$$

$$e_{\mathrm{p}} = p\tan^2\left(45° + \frac{\varphi}{2}\right) - 2c\tan\left(45° + \frac{\varphi}{2}\right) = pK_p + 2c\sqrt{K_a} \tag{5-2}$$

式中：e_{a}——单位面积上的主动土压力（kN/m^2）；

e_{p}——单位面积上的被动土压力（kN/m^2）；

K_2——主动土压力系数，$K_{\mathrm{a}}=\tan^2$（$45°-\varphi/2$）；

K_{p}——被动土压力系数，$K_{\mathrm{p}}=\tan^2$（$45°+\varphi/2$）；

p——作用在离地面 h 处的单位面积总垂直压力（kN/m^2），$p=q+\gamma h$，其中 q 为基坑顶面上的均布荷载（kN/m^2），即超载；γ 为黏性土的容重

（kN/m^3）；

φ——黏性土的内摩擦角（°）；

c——黏性土的内聚力（kN/m^2）。

对于砂性土而言，因 $c=0$，则上两式变为：

$$e_a = p\tan^2\left(45° - \frac{\varphi}{2}\right) = pK_a \tag{5-3}$$

$$e_p = p\tan^2\left(45° + \frac{\varphi}{2}\right) = pK_p \tag{5-4}$$

当 $q=0$ 时，

$$e_a = \gamma hK_a \tag{5-5}$$

$$e_p = \gamma hK_p \tag{5-6}$$

2）作用在板桩上的水压力，按三角形分布计算。水压力一般应与土压力分开计算，并采用静水压力的全水头，水的容重一般取$\gamma_w = 10kN/m^3$。

（2）深板桩的土压力计算。

1）悬壁式板桩的土压力计算。

图 5-8（a）为一悬壁式板桩，在土压力作用下，桩绕桩尖 B 转动。此时，桩左侧主动土压力分布如图 5-8（b）中 ΔARB 面积所示，桩右侧被动土压力分布如图 5-8（b）中 ΔDSB 面积所示，板桩全长实际土压分布如图 5-8（b）中阴影部分所示，但在这种情况下是不安全的，实际中必须加大板桩入土的深度，才可保证安全。加深后，在土压力作用下，板桩将绕 C 点转动，见图 5-8（c），此时板桩全长所受土压力分布如图 5-8（b）中阴影部分所示，桩尖 B 处右侧为被动土压力，左侧为主动土压力，B 点的土压力为两者之差，即：

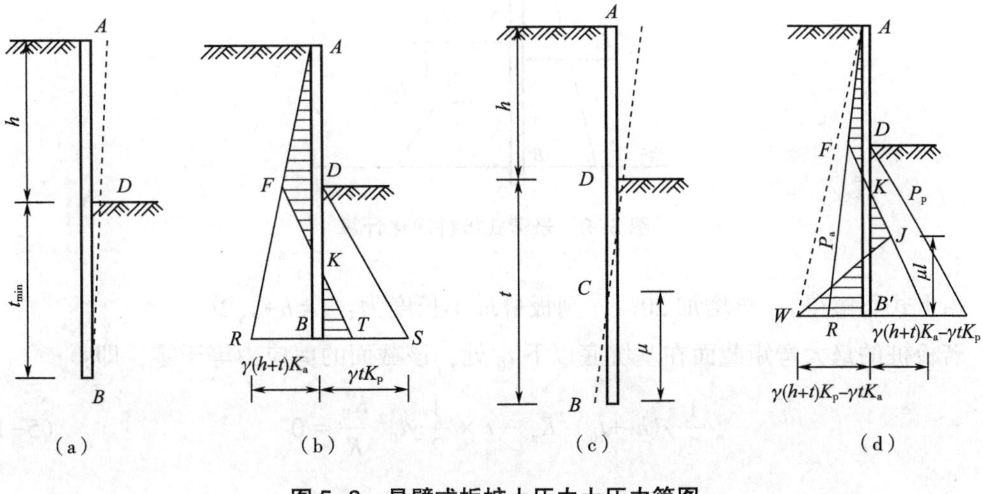

图 5-8　悬臂式板桩土压力土压力简图

$$P_B = \gamma(h + t)K_a - \gamma t K_p \quad (5-7)$$

式中：h——基坑开挖深度（m）；

t——桩插入坑底深度（m）；

γ——动土压力系数；

K_p——被动土压力系数。

其中入土深度 t 及 μ 的确定，可由板桩静力平衡方程求得：

$$\begin{cases} \sum H = 0 \\ \sum M_B = 0 \end{cases} \quad (5-8)$$

$$\begin{cases} (h + t)^2 K_a - t^2 K_p + \mu(K_p - K_a)(h + 2t) = 0 \\ (h + t)^3 K_a - t^3 K_p + \mu^2(K_p - K_a)(h + 2t) = 0 \end{cases} \quad (5-9)$$

联立求解可得 t，μ 两参数，t 即为保持板桩稳定所必须插入的深度。根据 t，μ 值可画图 5-8（d），并由此计算板桩的弯矩。上述计算方法较复杂，也可采用图 5-9 进行计算，若板桩的入土深度为 t，土的内聚力 $c=0$，令 $MB=0$，则：

$$\frac{1}{3}(h + t) \times \frac{1}{2}\gamma(h + t)^2 K_a - \frac{1}{3}t \times \frac{1}{2}\gamma t^2 \frac{K_p}{K} = 0 \quad (5-10)$$

$$(h + t)^3 K_a - t^3 \frac{K_p}{K} = 0 \quad (5-11)$$

式中：K——被动土压力安全系数，通常取 2。

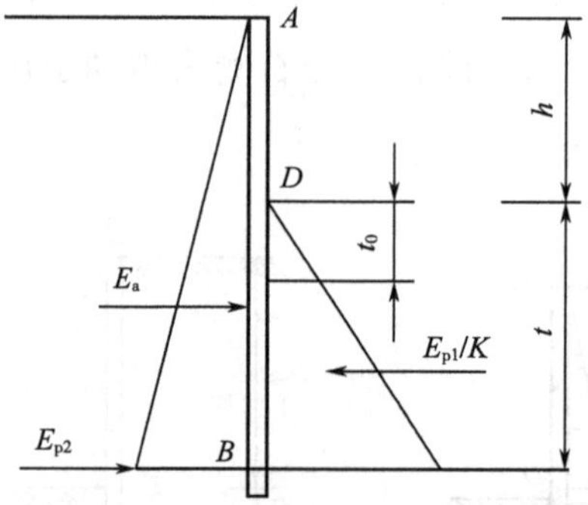

图 5-9　悬臂式板桩简化计算

由上式可解得 t，再增加 20%，则板桩最小长度为：$L=h+1.2t$

若板桩的最大弯矩截面在基坑底以下 t_0 处，该截面的剪应力等于零，即：

$$\frac{1}{2}\gamma(h + t_0)^2 K_a - t \times \frac{1}{2}\gamma t_0^2 \frac{K_p}{K} = 0 \quad (5-12)$$

$$t_0 = \frac{h}{\sqrt{\frac{K_P}{KK_A}} - 1} \tag{5-13}$$

2）单支撑或锚板桩的土压力计算。

当基坑开挖深度较大时，可在板桩的顶部设置支撑或采用拉力锚杆。这类板桩计算，可以将其视为有两个支点的竖直梁。根据板桩插入深度的大小，采用单撑浅板桩或单撑深板桩两种情况处理。

①单撑浅板桩的计算。单撑浅板桩可看作简支梁，板桩墙前及墙后的土压力分布如图 5-10 所示。

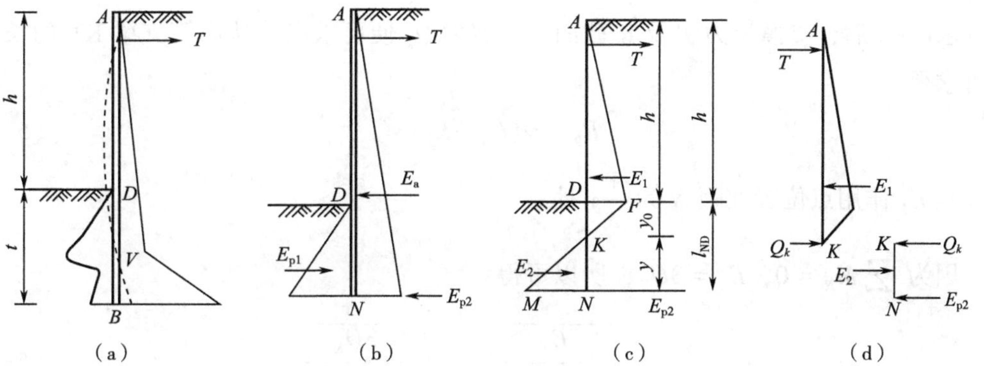

图 5-10 单撑板桩的土压力分布

h—基坑开挖深度（m）；t—桩插入坑底深度（m）；K—被动土压力系数；E_d—主动土压力（kN/m）；E_{p1}、E_{p2}—基坑内、外侧被动土压力（kN/m）；l_{ND}—板桩插入坑底深度（m）；y_0—土压力零点至坑底的距离（m）；y—土压力零点至桩底的距离（m）；T—为支撑反力（kN/m）；E_1、E_2—基坑内、外侧土压力合力（kN/m）；Q_k—K 截面处的剪力（kN/m）。

取 $\sum M_T = 0$，则有：

$$E_a\left(\frac{2}{3}h + t - h_0\right) = \frac{E_p}{K}\left(h + t - h_0 - \frac{1}{3}t\right) \tag{5-14}$$

$$E_a = \frac{1}{2}\gamma(H + t)^2 K_a \tag{5-15}$$

$$E_p = \frac{1}{2}\gamma t^2 K_p \tag{5-16}$$

式中符号同前，一般取 $K = 2$。

由上式求出入土深度 t_0，再由 $\sum H = 0$ 求得支撑点的反力 T：

$$T = KE_a - E_p \tag{5-17}$$

②单撑深板桩的计算。现设图 5-10 为一单撑深板桩。板桩下端在土中嵌固，嵌固点以下墙板后将产生被动土压力，如图 5-10（a）所示，经简化成图 5-10（b）。将图 5-10（a）和图 5-10（b）叠加，其受力分布如图 5-10（c）所示。

在板桩下端为嵌固支撑时，土压力零点与弯矩零点位置很接近，为进一步简化计算，假定 K 点也是弯矩零点，如图 5-10（d）所示。这样，单撑深板桩计算可按两个相连的简支梁 AK 及 KN 处理，此简化计算法叫等值梁法。

现在确定土压力零点 K 的位置，设 K 点距坑底为 y_0，则：

$$y_0\gamma K_p = \gamma(h + y_0) K_a \tag{5-18}$$

$$y_0 = \frac{hK_a}{K_p - K_a} \tag{5-19}$$

求出 y_0 后，支撑反力 T 及 K 截面处的剪力 Q_k 便可求出，从而简支梁 KN 的长度 y 也可求得：

$$E_2 = \gamma(K_p - K_a) y^2 \tag{5-20}$$

且 E_2 作用点位置在距 N 为 $\frac{1}{3}y$ 处。

因为 $\sum M_N = 0$，$E_2 = 3Q_K$，所以可得：

$$y = \sqrt{\frac{E_2}{\gamma(K_p - K_a)}} = \sqrt{\frac{3Q_K}{\gamma(K_p - K_a)}} \tag{5-21}$$

$$l_{ND} = y_0 + y \tag{5-22}$$

板桩实际插入深度应比 l_{ND} 大，t 按下式取值：

$$t = (1.1 \sim 1.2) l_{ND} = (1.1 \sim 1.2)(y_0 + y) \tag{5-23}$$

故板桩的最小长度为：

$$l = t + h \tag{5-24}$$

已知板桩尺寸、压力的分布，可求最大弯矩值，进而选择板桩型号、支撑、横列板等材料型号。

（3）多撑板桩计算问题。

当基坑较深时，为减少板桩弯矩及支撑受力，可设置多层支撑，此情况下土压力分布形式与板桩位移密切相关。因此，土压力严格说来不能按库仑或朗金土压力理论计算，目前多凭经验，与极限平衡理论试算进行比较，确定一个既经济又方便施工的方案。

5.2.4 旋喷法

1. 概述

旋喷法，又称高压旋喷法，是用钻机钻孔至需要深度以后，用高压脉冲泵，通过安装在钻杆底端的喷嘴旋转向四周喷射化学浆液。同时旋转上提，用高压射流破坏孔周围土体结构并使破坏的土体与化学浆液混合、胶结硬化而形成上、下直径大致相同且具有一定强度的圆柱体。

高压旋喷法用途较广，不仅可以用于深基坑开挖，也可以做成连续墙用于防渗止水，以提高地基抗剪强度，以及加固地基，改善土的变形性质，稳定边坡等。

旋喷法所用高压泵为往复式活塞泵，工作压力在 20~25MPa 以上，喷嘴由耐磨钨钴合金制成，喷出口径为 2~3mm，化学浆液目前常用水泥浆加速凝剂，旋喷柱的直径可达 50cm 左右，柱体的极限强度为 3~5MPa。

高压旋喷法的旋喷管可分单管、二重管、三重管 3 种。单管旋喷法用单一的固化浆液射流进行工作，浆液从喷嘴喷出冲击破坏土体，借助旋转、提升运动进行搅拌混合。二重管旋喷法，使用同轴双重喷嘴，同时喷出高压浆液和空气双介质射流，冲击破坏土体，即将 20MPa 左右压力的浆液，从内喷嘴高速喷出，从外喷嘴中喷出 0.7MPa 左右压力的压缩空气。此法可使固结体的直径明显增加。三重管旋喷法是使用输送水、气、浆三种介质的三重注浆管。20MPa 左右的高压水射流和气流同轴喷射冲切土体，形成较大的空隙，同时由泥浆泵注入压力为 2~5MPa 的浆液填充，三重管边旋转边提升，最后形成直径较大的圆柱状固结体。

2. 旋喷注浆加固地基的原理

（1）高压喷射流对土体的破坏作用。高压喷射流对土体的破坏作用机理比较复杂，可用图 5-11 做大致说明如下：

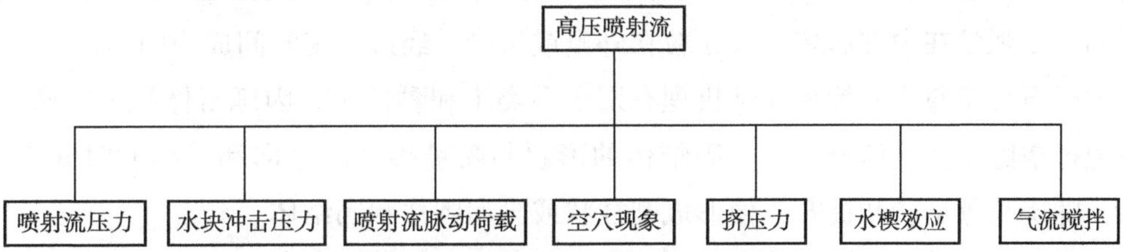

图 5-11　高压喷射流对土体的破坏作用

1）喷射流压力。高压喷射流冲击土体时，由于能量高度集中地冲击一个很小的区域，在很大的压应力作用下，当外力超过土颗粒结构破坏临界应力值时，土体便被破坏。

由喷射流的运动方程得出其理论破坏力公式为：

$$F = \rho A V_m^{\ 2} \tag{5-25}$$

式中：F——喷射流的破坏力（N）；

ρ——喷流介质的密度（$N \cdot s^2/m^4$）；

A——喷射流截面面积（m^2）；

V_m ——喷射流的速度（m/s）。

上式说明，当喷射流介质的密度和喷嘴截面面积一定时，破坏力和速度的平方成正比。喷射压力越高，速度便越大。因此增加高压泵的压力是增大高速喷射流破坏力的合理途径。

2）水的冲击力与喷射流脉动荷载的作用。由于喷射流间歇冲击土体，产生冲击力，土粒受脉动负荷影响，失去平衡，从而促使土体破坏，并促进破坏的发展。

3）空穴现象。土体在压力差大的部位产生孔洞，呈现类似空穴现象，空穴中喷射流呈紊流状，而把较软弱土体进一步掏空，造成空穴扩大，使更多的土颗粒遭受剥离而破坏。

4）挤压力。喷射流在终了区域能量衰减，不再能使土粒剥落，但对有效射程的边界土产生挤压力，压密土体，部分浆液进入土粒间的空隙，不再产生脱离现象。

5）水楔效应。由于喷射流的反作用力，会产生水楔效应。在垂直于喷射流轴线的方向上，水楔入土体裂隙或薄弱部位，这时喷射流的动压变为静压，使土体发生剥落，加宽裂缝。

6）气流搅动。在水或浆与气的同轴喷射作用下，由于空气流的搅动使水或浆射流的喷射条件得到改善，阻力减少，能耗降低，从而增大了高压喷射流的破坏能力。

（2）旋喷成桩机理。旋喷加固的范围为喷射距离加上渗透部分与压缩部分为半径的圆柱体。部分细小的土粒被浆液置换，随液流被带至地面，其余的土粒与浆液搅拌混合，在旋喷动压、离心力和重力的共同作用下，在横断面上土粒按质量大小有规律地排列，小颗粒在中部居多，大颗粒在外侧或边缘，经过一定时间成为固结体。

大砾石和腐殖土的旋喷固结机理有别于砂类土和黏性土。因砾石体积大、密度重，射流通过空隙使浆液填充固结。固结体的形状与喷嘴移动的方向和持续的时间有密切关系。随旋喷管旋转和提升，便形成圆柱状或异型圆柱状固结体。

3. 旋喷注浆设计

（1）固结体强度设计与浆液配方的选定。

1）固结体的物理力学特性。土体经过旋喷固结后，一般其中心强度较低，而外部强度较高。边缘处有一层坚硬的外壳，断面强度变化如图 5-12 所示。平均最大抗压强度为：砂类土 10~20MPa，黏性土 5~10MPa，最大抗折强度为最大抗压强度的 1/10~1/5。固结体其外形不光滑，因此同土体有很好的镶嵌楔合作用，使其具有较大的竖向承载力，平均竖向承载力为 800~1200kN/m^2。

旋喷后固结体内有许多自中心向外放射的微小气孔，空隙比较大，小孔间互不连通，其渗透系数很小，粘性土的旋喷固结体容重比原状土轻，砂类土的固结体略重于原土。

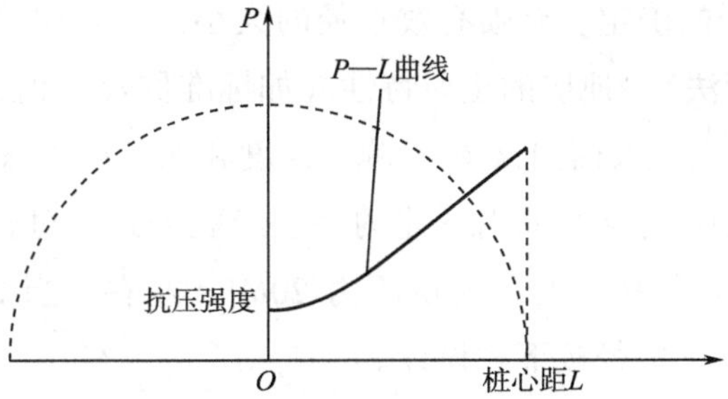

图 5-12 固结体强度分布

2）设计强度和选择浆液的原则。

①工程要求。不同用途的工程，对旋喷固结体的强度有不同的要求。加固基坑底部防流砂、防隆起等，强度不需很高；防渗防水用的固结体，除要求搭接较好外，还要求固结体有较好的抗渗性能，作基础或加固用，则对强度要求高。具体工程具体对待，并非强度越高越好。

②浆液配方的选择。我国旋喷注浆除个别工程使用过化学浆液外，基本上都是用以水泥为主的硬化剂。一般硅酸盐水泥完全水化所需的理论用水量，大致需要水泥量的 35%~37%，水灰比为（1~1.5）：1。

旋喷法水泥为主的硬化剂以及我国试验和使用过的所掺外加剂配合比见表 5-1。

表 5-1 旋喷法水泥硬化剂

配方类型	顺序号	外加剂成分及百分比	浆液特性
促凝早强剂	1	氯化钙 2%~4%	促凝早强，可灌性好
	2	铝酸钠 2%	促凝强度增长慢，稠度大
	3	水玻璃 2%	初凝快，终凝时间长，成本低
	4	三乙醇胺 0.03%~0.05%，食盐 1%	有早强作用
	5	三乙醇胺 0.03%~0.05%，食盐 1%，亚硝酸钠 0.5%	防腐蚀，早强，后期强度高
	6	三乙醇胺 0.03%~0.05%，食盐 1%，氯化钙 3%~5%	促凝早强可喷性好
	7	水玻璃 2%，“NNO” 0.5%	早强，强度好，稳定性好
填充剂	8	粉煤灰 25%	调节强度，节约水泥
	9	粉煤灰 25%，氯化钙 2%	促凝，节约水泥
	10	粉煤灰 25%，硫酸钠 1%，三乙醇胺 0.03%	早强，抗冻性好
	11	矿渣 25%	提高强度，节约水泥
	12	矿渣 25%，氯化钠 2%	促凝，早强，节约水泥

（2）旋喷桩体直径的确定。旋喷有效直径的大小，主要取决于旋喷方法（如单管法、二重管法及三重管法）、地层的土质特性（如标准贯入 N 值、渗透系数、颗粒组成及黏着力等）和施工条件（如施工参数、施工深度和地下水状态等）。根据国内外有关的试验资料，设计固结体直径可采用下述的一些经验公式。对较大的工程，应进行现场测试。我国多以水泥浆液为主，旋喷压力 20MPa 左右。当 2.0mm<喷嘴孔径 d_0<2.5mm 时，有关专家建议桩径按下式设计。

1）黏性土，适用于 $0<N\leq5$，单管旋喷：

$$D_s = 0.65 - \frac{1}{154}N^2 \tag{5-26}$$

2）砂性土，适用于 $5<N\leq15$，单管旋喷：

$$D_s = \frac{1}{770}(350 + 10N - N^2) \tag{5-27}$$

式中：D_s——旋喷柱直径；

N——标准贯入值。

旋喷注浆工程具体设计计算，可参阅有关文献。

4. 旋喷注浆施工

旋喷注浆的施工工艺如图 5-13 所示，具体介绍见下。

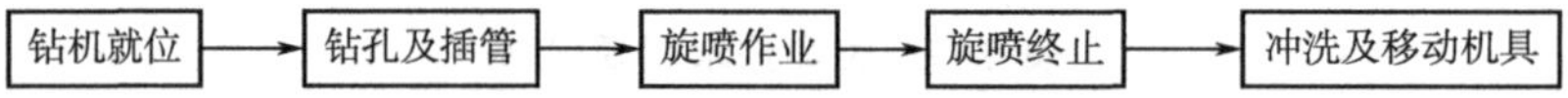

图 5-13　旋喷注浆施工工序

（1）钻机就位。钻机按设计孔位就位，主要的关键问题是保证钻孔的垂直度。为此必须做水平校正，使钻杆轴线垂直对准钻孔中心位置。

（2）钻孔。标准贯入度 N 小于 40 的砂类土和黏性土层，钻孔机具多采用 70 型或 76 型旋转振动钻机。比较坚硬的地层可用地质钻机钻孔。

（3）插管。当使用 70 型或 76 型钻机时，插管与钻孔两道工序合二为一，钻孔完毕，插管作业即完成。使用地质钻机时，钻孔完毕，取出岩芯管将旋喷管换上，插入预定深度。为防止泥砂堵塞喷嘴，可一边射水，一边插管，水压力一般不超过 1MPa。

（4）旋喷作业。按设计配合比搅拌浆液，开始旋喷，旋转并提升旋喷管。此时应按设计要求检查注浆量、风量、压力、旋转提升速度，并做好记录，绘制作业过程曲线。

（5）冲洗。旋喷提升到设计高程，即施工完毕应及时在地面用水代替浆液将机具冲洗干净。

（6）移动机具。把钻机等设备移动到新孔位上。对于旋喷深层长桩，须按地质剖面等资料，在不同深度，针对不同的土层调整旋喷参数，以获得均匀密实的长固结柱体。

在旋喷过程中，一定数量的土粒随部分浆液沿注浆管管壁流出地面，称为冒浆。根据经验，冒浆量小于注浆量的20%，为正常现象。若超过20%或完全不冒浆，须查明原因并采取相应措施。如因土层空隙较大而引起不冒浆，可采取改变浆液配合比，缩短固结时间的方法。若冒浆量过大，可采取提高喷浆压力，适当缩小喷嘴孔径或加快提升和旋转速度等措施。

5.2.5 钻孔灌注桩围护结构

钻孔灌注桩围护常作为地铁与轻轨车站基坑开挖中的围护结构，钻孔灌注桩成孔施工分为干作业和湿作业。

1. 钻孔灌注桩干作业成孔施工

干作业成孔施工，即无泥浆非循环钻进法。该法可适用于地下水位低于桩底的一般粘性土、砂土及人工填土地基。

干作业成孔一般采用螺旋钻机进行。螺旋钻机分长螺旋钻机和短螺旋钻机两种，由于地质条件限制，长螺旋钻机应用较广。短螺旋钻机钻进过程中挤入钻杆叶片间的土，要把钻头提升到地面后反转才能甩出，因反复钻进和提升，孔壁扰动后易于坍塌。短螺旋钻机在粘性土中较为适用，其他软土地层，则受到一定限制。

长螺旋钻机钻孔直径一般为300~800mm，钻深可达25m；短螺旋钻机钻孔直径一般为400~500mm，钻深可达35m。

螺旋钻机由主机、滑轮、螺旋钻杆、钻头、滑动支架、出土装置等组成。主要利用螺旋钻头切削土壤，被切下的土块随钻头旋转，并沿螺旋叶片上升而被推出孔外。该类钻机结构简单，使用可靠，成孔作业效率高、质量好、无振动、无噪声，最适宜匀质黏性土，并能较快穿透砂层。履带式螺旋钻孔机如图5-14所示。

2. 钻孔灌注桩湿作业成孔施工

利用钻机水下钻孔，同时借助泥浆护壁、携渣的成孔施工，称为湿作业钻进法。此法适用于一般黏性土、淤泥和淤泥质土、砂性土和碎石类土，尤其适用于地下水位较高的土层。湿作业法的成孔机械有冲击钻机、冲抓钻机及正、反循环旋转钻机等，可应用于不同的土层中。

（1）冲击钻机成孔。利用悬吊着的钻头的冲击力，将钻孔内的土或岩层冲碎，并采用泥浆护壁，通过捞渣将钻孔内的大部分泥土清出孔外。其操作要点为：钻孔前，先在孔口处埋设护筒，然后使钻机就位，并使钻头中心对准护筒中心；钻进过程中当深度在护筒底以下3~4m时，应低锤冲击，锤高控制在0.4~0.6m，并及时加泥浆护壁，保持孔壁稳定。钻进中，每冲击3~4m掏一次渣，并及时加水保持孔内水位高度，

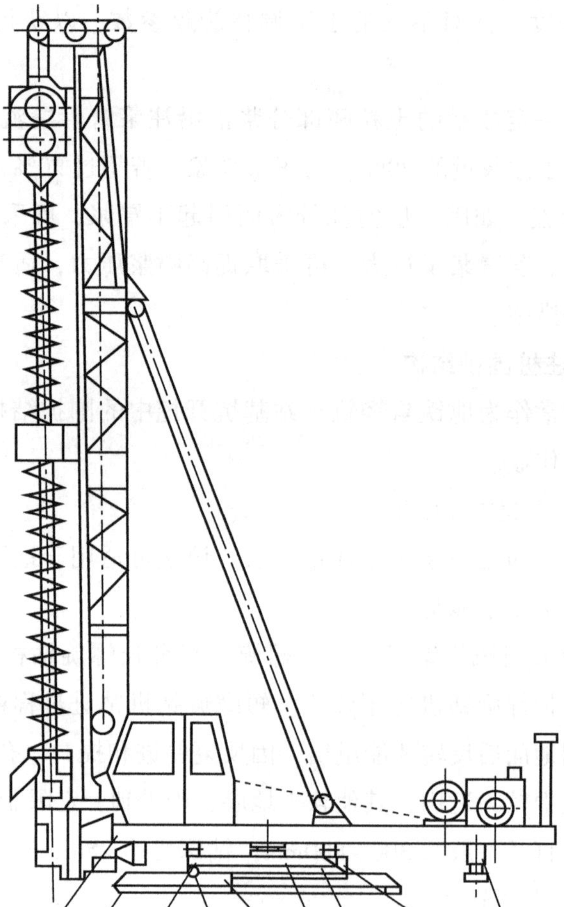

图 5-14　履带式螺旋钻孔机

防止塌孔。掏完渣后向孔内加护壁泥浆并保持正常浓度，如此反复冲孔、掏渣、注浆直至设计深度。

（2）正循环回转钻机成孔。指在钻机驱动钻具回转钻进的同时，泥浆泵将泥浆压进泥浆龙头，通过钻杆中心从钻头喷入钻孔内，冲洗液沿钻杆与孔壁之间的环形空间上升，泥浆挟带钻渣沿钻孔上升，从护筒顶部排浆孔排出流至地面沉淀池，钻渣在此沉淀而泥浆仍进入泥浆池循环使用。钻机的主要部件有转盘、马达、卷扬机、钻架、钻杆、钻头和水管等。

（3）反循环回转钻机成孔。反循环与正循环程序相反，将泥浆用泥浆泵送至钻孔内，然后从钻杆下的钻头吸进，通过钻杆和砂石泵排到沉淀池，泥浆沉淀后再循环使用。反循环法吸泥有两种方式，即反循环泵方式（泵吸）和空气升液方式（泵举）。

反循环泵方式是钻管上端有软管与离心泵连接，吸泥时先用真空泵排出软管和钻管中的空气，再启动离心泵抽吸泥水。

空气升液方式是钻管底端附近喷吹压缩空气，产生密度较小的空气和泥水混合物，形成管内外的密度差值，由此在管内产生向上的水流。反循环回转钻机成孔的主要设备与正循环钻机成孔的设备基本相同，但一般不需要泥浆泵，根据吸升泥浆和排渣方法的不同，需配置吸泥泵与真空泵或空气吸泥机和水力吸泥机等。

（4）旋挖钻机成孔。这是近年从日本、意大利等国家引进的新技术。如意大利生产的TH18-60型旋挖钻机，适用于一般软土、黏土地层。在泥浆护壁的同时，进行旋挖钻孔，掏渣后垂直提升扔到孔外。该钻机具有不排浆、速度快的优点，如40m长的桩，可在4~5h内完成，此外还有用电少等优点，但目前钻机成本较高。在不允许泥浆污染、要求施工速度快的地方特别适用。

5.2.6 挖孔桩围护结构

挖孔桩是依靠人工挖掘成孔的桩。在作为基坑支护时，依靠多个桩组成桩墙而起挡土作用。挖孔桩的优势主要表现在：开挖机具简单，不受设备和工作面限制，可在若干个孔同时开工；无振动、无噪声、无泥浆，对周围环境不会产生污染；成桩质量好，桩底干净，持力层清楚；对邻近结构和地下设施的影响小，场地干净，适用于建筑物拥挤的地区；对劳动力相对廉价的地区而言较为经济。

挖孔桩适用于无水或地下水较少的土层中，对具有流动性淤泥、流砂和地下水的地区不宜采用。桩的直径一般不宜小于1.2m。

挖孔桩主要施工程序如下：

（1）开挖桩孔。一般采用人工挖掘桩孔土方。孔口应采取措施防止土石掉入孔内，并安排好提土设备（如卷扬机或木绞车等）、运土通道及弃土地点，必要时孔口应搭雨棚。在开挖桩时应注意施工安全，孔深超过10m时，应经常检查孔内CO_2浓度，如超标应增加通风措施。孔内如用爆破法施工，应采用浅眼爆破法，且在炮眼附近要加强支护，以防止震坍孔壁。桩孔较深时，应采用电引爆，爆破后应通风排烟。由于人工挖孔桩施工期间，人员必须下到孔底开挖，当孔深超过10m后风险较大，目前已被其他方法替代。

（2）护壁和支撑。在挖孔桩开挖过程中，开挖和护壁两个工序必须连续作业，以确保孔壁不坍塌。应根据地质条件、水文条件、材料来源等情况因地制宜选择支撑及护壁方法。桩孔较深、土质较差、涌渗水量较大或遇流砂等情况时，宜就地灌注混凝土护壁。

每下挖1~2m灌注一次，随挖随支。护壁厚度一般采用0.15~0.2m，混凝土强度等级为C15~C20，必要时可配置少量的钢筋，也可采用下沉预制钢筋混凝土圆管护壁。如土质较松散且渗水量不大时，可考虑用木料作框架式支撑或在木框架后面铺架木板作支撑。

(3) 排水。孔内渗水量不大时，可采用人工抽排水；渗水量较大，可用高扬程抽水机抽水。若遇到混凝土护壁坍塌或漏水，可用水泥干拌堵塞。

(4) 吊装钢筋骨架及灌注桩身混凝土。挖孔到达设计深度后，应检查和处理孔底、孔壁，清除孔壁及孔底浮土。孔底必须平整，符合设计要求及尺寸，以确保桩身混凝土与孔壁和孔底密贴、受力均匀。遇到地下水较难抽干时，待清孔干净后可采用先铺砌条石、块石封底或采用水下混凝土封底。灌注桩身混凝土时应一次灌注完毕，不留施工缝。

5.2.7 水泥土搅拌桩

水泥土深层搅拌桩是利用水泥、石灰等材料作为固化剂，通过深层搅拌机械，将软土和固化剂如浆液或粉体强制搅拌，利用固化剂和软土之间所产生的一系列物理化学作用，使软土硬结成具有整体性、水稳定性和一定强度的桩体。

深层搅拌法最适宜于饱和软黏土，包括淤泥、淤泥质土、黏土和粉质黏土等。加固深度从数米至60m，国内最大深度可达15~20m。一般认为对含有高岭石、多水高岭石与蒙脱石等黏土矿物的软土加固效果较好，对含有伊利石、氯化物等黏性土以及有机质含量高、酸碱度（pH值）较低的黏性土的加固效果较差。

深层搅拌桩支挡结构不透水，不设支撑，基坑能在敞开的条件下开挖，使用的材料仅为水泥而已，因此具有较好的经济效益。深层搅拌桩的主要缺点是其抗拉强度低，因而常排列成格栅形式，成为重力坝式挡墙，或在其中插入型钢加压改良。

深层搅拌桩的施工工艺流程如图5-15所示。

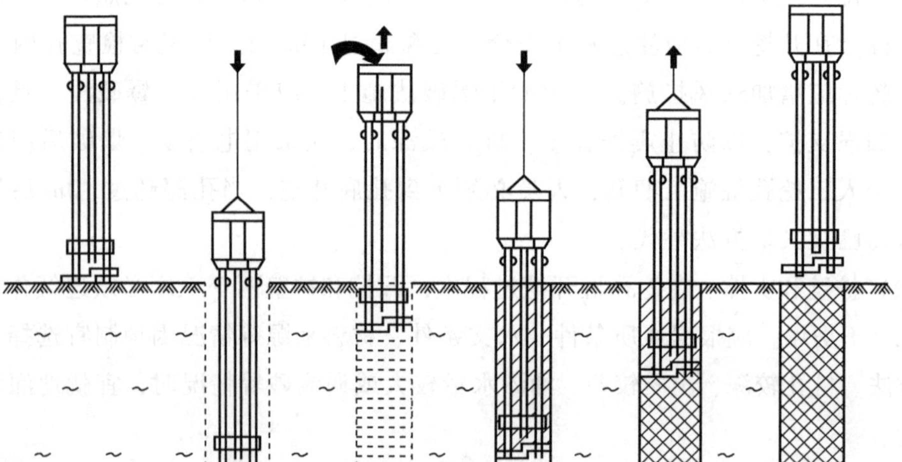

图5-15 深层搅拌桩施工工艺流程

施工过程如下：

1）桩架定位及保证垂直度。

2）预搅下沉。待深层搅拌机的冷却水循环正常后，启动搅拌机电动机，放松起重机钢线绳，使搅拌机沿导向架搅拌切土下沉，下沉速度可由电动机的电流表控制。

3）制备水泥浆。按设计要求的配合比拌制水泥浆，待压浆前将水泥浆倒入集料斗中。

4）提升、喷浆并搅拌。深层搅拌机下沉到设计深度后，开启灰浆泵将水泥浆压入地基土中，并且边喷浆、边旋转，同时严格按照设计确定的提升速度提升搅拌头。

5）重复搅拌或重复喷浆。搅拌头提升至设计加固深度的顶面高程时，集料斗中的水泥浆应正好排空。为使软土和水泥浆搅拌均匀，可再次将搅拌头边旋转边沉入土中，至设计加固深度后再将搅拌头提升出地面。

根据需要，还可以再次复搅、复喷即二次喷浆。一般在第一次喷浆至顶面高程，喷完总浆量的60%，将搅拌头边搅边沉入土中，至设计深度后，再将搅拌头边提升边搅拌，并喷完余下的40%水泥浆。喷浆搅拌时搅拌头的提升速度不应超过0.5m/min。

6）移位。桩架移至下一桩位施工。

5.3 明挖法施工管理与安全措施

5.3.1 风险分析与控制

1. 明挖法风险分析

明挖工法在地铁土建工程中应用非常广泛，大部分车站及附属工程（如施工竖井、轨排井、进出口、风道等）、部分区间均有采用。基坑规模大小不一，支护方法多种多样，地质及周边环境条件纷繁复杂，均给土建施工带来很大的困难和风险。

（1）施工方案引起的风险。明挖基坑工程施工方案的选取与执行，对基坑施工风险控制有重大的影响。若方案制定时考虑不周或措施不当，会对施工造成不利的后果。

1）围护结构的选型对基坑所处地质、周边环境条件的适应性风险。一方面，不同形式的围护结构体系，其适用条件不一样。另一方面，即便是同一种围护体系，如内撑式围护结构，因竖向围护结构不同，其适用条件也不尽相同。

2）围护结构施工方法及参数的选取对施工风险控制的影响风险。围护结构选型一旦确定，其具体施工方法和施工参数的选取是至关重要的一个环节。结构尺寸、施工参数等选择得当，可有效减少风险事件的发生。

3）基坑降水方案对施工风险控制的影响风险。基坑降水方法的采用以及降水效果的好坏会对基坑土方开挖的边坡稳定和周边建（构）筑物的沉降控制等产生直接的影响。大部分地区地下水位高，周边环境复杂，设计通常采用基坑内降水方式，以尽量减少基坑周边地下水流失对环境的影响。

4）周边建（构）筑物保护措施的选择风险。地铁沿线穿越主城区，地面交通繁忙，建筑物密集，明挖基坑施工可能引起基坑周边建（构）筑物的沉降、变形风险。对此，建（构）筑物保护方法的选择至关重要，选择不当可能会导致建（构）筑物产生过大的沉降、变形甚至开裂。

（2）竖向围护结构施工引起的风险。

1）地下连续墙施工引起的风险。在岩溶发育区域进行地下连续墙施工，当遇到较大的洞穴时，极易出现漏浆、坍塌风险，危及施工设备及人员的安全；在深厚砂层、软弱地层中进行地下连续墙施工，极易因护壁泥浆质量、槽内泥浆液面高度、地面附加荷载过大等原因，造成槽壁坍塌；地下连续墙成槽过程中对周边地层的扰动及槽壁坍塌等，易对周边环境产生不利影响；地下连续墙施工时槽段定位出现偏差或垂直度控制不好，易导致地下连续墙出现结构侵限、槽段接缝不实等，并引起围护结构渗漏；地下连续墙混凝土浇注过程中施工控制不当，可能会导致地下连续墙墙体断裂、墙体夹泥等现象；地下连续墙成槽时，槽壁凹凸不平或弯曲以及钢筋笼刚度不够，吊放时产生变形，均可造成钢筋笼变位、上浮风险。

2）钻（冲）孔灌注桩施工引起的风险。在岩溶发育区域进行钻（冲）孔灌注桩施工，易引起施工区域出现大面积坍塌风险；在深厚砂层中进行钻（冲）孔灌注桩施工，易引起孔壁坍塌。而在淤泥质地层等软土中进行钻（冲）孔灌注桩施工，则易引起颈缩甚至断桩现象；若桩位出现偏差或施工过程中垂直度控制不好，易造成桩体出现较大的倾斜、桩体开叉，严重时造成结构侵限；因各种原因如施工管理不到位、客观地质条件使成桩非常困难等，可能使围护桩嵌固深度不足或桩长不足时，易导致基底土体隆起、支护体系变形失稳等风险；钻（冲）孔灌注桩在浇注过程中因施工控制不当，如导管口提出混凝土面，或混凝土浇注不连续等原因，可能会导致桩体断裂、桩体夹泥等现象，进而影响到围护结构的稳定。

3）人工挖孔桩施工引起的风险。岩溶地区、深厚富水砂层及软弱地层中成孔，易引起涌水、涌砂、孔壁坍塌，甚至影响施工人员人身安全；有毒气体、触电、坍塌、高处坠落等风险。人工挖孔桩施工时，作业区域狭小。作业人员进入桩孔内施工前，需进行气体检测，防止有毒有害气体对作业人员造成的伤害；加强机械设备、照明等施工用电的管理，避免在桩孔内的潮湿环境里出现触电风险。

（3）辅助工法施工引起的风险。

1）深层搅拌法施工引起的风险。深层搅拌法的施工风险主要在于：施工工艺及参数的选择对其效果的适应性风险；施工质量引起的风险，若止水搅拌桩桩身垂直度或桩径等达不到要求，则可能导致桩间出现渗漏，整个止水帷幕失效。地基加固搅拌桩若成桩质量较差，则可能导致加固效果达不到要求，地基的承载力不足。

2）高压喷射注浆法施工引起的风险。高压喷射注浆法的施工风险主要在于：所采用的施工工艺、施工参数等对其效果的适应性风险；施工质量效果不佳引起的风险，高压喷射注浆法要求接缝密实，以尽量封闭过水通道，若桩身垂直度和桩径等与设计要求偏差过大，则可能使相邻桩体不能有效咬合，从而导致整个止水帷幕达不到预期效果。

3）注浆法施工引起的风险。注浆法的施工风险主要在于：注浆工艺及施工参数（注浆工艺及施工参数主要包括注浆材料、注浆压力、注浆量、注浆管布置间距及范围等）选择的适应性风险；施工质量控制不好引起的风险。

（4）基坑降排水施工引起的风险。

1）降排水施工风险。基坑降排水施工风险主要在于：水力坡降过大、抽排砂层地下水时砂层流失，导致发生管涌、流沙及支护结构变形、失稳；基坑内水位下降异常，导致水位下降不均匀，水位“疏不干”。

2）雨季施工风险。明挖基坑工程雨季施工的风险主要在于：围护结构渗漏、变形风险；大量降雨导致基坑周边地下水位明显上升，土体的含水量增大，易出现围护结构渗漏及支护体系变形；土方开挖面坍塌、滑移风险；基坑开挖面土体受雨水长期浸泡而软化，易导致开挖面滑移、坍塌；脚手架、塔机等高大设备基础受雨水浸泡软化，易导致设备基础沉降变形、倾覆、失稳。

（5）内支撑体系施工引起的风险。内支撑体系（主要为钢支撑）施工风险主要在于：钢支撑架设不及时引起的围护结构变形风险；钢支撑安装、使用、拆除过程中形成围檩压坏、扭曲、断裂形成的风险；支撑被撞弯、断裂、失稳风险；临时中立柱及其与支撑连接处破坏，引起围护结构变形风险；温度应力引起围护结构边形的风险。

（6）拉锚体系施工引起的风险。拉锚体系施工风险主要在于：锚杆（或锚索）对地层的适应性风险（拉锚体系适用于较密实的砂土、粉土、硬塑至坚硬的黏性土地层或岩层中。对岩溶发育、软土等不良地层及存在地下埋设物的场地，应慎用本方式）；周边水土条件变化引起的风险，如拉锚体系受到周边土体水土条件的变化（如地下水位的升降、砂层的流失等），可能会导致其抗拔力减弱，从而引起围护结构风险；锚杆（或锚索）与锚头之间、锚头与围护桩（墙）之间的连接失效，导致围护结构产生较大变形风险。

（7）土钉墙围护结构施工引起的风险。土钉墙施工风险主要在于：土钉墙施工工法对地层的适应性风险，如土钉墙适用于地下水位以上或经过人工降水后的人工填土、黏性土和弱胶结砂土的基坑支护，适用基坑深度一般不大于12m。土钉墙不宜用于含水丰富的粉细砂层、砂砾卵石层和淤泥质土，不得用于没有自稳能力的淤泥和饱和软弱土层；土钉墙后土体条件的变化风险，如土体含水量增大、土体遇水软化等可能会导致土钉的抗拔力减弱，从而导致土钉墙产生过大变形；施工质量等原因导致土钉失效、土钉边坡变形及失稳风险。

（8）土方开挖施工引起的风险。土方开挖施工风险主要在于：周边建（构）筑物及地表沉降风险；周边管线沉降、开裂风险；基坑周边超载风险；岩溶发育区域进行土方开挖的风险；断裂破碎带区域进行土方开挖的风险，如断裂带透水性较好，在基坑开挖时易出现突水甚至基坑被淹的现象，另外，断裂带处岩石破碎，易导致主体结构因基底承载力差异过大而出现不均匀沉降；软弱地层中进行土方开挖的风险；砂层、富水地层中进行土方开挖的风险；开挖面坡度控制不好，易导致坍塌的风险；爆破开挖引起的风险；施工组织不合理、安排不当或受周边特殊环境制约，如运渣设备下基坑，可能导致支撑架设不及时，引起围护结构变形风险。

2. 明挖法风险控制

（1）施工环境风险管控措施。

1）施工前查清周边建构筑物的结构类型、基础类型及与基坑的相对位置关系等，并对现状做出相应的评价，避免以后发生纠纷。

2）探明基坑开挖影响范围内的各类地下管线现状，查清地下管线的类型、分布情况，并严密监测周边管线的变形，必要时对管线进行迁改、保护。

基坑施工过程中做好建构筑物及地面沉降监测工作，进行信息化施工，减少地铁施工对周边环境的影响。如发现有危及安全的开裂和变形大等现象时，立即停止开挖，采取有效的处置措施。建议编制有针对性的建构筑物保护方案，并做好建构筑物沉降过大时的应急处置预案。

3）对周边环境如道路、桥梁、建筑物、管线可能形成不利影响的工程，应制定必要的专项施工方案及技术措施，以保证周边建（构）筑物及地下管网安全。

4）有邻近基坑工程施工影响时，建议对邻近基坑工程结构进行必要的监测工作。

（2）地质因素风险管控措施。

1）砂层富水性和渗透性较好，容易发生渗漏、流砂及失水沉降等现象，在深厚砂层中施工围护桩（墙）时，需防止孔（槽）壁出现坍塌；加强基坑止水帷幕的施工质量，确保止水效果，避免围护结构桩（墙）间出现涌水、涌砂及坍塌现象；基坑开挖过程中应加强基坑的降排水及围护结构的防渗止水工作。

2）深厚软弱地层中进行基坑开挖，应严格控制放坡坡度，减少分层开挖厚度，及时有效架设支撑，防止坑外软弱地层受扰动等出现过大沉降。当基底存在软弱地层时，需采取有效的措施进行地基加固，确保基底持力层强度和承载力。

3）对于断层发育的区域，建议对断层处进行加密补勘，探明断裂带的规模及范围，地下水的连通状况等；在施工前编制有针对性的应急预案，并备好足够的应急材料和物资；在断裂破碎带处施工时，应采取有效的堵水措施，防止断层破碎带涌入基坑。

4）对于岩溶发育区基坑施工，建议查明施工区域范围内及临近地层岩溶分布、发育、填充以及地下水的连通情况，在岩溶情况不明或未作处理的条件下，禁止进行大规模的施工。建议组织专门的工程地质审查小组对岩溶地段的工程勘察资料进行审查，对未满足施工要求的工点提出补充勘察意见。

5）地下水渗漏问题突出时，内治砂，外治水，防止水土流失过多发生突发性事故。

对于地质风险及施工风险较为突出的工点，施工前应组织专家对设计方案、施工方案进行专门论证研究。

（3）工程施工风险管控措施。

1）水泥搅拌桩或旋喷桩作为止水帷幕或桩间止水措施时，应严格控制桩位及桩身的垂直度，并确保桩体能进入相对不透水层。

2）水泥搅拌桩施工时，严格控制浆液的水灰比和掺入量，并保持钻进、提升速度及浆液供应连续均匀，保证桩体成桩质量好，以达到设计要求的止水、加固效果。

3）旋喷桩施工时应量测压力、流量和冒浆量等，保证旋喷桩施工顺利进行和桩体质量满足设计要求。

4）采用注浆法进行桩间止水或对岩溶、断裂破碎带等进行充填时，应根据不同的注浆目的、地层和地下水等情况选择适当的外加剂和注浆材料，施工前进行浆液配合比设计。

5）注浆过程中，应严格控制压力，避免压力过大导致周边地表、建（构）筑物出现隆起甚至破坏。

6）水泥搅拌桩、旋喷桩及注浆施工完成后，应对加固体进行必要的检验，检验结果达到设计要求后，方可进行下一步施工。

7）钻（冲）孔灌注桩或地下连续墙施工时，遇砂层或软弱地层易造成孔（槽）壁坍塌、颈缩等，应根据地层情况及时调整泥浆的比重和黏度。

8）钻（冲）孔灌注桩或地下连续墙在岩面起伏大及不均匀球状风化体地层中施工时，应采用特殊措施，尽量避免出现偏孔，影响成桩质量。

9）围护桩（墙）施工时，应严格控制定位和垂直度，避免因垂直度控制不好而出现结构侵限等。

10）在砂层、淤泥质地层中进行人工挖孔桩施工时，应在挖孔桩两侧布置止水帷幕，并采取特殊措施如减少每循环开挖进尺、打入钢护筒等，避免挖孔桩施工时出现涌水、涌砂及坍塌事故，影响周边环境。

11）人工挖孔桩施工前应进行毒气检测，并严格进行施工过程中的安全管理，避免出现高处坠落、触电等人身伤亡事故。

12）基坑土方开挖时，应加强对围护结构的防渗止水工作，避免桩（墙）间可能发生的涌水、涌砂及对周边环境所造成的不利影响。

13）严格执行降水措施，使地下水水位始终位于开挖面之下，保持开挖面土体干燥。

14）应防止地表水流入基坑，并保证基坑内的排水、防渗工作，避免开挖面土体长时间浸泡而软化，强度降低。

15）喷锚支护边坡应做好坡顶疏排水工作，以防边坡空鼓、塌滑。

16）基坑开挖采用大口井进行降水时，如引起周边环境的地下水位降低，造成建筑物沉降，应及时进行地下水回灌。

17）钢支撑架设不及时以及所施加的预应力不足等，易导致围护结构变形失稳，应严格按设计要求进行钢支撑施工，及时、有效架设钢支撑，以避免围护结构出现过大变形。

18）局部位置钢支撑较长时（如超过30~40m），应考虑温度变形，加强监控量测。

19）锚杆或锚索施工时，确保锚杆与锚头、锚头与围护桩（墙）之间有效连接，预应力张拉应在混凝土满足设计要求强度后进行，经检测合格后方可进行下一层土方开挖。

20）基坑土方开挖前，应编制合理的土方开挖及外运方案，尽量避免运土车辆直接进入基坑底部，以免影响支撑体系（尤其是钢支撑）的及时架设，从而影响围护结构的稳定。开挖到基底后应及时施作垫层和底板，避免长期晾槽。

5.3.2 安全等级划分

工程监测等级宜根据基坑、隧道工程的自身风险等级、周边环境风险等级和地质条件复杂程度进行划分。

基坑、隧道工程的自身风险等级宜根据支护结构发生变形或破坏、岩土体失稳等的可能性和后果的严重程度，采用工程风险评估的方法确定，也可根据基坑设计深度、隧道埋深和断面尺寸等按表5-2划分。

表5-2 基坑、隧道工程的自身风险等级

工程自身风险等级		等级划分标准
基坑工程	一级	设计深度大于或等于20m的基坑
	二级	设计深度大于或等于10m且小于20m的基坑
	三级	设计深度小于10m的基坑

续表5-2

工程自身风险等级		等级划分标准
隧道工程	一级	超浅埋隧道；超大断面隧道
	二级	浅埋隧道；近距离并行或交叠的隧道；盾构始发与接受区段；大断面隧道
	三级	深埋隧道；一般断面隧道

注：①超大断面隧道指断面尺寸大于 100m^2 隧道大断面隧道指断面尺寸在 50~100m^2 隧道一般断面隧道指断面尺寸在 10~50m^2 的隧道；②近距离隧道指两隧道间距在一倍开挖宽度（或直径）范围以内；③隧道深埋、浅埋和超浅埋的划分根据施工工法、围岩等级、道覆土厚度与开挖宽度（或直径），结合当地工程经验综合确定。

周边环境风险等级宜根据周边环境发生变形或破坏的可能性和后果的严重程度，采用工程风险评估的方法确定，也可根据周边环境的类型、重要性、与工程的空间位置关系和对工程的危害性按表 5-3 划分。

表 5-3　周边环境风险等级

周边环境风险等级	等级划分标准
一级	主要影区内存在既有轨道交通设施、重要建（构）筑物、重要桥梁与隧道、河流或湖泊
二级	主要影响区内存在一般建（构）筑物、一般桥梁与隧道、高速公路或重要地下管线；次要影区内存在既有轨道交通设施、重要建（构）筑物、重要桥梁与隧道、河流或湖泊隧道工程上穿既有轨道交通设施
三级	主要影响区内存在城市重要道路、一般地下管线或一般市政设施；次要影响区内存在一般建（构）筑物、一般桥梁与隧道、高速公路或重要地下管线
四级	次要影响区内存在城市重要道路、一般地下管线或一般市政设施

地质条件复杂程度可根据场地地形地貌、工程地质条件和水文地质条件按表 5-4 划分。

表 5-4　地质条件复杂程度

地质条件复杂程度	等级划分标准
复杂	地形地貌复杂；不良地质作用强烈发育；特殊性岩土需要专门处理；地基、围岩和边坡的岩土性质较差；地下水对工程的影响较大需要进行专门研究和治理
中等	地形地貌较复杂；不良地质作用一般发育；特殊性岩土不需要专门处理；地基、围岩和边坡的岩土性质一般；地下水对工程的影响较小
简单	地形地貌简单；不良地质作用不发育；地基、围岩和边坡的岩土性质较好；地下水对工程无影响

注：符合条件之一即为对应的地质条件复杂程度，从复杂开始，向中等、简单推定，以最先满足的为准。

工程监测等级可按表5-5划分，并应根据当地经验结合地质条件复杂程度进行调整。

表5-5　工程监测等级

工程自身风险等级	周边环境风险等级			
	一级	二级	三级	四级
一级	一级	一级	一级	一级
二级	一级	二级	二级	二级
三级	一级	二级	三级	三级

5.3.3　支护结构失效分析

软土地层中建设地铁及地铁车站难度大，要求高，问题也出现不少。在发展地铁过程中曾发生多起地铁车站支护结构失效的重大事故。因此很有必要对地铁车站的支撑维护系统的结构失效问题进行研究。鉴于土层性质和考虑到开挖深度及对周边环境的影响，地铁站的支护系统多采用地下连续墙与大型钢管的组合支护系统。地连墙每一槽段宽6m，钢管支撑一般采609钢管。根据开挖深度可设置4~6道支撑。每一槽段的各道支撑根据需要选择单根钢管或双榀支撑。基坑内设置支承立柱。

从现有的一些工程案例来看，地铁站的支护结构破坏主要由基底与放坡面交角附近的几榀钢管支撑破坏开始的。首先土坡的土方由于边坡坡度过大或其他外界因素（如暴雨）影响而导致土体失稳，土体的转动、下滑或是坑底隆起将土坡和基坑底面交线附近的几根钢管支撑破坏。这种土方边坡失稳对支撑体系主要产生两种影响：一是钢管支撑的失效导致钢管支撑系统的内力重分布；二是地连墙之间土坡的下滑导致两地连墙间的土体抗力减弱。以第一种作用为主。其产生的结果根据所破坏的支撑数量而不同：其一，如果下滑土方不多，破坏的钢管支撑为数很少，支撑系统内力重分布以后各支撑的轴力仍未达到破坏临界，地连墙的位移和内力也没有超过环境限制和设计要求，整个结构仍然有效。其二，破坏的支撑数量超过一定临界值，支撑系统内力重新分配以后，那些原本没有被土方冲坏的钢管支撑也纷纷达到或超出单根钢管的承载极限而失效。随着这些支撑的相继破坏，地连墙的位移和内力也越来越大，直至超出环境限制和设计要求，支护结构最后失效。

5.3.4　安全监测与预警

1. 安全监测

工程监测应满足以下基本规定：

（1）支护结构和周围岩土体监测点的布设位置和数量应根据施工工法、工程监测等级、地质条件及监测方法的要求等综合确定，并应满足反映监测对象实际状态、位移和内力变化规律，以及分析监测对象安全状态的要求。

(2) 支护结构监测应在支护结构设计计算的位移与内力最大部位、位移与内力变化最大部位及反映工程安全状态的关键部位等布设监测点。

(3) 监测点布设时应设置监测断面，且监测断面的布设应反映监测对象的变化规律，以及不同监测对象之间的内在变化规律。监测断面的位置和数量宜根据工程条件及规模进行确定。

对于明挖法还应满足以下规定：

(1) 明挖法的支护桩（墙）、边坡顶部水平位移和竖向位移监测点布设应符合下列规定：

1）监测点应沿基坑周边布设，且监测等级为一级、二级时，布设间距宜为10~20m；监测等级为三级时，布设间距宜为20~30m。

2）基坑各边中间部位、阳角部位、深度变化部位、邻近建（构）筑物及地下管线等重要环境部位、地质条件复杂部位等，应布设监测点。

3）对于出入口、风井等附属工程的基坑，每侧的监测点不应少于1个。

4）水平和竖向位移监测点宜为共用点，监测点应布设在支护桩（墙）顶或基坑坡顶上。

(2) 明挖法的支护桩（墙）体水平位移监测点布设应符合下列规定：

1）监测点应沿基坑周边的桩（墙）体布设，且监测等级为一级、二级时，布设间距宜为20~40m，监测等级为三级时，布设间距宜为40~50m。

2）基坑各边中间部位、阳角部位及其他代表性部位的桩（墙）体应布设监测点。

3）监测点的布设位置宜与支护桩（墙）顶部水平位移和竖向位移监测点处于同一监测断面。

(3) 明挖法的支护桩（墙）结构应力监测断面及监测点布设应符合下列规定：

1）基坑各边中间部位、深度变化部位、桩（墙）体背后水土压力较大部位、地面荷载较大或其他变形较大部位、受力条件复杂部位等，应布设竖向监测断面。

2）监测断面的布设位置与支护桩（墙）体水平位移监测点宜共同组成监测断面。

3）监测点的竖向间距应根据桩（墙）体的弯矩大小及土层分布情况确定，且监测点竖向间距不宜大于5m，在弯矩最大处应布设监测点。

(4) 明挖法的立柱结构竖向位移、水平位移和结构应力监测点布设应符合下列规定：

1）竖向位移和水平位移的监测数量不应少于立柱总数量的5%，且不应少于3根；当基底受承压水影响较大或采用逆作法施工时，应增加监测数量。

2）竖向位移和水平位移监测宜选择基坑中部、多根支撑交汇处、地质条件复杂处的立柱。

3）竖向位移和水平位移监测点宜布设在便于观测和保护的立柱侧面上。

4）水平位移监测点宜在立柱结构顶部、底部上下对应布设，并可在中部增加监测点。

5）结构应力监测应选择受力较大的立柱，监测点宜布设在各层支撑立柱的中间部位或立柱下部的1/3部位，并宜沿立柱周边均匀布设4个监测点。

（5）明挖法的支撑轴力监测断面及监测点布设应符合下列规定：

1）支撑轴力监测宜选择基坑中部、阳角部位、深度变化部位、支护结构受力条件复杂部位及在支撑系统中起控制作用的支撑。

2）支撑轴力监测应沿竖向布设监测断面，每层支撑均应布设监测点。

3）每层支撑的监测数量不宜少于每层支撑数量的10%，且不应少于3根。

4）监测断面的布设位置与相近的支护桩（墙）体水平位移监测点宜共同组成监测断面。

5）采用轴力计监测时，监测点应布设在支撑的端部；采用钢筋计或应变计监测时，可布设在支撑中部或两支点间1/3部位，当支撑长度较大时也可布设在1/4点处，并应避开节点位置。

（6）明挖法的锚杆拉力监测断面及监测点布设应符合下列规定：

1）锚杆拉力监测宜选择基坑各边中间部位、阳角部位、深度变化部位、地质条件复杂部位及周边存在高大建（构）筑物部位的锚杆。

2）锚杆拉力监测应沿竖向布设监测断面，每层锚杆均应布设监测点。

3）每层锚杆的监测数量不应少于3根。

4）每根锚杆上的监测点宜设置在锚头附近或受力有代表性的位置。

5）监测点的布设位置与支护桩（墙）体水平位移监测点宜共同组成监测断面。

（7）明挖法和盖挖法的土钉拉力监测点布设应符合下列规定：

1）土钉拉力监测宜选择基坑各边中间部位、阳角部位、深度变化部位、地质条件复杂部位及周边存在高大建（构）筑物部位的土钉。

2）土钉拉力监测应沿竖向布设监测断面，每层土钉均应布设监测点。

3）每根土钉杆体上的监测点应设置在受力有代表性的位置。

4）监测点的布设位置与土钉墙顶水平位移监测点宜共同组成监测断面。

（8）明挖法和盖挖法的周边地表沉降监测断面及监测点布设应符合下列规定：

1）沿平行基坑周边边线布设的地表沉降监测点不应少于2排，且排距宜为3~8m，第一排监测点距基坑边缘不宜大于2m，每排监测点间距宜为10~20m。

2）应根据基坑规模和周边环境条件，选择有代表性的部位布设垂直于基坑边线的横向监测断面，每个横向监测断面监测点的数量和布设位置应满足对基坑工程主要影响区和次要影响区的控制，每侧监测点数量不宜少于5个。

3）监测点及监测断面的布设位置宜与周边环境监测点布设相结合。

（9）明挖法的竖井井壁支护结构净空收敛监测断面及监测点布设应符合下列规定：

1）沿竖向每3~5m应布设一个监测断面。

2）每个监测断面在竖井结构的长、短边中部应布设监测点，每个监测断面不应少于2条测线。

（10）明挖法的坑底隆起（回弹）监测点布设应符合下列规定：

1）坑底隆起（回弹）监测应根据基坑的平面形状和尺寸布设纵向、横向监测断面。

2）监测点宜布设在基坑的中央、距坑底边缘的1/4坑底宽度处以及其他能反映变形特征的位置；当基底土质软弱、基底以下存在承压水时，宜适当增加监测点。

3）回弹监测标志埋入基坑底面以下宜为20~30cm。

（11）明挖法的地下水位观测孔布设应符合下列规定：

1）地下水位观测孔应根据水文地质条件的复杂程度、降水深度、降水的影响范围和周边环境保护要求，在降水区域及影响范围内分别布设地下水位观测孔，观测孔数量应满足掌握降水区域和影响范围内的地下水位动态变化的要求。

2）当降水深度内存在2个及以上含水层时，应分层布设地下水位观测孔。

3）降水区靠近地表水体时，应在地表水体附近增设地下水位观测孔。

（12）明挖法和盖挖法的支护桩（墙）侧向土压力、土体深层水平位移、土体分层竖向位移和孔隙水压力监测点布设，应符合现行国家标准《建筑基坑工程监测技术规范》GB 50497的有关规定。

2. 安全预警

（1）城市轨道交通工程监测应根据工程特点、监测项目控制值、当地施工经验等制定监测预警等级和预警标准。

（2）城市轨道交通地下工程施工图设计文件应明确监测项目的控制值，并应符合下列规定：

1）监测项目控制值应根据不同施工方法特点、周围岩土体特征、周边环境保护要求并结合当地工程经验进行确定，并应满足监测对象的安全状态得到合理、有效控制的要求。

2）支护结构监测项目控制值应根据工程监测等级、支护结构特点及设计计算结果等进行确定。

3）周边环境监测项目控制值应根据环境对象的类型与特点、结构形式、变形特征、已有变形、正常使用条件及国家现行有关标准的规定，并结合环境对象的重要性、易损性及相关单位的要求等进行确定。

4）对重要的、特殊的或风险等级较高的环境对象的监测项目控制值，应在现状调查与检测的基础上，通过分析计算或专项评估进行确定。

5）周围地表沉降等岩土体变形控制值应根据岩土体的特性，结合支护结构工程自身风险等级和周边环境安全风险等级等进行确定。

6）监测等级高、工况条件复杂的工程，宜针对不同的工况条件确定监测项目控制值，按工况条件控制监测对象的状态。

（3）监测项目控制值应按监测项目的性质分为变形监测控制值和力学监测控制值。变形监测控制值应包括变形监测数据的累计变化值和变化速率值；力学监测控制值宜包括力学监测数据的最大值和最小值。

（4）城市轨道交通工程监测应根据监测预警等级和预警标准建立预警管理制度，预警管理制度应包括不同预警等级的警情报送对象、时间、方式和流程等。

（5）城市轨道交通工程施工过程中，当监测数据达到预警标准时，必须进行警情报送。

（6）现场巡查过程中发现下列警情之一时，应根据警情紧急程度、发展趋势和造成后果的严重程度按预警管理制度进行警情报送：

1）基坑、隧道支护结构出现明显变形、较大裂缝、断裂、较严重渗漏水、隧道底鼓，支撑出现明显变位或脱落、锚杆出现松弛或拔出等。

2）基坑、隧道周围岩土体出现涌砂、涌土、管涌，较严重渗漏水、突水，滑移、坍塌，基底较大隆起等。

3）周边地表出现突然明显沉降或较严重的突发裂缝、坍塌。

4）建（构）筑物、桥梁等周边环境出现危害正常使用功能或结构安全的过大沉降、倾斜、裂缝等。

5）周边地下管线变形突然明显增大或出现裂缝、泄漏等。

6）根据当地工程经验判断应进行警情报送的其他情况。

（7）明挖法和盖挖法基坑支护结构和周围岩土体的监测项目控制值应根据工程地质条件、基坑设计参数、工程监测等级及当地工程经验等确定，当无地方经验时，可按表 5-6 和表 5-7 确定。

表 5-6　竖井井壁支护结构净空收敛监测项目控制值

监测项目	累计值/mm	变化速率/(mm/d)
竖井井壁支护结构净空收敛	30	2

表 5-7 明挖法基坑支护结构和周围岩土体监测项目控制值

监测项目	支护结构类型、岩土类型		工程监测等级一级			工程监测等级二级			工程监测等级三级		
			累计值/mm		变化速率/（mm/d）	累计值/mm		变化速率/（mm/d）	累计值/mm		变化速率/（mm/d）
			绝对值	相对基坑深度（H）		绝对值	相对基坑深度（H）		绝对值	相对基坑深度（H）	
支护桩（墙）顶竖向位移	土钉墙、型钢水泥土强		—	—	—	—	—	—	30~40	0.5%~0.6%	4~5
	灌注桩、地下连续墙		10~25	0.1%~0.15%	2~3	20~30	0.15%~0.3%	3~4	20~30	0.15%~0.3%	3~4
支护桩（墙）顶水平位移	土钉墙、型钢水泥土墙		—	—	—	—	—	—	30~60	0.6%~0.8%	5~6
	灌注桩、地下连续墙		15~25	0.1%~0.15%	2~3	20~30	0.15%~0.3%	3~4	20~40	0.2%~0.4%	3~4
支护桩（墙）体水平位移	型钢水泥土墙	坚硬~中硬土	—	—	—	—	—	—	40~50	0.4%	6
		中软~软弱土	—	—		—	—		50~70	0.7%	
	灌注桩、地下连续墙	坚硬~中硬土	20~30	0.15%~0.2%	2~3	30~40	0.2%~0.4%	3~4	30~40	0.2%~0.4%	4~5
		中软~软弱土	30~50	0.2%~0.3%	2~4	40~60	0.3%~0.5%	3~5	50~70	0.5%~0.7%	4~6

续表5-7

监测项目	支护结构类型、岩土类型	工程监测等级一级			工程监测等级二级			工程监测等级三级		
		累计值/mm		变化速率/(mm/d)	累计值/mm		变化速率/(mm/d)	累计值/mm		变化速率/(mm/d)
		绝对值	相对基坑深度(*H*)		绝对值	相对基坑深度(*H*)		绝对值	相对基坑深度(*H*)	
地表沉降	坚硬~中硬土	20~30	0.15%~0.2%	2~4	25~35	0.2%~0.3%	2~4	30~40	0.3%~0.4%	2~4
	中软~软弱土	20~40	0.2%~0.3%	2~4	30~50	0.3%~0.5%	3~5	40~60	0.4%~0.6%	4~6
立柱结构竖向位移		10~20	—	2~3	10~20	—	2~3	10~20	—	2~3
支护墙结构应力		$0.6f \sim 0.7f$			$0.7f \sim 0.8f$			$0.7f \sim 0.8f$		
立柱结构应力										
支撑轴力		最大值：$0.6f \sim 0.7f$			最大值：$0.7f \sim 0.8f$			最大值：$0.7f \sim 0.8f$		
锚杆拉力		最小值：$0.8f_y \sim f_y$			最小值：$0.8f_y \sim f_y$			最小值：$0.8f_y \sim f_y$		

注：1. *H* 为基坑设计深度；f 为构件的承载能力设计值；f_y 为支撑、锚杆的预应力设计值。

2. 累计值应按表中绝对值和相对基坑深度（*H*）值两者中的小值取用。

3. 支护桩（墙）顶隆起控制值宜为 20mm。

4. 嵌岩的灌注桩或地下连续墙控制值可按表中数值的 50% 取。

5.4 明挖法在特殊工况条件下的应用

5.4.1 近接工程施工策略

在城市地下工程的大规模建设中，不可避免的会遇到新建地下工程近接既有地上建筑施工的现象。对于这类新建结构临近既有结构的施工，并可能对既有结构产生不利影响的工程，称为近接工程，有关近接工程的施工又称为近接施工。

地下工程近接施工涉及的影响因素较多，如水文地质条件、施工方法和既有建筑与新建地下结构相对位置关系等，对土体、支护结构和既有建筑的影响效应（应力、内力、变形或位移）复杂，若处置不当极易引起施工安全问题甚至倒塌等严重事故，因此地下工程近接既有地上建筑施工应当采取必要的措施来保证施工的安全。本节将介绍近接工程施工风险及其应对措施。

1. 地下工程近接施工风险等级划分

针对新建地下工程近接既有建筑施工过程的特殊复杂性，需对近接施工过程的风险等级进行初步划分，提出相应的对策措施及施工方案。本文作者通过对大量地下工程近接施工过程的实地监测结果、理论计算并结合工程案例进行剖析，结合前人提出的思想，认为地下工程近接既有地上建筑施工风险等级划分所依据的主要因素如下：

1）临近既有建筑结构等环境与新建地下工程的空间位置关系。

2）既有建筑结构等抵抗附加荷载和变形的能力。

3）既有建筑物所处位置的工程地质和水文地质条件。

4）新建地下工程的施工方法和结构尺寸及埋深。

综合考虑新建地下工程近接地上建筑施工各影响因素，结合既有结构和地下工程等周围环境的现状评估等级，将新建地下工程近接施工对既有建筑及周围土体影响的风险等级划分为特级、一级、二级、三级和无风险5个级别。风险等级划分见表5-8。

表5-8 地下近接工程施工风险等级划分

风险等级	场地环境安全风险级别	既有建筑现状等级
特级	特级	A、B、C、D
	一级	A
一级	一级	B、C、D
	二级	A
二级	二级	B、C、D
	三级	A

续表5-8

风险等级	场地环境安全风险级别	既有建筑现状等级
三级	三级	B、C、D
	无风险	A
无风险	无风险	B、C、D

对于地下工程近接施工安全的处理措施和解决方案，需要对既有建筑结构、地质状况和新建地下工程等进行调查，根据地下工程近接施工的具体情况和特征，选用合适的评估方法，对施工影响进行分析预测，判断预测值是否超过容许值，采取相关对策和应对措施，图5-16为地下工程近接施工处理与解决的流程示意图。

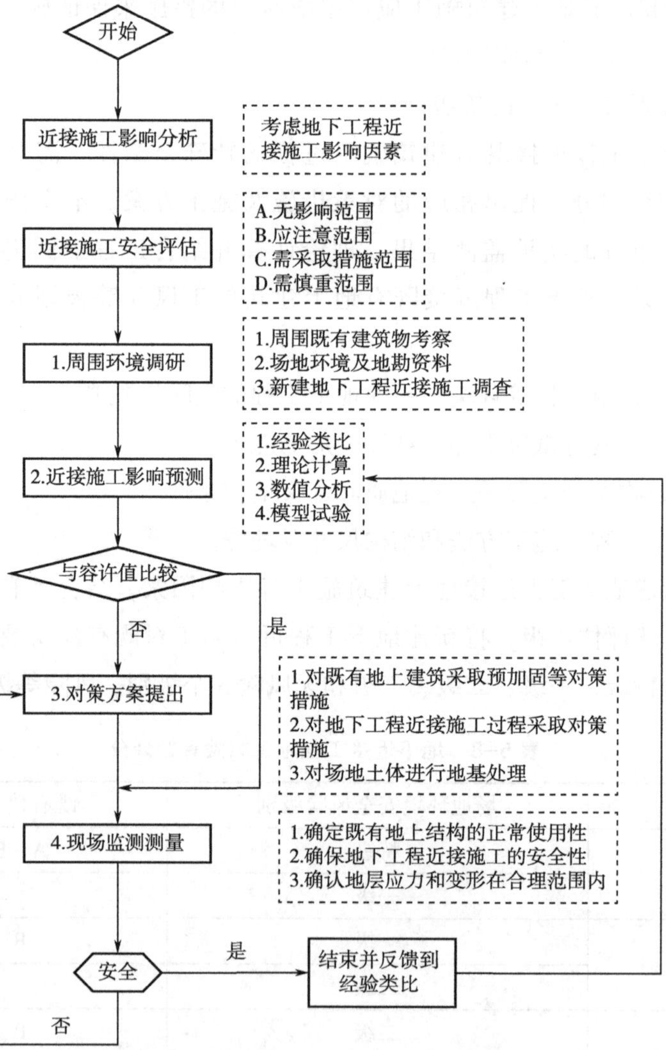

图5-16　地下工程近接施工流程

2. 地下工程近接施工措施

为指导地下工程近接施工，提高近接施工过程的安全合理性，综合上述划分的地下工程施工风险等级，考虑本文研究的各影响因素，结合多个明挖法地下工程近接施工工程实例，提出了以下对策措施：

1）新建地下工程近接施工前对周围既有建筑及环境做充分的调研和安全评估，受影响较大的既有建筑结构应做预加固处理。

2）明挖法地下工程施工过程应严格执行土方开挖支撑的“分层、分部、限时、对称”，且分层开挖次序由上至下每层开挖厚度不大于1.5m。

3）施工过程中尽量减小基坑底部暴露时间与扰动，对基坑底部被动区土体进行加固处理，地下结构钢筋混凝土底板应及时施工完成。

4）在施工过程中，邻近既有建筑基础（独立基础或桩基础）和既有框架结构的柱所在断面必须设置水平横向钢支撑，且必须有护壁桩作为竖向支撑。

5）新建地下工程的支护排桩、冠梁和水平钢支撑的连接接点必须严格按规范的接点构造要求施工，支护结构可考虑桩墙合一结构体系。

6）实行信息化施工，对受影响的既有建筑物上按照有关监测规范布设观测点，对地下工程两侧建筑结构做倾斜监测，并严格监测和控制竖向钢支撑结构的竖向位移。

7）对在地下工程施工影响范围内的管线进行调查并制定合理的迁移方案，既有地下管线的加固要按相应管线规范要求及加固规范进行施工。

8）新建地下结构施工期间的交通调整方案及地下工程消防预案需及时与相关部门协商，关注施工期间的降水等天气变化，并考虑抗震设防。

9）必要时采用井点降水，确保止水帷幕的施工质量，完善明挖法地下工程施工组织设计，保证施工质量和施工安全，严格按照相关施工规程及规范进行。

5.4.2 地下水位以下的黏性土、粉土等地质条件

城市地下铁道与轻轨车站和区间隧道明挖法施工中，若基坑底在地下水位以下，土质又具高渗透性时，为保证工程质量及安全，需将地下水位降到边坡面和坑底以下，以使施工处于疏干和坚硬土条件下进行。尤其遇到承压含水层，若不减压，则将使基底破坏，发生砂的隆起和基底土的流失现象。为了避免这种情况发生，通常采用降低水位来进行基坑加固。

在基坑开挖时可采用的降水与排水的方法有以下几种：

（1）集水坑排水降水法。集水坑降水法是沿坑底周围基础范围以外开挖排水沟，根据渗入基坑水量的大小，沿排水沟每隔20～40m挖一个集水坑，坑底应较基坑底低1～2m，并铺垫300mm厚的碎石层，抽水工作要持续到基础施工完毕进行回填土时为止。

土质为细砂、粉砂或亚砂土的地点，采用集水坑降水法易发生流砂现象；板桩与排水相结合时，若板桩外部与板桩内部的水压差较大，则常会引起流砂现象。对于这两种极易产生流砂的情况，均不宜采用集水坑排水降水法。采用排水降水法，必须经过精确的计算与设计，以确保施工安全。

（2）井点降水法。井点降水法是在基坑开挖前，预先在基坑四周埋设一定数量的滤水管，利用抽水设备抽水，使地下水位降低到坑底以下。井点降水法有轻型井点、喷射井点和深井点等方式。

1）轻型井点。如图 5-17 所示，按井点布置图将滤管埋好，地下水从滤管中抽出，经过一段时间，地下水位逐渐降低到坑底以下，抽水工作要持续到基础完工之后。

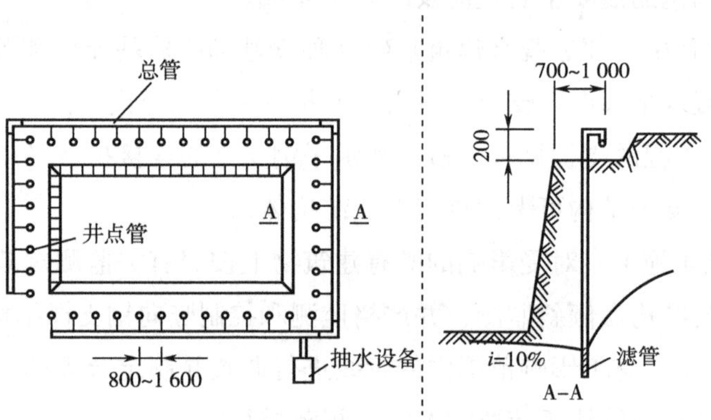

图 5-17　轻型井点布置简图

这种方法可使所挖的土始终保持干燥状态，从根本上防止流砂的发生，改善了工作条件。同时，由于土体内水分的排出，使动水压力减小或消除，土体的密实程度提高，因此边坡角度可加大。

2）喷射井点。喷射井点的工作原理为自高压泵输入的水流，经输水导管到喷嘴，由于喷嘴处截面变小，流速剧增，于是喷嘴周围产生负压将所欲提升的地下水经吸入管吸入混合室排出井点。我国目前多采用同心式井点，其原理与外接式相同，输入管即井点的外管。喷射井点施工速度快；费用相对较；排水深度大适用于基坑开挖较深、降水深度较大的场景；设备相对简单；基坑土方开挖量少。但由于需要双层井点管，且喷射器设在井孔底部，地面管网敷设相对复杂，喷射器埋在地下后不易更换，降水管理难度较大；在某些土层中，如出水量较大的粗砂粒中，使用喷射井点可能显得不经济。在选择喷射井点时，需根据具体的工程情况、地质条件、降水需求以及经济效益等因素综合考虑。

（3）深井点。适用于水量大、降水深的场合。当土粒较粗、渗透系数很大，而透水层厚度也很大时，一般用井点系统或喷射井点不能达到降水的目的，此时采用深井点较为合适。其优点是降水的深度大，范围也大，因此可以布置在基坑施工范围以外，使其排水时的降水曲线达到基坑之下。深井点可以单用，也可和井点系统合用。

（4）其他方法。

1）真空井点降水。当基坑处于渗透系数小的、细粒粉土的条件时，土中一部分水由于毛细管力的作用而不能用重力的方法抽出。此时用普通井点已不能成功地降水，因此必须采用真空井点降水。真空降水是在井点的顶部用粘土或膨润土封住，其厚度一般为1.0~1.5m，以保持滤管和其填料内的真空度，使井点的水力坡降增加，这种情况的降水要求其井点的间距要小，从而使地下水易于抽出。

2）电渗降水。对于更细颗粒的土，如一些粉土、黏质粉土和红粒黏土等用前面所述的方法均不能成功地降水，此时可用电渗降水。其原理是：在上述土层中插入两个电极，通以直流电，则土中的水将与土分离，由阳极流向阴极，若将井点作为阴极，则可将分离的水抽出。这种方法造价高，一般较少采用。

5.4.3 岩溶发育地区施工的注意事项

1. 岩溶对明挖法施工的影响

在岩溶地区运用明挖法进行施工，其主要问题体现为基坑失稳以及周边建筑物沉降。对于溶洞浅埋区段，一旦上部土层被挖除，岩溶水具备一定的水头压力，会穿透覆盖层，致使基坑出现大量涌水，进而造成基坑失稳；在基坑开挖时，因补偿应力的作用，会致使地面产生垂向位移并下沉，此外，由于沿线地下水颇为丰富，在开挖（包括明挖和地下掘进）进程中需要抽降地下水，地下水位的大幅降低会引发地面沉降问题。倘若在开挖施工中大量抽排地下水，便极容易致使周边地下水水位下降，诱发地面沉降和岩溶塌陷，给线路及附近建筑带来较大危害。

基坑疏干排水势必致使基坑周边地下水位降低，地下水水位以基坑为核心呈漏斗状向四周延展。依据太沙基理论，地下水位以下的地基承载力由孔隙水压力与土粒的支撑力共同构成，当地下水水位下降后，孔隙水压力显著削减，地基因承载力不足从而产生不均匀沉降。并且伴随地下水位的降低，排水砂土层中的细微颗粒被带走，上部土层尤其是上部砂层孔隙水的疏干，致使砂层压密，上述这些因素均会引发地面沉降。此外，基坑开挖支护若不恰当易引发涌泥、涌砂现象，若措施不当或处理不及时则可能诱发地面塌陷以及区域地面不均匀沉降。故而在溶洞浅埋区段，运用明挖法时，当上部土层被挖除后，岩溶水的水头压力或许会顶穿覆盖层，造成大量涌水，在溶洞发育较浅的区域，应当审慎思考，并采取有效的加固应对举措。

2. 溶洞的影响及处理

（1）溶洞的影响。溶洞是石灰岩被含有二氧化碳的流水所溶解、腐蚀而形成的天然洞穴，随着时间的推移，这些洞穴会不断扩大，甚至可能相互连接，形成复杂的溶洞系统。溶洞的发展通常受到多种因素的影响，包括地下水位的变化、溶质浓度、岩层的厚度和岩石的组成等。

溶洞对隧道工程的影响主要如下：

1）溶洞可能导致地面塌陷，对施工现场和工程结构造成损害。地表下的溶洞通常无法被裸眼识别，因此可能出现防护措施不到位的情况，影响安全施工。

2）溶洞可能导致地基不稳定。由于溶洞可能存在于工程地下，会影响地基的强度和稳定性，导致隧道沉降、开裂和结构受损，会对工程的安全性和连续性开展产生严重影响。

因此，在隧道施工中识别和处理潜在的溶洞威胁至关重要。需要采取填充、加固或避让等预防措施和治理策略，以减少溶洞对隧道工程造成的风险，确保隧道工程顺利、安全进行。

（2）溶洞的处理措施。面对不同类型的溶洞问题时，需要采取不同的治理策略，常见的溶洞治理策略如下：

1）填充策略。将混凝土、岩屑、砂土等材料填充到溶洞内部，以填补空洞，同时加固地下结构，提高地基的稳定性，增强地面的承载能力。填充策略通常适用于小型或较浅的溶洞，对于大型、复杂的溶洞可能达不到预期的治理效果。

2）加固策略。该治理策略主要是利用混凝土、钢筋或其他支撑结构，加固洞穴结构，防止地下溶洞扩大，降低地面沉降风险。该策略适用于较大或较深的溶洞治理。

3）避让策略。主要是避开或绕过存在溶洞的区域，以减少与溶洞的直接接触，可以通过调整隧道设计和路径来实现。虽然避让可能增加工程的复杂性和成本，但可以降低与溶洞治理相关的风险。

在实际施工过程中，需要结合溶洞的类型、规模、深度等情况，以及工程项目的预算、时间要求等，合理选择上述治理策略，以确保工程的安全性和可行性。

5.5 本章小结

本章重点阐述了明挖法这一常见的地下工程施工技术。首先，对明挖法的定义、施工特点、施工程序与技术要点以及其在城市地下工程中的应用予以详述，使读者得以对明挖法形成初步认知。继而，深入阐释了明挖法的分类与支护结构，涵盖明挖顺作法、盖挖逆作法、明挖基坑支护、板桩法、旋喷法、钻孔灌注桩围护结构以及人工挖孔桩围护结构；此外，本章着重介绍了明挖法施工管理与安全措施，包含风险的识别与评估、安全等级划分、支护结构失效分析、安全监测与预警；同时，本章还探讨了明挖法于特殊地质条件下的应用，诸如在地下水位以下的粘性土、粉土等地质条件、复杂地质情形下的施工策略以及岩溶发育地区的相关注意事项；最后介绍了明挖法在具体工程中的应用实例，借由这些案例分析展现了明挖法在实际工程中的应用状况。

思考题

1. 简述明挖法的概念和工艺流程。
2. 明挖基坑支护有哪些类型？
3. 简述盖挖逆作法的概念分类及施工步骤。
4. 简述旋喷法的加固机理和施工工艺。
5. 简述人工挖孔桩法、钻孔灌注桩法和水泥搅拌桩法的施工工艺。
6. 简述明挖法施工存在的风险。
7. 岩溶对明挖法施工有何影响？如何处理？

参考文献

[1] 周晓军，周佳媚．城市地下铁道与轨道交通［M］. 2 版．成都：西南交通大学出版社，2016.

[2] 张彬，刘艳军，李德海．地下工程施工［M］. 北京：人民交通出版社股份有限公司，2017.

[3] 中华人民共和国住房和城乡建设部．城市轨道交通工程监测技术规范 GB 50911—2013［S］. 北京：中国建筑工业出版社，2013.

[4] 于素慧．明挖法施工对近接建筑与地下工程影响效应研究［D］. 哈尔滨工业大学，2019.

[5] 廖景．岩溶地层对地铁工程影响分析与处理［D］. 华南理工大学（2006）：n. pag. Print：20.

[6] 王志康．地铁既有车站上盖增层明挖法施工的关键技术［J］. 城市轨道交通研究，2022，25（10）：171-175. DOI：10. 16037/j. 1007-869x. 2022. 10. 032.

6　浅埋暗挖法

城市地下工程于城市间的互联互通以及经济发展进程中占据着关键地位。自20世纪80年代浅埋暗挖法已初次投入应用起，凭借其造价低廉、灵活性强、不影响地面交通等优势得以迅速普及，被广泛运用于地铁、城市管道以及地下停车场等城市基础设施的建设领域。浅埋暗挖法不但极大地充实了隧道施工的技术路径，还促进了相关领域的技术革新。本章将阐述浅埋暗挖法的技术要点，涵盖其概述、关键技术、施工分类、施工管理与安全举措、工程应用与技术创新以及未来的发展趋向。

6.1　概述

20世纪80年代军都山铁路双线隧道进口段在黄土地层首次应用新奥法（NATM，New Austrian Tunneling Method）原理进行了浅埋暗挖施工技术的研究和试验。随后在北京地铁复兴门折返段开发应用这种新技术并获得成功，在此基础上，20世纪90年代北京地铁复八线一改北京地铁一、二期工程惯用的明挖大开槽法，全面推广浅埋暗挖法修建了约13.5km的地铁区间段及西单、天安门西、王府井和东单4座地下暗挖车站。复八线的成功建设，丰富与发展了地铁的修建方法，创造出一整套暗挖修建城市地铁工程的新技术、新工艺、新方法，开创了我国地下工程暗挖施工的新纪元。在这之后，开工建设的广州、深圳等地铁以及城市的浅埋热力隧道、电力隧道、过街通道、地下停车场以及南水北调工程都广泛采用。

国家科委于1987年8月25日召开科研成果鉴定会，与会专家对这种新施工技术给予了很高的评价，认为该技术为在繁华地段修建地铁开拓了一条新路，是具有中国特色的能带动我国产业经济发展的地下工程建设方法，经过论证正式取名为“浅埋暗挖法”。

浅埋暗挖方法是在第四纪软弱地层中修建隧道的方法，其基本原理是通过对地层的适当加固和处理，合理调动围岩的自承能力，采用短进尺开挖，及时施作初期支护结构并封闭成环，使围岩和初期支护结构形成联合支护体系以共同承担施工阶段荷载，在变形基本稳定以后施作二次模筑衬砌，完成隧道建设。初期支护承担全部基本设计荷载，二次衬砌作为安全储备，由初期支护和二次衬砌共同承担特殊荷载。这种“先柔后刚”

的复合式新型支护结构体系较好地克服了隧道工程中的不可预知性。由于地层条件以及周围环境的复杂多变，应用浅埋暗挖法施作隧道必须对地层、支护材料、周围建（构）筑物进行施工过程的监测，根据监测信息及时修正设计和施工方法，以确保施工的安全。

根据浅埋暗挖法施工技术 20 多年的工程经验，使施工技术具有了灵活多变、不拆迁、不影响交通、不破坏环境、综合造价较低、隧道支护结构强度高等优点，特别适合中国国情。浅埋暗挖法的实践是一个不断发展和完善的进步过程，特别是大跨度暗挖技术得到长足发展，是浅埋暗挖法成为一个成熟的技术，得到广泛的应用。

6.1.1 定义与技术要点

1. 定义

浅埋暗挖法是在距离地表较近的地下进行各种类型地下洞室暗挖施工的一种方法。在城镇软弱围岩地层中，在浅埋条件下修建地下工程，以改造地质条件为前提，以控制地表沉降为重点，以格栅（或其他钢结构）和喷锚作为初期支护手段，按照十八字原则"管超前、严注浆、短进尺、强支护、早封闭、勤量测"进行施工。它强调了新的施工要点，突出时空效应对防塌的重要作用，提出了在软弱地层必须快速施工的理念。

浅埋暗挖法经过几十年的广泛应用，不断改进和完善，由于造价低、拆迁少、灵活多变、无须太多专用设备及不干扰地面交通和周围环境等特点，现已在城市地铁、市政工程、城市热力与电力管道、城市地下过街道、地下停车场等工程中推广应用，并已形成了一套完整的综合配套技术。以北京城市轨道交通工程为背景总结形成的"隧道与地铁浅埋暗挖工法"，已被批准为国家级工法，并广泛应用于铁路、公路及其他城市地下工程。

2. 技术要点

浅埋暗挖法沿用了新奥法的基本原理，创建了信息化量测反馈设计和施工的新理念；采用"先柔后刚"复合式衬砌新型支护结构体系，初期支护按承担全部基本荷载设计，二次模筑衬砌作为安全储备；初期支护和二次衬砌共同承担特殊荷载。应用浅埋暗挖法进行设计和施工时，同时采用多种辅助工法，超前支护，改善加固围岩，调动部分围岩的自承能力；采用不同的开挖方法及时支护、封闭成环，使其与围岩共同作用形成联合支护体系；在施工过程中应用监控量测、信息反馈和优化设计，实现不塌方、少沉降、安全生产与施工。

浅埋暗挖法大多应用于第四纪软弱地层中的地下工程，由于围岩自身承载能力很差，为避免对地面建筑物和地中构筑物造成破坏，需要严格控制地面沉降量。因此，要求初期支护刚度要大，支护要及时，例如，图 6-1 所示的围岩特征曲线和支护的刚度曲线交点 C（稳定点）应尽量靠近 A 点，即支护所承受的荷载（P 值）越大越好，以减小围岩的承载力，并作为支护和围岩共同作用的安全储备，这种设计思想的施工要点可概括为管超前、严注浆、短进尺、强支护、早封闭、勤量测、速反馈，初期支护必须从上向下施工，二次模筑衬砌必须通过变位量测，当结构基本稳定时，才能施工，而且必须从下向上进行施工，绝不允许先拱后墙施工。

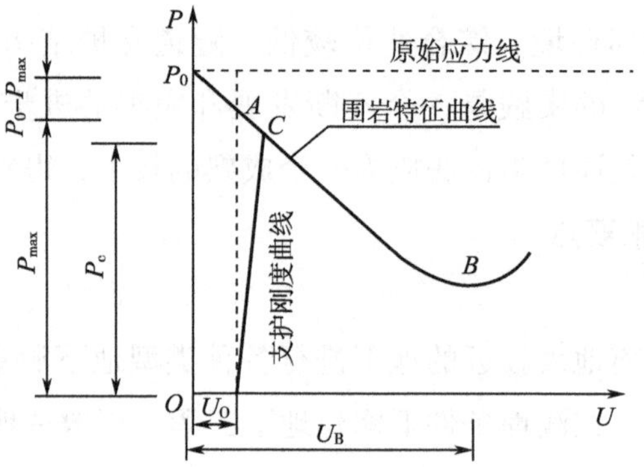

图 6-1　围岩特征曲线与支护刚度曲线示意图

6.1.2　浅埋暗挖法的特点与适用条件

1. 特点

浅埋暗挖法施工的地下洞室具有以下特点：埋深浅（最小覆跨比可达0.2）地层岩性差（通常为第四纪软弱地层）、存在地下水、周围环境复杂等特点。但由于其适用性强、造价低、拆迁少、灵活多变、无需太多专用设备以及不干扰地面交通和影响周围环境等特点，在我国各种地下工程中得到广泛应用。

信息化计算的实施，实现了浅埋暗挖技术的全过程控制，有效减小了由于地层损失而引起的地表移动变形等环境问题，不但使施工对周边环境的影响降低到最低程度，而且由于及时调整、优化支护参数，提高了施工质量和速度，使浅埋暗挖法的特点得到更进一步的发挥，为地下工程设计与施工提供了一种非常好的方法。

2. 适用条件

浅埋暗挖法是在软弱围岩浅埋地层中修建山岭隧道洞口段、城区地下铁道及其他适于浅埋结构物的施工方法。它主要适用于不宜明挖施工的土质或软弱无胶结的砂、卵石等第四纪地层，修建覆跨比大于 0.2 的浅埋地下洞室。对于高水位的类似地层，采取堵水或降水、排水等措施后也适用，尤其对于结构埋置浅、地面建筑物密集交通运输繁忙、地下管线密布，且对地面沉陷要求严格的都市城区，如修建地下铁道地下停车场、热力与电力管线，这项技术方法更为适用。

目前，通过信息化技术的实施，实现了浅埋暗挖技术的全过程控制，有效地减小了由于地层损失而引起的地表移动变形等环境问题。不但使施工对周边环境的影响降低到最低程度由于及时调整、优化支护参数，提高了施工质量和速度，使浅埋暗挖法特点得到更进一步的发挥。经过许多工程的成功实施，浅埋暗挖法应用范围进一步扩大，由只适用于第四纪地层、无水、地面无建筑物等简单条件，发展到非第四纪地层、超浅埋（埋深已缩小到0.8m）、大跨度上软下硬、高水位等复杂地层及环境条件下的地下工程中去。

浅埋暗挖法与其他方法相比具有显著的优点，以城市地铁为例，前面说过，浅埋暗挖法与明挖法（盖挖法）相比，具有拆迁占地少、不扰民、不干扰交通、节省大量拆迁投资等优点；与盾构法相比，具有简单易行，无需多种专用设备，灵活方便，适用于不同地层、不同跨度、多种断面，可以提供大量就业机会等优点，是适合我国国情的好方法。尤其对于区间隧道，浅埋暗挖法施工速度完全能满足总工期要求，当然，浅埋暗挖法也存在缺点，如速度较慢，喷射混凝土粉尘较多，劳动强度大，机械化程度不高，以及高水位地层结构防水比较困难等。

6.2 浅埋暗挖法关键技术

浅埋暗挖法的关键技术涵盖底层加固、降水与排水、初期支护、二次衬砌与监控量测与信息化技术应用，以及全面的安全控制措施。这些技术协同作用，确保在软弱围岩地层中的浅埋条件下，实现隧道开挖的安全、质量和环境保护要求。

6.2.1 地层加固技术

地层预加固方法很多，常用的有预注浆、锚杆法、超前管棚、插板法、超前插桩法、超前插板法。

1. 预注浆法

预注浆包括从开挖面、地面或导洞内注浆，注浆方式有渗透注浆、劈裂注浆、射流注浆等。注浆材料有化学浆液和非化学浆液两大类，化学浆液有水玻璃类（悬浊型溶液型）、高分子类（酰胺类、树脂类）以及水泥、黏土和药剂配合液；非化学浆液有水泥浆、黏土浆、水泥+黏土、水泥+膨润土、砂浆等。对于孔隙率较大的沙层、沙卵石层渗透注浆使用非化学浆液；对于渗透性较小的沙层渗透注浆可使用化学浆液；劈裂注浆适用于黏土层和密实粉细沙层；射流注浆适用于各种沙地层，特别是级配较好的沙卵石地层。除了上述三种地层注浆预加固方式外，还有一种方式叫作压密注浆，美国首先用于隧道工程，作为补救措施，解决沉降损失或修正沉降的一种注浆方式。它是在支护完成后通过高压向支护体的上部注入很稠（坍落度<5mm）的浆液，以置换和压实松散基土。注浆体是一种均质体，随着注浆的继续，其体积增大，从而逐渐减小地面沉降，将地面沉降控制在容许的范围内。但是要注意，压密注浆不适合高压缩性的淤泥质黏土。

2. 锚杆法

地面锚杆一般采用全长砂浆锚杆，锚杆与砂浆共同组成锚固体。它的锚固作用是通过锚杆与砂浆之间、砂浆与岩土体之间的摩擦阻力来实现的，这可以从加固时的施工过程和施工完成后锚杆与砂浆共同发挥作用两个阶段来认识。其中，前者的主要功能在于提高岩土体的整体强度和刚度（C、φ 值），后者的主要功能则在于增强岩土体的摩擦阻力和抑制岩土体的沉陷滑移，进而达到减小山体压力的效果。

3. 超前管棚

超前管棚有大管棚、小管棚、长管棚、短管棚之分。小管棚常用直径 φ50～φ150mm 的小钢管，以一定间距（0.1～0.3m）沿开挖周边以某角度（小于 5°）倾斜打人地层小钢管上常钻孔眼，以便同时作为注浆管使用，将管棚和注浆结合起来，注浆加固钢管附近的地层。大管棚一般用专门钻机将大直径（大于 200mm，有时达 700～800mm，甚至 1000mm 以上）钢管在钻孔掘进的同时逐渐推进，大管棚的长度在 20m 以上，有的工程已达百米以上。钢管内注入水泥浆，钢管之间空隙通常较小，常注浆填充，以增大整体刚度。长管棚长度一般大于 15m，直径一般大于 160mm。管棚法应用灵活，钢管长度、直径可根据需要选择。管棚法通常与注浆法同时采用，以达到更有效地保持开挖面稳定的目的。通常，大管棚、长管棚控制地面沉降的效果更佳。

4. 超前插桩法

超前插桩法是在开挖面前方的地层中做成一个连续钢管加固的、微桩（150～250mm）注浆的伞形防护棚。该方法在意大利多座软土隧道施工中使用，是当钻孔完成后在地层中留下一个空心钢管形成的拱，将水泥浆在 300N/cm^2 压力下同时送进所有钢管内。钢管壁厚 7mm，外径 φ140mm，长 12m（搭接 3m）。钢管每 0.5m 钻 4 个按 90°分布的 8mm 孔眼，孔眼中安设一单向阀门，阀门在注浆压力达 300N/cm^2 时可冲开，使管外面与地层间的环形空间填满浆液。超前插桩法控制地面沉降的效果与长管棚相当，但施工速度更快、更经济。

5. 超前插板法

超前插板法是沿开挖面拱部轮廓将插板以倾斜角度打人或顶入地层中，沿纵向两环插板之间有一搭接长度，开挖在超前插板的支护下进行。超前插板法适用于沙质地层、硬黏土地层或有地下水时用于稳定开挖面。

浅埋地下工程施工中为了保持开挖面稳定，减小地面沉降，最常用的预加固方法是传统的注浆法加固地层：射流注浆是较新的注浆技术，常与传统的注浆方法配合使用，这样能具有更佳的控制沉降效果；压密注浆作为沉降补救措施，能很好地修正沉降。管棚（特别是长、大管棚）施工较复杂，常需要用专门设备，但管棚法较单纯注浆法具有更好的稳定开挖面、控制沉降的效果，且能提高掘进速度。超前插桩法是管棚法的变种，具有类似的控制沉降的效果，因其采用专门的配套设备，提高了施工速度。但无论采用何种措施减小地面沉降，及时封闭支护对于减小沉降都是很重要的。

6.2.2 降水与排水技术

1. 降水技术

当浅埋地下工程处于富水地层中，地层的渗透性较好，不会因降水而引起地面过大沉降时（如沙砾石地层），为了保持开挖工作面的干燥或少水状态，以便安全快速施工，可采用降低地下水位的方法施工。常用的降水方法包括洞内轻型井点降水和地面深孔井点降水等。

（1）洞内轻型井点降水。洞内轻型井点降水是将一系列井点管埋设于在洞内开挖底面以下的地层中，并将这些井点都连接到抽水总管，用真空泵（射流泵）和水泵将地下水抽出，降低地下水位，使开挖工作面保持干燥或少水状态，以改善施工条件，加快施工速度。

洞内轻型井点降水的适用范围：洞内轻型井点降水主要适用于渗透系数为 0.1～80m/d 的砾沙、粗沙、中沙和细沙层等地层，其降低地下水位的深度受诸多条件的限制，尤其受设备条件的限制，一般单层井点系统能降低地下水位 3～6m。

1）井点的布置。井点的布置应根据施工方法和地下水位的实际情况灵活选择，图 6-2 是井点管设在斜井的布置方式。

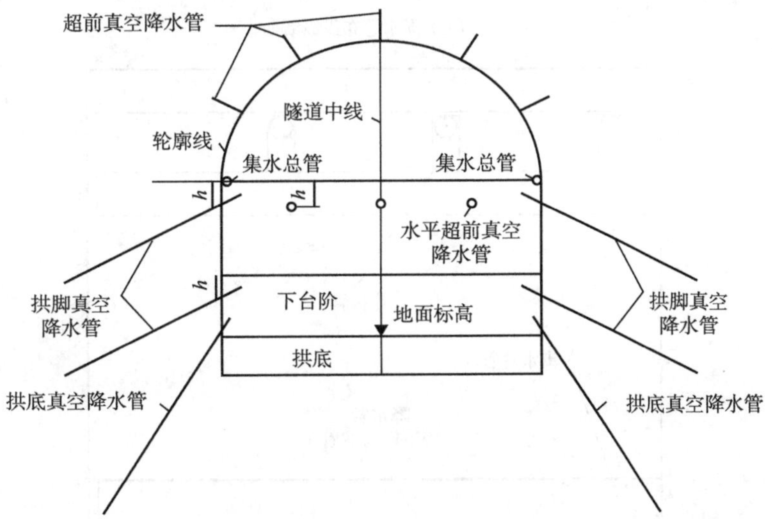

图 6-2 斜井井点管布设

当大断面开挖、地下水位于隧道中偏下位置时，或地下水虽在拱顶以上，但施工中已通过竖井将水位降到底部时，洞内降水井点多布置在下半断面墙脚处，图 6-3 是正洞双侧壁法井点的布置方式。

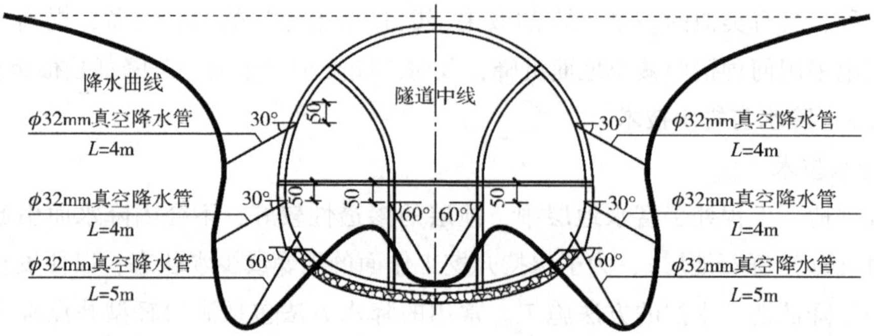

（a）正洞双侧壁法降水布设及降水系统水位线（单位：cm）

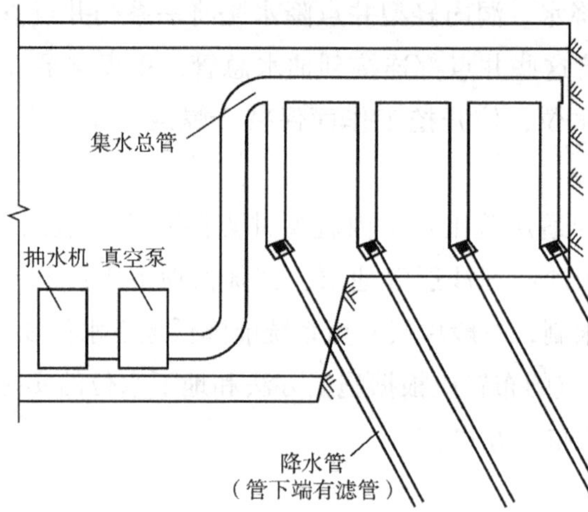

（b）降水管布设纵断面

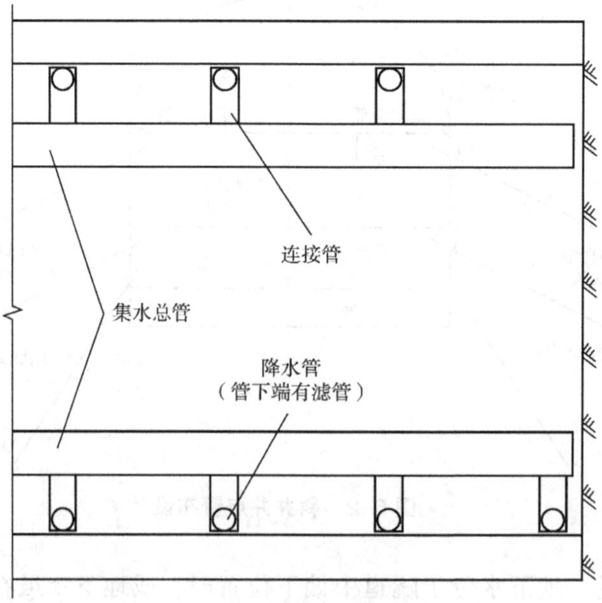

（c）降水管布设平面图

图 6-3　正洞双侧壁法井点管布设

2）井点降水施工。降水施工流程图见图 6-4。

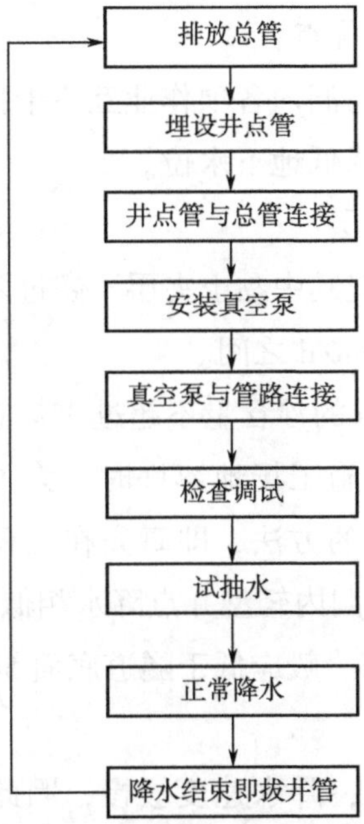

图 6-4　降水施工流程图

井点降水系统施工应遵循以下原则：

1）井点按现场条件及地层情况，用钻机钻孔埋设。

2）井点间距一般为 0.8~1.6m。

3）埋设深度：滤管顶端应埋设在开挖基底面以下，一般应低于底面 1.0~1.2m，每组井点埋设深度必须保持一致。

4）井点管的方向可竖直或根据具体情况倾斜 50°~55°。

5）钻孔深度必须比滤管底端深 0.5m，孔壁与井管之间应及时用粗沙填实。孔口下至少 0.5m 的深度内须用黏土填实，以防漏气。

6）遇到黏土层时，应注意防止产生沙滤层脱空现象，沙滤层脱空后，黏土层以上的含水层中地下水就不能抽吸出来。

7）井点埋设后，应进行试验，埋管合格后，装上弯连管，并与总管连接。

8）总管与泵的位置应按设计要求安装，各部分应连接严密，防止漏气。

井点系统安装完毕后，应进行试验性运转，检查系统的真空度。正式运转后，根据泥沙含量和降水速度判断排水管开启的大小及泵的流量，及时进行调整。抽水过程中，应经常检查管路有无漏气和“死井”，如有“死井”，可进行疏通或重新埋设井点。

（2）地面深孔井点降水。当地下工程埋设较浅，地面施工场地容许时，为了减少洞内井点降水对施工的干扰，也可采用地面深孔井点降水的方法，即事先在工程两侧地面钻两排或多排井孔进行深孔井点降水，其施工方法与洞内轻型井点降水相似。

地面深孔井点降水具有下列优点：

1）降水工作在地面进行，与洞内各项作业互不干扰。

2）能在较大范围内大幅度降低地下水位。

深井降水一般适用于以下地层：

1）含水层厚度小于15m，但其中黏土夹层不超过两层。

2）地层渗透系数在10~200m/d之间。

3）地层中颗粒小于0.05mm的沙含量不超过3%（按体积计）。

当地下工程埋设较浅，地面施工场地容许时，为了减少洞内井点降水对施工的干扰，也可采用地面深孔井点降水的方法，即事先在工程两侧地面钻两排或多排井孔进行深孔井点降水，其施工方法与洞内轻型井点降水相似。

深井降水钻孔深度（井深）一般应低于隧道底面5m，井点间距根据地层情况，在25~35m之间选择。

深井降水采用重力排水方式，降水速度缓慢，因此对于有工期限制的工程须提前进行。

深井降水的主要机械设备包括钻机、深井水泵、井管和滤网管。

2. 排水技术

当地下工程处于含水地层，且难以采取降水措施时，应采用对施工干扰不大的防排水方法，以达到经济、安全、快速施工的目的，施工期间若采取的措施不正确，导致结构渗漏水，便会危及工程的正常使用或降低结构的使用寿命，影响工程的安全，所以必须采取有效的防排水措施。

施工中防排水应遵循“防、排、堵、截相结合，因地制宜，综合治理”的原则，并应优先采用施工简单、效果显著、造价低的防水措施。

下列情况下，可采用以截为主的原则：

1）地下水属于受季节性气候影响较大的上层滞水或潜水。

2）隧道涌水是由地面径流引起，截流或改移沟槽后，有明显作用。

3）与地面贯通的断层裂隙水或已与地面沟通的溶洞水。

下列情况下，可采用以降水为主的原则：

1）隧道埋深较浅或隧道出入口两端。

2）地下水属于上层滞水、潜水或裂隙水，但贮量不大。

3）地层渗透系数为0.1~80m/d的细、中、粗沙及沙砾石，对于渗透性较好的亚黏土层，也可考虑采用。

下列情况下，宜采用以排为主的原则：

1）贮量不大的裂隙水或溶洞水。

2）有自然排水条件，且排水后不会影响围岩稳定，不会造成其他危害。

3）虽无自然排水条件，但与其他措施（如注浆堵水等）相比费用较少，且技术条件容许。

下列情况下，宜优先采用以堵为主的原则：

1）斜、竖井施工，水量较大，排水费用与堵水费用相比较高。

2）断层破碎带施工，排水时将会携带大量泥沙，引起工作面失稳和围岩坍塌。

3）隧道涌水排放后，对其他用水（如工业用水、居民生活用水、农林灌溉用水等）影响较大，损失较重。

上述情况中降水施工已详细叙述，浅埋暗挖法施工的排水比较简单，一般是利用水沟将地下水排出洞外，通常的做法是将盲管埋设在初期支护的仰拱底部，将地下水排至洞内水沟，对于地面以上的山岭隧道等工程可直接排出洞外；对于地面以下的地下铁道等工程可将水集中在竖井，利用抽水设备抽出地面。当掘进前方遇有较高压力的地下水、暗河及有长期补给源的特大涌水时，在有条件时也可采用辅助坑道或超前钻孔排水。

6.2.3 初期支护与二次衬砌技术

浅埋暗挖法施工的工程结构一般采用复合式衬砌支护结构——初期支护和二次模筑衬砌。其中初期支护承受施工过程中所产生的全部基本荷载，二次模筑衬砌则作为提高结构安全度的储备结构。初期支护和二次模筑衬砌共同承受特殊荷载，如地震荷载、人防荷载等。

初期支护是一个总称，它有不同的组合形式，包括喷射混凝土支护、喷射混凝土+钢筋网支护、喷射混凝土+锚杆支护、喷射混凝土+锚杆+钢筋网支护、喷射混凝土+锚杆+钢筋网+钢拱架支护、超前小导管（超前管棚）+喷射混凝土+锚杆+钢筋网+钢拱架支护等六种主要形式，支护参数（喷层厚度、锚杆长度、网径、钢拱架间距、超前小导管长度等）和形式的选择是比较灵活的，应根据工程所处的工程地质与水文地质条件、工程的重要性等因素合理选择，初期支护的核心是喷射混凝土、网构钢拱架、钢筋网和必要的锚杆支护，喷射混凝土又可分为初喷和复喷。从安全角度和提高围岩承载力出发，应及时进行初喷混凝土，然后再复喷至设计厚度。二次模筑衬砌一般是在初期结构变形基本稳定后开始施作，根据工程承受的荷载情况和工程的重要性，二次模筑衬砌又可分为混凝土二次模筑衬砌和钢筋混凝土二次模筑衬砌。

1. 喷射混凝土施工

喷射混凝土是浅埋暗挖法施工的主要支护手段之一。喷射混凝土就是把掺有速凝材料的混凝土，用喷射机械通过一定的压力喷射到地下工程开挖后的壁面上，从而快速形成具有一定强度的支护结构，喷射混凝土技术是20世纪50年代随着新奥法的发展而发展起来的，60年代开始推广应用，70年代末和80年代初钢纤维射混凝土和水泥造壳砂浆（SEC）喷射混凝土开始得到应用，80年代以后，随着人们对环境要求的提高，开始研究应用湿式和潮式喷射混凝土技术，喷射混凝土具有与围岩密贴并能和围岩共同迅速产生承载能力、形成支护结构、共同变形等特性，能很快抑制地层变位，对于施工安全十分有利。

喷射方式。喷射混凝土可分为干喷、潮喷和湿喷三种方式，其中湿喷混凝土按其输送方式的不同又可分为风送式、泵送式、抛式和混合式，采用何种方式，应根据工程的实际情况选择。

1）干喷法。用搅拌机将骨料和水泥拌和后，投入喷射机料斗，同时加入速凝剂，将混合料输出，在喷头处加水喷出。喷射工艺流程见图6-5。该法由于粉尘回弹量大已很少采用。例如1.7m的干拌和料中只有1m混凝土可以粘到隧道壁上。

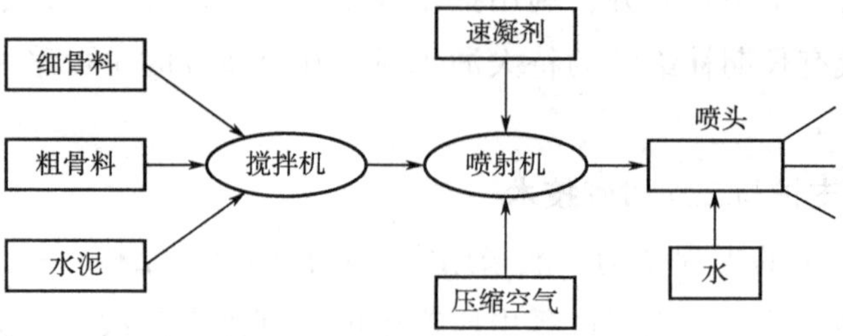

图6-5　干喷法工艺流程

2）潮喷法。将骨料预加水，一般加到砂的含水率为6%以下、石的含水率为2%以下，使集料浸润成潮湿状，用手可握成团而不散，再在喷头处加水喷射，从而可降低在上料和喷射时的粉尘。喷射工艺流程与干喷类似，见图6-6。回弹可控制到15%左右。

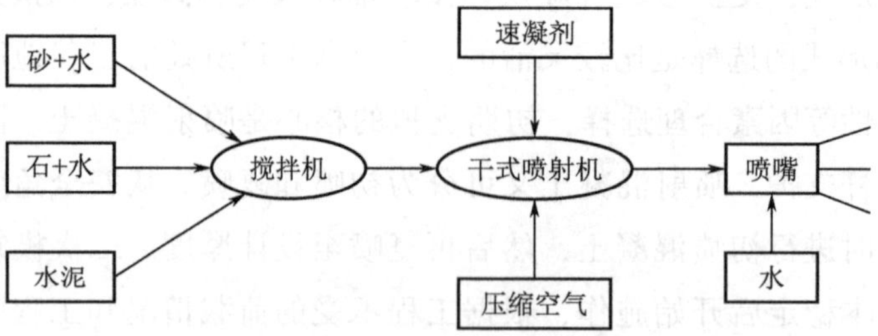

图6-6　潮喷法工艺流程

3）湿喷法。用喷射机压将拌和好的混凝土送至喷头，在喷头处添加速凝剂喷出，喷射工艺流程见图6-7。有稀流（空气悬浮法）湿喷法和稠流（泵送挤压法）湿喷法两种，稀流式喷射泵为转子型，稠流式喷射泵类似混凝土输送泵是活塞式喷射泵。

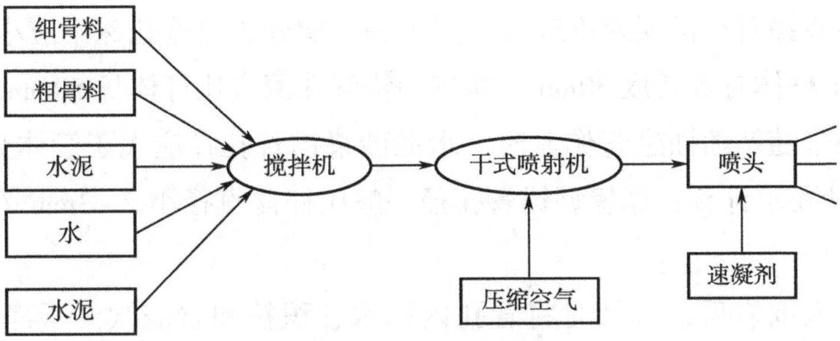

图6-7 湿喷法工艺流程

2. 锚杆施工

锚杆是地下工程的支护手段之一。20世纪60年代末期，随着新奥法的发展，锚杆的使用范围也不断扩大。全长黏结式锚杆的出现，使其不仅可用于硬岩，也适用于破碎岩体及膨胀岩体等，但对成孔困难的软岩、土砂地层，就必须选用其他类型的锚杆（锚管）。浅埋暗挖法施工的地下工程由于多处于土质沙砾软岩中，采用全长黏结式锚杆是不适宜的，因该类围岩自稳时间短，要求锚杆尽快产生强度，所以通常不设锚杆而设置自进式锚管。

（1）锚杆类型及适用范围。锚杆的种类很多，根据施工方法、锚固方式及材质的不同，可以有很多类型，这里主要针对浅埋暗挖法的要求，介绍以下几种类型的锚杆：锚杆的种类很多，根据施工方法、锚固方式及材质的不同，可以有很多类型，这里主要针对浅埋暗挖法的要求，介绍以下几种类型的锚杆：

1）摩擦式锚管。多用于有水地质，既作锚杆，又可排水，便于喷射混凝土。

2）早强砂浆锚管。多用于需要快速产生强度的软弱破碎、砂土等自稳时间短的围岩中，作为初期支护的一部分。

3）自进式锚杆。自进式锚杆是集钻进、灌浆、锚固为一体的锚固系统，适用于不易成孔的软弱地层，解决坍孔和插不进锚杆的难题，但造价高。

（2）施工前准备。安设锚管前应做好以下准备工作：

1）检查锚管的原材料、规格、品种、各部件质量及技术性能是否符合设计要求。

2）检查锚管自身的直径以及锚管孔是否符合设计要求。为了准确起见，在钻孔前应做出标记。一般情况下，锚管孔位偏差不得超过±150mm。

3）根据锚管素型和围岩情况以及孔径、孔深等参数选择钻孔机具。一般采用带分离杆的手持式凿岩机冲击锚管钻入，有条件时也可采用跟管钻孔台车或专用锚杆钻机进行钻孔、安装、灌浆三位一体的工作，土质怕水地层则应采用风吹电钻钻孔。

（3）钻孔作业。

成孔的好坏直接影响到锚管的锚固效果，成孔应符合下列要求：

1）水泥砂浆锚管孔深误差不应大于±50mm；楔缝式锚管孔深不应小于杆体有效长度，且不应大于杆体有效长度30mm；摩擦型锚管孔深应比杆体长50mm。

2）钻机跟管随钻随插进管作业时，水泥砂浆锚管孔径应大于管体直径15mm，楔缝式锚管按设计要求计算，摩擦型锚管孔径一般比杆体直径小2~3mm（根据拉拔试验确定）。

3）锚管插入围岩后，应及时将管孔内积水、积粉和岩渣吹洗干净并及时压注砂浆，不得隔日隔班。

（4）水泥砂浆锚管施工。水泥砂浆锚管也称全长黏结型锚管，是采用水泥浆或水泥砂浆把锚管和孔壁周围的围岩黏结在一起而锚固在围岩中，这种锚管可用来加固软岩、土砂质岩、破碎岩体和膨胀性岩体，浅埋暗挖法施工中多用此类锚管锁死拱脚和墙脚，其原理是，在围岩产生变位时，通过水泥砂浆的黏结力和锚管与围岩间的摩擦力约束围岩的变位，使锚管产生应力，以达到锚固效果。

（5）摩擦型锚管施工。摩擦型锚管是一种沿纵向开缝的钢管，打人比钢管外径小2~3mm的锚孔内施加预应力锚管。其原理是管体受孔壁约束产生收缩，沿钻孔全长范围内孔周岩体受锚管弹性抗力，从而锚固周围岩体，采用跟管钻机时，直径对摩擦型锚管的锚固力有明显的影响。因此，钻孔前必须检查钻头规格，确保孔径符合设计要求。

（6）自进式锚杆施工（图6-8）。

自进式锚杆的特点：

①钻进的主杆就是锚杆体，即通过钻进锚杆来形成钻孔，钻进完成后，锚杆存于孔中而无需拔出，不受坍孔影响，然后可立即注浆进行加固。

②锚杆中空，作为注浆通道，便于注浆作业。

③锚杆可通过连接套加长，适合各种空间下的长锚杆施工做到钻进、灌浆、锚固三位一体和地层紧密结合，锚固力可大大提高，具有可靠高效、简便的特点。

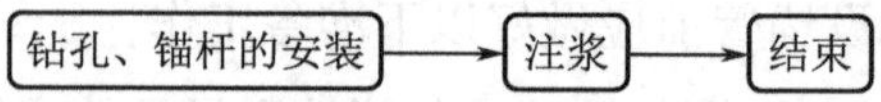

图6-8 自进式锚杆施工工艺流程

3. 钢架和钢筋网

钢拱架是在喷、锚、网支护中作为加强承载能力的构件，当喷、锚、网支护所组成的初期支护结构不能及时安全地承受开挖所引起的土体压力，地层不能自稳，顶部锚杆又无法及时施作，工作面必须采取超前支护时，必须设置钢拱架。钢拱架只能在开挖超前支护中先承受松动土体（高 3~4m）的压力，钢拱架架立后必须在最短时间内喷射混凝土覆盖，使喷射混凝土和钢拱架共同受力，尽快提高承载能力，使承载力的增长速度大于土体压力的增长速度，做到安全施工，钢拱架一般与超前支护配合。

目前常用的有型钢钢架（工字钢）和网构钢架两种。型钢钢架的施工是利用各种不同型号的型钢按设计长度分段弯成要求的形状，在围岩开挖后及时支护，并按序号顺序接长。

4. 防水隔离层

浅埋暗挖法施工与其他施工方法一样，要求工程完成后，做到不漏水、不渗水。因此，结构防水层是一项关键技术，非常重要，其防水的效果已经成为工程质量的重要考核指标和技术经济效益的重要体现。

（1）防水原则。采用浅埋暗挖法修建地下工程时，不论结构物多么复杂，均应采用复合式衬砌结构，以提高其防水、防裂性能，实践证明，其他结构形式很难保证防水、防裂效果。复合式衬砌是在地下工程开挖后，先用喷、锚、网、钢拱架作初期支护，待围岩及初期支护结构基本稳定后再施作内层二次衬砌——现浇模筑混凝土或钢筋混凝土，并在两层结构之间铺设防水隔离层，根据我国防水材料、施工技术和管理水平现状，为保证地下工程不漏不渗，在制订防水方案时，通常遵循“多道防水原则”，一般设三道防水线：

第一道防水线——初期支护为喷射防水混凝土，并在初期支护后进行填充注浆。

第二道防水线——初期支护与二次模筑衬砌之间设置封闭的防水隔离层。

第三道防水线——二次模筑防水混凝土衬砌（抗渗标号不小于 S8），并对变形缝及施工缝等做专门防水处理。

（2）复合式初砌防水机理及防水层结构设计。防水层多用不透水、表面光滑的塑料卷材，因而它能起到隔离及润滑作用，防止二次衬砌防水混凝土开裂，保护和发挥二次衬砌防水混凝土的防水作用。如果不用表面光滑的塑料板做防水层，由于模筑防水混凝土在硬化过程中内部存在着温度应力、收缩应力等，因而，使防水混凝土产生变形，但由于初期支护的喷射混凝土表面粗糙、凹凸不平，对模筑防水混凝土有着相当大的约束力，能阻止其变形，于是就产生了拉应力。当此拉应力大于模筑混凝土的抗拉强度时，混凝土被拉裂，尤其是在起拱线应力集中区更容易产生裂缝，如果采用不透水、表面光滑的塑料卷材在初期支护及二次衬砌间做隔离层，消除或减弱了初期支护对二次衬砌的约束，使二次模筑衬砌混凝土自由变形，其所产生的拉应力小于混凝土的抗拉强度，从而防止了模筑混凝土产生裂缝，保证了其防水性能。

（3）防水结构类型。采用浅埋暗挖法修建的地下工程，尤其是地铁工程等，多位于松软地层中，且一般都置于地下水面以下，水不能自流排出，必须用水泵将地下水排至下水管道。这样，不仅消耗电能，而且由于常年抽取地下水，土体易变位，从而导致地面沉降和结构失稳，因此宜采用全封闭防水结构（图6-9）。

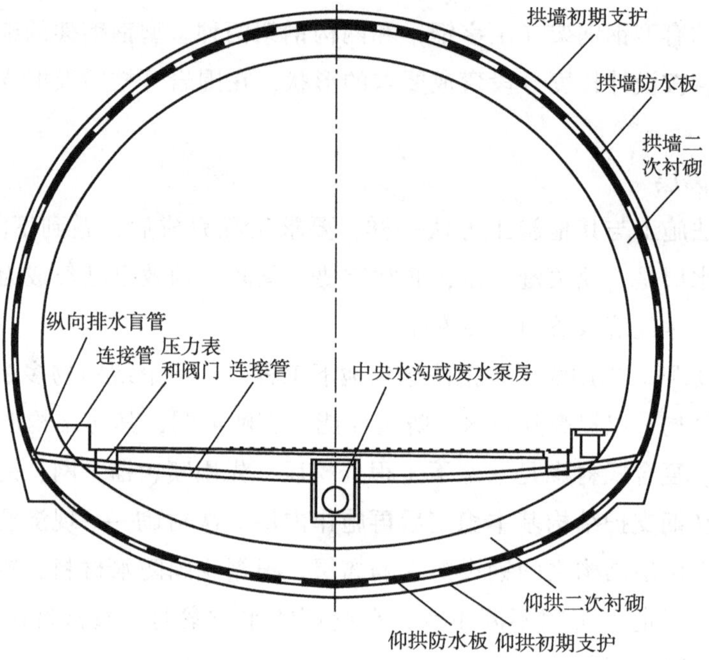

图6-9　全封闭型防水结构

对于地面以上的山岭铁路、公路隧道等地下工程及容许有少量地下水流出的地层（如固结好的沙砾地层），由于其纵断面可以设计成“人”字形或单坡“一”字形，地下水可自行排出或排入集水坑，然后再抽出，也可采用排水型结构（图6-10）。防水层结构有两种形式，一种是单层防水板（膜）铺设于初期支护喷射混凝土上，主要用于无水地段，其作用以防开裂为主，排水为辅；另一种是双层结构，先铺一层柔软且具有相当强度的泡沫塑料衬垫，用作缓冲层，以克服喷射混凝土表面粗糙、凹凸不平而易损防水板（膜）的缺点，然后在其上再铺设防水板（膜），用于防水要求高的地下工程及有水地段。

6.2.4　监控量测与信息反馈

在岩土中修建地下工程，理论的合理性分析比较困难，牵涉的问题繁多，其主要原因是地质条件的复杂性、施工方法的难以模拟性、围岩与结构支护（围护）相互作用的复杂性，另外，城市地下工程周围环境一般比较复杂，因此有必要通过信息化施工，及时反馈施工并修正完善设计，确保地下工程施工和周围环境的安全，施工过程

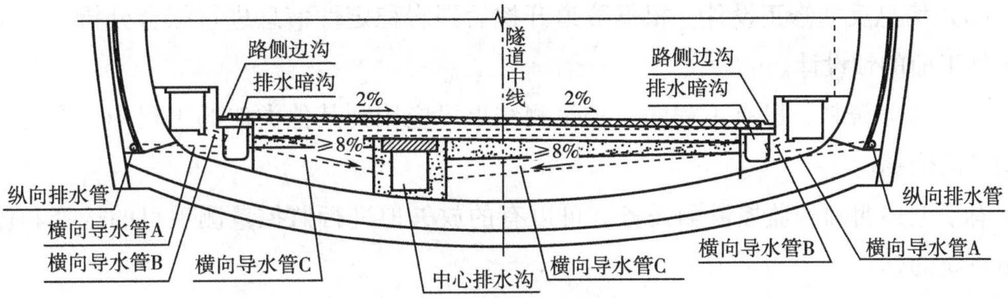

图 6-10　排水型结构

中进行的监控量测是信息化施工的基础，具有重要作用，在地下工程施工过程中进行现场监控量测，及时获取围岩变动与地下工程结构的动态信息，用以修正支护参数与施工措施，以期达到施工安全与经济合理的目的，这是关于信息化设计与施工的实质性要求。

1. 监控量测的目的

（1）通过监控量测，了解各施工阶段地层与支护结构的动态变化，明确工程施工对地层的影响程度以及可能产生失稳的薄弱环节，把握施工过程中结构所处的安全状态。

（2）用现场实测的结果弥补理论分析的不足，并把监控量测结果反馈到设计和施工中，在施工过程中，及时掌握地层和支护结构的变位与受力信息，以便采取相应的施工技术措施，比如改变施工方法、选择相应辅助工法，确定二次衬砌施作时机、调整开挖步序、修正支护参数等，以避免出现施工事故。

（3）对工程施工可能产生的环境影响进行全面的监控，判断浅埋暗挖法施工对周围环境（建筑物、地下管线）的影响程度，寻求预防的办法。

（4）修改工程设计，监控量测除了表明工程的质量状况外，研究监控量测工程状况的累积记录，有助于对工程设计进行修改，并通过观测数据与理论上及试验中预测的工程特性指标的比较，了解设计的合理程度。

（5）积累资料，以提高地下工程的设计和施工水平，通过监控量测，了解该工程客观条件下所表现出来的一些地下工程施工规律和特点，为今后类似工程或该工法本身的发展提供借鉴。

2. 监控量测的主要任务

（1）保证隧道和围岩的稳定，确保施工安全。因此，需掌握围岩和支护的动态，按照动态管理监控量测的信息正确施工。

（2）监控量测数据经过分析处理和必要的计算与判断，预测和确定隧道最终稳定时间，指导施工工序和二衬的施作时间。

（3）信息反馈修正设计。根据隧道开挖后围岩稳定性信息进行综合分析，检验和修正施工前的预设计。

（4）积累资料，已有工程的监控量测结果可应用到其他类似的工程中，作为设计和施工的依据。

有了上述明确的监控量测任务，可以有的放矢地进行监控量测项目的选择和监控量测系统的建立。

3. 监控量测方案的设计原则

在地下工程中进行监控量测，绝不是单纯地为了获取信息，而应把它作为施工管理的一个积极有效的手段。因此，监控量测信息应满足以下要求：

（1）确切地预报围岩破坏和变形的动态，对设计参数和施工流程加以监控，以便及时采取适当的措施（如预估最终位移值，根据监控基准调整、修改开挖与支护的顺序和时机等）。

（2）提供修改设计时所需要的重要信息和各项要求，如提供设计和施工所需的重要参数（初始位移速度、作用荷载等）。

施工监控量测工作是一项系统工程，监控量测工作的成败与监控量测方法的选取和测点的布设等因素有关，根据长期的工程监控量测实践，我们总结出以下五条原则，它对于指导监控量测设计十分有用。

（1）可靠性原则。可靠性原则是监控量测系统设计所要考虑的最重要原则。为了确保其可靠，必须做到：

1）系统须采用可靠的仪器，一般而言，用机械式仪器进行监控量测的主要优点是直接、简单、可靠，而使用电测式仪器则易受环境干扰，如果使用电测式仪器，通常要求与其他机械式仪器互相校核。

2）应在监控量测期间内保护好测点。

（2）多层次监控量测原则。多层次监控量测的具体含义有四点：

1）监控量测对象以位移为主，但也要考虑对其他物理量的监控量测。

2）监控量测方法以仪器监控量测为主，并辅以巡检的方法。

3）监控量测仪器选型以机械式仪器为主，辅以电测式仪器，为了保证监控量测的可靠性，监控量测系统还应运用多种原理、方法，并选用各种仪器。

4）分别在地面、隧道围岩内和邻近受影响的建筑物与设施内布点，以形成具有一定测点覆盖率的监控量测网。

（3）重点监控量测关键区的原则。对易出事故，而且一旦出事故必将带来很大损失的地方，应列为关键区进行重点监控量测，并尽早实施。

（4）方便实用原则。为了减少监控量测与施工之间的相互干扰，监控量测系统的安装和测读应尽量做到方便实用。

（5）经济合理原则。考虑到多数测点都是临时为施工服务的，测点的布置要设在重要部位，不要盲目追求测点数量。另外，系统设计时应尽量选用实用而低价的传感器，不必过分追求仪器的先进性，以降低监控量测费用。

4. 监控量测项目的确定

根据浅埋暗挖法的施工特点，本着结构和围岩共同作用的原则，首先确定必测项目（称为A项目），这是指导施工、确保安全、防塌防沉的重要监控量测，其内容包括：

（1）目测，检查有无明显开裂和变形。

（2）初期支护拱顶下沉监控量测。

（3）拱脚、边墙中部水平净空收敛监控量测。

（4）洞顶地面沉降监控量测。施工单位应认真布点、监控量测和反馈。

作为以后设计和科研参考的监控量测或者因特殊周边环境要求而需要增加的监控量测项目，称为B项监控量测，其内容如下：

（1）隧道边墙两侧地层地中水平位移监控量测。

（2）拱顶上部地层地中垂直多点位移监控量测。

（3）结合工程的重要性以及洞室条件、周围环境条件等，选择围岩接触压力量测。

（4）锚杆应力量测。

（5）钢拱架应力量测。

（6）爆破震动速度量测。

5. 监控量测规划的确定

现场监控量测应根据地下工程的埋深、地质条件、结构类型、施工方法、工程规模、工程的重要程度以及周围环境条件等进行设计，并编制监控量测规划，内容如下：

（1）监控量测内容和方法。

（2）监控量测断面和测点布置。

（3）监控量测时间和监控量测频率。

（4）监控量测数据的整理和分析。

（5）监控量测数据的反馈和安全措施。

（6）监控量测经费概算。

6. 监控量测数据对设计、施工的反馈

监控量测数据的反馈包括对施工的反馈和对设计的反馈两种情况，见图6-11。

（1）监控量测数据对施工的反馈。监控量测数据对施工的反馈是指在地下工程开挖过程中，根据施工信息，对施工前预设计所确定的结构形式、支护参数、施工工艺、施工方法以及各工序施作时间等的检验和修正，贯穿于整个施工过程，对施工的反馈指导主要包含以下内容：

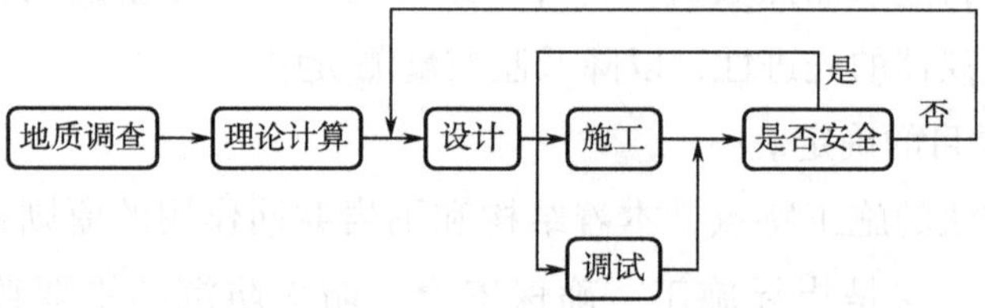

图 6-11　量测数据反馈图

1）根据监控量测所掌握的地层变位规律，采取相应施工对策，确保围岩安全稳定。浅埋暗挖法施工的隧道在开挖过程中会明显的造成围岩变位，通常在离开挖面前方10m（约1倍洞径）开始出现先向上后向下的变位；也会明显的造成地面沉降，甚至引起掌子面塌方、贯穿地面塌方和边墙塌方。例如，若拱脚钢支撑处理不当，背后填充注浆不及时、不认真，地面在8~24h内会发生明显的下沉。所以，采用浅埋暗挖法施工时，必须把地面沉降和拱顶下沉的监控量测放在很重要的地位。

在施工监控量测中，要注意松散沙砾石地层的位移假滞现象，因在该地层易产生摩擦拱，这是形成假滞的原因，决不能被这种现象所迷惑，所谓位移假滞现象，是指围岩和支护结构的位移在某一段时间内似乎已经停滞，后因围岩内部的变化或外来的扰动而使围岩位移“死灰复燃”，这种位移假滞现象的复活，会使支护承受数倍的外力，导致已初期支护的隧道发生坍塌。

2）根据监控量测数据判断围岩稳定性，并据此调整支护参数。位移变化速率是判断围岩和结构稳定性的重要指标，如图6-12所示。曲线①，位移变化速率不断下降，最后趋于稳定，围岩是稳定的；曲线②，位移变化速率大，而且收敛很慢，应加强支护，若曲线一直发展，斜率没有下降的趋势，则表明已出现危险征兆，应采取紧急而特殊的措施；曲线③，是围岩失稳的标志，施工单位应立即处理，以免造成塌方，处理的同时要报各有关单位速到现场研究对策。

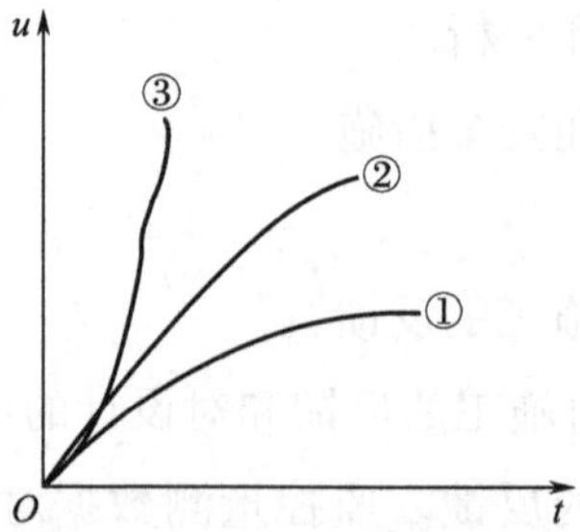

图 6-12　典型位移变化曲线

3）确定二次衬砌施作时间。一般规定在初期支护基本稳定后开始施作二次衬砌。这里的“基本稳定”通常是指支护所受的压力不再增加，围岩的位移值基本上不再变化，因此可以用位移或接触应力两项测试结果来控制。

如果隧道施工中出现上述测试结果长时间不能达到“基本稳定”的情况，说明初期支护的强度不够，应采取以下补救办法：

①加强初期支护，如果是喷锚支护，可以挂网加厚喷层、增加锚杆数量与长度（尤其是在变形大的部位）增设临时仰拱、增加钢架支撑等，同时应暂停掘进作业。

②立即施作钢筋混凝土套拱，该套拱可以作为今后二次衬砌的一部分。

③改变施工方法，调整工序，缩短台阶长度、开挖进尺及其他应急技术措施等。

（2）监控量测对设计的反馈。在地下工程设计中，围岩压力的数值与分布、结构与地层的位移以及受力特性问题非常复杂，迄今尚未解决。因此，以往的设计大多采用工程类比法，但这种设计方法使得设计结果并非优化。因此，近年来地下工程设计大多采用测试与设计相结合，利用测试结果反馈指导设计，也就是信息反馈。

这种方法的基本步骤是将工程类比法和数值计算法相结合，而在整个设计过程中都由监控量测提供信息和进行检验。通过若干个典型试验的分析和检算，制定出实用的通用参考图或定型图，其过程见图 6-13。

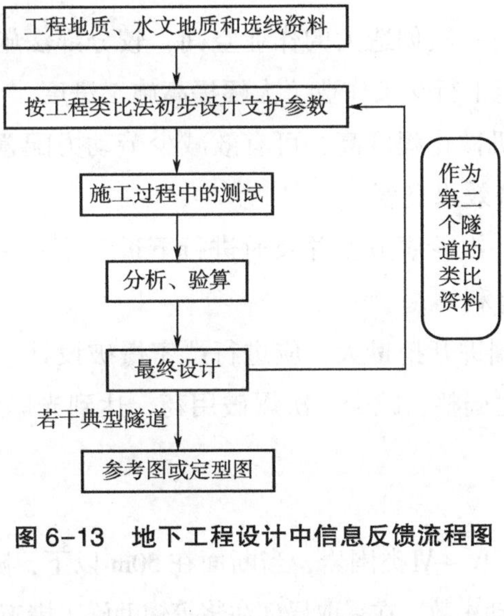

图 6-13 地下工程设计中信息反馈流程图

6.3 浅埋暗挖法分类

采用浅埋暗挖法施工时，常见的典型施工方法是正台阶法以及适用于特殊地层条件的其他施工方法，如全断面法、单侧壁导坑超前正台阶法、双侧壁导坑正台阶法

(眼镜工法)、中隔墙法等。

6.3.1 全断面法

1. 工艺工法概况

钻爆法是目前国内应用最为广泛的隧道施工方法，其具有适应性强，灵活方便机械化程度高等优点，其中全断面钻爆法施工掘进速度最快，该方法能够创造大的作业空间，并尽可能地实现了各工序间的平行作业，在长大隧道施工中得到广泛的应用和发展。

2. 工艺原理

全断面法施工借助新奥法原理，强调充分发挥岩体（围）结构的自承作用，尽量减少对围岩的多次扰动和破坏，借助施工作业平台并配备相应功能的大型机械设备，按照一定设计和规范确定循环进尺，在隧道设计断面轮廓线上和轮廓内部按照设计布置钻孔，利用炸药能量一次性爆破成型进尺内断面，外运体，紧跟施工设计的初期文护措施，待掌子面循环掘进超前一定距离，围岩监控量测变形量满足要求判定为稳定状态后，再开始组织仰拱和二次衬砌工序施工，通过各工序沿隧道纵向错开合理安全距离，形成各主要工序平行作业，最终完成整个隧道设计措施。

3. 工艺工法特点

（1）采用全断面法施工可减少对围岩的扰动，充分发挥围岩的自承作用，利于施工安全的管控。

（2）全断面法施工可一次创造大的作业空间，较分部法施工可减少工序及循环时间，可使各道工序尽可能平行交叉作业，大幅提高施工进度。

（3）全断面法施工机械化程度高，可有效减少劳动力配置，降低作业人员工作强度，提高工作效率，经济效果显著。

（4）全断面法施工一次轮廓成型并及时进行下道工序——初期支护的施工，对初期支护质量和作业安全有利。

（5）全断面法一次掘进开挖量大，应进行严密爆破设计，并在施工过程不断需根据地质围岩情况进行优化调整，减少一次爆破用药，达到光爆效果，减少对围岩扰动，节省成本。

4. 适用范围

全断面法主要适用于Ⅳ～Ⅵ类围岩，当断面在50m以下，隧道又处于Ⅲ类围岩地层时，为了减少对地层的扰动次数，在采取局部注浆等辅助施工措施加固地层后，也可采用全断面法施工，但在第四纪地层中采用此施工方法时，断面一般均在20m以下，且施工中仍须特别注意，山岭隧道及小断面城市地下电力、热力、电信等管道工程施工多用此法。

5. 施工方法

利用多功能台架作为施工平台，精确测量放样断面轮廓线，按照钻爆设计布置炮孔、钻孔、装药起爆或利用凿岩台车钻孔（根据循环爆破效果随时调整优化钻爆设计），通风排烟恢复作业而空气质量，利用大型的装、出碴设备外运碴体到设计指定位置，推进施工平台开始下一循环的钻眼，同时利用另一台多功能台架进行开挖完成地段的初期支护作业，待仰拱二衬作业面与掘进掌子面拉开一定安全距离后，利用多功能台架超前仰拱一定距离安设防水卷材，利用桥、台车（架）组织二衬施工，各工序依次循环推进，不断向纵深掘进。

6. 工艺流程

全断面法施工工艺流程见图 6-14。

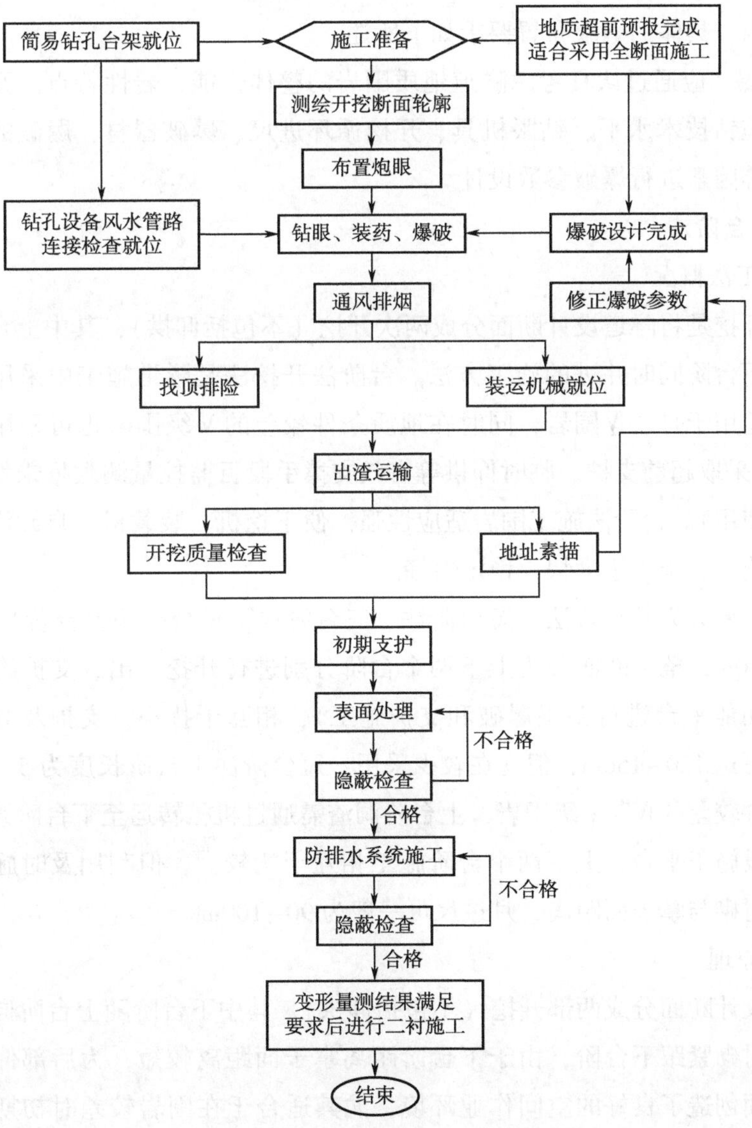

图 6-14 全断面法施工工艺流程

7. 施工步骤

（1）测绘断面开挖轮廓。利用洞内装载机基本沿隧道中线端移台架到施工掌子面检查台架接触隧道底面的稳固性，调整台架前端与掌子面之间的距离，利于施钻牢靠连接风钻软管至台架上各层的分风器和分水器接头，调试风钻正常准备施工。开挖断面轮廓放样可采用全站仪直接设站于洞内控制中线点上，将掌子面里程和仪器高程输入编程计算机后即可确定掌子面拱部中心，据此放出开挖轮廓。随着断面仪所指示的红色激光投影轮廓线，指示利用红油漆绘制即可完成。三维激光断面仪测绘开挖断面，与传统的“五寸台”“三心圆”法相比快速、安全、准确。

（2）布置炮眼。根据钻爆设计布置各类炮眼，并用明显的标志标记在掌子而开挖断面轮廓线内。具体的炮眼布置要求如下所述。

（3）钻爆。应通过认真考虑隧道地质围岩的整体性能、岩性特点、开挖断面的大小、队伍的施钻技术水平、钻眼机具、开挖循环进尺、爆破器材，爆破的震动强度对围岩的扰动等因素进行爆破参数设计。

6.3.2　台阶法

1. 工艺工法概况

台阶法开挖是将隧道设计断面分成两次开挖（不包括仰拱），其中上台阶超前一定距离后，上下台阶同时并进的施工方法。台阶法开挖法是隧道施工中采用最多的开挖方法，主要适用于Ⅲ、Ⅳ围岩，同时在地质条件较差的Ⅴ级围岩也可采用台阶法开挖（Ⅴ级围岩在采取超前支护、临时仰拱等有效支撑手段目监控量测数据未发生的异常的情况下慎重使用）。台阶法施工围岩适应性强，便于挖机、装载机、自卸汽车等大型机械设备联合施工，施工进度快，稳定性好。

台阶法简单分为长台阶法、短台阶法、三台阶法，长台阶法上台阶长度35~50m，下台阶长度20m，整个断面分为上下两个台阶分别进行开挖、出、支护施工（在上台阶可使用多功能平台进行钻眼爆破和支护施工），相互干扰小，支护及时，施工进度快，月进尺可达120~150m，但现在较少采用：短台阶法上台阶长度为5~7m，一般适用于地质条件较差的Ⅳ~Ⅴ级围岩，上台阶洞渣需通过机械转运至下台阶开挖及支护作业需人工搭设施工平台，上下两个台阶施工相互干扰较大，但利用及时施做仰拱封闭成环，缩短衬砌与掌子面距离，月进尺可一般为90~100m。

2. 工艺原理

将隧道设计断面分成两部开挖（不包括仰拱），其中下台阶随上台阶同步施工同时仰拱、二次衬砌紧跟下台阶，由于下台阶距离掌子面距离较短，为后部仰拱及衬砌紧跟开挖掌子面创造了良好的空间作业环境，尤其适合于在围岩较差时初期支护及二次衬砌及时封闭成环。

3. 工艺工法特点

地质条件较差时采取上下短台阶法施工，采用人工组装平台进行开挖、支护作业，设备配置简单，上下台阶同时钻孔和起爆，达到隧道同时开挖掘进的目的，同时可保证开挖后及时完成初期支护，在快速施工的同时能够有效保证施工安全。上下短台阶施工时上下台阶相互干扰较大，施工中要解决好上下台阶施工干扰问题。

4. 适用范围

木工艺工法适用Ⅲ、Ⅳ级围岩地段修建的铁路、公路隧道施工（Ⅴ级围岩在采取超前支护、临时仰拱等有效支撑手段且监控量测数据未发生异常的情况下，可慎重使用台阶法施工）。

5. 施工方法

隧道在Ⅲ、Ⅳ级围岩地段采用短台阶法施工，开挖采用光面爆破技术，组装临时平台配合人工 YT-28 风动凿岩机钻眼，初期支护采用格栅钢架+锚杆+钢筋网+喷射混凝土联合支护体系。

隧道开挖分为上台阶、下台阶、仰拱三个部分分部开挖：上台阶长度 5~7m，每循环进尺 2.4~3m（Ⅲ级围岩循环进尺 3m，Ⅳ级围岩循环进尺 2.4m，与格栅钢架间距相对应）；每循环进尺不超过 2 榀钢架间距，下台阶左右两侧错开间距大于 2 榀钢架间距；仰拱每次开挖及支护长度 6m，每组仰拱填充浇筑长度 12m，仰拱距掌子面距离不大于 50m，衬砌距掌子面距离不大于 90m。

6. 施工工艺流程

台阶法施工工艺流程图见图 6-15。

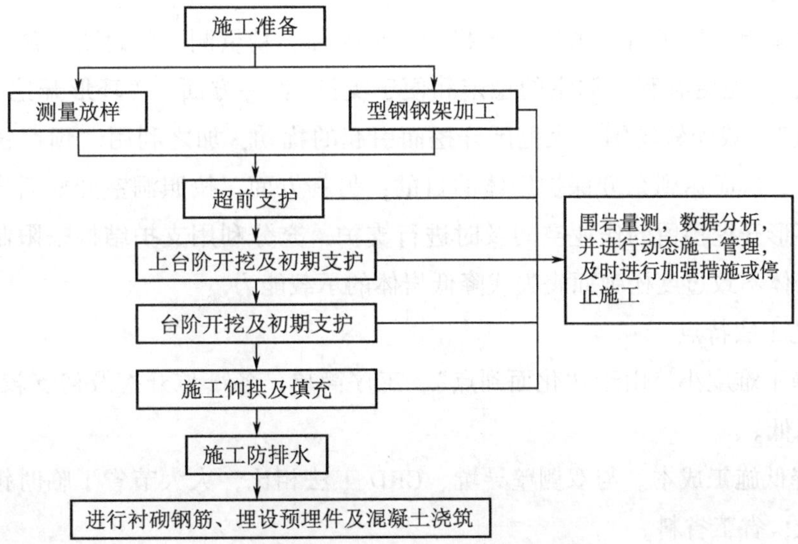

图 6-15　台阶法施工工艺流程图

7. 施工步骤

Ⅲ、Ⅳ级围岩隧道采用短台阶法施工工艺，上下台阶采用人工钻眼，光面爆破技术，装载机配合大型自卸车装渣运输，施做初期支护具体施工步骤如下：

1）上台阶开挖，开挖作业高度4.9m，挖掘机装碴，人工搭设简易作业平台，钻眼、装药、起爆，每循环进尺2.4~3m，安装格栅钢架、铺设钢筋网，并打设φ42锁脚锚管进行固定（长度3.5m），打设系统锚杆，钢架底部不密实或悬空时，在钢架底部安装混凝土垫块。

2）利用上台阶挖掘机扒碴及安装钢架、铺设钢筋网时间同步在下台阶采用装载机配合自卸汽车出碴，出碴完毕后安装下台阶钢架、铺设钢筋网、打设φ42锁脚锚管进行固定（长度3.5m），打设系统锚杆。

3）上下台阶同时喷射混凝土封闭。

4）开挖仰拱，每循环开挖长度6m，施做初期支护，浇筑仰拱混凝土，每组仰拱浇筑长度12m。仰拱施工期间采用自制栈桥保持车辆通行。

5）整体液压模板台车就位（台年长度12m），注拱墙衬砌。

6.3.3 环形开挖预留核心土法

1. 工艺工法概况

环形开挖预留核心土法施工，可以有效地避免洞身开挖造成较大的收敛和下沉，为尽早突破软弱围岩地段加快了进度。该工法在我国郑西客专秦东隧道、浙赣复线新羊石大跨软岩隧道、深圳盐坝高速公路B段溪涌隧道、宁夏沙坡头水利枢纽北干渠输水隧洞等工程中都得到广泛应用。

2. 工艺原理

按照“新奥法”原理，遵循“少扰动、早喷锚、勤量测、紧封闭”原则，着眼于“如何开挖，才能更有利于洞室的稳定和便于支护”：一方面，“环形开挖”将“面”拓展到“点”，减少软弱围岩大范围开挖而引起的扰动，加之利用“预留核心土”来支顶工作面，从而达到充分保护岩体的目的；另一方面，按照洞室开挖后岩体受力特点，利用环形开挖预留的作业空间及时进行支护，充分利用支护结构来限制岩体的变形，保证岩体不致过度松弛而丧失或降低岩体的承载能力。

3. 工艺工法特点

（1）施工难度小。由于“化面到点”，工序简单，各部位开挖及初支较容易控制，施工难度降低。

（2）降低施工成本。与双侧壁导坑、CRD工法相比，大大节省了临时钢架和临时喷射混凝土，省工省料。

（3）施工安全有保障。核心土支顶工作面，稳定性好；开挖均在支护的保护下进行；短进尺及设备的利用缩短了围岩的暴露时间；工序少、工序之间距离短，能尽早使初期支护封闭成环，发挥支护效应。

（4）加快了施工进度，容易转换工序。与双侧壁导坑、CRD 工法相比，无临时支护，节省了拆除临时支护的时间，所以当围岩变化时候，容易转换工序。

（5）本工法可灵活应用。单独使用时，错台的高度可根据实际围岩情况，进行灵活调整，其工法核心内容之一“预留核心土”亦可广泛应用在台阶法、双侧壁导坑法、CRD 法等工法的分部施工中。

4. 适用范围

环形开挖预留核心土法主要适用于以下条件：

（1）地下结构复杂的场所。在地下有一些复杂的结构，如地下管线、现有建筑物等，如果采用传统的开挖方法可能会对这些结构造成损坏。此时，环形开挖预留核心土法的应用可以有效地保护这些结构，确保施工安全。

（2）地下水位较高的地区。在地下水位较高的地区，传统的开挖方法可能会导致地下水渗漏问题。采用环形开挖预留核心土法可以避免地下水渗漏，减少对地下水环境的影响。

（3）土质松软的地区。在土质松软的地区，采用传统的开挖方法可能会导致坍塌或滑坡等安全问题。而环形开挖预留核心土法可以通过预留核心土来增加土体的稳定性，保证施工安全。

（4）对地下结构物影响较小。在地下有一些对地下结构物影响不大的地区，采用环形开挖预留核心土法可以有效地保护这些地下结构物，确保施工安全。

（5）有限的工程空间。在一些空间有限的地方，应用环形开挖预留核心土法可以最大限度地减少对周围环境的影响，提高工程施工效率。

（6）重复预留核心土以进行支护。当需要进行多次开挖时，可以重复利用预留的核心土来进行支护，降低施工成本。

5. 施工方法

环形开挖预留核心土法是在上部断面以弧形导坑领先，并进行支护，其次开挖下半部两侧，再开挖中部核心土的方法。为方便采用机械化作业，提高开挖进度，施工中应尽量采用大断面分部。本工法的实质，可以认为是在“微台阶法”的基础上增加“预留核心土”内容。在施工时，环形开挖预留核心土每循环开挖进尺宜为 0.5～1m，预留核心土面积的大小应满足开挖面稳定的要求，不宜低于开挖断面面积的 50%；开挖完成后及时施作喷、锚支护，安装钢支撑，每两榀钢架之间应采用钢筋连接，并应加锁脚锚杆（管）；上部弧形，左右侧墙部，中部核心土开挖各错开 3～5m 平行作业；仰拱施工紧跟下台阶，全断面初期支护完成距离拱部开挖面不宜超过 30m。当地质条件差，围岩自稳时间较短时，开挖面在拱部设计开挖轮廓线外，进行超前支护。

6. 施工工艺流程

环形开挖预留核心土法施工工艺流程图见图 6-16。

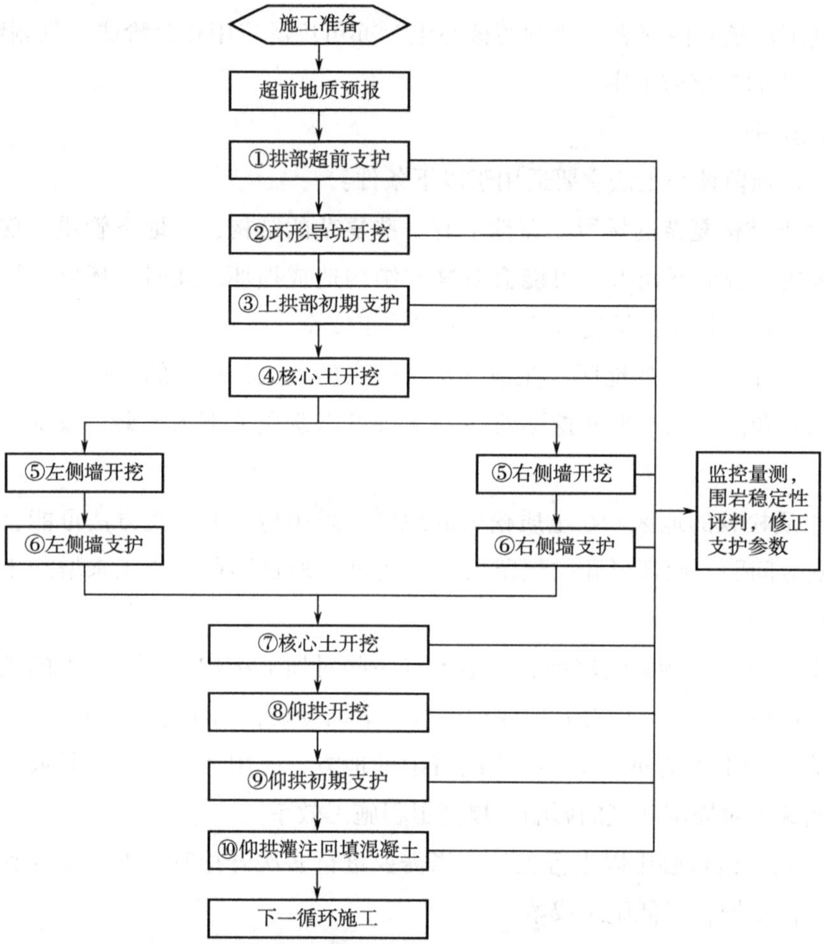

图 6-16 环形开挖预留核心土法施工工艺流程图

6.3.4 单侧壁导坑法和双侧壁导坑法

1. 单侧壁导坑法

单侧壁导坑法适用于地质差、断面大、地表下沉有严格要求的情况，主要适用于土质山岭隧道及城市地下工程施工。

在施工时，可根据围岩情况，以及开挖后引起的地表下沉情况，导坑采用全断面开挖或分部开挖，分步情况则根据实际情况进行，一般分为上下两部或上中下三部。

(1) 上下两部开挖主要包括以下步骤：

1）先行导坑开挖：采用微正台阶法，上半断面超前2.5~3m，使用气腿式凿岩机钻眼，光面爆破，每循环进尺2.0~2.5m，配备正铲卸式装载机装碴，自卸汽车运输。

2）先行导坑支护：根据围岩情况和设计要求，采用锚杆、喷射砼、架格栅支护。可利用汽车平台架钻锚杆眼，为保证施工安全，中壁墙需作临时支护。

3）右侧开挖、支护：在左侧先行导坑超前50m后进行，以不影响先行导坑施工。开挖、支护方式与左侧相似，只是不再作中壁临时支护。

4）仰拱施工：在下部开挖至设计标高后，即可清基，施作单侧仰拱，另一侧仰拱应在中壁墙撤除后进行。

5）全断面衬砌：在仰拱和回填完成后，开始边墙施工，按设计要求施作防水层和其他排水设施，同时做好各种预埋管件及预留洞的安装和检查，防止错埋，漏埋。

此外，该施工方法还有以下注意事项：

1）开挖时可将临时支撑和拱架都支承于坑道中间未被开挖的大块核心地层上，在衬砌保护之下最后将此核心挖除，必要时再砌筑仰拱。侧导坑的宽度较大，又减少施工干扰。为了核心部分地层的稳定，也须保持足够的宽度，且其宽度愈大，留在最后的开挖量愈大，开挖费用就愈小。

2）该法通常适用于围岩压力很大、地质条件较差、断面大、地表沉降需要控制的场合、地层不稳定的大跨度隧道（如双线或多线铁路隧道和道路隧道、运河隧道）。

（2）上中下三部单侧壁导坑法开挖断面及具体施工原理如下：

开挖左导坑上部（1-1），开挖高度8~8.5m，立临时支撑，并施加支护；左导坑上部开挖10m后重复上述工作开挖左导坑中部（1-2），开挖高度2.2~2.3m，开挖15m后重复上述工作开挖左导坑下部（1-3），开挖高度3.7~4m，然后进行仰拱初至，左导坑开挖31m后，重复上述工作开挖右导坑。初支封闭成环距掌子面61m后，对后方12m的区域进行拆撑，并在后预留12m的错车区域，错车区后方40m为仰拱施工区域，紧接其后方22m为防排水、钢筋施工区，最后方12m为二衬施工区，具体见图6-17。

施工过程注意事项：

1）当隧道处于浅埋、偏压、土质围岩路段一次性开挖进尺不大于2榀，破碎石质围岩地段一次性开挖不大于3榀。当掌子面具备岩性为强风化、洞内无明显渗水、埋深大于25m条件时，一次性开挖进尺可按3榀实施，且上台阶长度控制为不大于10m，初支封闭成环距掌子面距离不大于62m。二次衬砌应根据监控量测结果综合分析，适时施作。

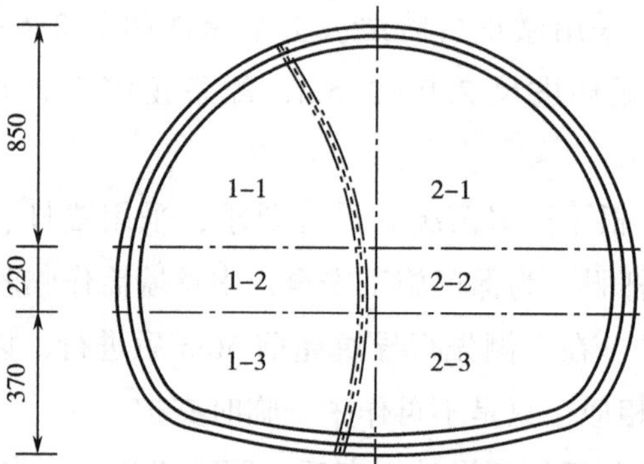

图 6-17　单侧壁导坑法开挖断面示意图

2）临时钢拱架应在主洞初期支护钢拱架闭合且变形稳定之后方可拆除，一次最大拆除长度不大于 12m（一板二衬施作距离）。当需要进行工法转换时，注意临时支撑拆除顺序，确保施工安全。

3）施工过程中应严格遵循“管超前，严注浆，短开挖，强支护，勤量测，早封闭”的原则。

4）施工中应根据围岩监控量测结果及时调整预留变形量、开挖方式和修正支护参数，确保安全。

（3）施工工艺。在施工前，首先进行超前地质预报，对前方岩体进行探测，然后进行左导坑超前支护，紧接着进行左导坑上台阶开挖，并进行支护；接着对中上台阶进行开挖与支护，最后对左导坑三台阶同时进行开挖及支护，右导坑相关工艺流程同左导坑一致。整体结束后，对初期支护进行封闭，拆除中隔壁临时支撑，并进行仰拱浇筑、混凝土回填。对初期支护进行监控量测，并施加防水施工、拱墙衬砌，整个施工工艺流程图如图 6-18 所示。

2. 双侧壁导坑法

（1）工艺工法概况。双侧壁导坑法施工广泛应用于大跨度隧道、地铁、海底隧道、水底隧道和沉降要求特别严格的地下工程。双侧壁导坑法先开挖隧道两侧导坑，及时施作导坑四周初期支护及临时支护，然后再分部开挖中部剩余土体的隧道开挖施工方法。一般将断面分成四块：左、右侧壁导坑，上部核心土、下台阶。分部及时支护，形成支护整体，缩短作业循环时间，逐步向纵深推进的作业方法，形成开挖及施作初期支护，混凝土仰拱紧跟下台阶及时施作构成稳固的初期支护体系。

（2）工艺原理。双侧壁导坑法是采用先开挖隧道两侧导坑，在开挖导坑时尽量减少对围岩的扰动；并及时施作导坑四周初期支护及临时支护，必要时施作边墙衬砌，控制围岩变形；进行信息化施工管理，随时掌握施工过程的动态变化，然后再根据地质条件、断面大小，合理安排、调整施工工艺和设计参数，确保施工安全。

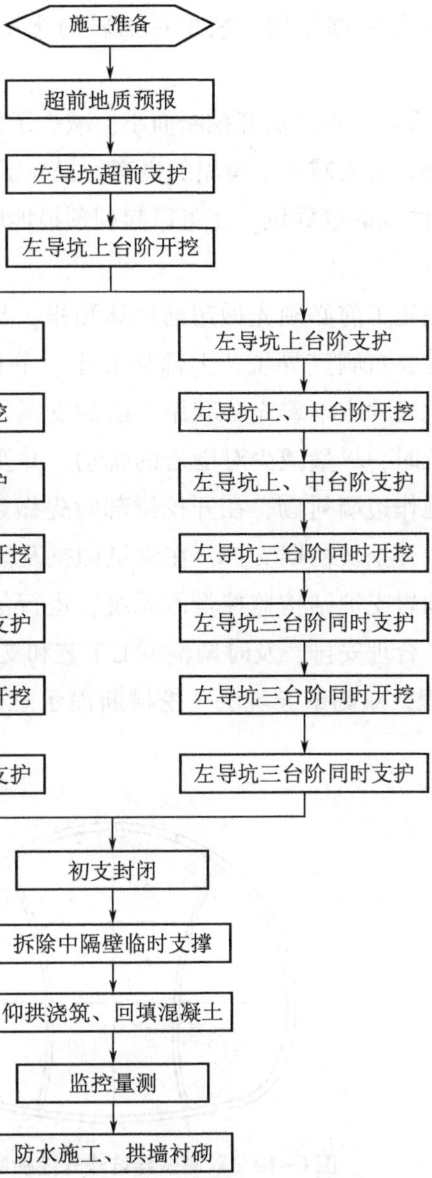

图 6-18 单侧壁导坑法工艺流程图

（3）工艺工法特点。

1）以岩体力学为基础，新奥法、信息化指导施工，采用监测信息化技术指导施工，使施工及成本始终处于受控状态。充分发挥围岩自承能力及支护能力，确保围岩稳定。格栅支撑（钢架支撑）与挂网、喷射混凝土相结合的柔性支护，能很好的适应围岩的变化，而且支护刚度随喷射混凝土强度的增长而增加，使支护结构与围岩形成了一个整体，充分发挥围岩的自承能力。

2）能有效的控制围岩变形和地表下沉量。由于采取分部开挖、分部支护封闭，支护体系能及时、充分发挥作用，减少对围岩的扰动，使围岩的变形和地表下沉得到控制。

3）作业安全可靠。本工法开挖断面小，减少了围岩的暴露范围，初期支护及时施工，及时封闭成环，大大减少了垮塌的概率，提高了施工安全。

4）超前开挖的双侧壁导坑，还可以起到预报地质的作用。

（4）施工方法。

双侧壁导坑法施工前必须先做超前地质预报，初步判断前方围岩后，一般将开挖断面分成四块：左、右侧壁导坑、上部核心土、下台阶。首先开挖隧道的左右导坑，导坑尺寸侧壁导坑尺寸应本着充分利用台阶的支撑作用，并考虑机械设备和施工条件而定。在开挖导坑时，尽量减少对围岩的扰动，并及时施作导坑四周的初期支护及临时支护，必要时施作边墙衬砌，在开挖拱部时先做超前支护，待拱部超前下部 3~5m 后施工下部及仰拱开挖及初期支护，在浇筑仰拱及填充混凝土之前拆除中隔壁临时支护。建立一整套围岩支护结构监控量测系统，进行信息化施工管理，随时掌握施工过程中的动态变化，合理安排，及时调整施工工艺和支护参数，确保施工安全。

（5）工艺流程。双侧壁导坑法开挖横断面示意图见图 6-19，施工工艺流程图见图 6-20。

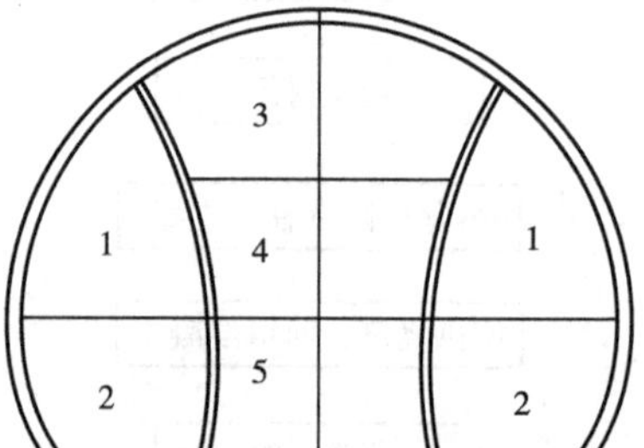

图 6-19　双侧壁导坑法开挖横断面示意图

6.3.5　中隔壁法（CD 法）与交叉中隔壁法（CRD 法）

1. 中隔壁法

（1）定义。中隔壁法是将隧道分成左右两大部分进行开挖，先在隧道一侧采用台阶法自上而下分层开挖，待该侧初期支护完成，且喷射混凝土达到施工图标示强度等级的 70% 后，在分层开挖隧道的另一侧，其分部次数与支护形式与先开挖的一侧相同的施工方法。其开挖施工步骤见图 6-21。

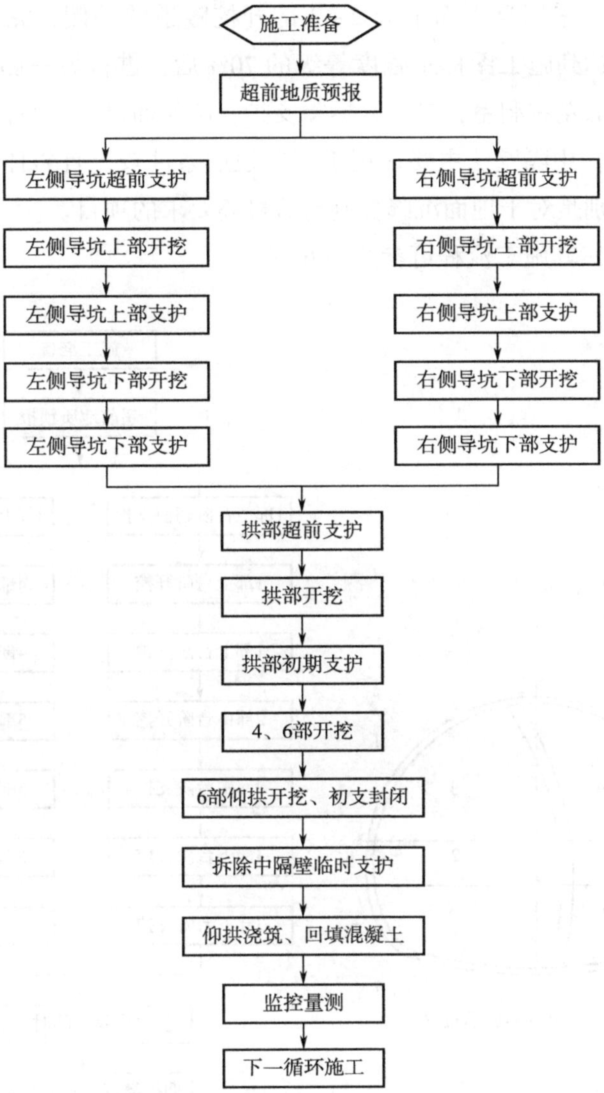

图 6-20 双侧壁导坑法施工工艺流程图

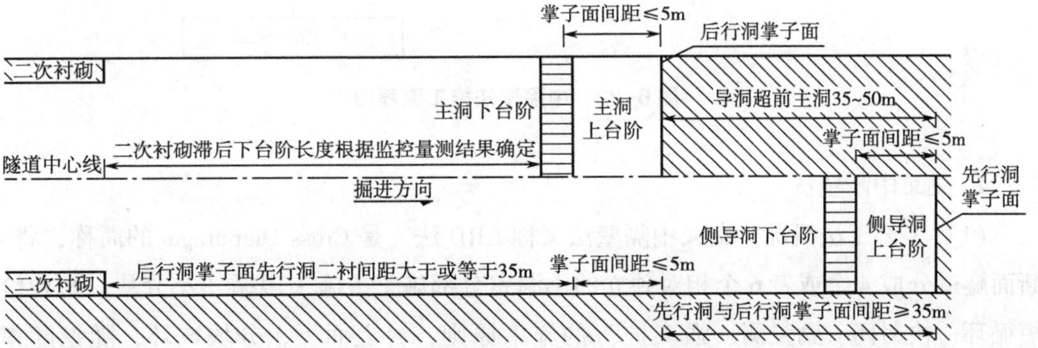

图 6-21 中隔壁法开挖施工步骤

（2）工艺特点。采用自上而下分 2~3 部开挖隧道的一侧，完成初期支护和中隔壁；待喷射混凝土达到施工图标示强度等级的 70% 后，进行另一侧的开挖及支护，形成带有中隔壁支护的左右洞室；最后，拆除支护，施作仰拱、拱墙衬砌和铺底及填充。

（3）适用范围。中隔壁法主要适用于那些地层条件较差且岩体稳定性较低的地下工程施工场景，特别是对于地面沉降控制有着极高要求的项目。

（4）施工工艺。其施工流程可参照图 6-22。

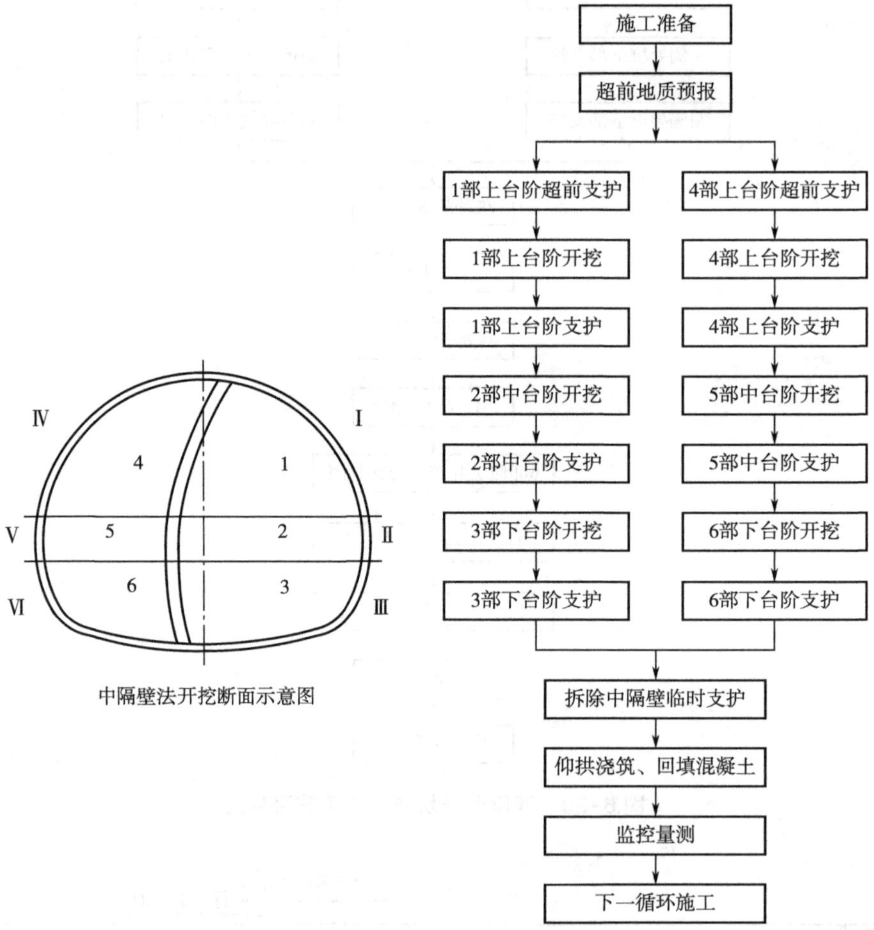

图 6-22　中隔壁法施工流程图

2. 交叉中隔壁法

（1）工艺工法概况。交叉中隔壁法又称 CRD 法，是 Cross Diaphragm 的简称，将大断面隧道分成 4 个或者 6 个相对独立的小洞室分部施工。施工遵循“小分块、短台阶、短循环、快封闭、勤量测、强支护”的施工原则，自上而下，分块成环，随挖随撑，及时做好初期支护。交叉中隔壁法施工有利于围岩稳定，保证施工安全，目前主要运用于Ⅳ级围岩浅埋、偏压地段以及Ⅴ级围岩段的隧道施工。

（2）工艺原理。交叉中隔壁法施工就是在隧道等地下工程掘进施工中，通过设置中隔壁和临时仰拱（两者交叉）将开挖断面分成 4 个部分，然后再根据围岩情况细分部进行开挖，此法是以新奥法的基本原理为依据，在开挖过程中尽量减少对围岩的扰动，通过超前导管、锚喷网、格栅洞壁支护系统和中隔壁、临时仰拱联结，使断面支护及早闭合，控制围岩的变形，并使之趋于稳定。同时，建立围岩支护结构监控量测系统，随时掌握施工过程中的动态变化，合理安排，调整施工工艺和修改设计参数，确保施工安全。

（3）工艺工法特点。

1）各部开挖及支护自上而下，步步成环，及时封闭，各分部封闭成环时间短，中隔壁能有效的阻止支护结构和收敛变形和下沉，在控制地面沉降和土体水平位移等方面优于其他工法。

2）充分利用了中隔壁和临时仰拱的支撑作用，并辅以超前注浆小导管超前支护、挂网和格栅喷砼等支护手段，加之开挖对围岩扰动小，故大大的提高了施工的安全度。

3）其支护系统能很好的适应围岩的变化，与围岩形成一个整体，能充分发挥围岩的自承能力。

4）能有效应用监控量测等信息化管理方法指导施工，使整个施工过程处于受控状态。

5）交叉中隔壁法施工作业空间狭小，工序繁多，各部各道工序相互干扰比较大，无法利用大型施工机械，施工速度较慢。

（4）适用范围。当传统的 CD 工法无法满足沉降控制标准时，可以采用改良的交叉中隔壁法（CRD 工法），它是在 CD 工法基础上增设临时支撑结构以增强稳定性。

（5）施工方法。交叉中隔壁法施工时采用将大的断面划分为四个部位开挖支护，交叉中隔壁工法施工图见图 6-23。

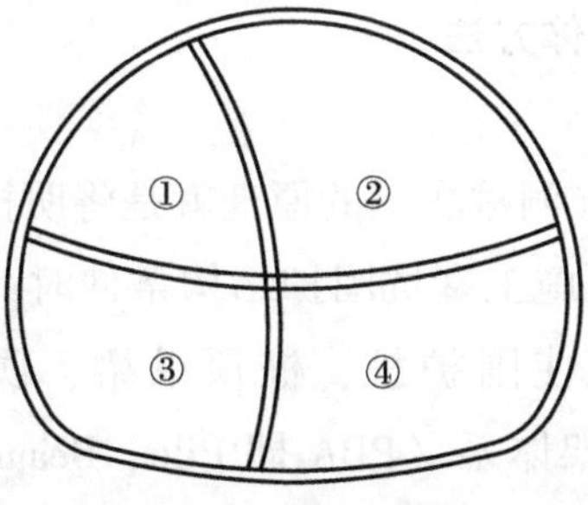

图 6-23　交叉中隔壁工法施工图

开挖支护顺序：先开挖①部，①部全封闭完成 8～10m 后开始开挖②部，此时①、

②部同时向前开挖，在②部开挖支护完成 8~10m 后，再开挖③部……同样的方式开始开挖④部，这样就形成了以①—②—③—④开挖支护顺序的 CRD 法开挖支护局面，四部同时施做，同时前进。

（6）施工工艺流程。

交叉中隔壁法施工工艺流程图见图 6-24。

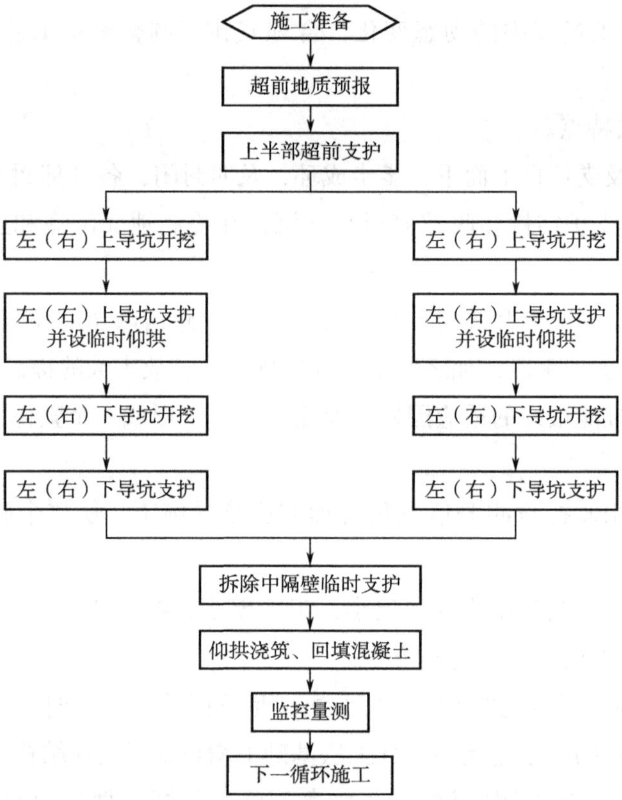

图 6-24　交叉中隔壁工法施工工艺流程图

6.3.6　PBA 法与其他变体方法

1. PBA 法

（1）工法原理。PBA 法（洞桩法）的原理就是将明挖框架结构施工方法和暗挖法进行有机结合，即地面不具备施工基坑围护结构条件时，改在地下先行暗挖的导洞内施作围护边桩、桩顶纵梁，使围护桩、桩顶纵梁、顶拱共同构成桩（Pile）、梁（Beam）、拱（Arch）支撑框架体系（PBA 即 Pile、Beam、Arch 三个英文单词的首位字母组合），承受施工过程的外部荷载；然后在顶拱和边桩的保护下，逐层向下开挖（必要时设预加力横向支撑），施工内部结构，最终形成由外层边桩及顶拱初期支护和内层二次衬砌组合而成的永久承载体系。

（2）工法特点。

1）在非强透水地层中，将有水地层的施工变为无水、少水施工，避免因长期大量降水引起的地表沉降和费用增大，有利于保护地下水资源和降低施工措施费。

2）以桩作支护，稳妥、安全，也利于控制地层沉降，避免中洞法、CD 法、CRD 法、双侧壁导坑法多次开挖引起地面沉降量过大的缺陷和对初期支护的刚度弱化。

3）与 CRD 法、双侧壁导坑法等相比，拆除临时工程量相对较少，结构受力条件也好，相对经济合理。

4）对结构层数限制少，对保护暗挖结构附近的地下构筑物和周边建筑物的安全有利。

5）在桩、梁、拱承载体系形成后，有较大的施工空间，便于机械化作业，从而加快进度。

6）在水位线以上的地层中开设的导洞内施工孔桩，利用其“排桩效应”对两侧土体起到了支挡作用，可减少因流沙、地下水带来的施工安全隐患。

（3）施工步骤。在地铁暗挖车站中采用洞桩法，需要明确洞桩法的施工步骤，严格按照步骤进行施工，才能确保施工质量安全。对于洞桩法在地铁暗挖车站中的施工步骤，可以概括为以下几个方面。第一，在地铁暗挖车站的上半断面的污水地层中，进行开挖导洞工作，为地下施工空间支护提下的形成提供充分的保障。值得注意的是，导洞需要用小导管进行注浆，对地层进行加固，避免长期施工对地层形成破坏。在导洞作业完成之后，需要在导洞内进行墙护壁桩工程，对于壁桩也需要在它们之间进行注浆，形成支撑边孔支护。第二，需要在导洞内进行地铁暗挖车站顶部格栅支护施工，这就需要在边洞中进行混凝土回填工作，对两个导洞之间的土体施工拱部进行支护，避免出现工程质量安全问题。在导洞内施工结束之后，需要继续向下开挖，对边桩和土体混凝土进行支护，当开挖至中层板高度的时候，就需要设置第一道横撑，为施工质量提供充分的保障。第三，当地面降水的时候，继续向下开挖，对地体暗挖车站结构地板下地层进行注浆工作，形成加固作用，在底板纵梁上方设置第二道横撑，开挖至第二道地底板的高度之后，需要用混凝土进行铺地，进行底板防水层施工，主要目的是避免地下水对地铁暗挖车站质量安全形成不利影响。第四，在地铁暗挖车站地下施工过程中，当混凝土强度达到设计的 70% 之后，就可以拆除第二道横撑，对站台边墙的防水层进行施工。最后，在站台边墙混凝土强度达到规定标准之后，需要在中纵梁和中板边跨设置横撑。第五，在拆除中间导洞支撑之后，开始开挖中跨拱部土层水工，对施工初期支护和防水层进行施工，拆除中桩桩体以及初期支护。并对中跨拱部进行二次衬砌施工，对施工缝进行压浆处理，对站台板、楼梯以及其他附属工程进行施工。总之，洞桩法在地铁暗挖车站等地下工程应用中有固定的步骤，在地铁施工过程中就必须按照相应的步骤进行施工，只有这样才能为地铁暗挖车站等地下车站施工安全和施工质量。

（4）施工技术分析。

1）施工中需要进行超前探测，保证施工的安全。在施工时应采取超前钻孔的方式来对作业前方的地下水等地质水位情况进行探测。钻孔时控域利用风钻进行打孔，钻孔深度应达到5m，并且钻孔的数量应在3个以上。布设探孔时应尽量选择在拱腰或者拱顶进行钻设。如果在拱腰或拱顶的探孔内发现有明水存在时，要在下半断面以及拱脚出增加探孔数量，以探测情况为依据，并充分考虑开挖作业面的地质条件有针对性采取辅助防护措施，从而为施工的安全性提供可靠的保障。

2）在导洞内引排残留水。如果在车站的横向施工通道内和小导洞的下半断面内都有残留水存在时，一般的降水方式难以将这些残留水完全排出。因此，需要根据实际的地质条件来设置引水管线，并利用竖井集水坑来汇集引出的残留水。施工时要按照施工现场的实际水量和地质水文等环境条件来选择相应的引水管的具体型号。

3）开展竖井以及横向通道的施工作业。采用PBA施工技术近施工时通常都需要设置竖井，竖井既可以作为风井，也可以作为车站主体工程的施工竖井。竖井的规格大小应根据工程的实际需要来确定。在施工时可以通过钢筋格栅结合网喷法来进行施工作业，并利用龙门架来出土。利用模注混凝土进行二次衬砌时要为横向通道的开口预留出位置。在井口处应设置圈梁进行锁口，另外还需要设置各种管线以及相关设施。施工时还要设置横向通道，横通道既可以作为风道，也可以在进行车站主体工程的施工时利用横通道开展桩顶纵梁、小导洞以及挖孔桩的施工作业。进行风道的转正洞及其马头门的施工时，在开挖风道并进行支护的同时就应该开始马头门的施工作业。在马头门的外围风道内应设置一排超前导管，通过导管进行注浆对地层进行加固。完成地层加固后再对马头门以及风道采取临时性的支护措施。对风道的初支完成拆除后，就可以在马头门安装格栅等支护设施了。

4）开展边桩的施工作业。在开展边桩的施工作业时可以采用人工挖孔桩或者钻孔灌注桩这两种方式。一般来说如果在导洞内利用机械成孔，并开展灌注桩的施工作业时，由于导洞内的施工空间相对有限，洞内的施工环境也比较差，成孔的时间会延长，而且难以完成清孔作业，这些问题会进一步增加焊接钢筋以及灌注桩的施工困难，无法有效保证成桩的质量。而采取人工挖孔则可以在一定程度上克服这些问题，然而由于地下施工受地下水的影响比较大，人工挖孔不仅工作强度大，桩长也会受到一定的限制，而且施工安全也难以得到保障。因此，在施工时要根据工程的实际情况来选择成桩工艺，并综合通过适当缩短桩长或增加桩径等方式来对地层进行加固，从而增强桩底的受力能力，保证施工的安全。

5）开展开挖导洞的施工作业。进行导洞的开挖作业时要做好相关的准备工作，喷锚的管线和机械设备以及混凝土等都应及时准备就绪，而且要对混凝土进行检查，其存放时间应控制在初凝时间以内。完成开挖作业后要应立即喷射混凝土进行封闭。如果掌子面的土层较不稳定时，则应采取开挖一部分就进行部分喷射的方式来保证施工作业的安全以及土体的稳定性。完成初喷之前就应将锚杆、格栅钢架以及锁脚管和焊机等设备运送至作业面，这样可以在完成初喷后立即开展支护作业，保证施工的时效性。施工时应配备充足的作业人员，如无安全危险则应连续施工，且应在最短时间内完成支护作业。与此同时，二次喷锚的施工人员以及相关的设备材料应准备就绪，并在完成格栅钢架的支护作业后立即开展二次喷锚作业，从而完成初期的支护防护；各道工序应紧密连接，保证喷锚支护的时效性和连续性，从而避免作业面的土体长时间裸露，以保证施工的安全，提高支护的效果。

2. 中洞法

在地铁暗挖法中，中洞法是较为常用的一种方法，在城市地下工程中应用广泛。该方法施工过程中灵活多变，对地面建筑物和地下管线设施影响不大，施工效率高，可有效地控制地面变形，城市环境污染较轻。

（1）工法优点。中洞法具有以下优点：

1）安全性好，在先完成中墙和第一期底板，后再进行开挖时可将临时支撑和拱架都支撑于坑道中墙及第一期底板上。

2）灵活性好，可因地制宜地选择断面形状和尺寸。

3）可操作性强、机械化程度低，挖土可用人工采用简便挖掘机具。

4）出土效率高，开挖上部断面时的大量石渣可通过上下导坑间一系列漏渣孔装车后从下导坑运出。

5）工序间干扰较少，完成中洞后，可左右侧同时施工。

6）造价低、经济性强。中洞法适用于土类——软岩类的地质条件较好且施工受地下水影响较少的工程项目。

（2）施工工艺流程。按图 6-25（a）所示施工顺序开挖，首先施工中洞，①做好初期支护及临时支护，首先完成底板及中墙建设，在之后的开挖过程中可将临时支撑和拱架都支撑于坑道中墙及底板之上。搭建拱部大管棚以及左侧拱顶小导管，开挖时施工锁脚锚杆；②开挖中洞中部左侧；③开挖中洞右侧顶部，同左侧中洞左侧相同，搭建拱部大管棚以及顶部小导管，开挖时施工锁脚锚杆；④开挖中洞中部右侧；⑤开挖中洞左侧下部，施工初期支护及临时支护，施工锁脚锚杆；⑥开挖中洞右侧下部，施工初期支护及临时支护，施工锁脚锚杆。

中洞开挖完毕后施工中洞立柱以分担顶部承载力，做好柱间顶部二次衬砌，如

图 6-25（b）所示。按顺序开挖侧洞，并施工拱顶大管棚及小导管，施工锁脚锚杆做好初期支护及临时支护，开挖时可左右两侧同时施工，节省了工时，开挖成型后做好二次衬砌，可铺设防水层，如图 6-25（c）所示。

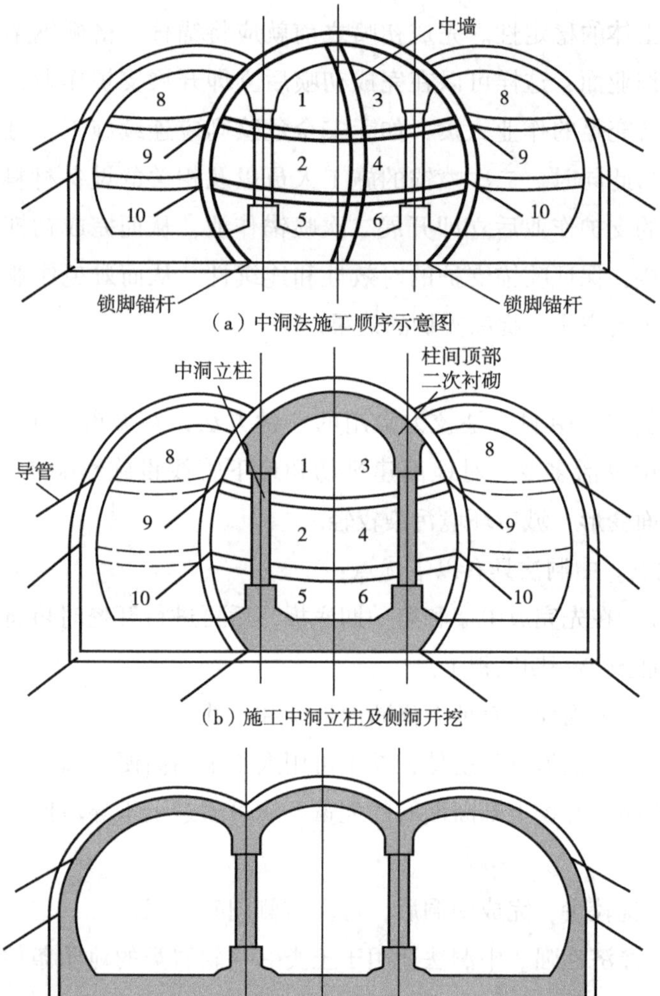

（a）中洞法施工顺序示意图

（b）施工中洞立柱及侧洞开挖

（c）二次衬砌及铺设防水层

1—开挖中洞中部左侧顶部；2—开挖中洞中部左侧中部；3—开挖中洞中部右侧顶部；4—开挖中洞中部右侧中部；5—开挖中洞中部左侧底部；6—开挖中洞中部右侧底部；7—施工中洞立柱；8—开挖左右两侧洞顶部；9—开挖左右两侧洞中部；10—开挖左右两侧洞底部

图 6-25　中洞法施工工艺图

3. 侧洞法

侧洞法施工顺序与中洞法恰恰相反，首先从侧洞开始，挖除侧洞土体，将钢管柱与天梁、地梁划入侧洞结构中，与侧洞曲墙一起，组成封闭的侧洞支撑结构，待侧洞衬砌施作完成后，再开挖中间剩余土体，完成中洞扣拱和仰拱结构，施工步序详见图 6-26。

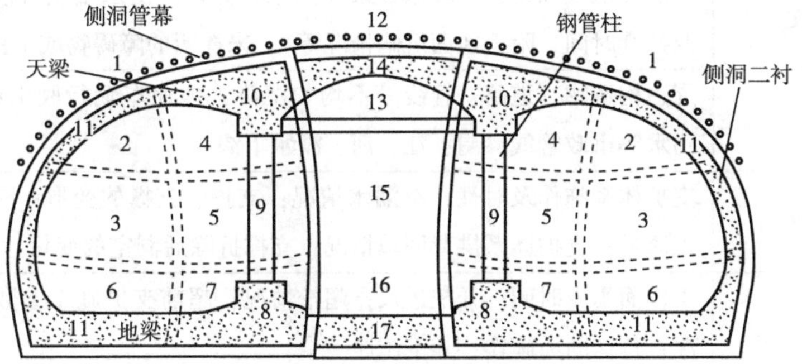

图 6-26 侧洞法施工步骤图

图中具体工序如下：工序 1：打设侧洞管幕；工序 2：对称开挖侧洞边部上层分块，架立钢拱架，挂钢筋网，喷射混凝土，并施作临时仰拱；工序 3：对称开挖侧洞边部中层分块，并施作初期支护；工序 4：对称开挖侧洞上层偏于中部分块，并施作初期支护；工序 5：对称开挖侧洞中层偏于中部分块，并施作初期支护；工序 6：对称开挖侧洞边部底层分块，并施作初期支护；工序 7：对称开挖侧洞底层偏于中部分块，并施作初期支护；工序 8：在侧洞底层偏于中部分块处浇筑地梁：工序 9：破除部分支撑，架立钢管柱；工序 10：浇筑天梁；工序 11：分段破除支撑，施作侧洞二次衬砌；工序 12：打设中洞管幕；工序 13：开挖中洞上层土体，施作初期支护结构；工序 14：分段破除临时支撑并扣拱；工序 15：开挖中洞中层土体，施作临时仰拱；工序 16：开挖中洞底层土体，施作仰拱初期支护；工序 17：分段破除临时支撑并浇筑仰拱。

6.4 浅埋暗挖法施工管理与安全措施

随着地下工程施工技术水平的日益提高，地下空间开发利用向大跨度、多功能、深地下和立体式方向发展。自 20 世纪 80 年代浅埋暗挖法施工技术首次在军都山铁路隧道获得试验成功以来，我国工程技术人员经过几十年的工程实践，不断创造和发展了一系列浅埋暗挖法施工技术，然而由于浅埋暗挖施工受技术复杂、作业循环多、支撑体系转化多、建设工期长、缺少科学管理、监控量测自动化程度低等不利因素影响，存在着诸多风险因素，如缺少科学管理，极易引发渗漏、塌方、地表沉陷等事故。

6.4.1 风险识别与评估

根据地下工程浅埋暗挖法施工特点和关键技术，有针对性地对施工过程各个方面进行风险识别和评估，明确施工安全风险监控内容，具体如表 6-1 所示。

表 6-1　浅埋暗挖施工安全风险监控内容

项目	安全风险监控内容
地质、水文	土层性质及稳定性；降水效果（降水井井位、出水量及含沙量、变化情形及持续时间、附近地面沉陷情况等）；未探明的障碍物或不良地质构造
环境	周边构造物、道路、管线等不均匀沉降；地面车辆行驶引起的震动；雨、污水等市政管线渗漏；江、河、湖水下渗
支护、支撑	支护体系施作及时性；渗漏水情况；支护、支撑的变形；支护、支撑的施工质量；支护体系拱背回填情况；支撑拆除后洞室的变化
施工工艺	工作面暴露时间；开挖进尺；超挖情况；超前支护施工参数；背后注浆情况；特殊断面施作；施工工序
施工组织管理	设计文件落实情况；施工组织设计及施工专项方案落实情况；安全管理体系运行情况；管理人员工作状态
生产作业	人员、设备、应急物资到位情况；安全保护措施落实情况；违章作业情况

6.4.2　风险预防与控制措施

为有效控制施工风险，浅埋暗挖法施工严格遵循“管超前、严注浆、短开挖、强支护、快封闭、勤量测”的原则，并根据以往工程实践经验，针对特殊地层、施工工艺、关键部位和周边环境等采取相应的施工措施。

（1）特殊地层处理。粉细砂地层自稳性差，施工时不能带水作业，必须采取注浆加固处理后，方能开挖，否则会出现流砂或大面积坍塌；砂、卵石地层在临空的情况下易失稳，在该地层中开挖应先封闭掌子面，再打管注浆；软~流塑状地层土颗粒小，浆液难渗透，一般采用低压劈裂注浆法，小间距布孔，间歇性注浆。

（2）爆破施工。由于覆土薄，围岩自稳能力差，浅埋暗挖法爆破施工风险大，施工过程中，需合理布置掏槽孔和周边孔，采用减振开挖方案，控制最大装药量，同时避免因振波叠加而加大爆破振动。施工期间，每次放炮必须进行爆破振速量测，以便及时调整钻爆参数，减轻振动，减少对围岩的扰动。

（3）开挖支护。浅埋暗挖法开挖支护是施工中的重大风险源，开挖时应首先做好超前地质预报工作，及时了解围岩地质水文情况，若地层自稳能力差，则应采用超前支护加固，开挖后尽快进行初期支护，尽早封闭成环，减少围岩暴露时间。同时，根据围岩变化和监控量测数据及时调整工法，制订加固方案。

（4）受力复杂部位施工。对出入口、陡坡段、变断面、马头面、明暗法结合处、施工工序转换等受力复杂部位进行识别，变断面处由于受力转换比较复杂，施工中易引起坍塌，是大跨度地下工程浅埋暗挖法施工的一大难点。施工中需按不同的断面转换类型考虑应力集中及洞室之间力学效应，遵循浅埋暗挖法基本原则，根据断面间相互关系和施工工法，采用超前支护加固围岩，利用格栅挂网喷射混凝土实现断面过渡，并及时模筑混凝土衬砌。

（5）下穿建筑物、管线施工。大跨度地下工程施工影响范围大，应对周边建筑物进行加固处理，并采取相应的保护措施，合理选择隧道开挖支护方法和辅助施工措施，加强靠近建筑物基础一侧的初期支护背后回填注浆。通过监控量测，准确掌握建筑物的变形发展趋势和变化规律，及时采取有效措施，确保建筑物安全。地下工程穿越管线施工时，施工前要改移距结构较近的雨、污水管，施工中要密切监测燃气、自来水管的动态沉降，若管线渗漏严重，则应在施工过程中进行定位注浆，并对周边地段进行检查和实时量测。

6.4.3 控制标准与方法

1. 竖井施工过程的控制要点

1）竖井施工放线坐标应经核查无误。

2）降水措施已经到位，并能充分发挥作用。

3）严格按设计、施工规范、规程，施工方案组织施工。

4）竖井开挖的护壁方法采用连续墙、钻（挖）孔桩、钢板或沉井法的参照有关监理细则控制。

5）竖井底部与马头门，连通道与正洞的连接处应采取小导管、管棚等加强措施以确保施工质量与安全。

6）井壁施工时打设的锚管（杆）应与格栅焊接牢固。

7）提升料斗不得装满、容积不得大于90%；提升斗下严禁站人，料斗升降时下部作业人员必须采取避让措施，以确保施工人员安全。

2. 隧道开挖施工控制要点

1）降水措施已能充分发挥作用，地下水位在底板以下1m。

2）开挖断面中线、高程及外放尺寸等，必须严格控制在规范允许偏差范围之内。

3）必须按方案的确定位置，采取超前探挖措施。

4）每次开挖1榀格栅步距、严防工作面塌方。

5）按规范要求进行放坡、严禁出现反坡。

6）开挖时台阶和导洞的错开距离严格按“地铁规范”执行。

3. 喷射混凝土支护控制要点

1）喷射混凝土的配合比必须经过试验室配合比确定并将配合比标示牌挂在现场明显地方。

2）现场必须有计量装置，上料必须经过计量，误差控制在允许范围之内。

3）已拌料及喷后余料放置时间不得超过 3 小时，超过的，不得再用于喷射混凝土作业。

4）回弹料必须及时清走，不得再行进入工程实体。

5）喷射混凝土作业应从下向上、分层喷射；喷射混凝土的度应满足验收规范的要求。

6）喷混凝土表面 2 小时后应进行养护，时间不少于 14 天，当气温 5℃以下时不得喷水养护。

7）作业场所气温在 5℃以下时，停止作业。喷射的混凝土强度达不到设计的 40%时，不得受冻。

4. 小导管施工及初支背后注浆控制要点

1）小导管的规格、长度、间距及打设方向应符台设计要求。

2）背后回填注浆管应在喷射混凝土之前安装到位并固定牢固（焊在支架上）；管口堵住，防止喷料堵住管口。

3）小导管及背后注浆原材及配台比、注浆压力应符台设计和施工方案要求。

4）注浆前，工作面要适当采取封闭措施，防止浆液溢出。

5）注浆应采取跳注方式，防止浆液短路外流；也可以采取间歇和重复注浆方法，以保证注满浆和密实度。

6）背后回填注浆要及时跟进，距工作面拉开距离 5～10m 为宜，并与沉降观测的信息化管理相关联。

7）监理应进行背后回填注浆旁站，掌握注浆配台比、压力、用量等情况。

5. 管棚施工控制要点

1）用管的规格、长度应符台设计和施工方案要求。

2）管棚管外端顶部应设有排气孔，并安装截门；下部设注浆孔管。

3）管棚成孔应采用钻机成孔，孔距、方向、孔深应符台设计和规范要求。

4）管棚管需采用焊接连接时，其接头焊接质量应符台焊接规范要求。

5）施工方案中应考虑沿管棚外侧延线设梁加固的方式，增加抗沉降能力。

6）管棚注浆时应采用跳注或重复注浆方法。

7）注浆到浆液从上部排气孔溢出时，关闭截门，再加注几下达到压力即可。

8）注浆材料、压力应符台施工方案要求，一般采用 1∶1 水泥浆，压力 0.3~0.4MPa。

6. 基面处理与防水板铺设控制要点

1）防水板铺设前应进行基面检查、报验程序，台格后才能转序。

2）基面应坚实、圆顺、无尖角、无漏水，表面平整度应符台设计和规范要求。

3）防水板铺设的加强、搭接、固定方法、钉距等应符台设计和规范要求。

4）防水板的机械双焊缝充气检查按设计和有关规范执行。

5）手工焊缝按设计要求进行眼观、手摸检查，焊接宽度>40mm。

6）仰拱防水板的的混凝土保护层宜采用豆粒石子。

7）仰拱防水板铺设保护层以外部份的甩头应采取保护措施。

8）明、暗挖接口的防水板或其他防水材料的甩头长度要能满足下一步工序搭接要求并采取保护措施。

7. 模板台车与模注模板控制要求

1）模板台车与模注模板的安装位置、中线、高程应满足设计和规范要求，其外放尺寸应保证结构混凝土外形尺寸不侵限。

2）台车与模注模板的顶端应留有排气孔，同时做为观察混凝土充满情况的观察口。

3）模板台车必须固定牢固，灌注前再认真检查螺栓紧固、支撑牢固情况，严防灌注混凝土过程中发生位移。

4）台车在出入口处多有发生因两侧受力不均，向出入口处发生位移情况，必须采取可靠措施，杜绝此类问题发生。

5）台车堵头模必须压紧、密封、防止出现位移、滑脱、跑浆情况。

6）模板顶部应按方案预埋二衬回填注浆管备用。

8. 混凝土浇筑与模筑混凝土施工控制要点

1）输送泵性能良好，满足输送距离要求，泵管固定牢固，信号联络可靠，照明、人员配备、工器具等准备就绪。

2）润管砂浆尽量做到均匀分布。

3）检查进场混凝土料单：混凝土标号、配合比、搅拌时间、送达地点等情况应符合要求，防止出现差错。

4）抽查进场混凝十坍落度，外观质量目测检查应符合规定要求，不合格的退场。

9. 风险控制标准

（1）地质风险控制标准：

确保地质勘察的准确性和全面性，识别出所有可能的地质风险点。

根据地质条件制定相应的支护措施标准，确保支护结构的强度和稳定性满足要求。对于不良地质段，应制定更严格的支护和监测标准，防止坍塌等事故的发生。

（2）施工风险控制标准：

制定详细的施工方案和作业指导书，明确施工工序、操作方法、质量要求等。对施工机械和设备进行定期检查和维护，确保其处于良好状态，减少故障风险。加强施工现场的安全管理，设置安全警示标志，确保施工人员遵守安全操作规程，防止人为失误导致的事故。

（3）环境风险控制标准：

对周边建筑物和地下管线进行详细调查，制定保护措施标准，防止施工对其造成损害。设定地表沉降、地下水位变化等环境参数的监测标准，及时发现异常情况并采取应对措施。

（4）综合风险控制标准：

建立完善的风险管理体系，明确风险管理流程、职责分工和风险控制措施。制定应急预案和响应机制，确保在突发事件发生时能够迅速、有效地进行处置。

10. 风险控制方法

（1）地质风险控制方法：

1）采用地质雷达、超前钻孔等技术手段进行超前预报，及时发现和掌握不良地质条件的变化情况。

2）根据地质勘察结果和超前预报信息，制定针对性的支护措施和施工方案，确保施工安全。

3）在施工过程中加强地质监测，及时调整支护措施和施工方案，防止地质风险的发生。

（2）施工风险控制方法：

1）严格执行施工方案和作业指导书，确保施工工序和操作方法的正确性。

2）加强施工机械和设备的维护保养，定期检查其性能和安全状况，防止因设备故障导致的事故。

3）加强施工现场的安全管理，设置专职安全管理人员进行巡视检查，及时发现并纠正违章行为。

（3）环境风险控制方法：

1）对周边建筑物和地下管线进行详细调查并制定保护措施方案，在施工过程中加强监测和保护工作。

2）设定合理的地表沉降和地下水位变化监测点并进行定期监测记录数据变化情况以便及时发现异常并采取相应措施进行处理。

（4）综合风险控制方法：

1）建立完善的风险管理体系和应急预案制度明确各级管理人员职责分工以及应急响应流程确保在突发事件发生时能够迅速有效地进行处置减少损失影响范围。

2）加强施工人员安全教育和培训提高其安全意识和自我防护能力确保施工过程安全可控。

3）定期开展风险评估工作对施工过程中可能存在的风险进行全面梳理和分析制定相应风险控制措施并跟踪落实效果持续改进风险管理工作水平。

6.4.4 施工监测与数据分析

隧道监控量测是新奥法施工的重要组成部分，它不仅可以指导隧道安全施工，也是认识和理解隧道围岩动态和支护的基本途径。

1. 施工监测的重要性

经过多次的试验研究和施工实践表明：由于地质条件的千差万别，当采用新的施工方法时都离不开以现场量测为手段的施工安全监测技术。

采用暗挖法修建的工程其主导思想仍没有脱离新奥法原理，即施工中应充分调动围岩的“自承”能力，以喷射混凝土、钢筋网、钢拱架及模筑衬砌等支护结构与围岩共同作用所形成的联合支护体系来有效地控制围岩的变形，确保地层和支护结构的稳定。这些只有在施工过程中通过密切监测围岩的变形、应力状态才能对围岩的稳定程度做出正确判断，按其发展规律不断地调整支护参数、完善施工工艺和选择施工方法，否则就会盲目施工，出现不安全事故或过于保守造成不必要的浪费。

对于浅埋软弱不稳定地层，在开挖过程中，对周围土体引起的变形是非常灵敏和明显，这就更需要建立一套可靠的测试系统和信息反馈方法来及时地为施工决策部门提供洞室结构稳定信息。

有时由于工程所处地理位置、地面建筑和地下管网的重要性，必须严格控制地表沉陷量，绝对保证工程安全，因此施工监测技术在暗挖法施工中占有非常重要的地位，也是施工过程中的主要环节和工序。

2. 施工监测内容

作为监测工作的第一步，决定监测成果是否有效的一步，我们首先对监测对象及周边状况进行全面了解和认识，详细分析地勘资料和相关设计文件的基础上，结合规范要求，得出重要的监测对象，主要监测对象如表 6-2 所示。

表 6-2 主要监测对象表

序号	监测对象	监测目的
1	路面沉降	掌握施工过程中对市政路面的影响程度及影响范围
2	路基层沉降	掌握施工过程中对周围土体的影响程度及影响范围
3	地下管线	掌握施工过程对周围土体及地下管线的影响程度及影响范围
4	地下水水位	了解地下水水位变化，及时发现可能存在的地下管道渗漏水
5	桥墩变形	掌握施工过程对周围建筑物的影响程度及影响范围
6	初支及二衬变形	开挖后支护体下在周边岩土体作用下的变形情况及结构受力状态

基于对监测对象的认识，制订监测方案，浅埋暗挖法施工监测内容主要包括洞内监测和洞外监测两部分，见表 6-3。

表 6-3 监测项目表

序号	监测项目	监测仪器和元件	精度	测点布置	备注
1	洞内及洞外观察	地质描述，拱架支护状态、临近建（构）筑物等观察和记录	无	每开挖一环记录一环	开挖后立即进行
2	路面沉降	位移传感器	0.01mm	沿轴线每 5m 均布，每个断面 3 个测点	受限于道路路面采用栈桥通过，地面地表沉降测点无法埋设
3	地下管线	位移传感器	0.01mm	沿地下管线外壁两侧 0.5m，均匀分布	通过地下管线周边土体的变形了解地下管线的变形
4	邻近建（构）筑物变形	收敛计	0.01mm	桥墩墩壁	使用收敛计测量桥墩与围护桩的相对位移，并通过测量相邻桥墩的相对位移判定
		全站仪+反光片	1mm	桥墩墩壁	若有异常，则通过全站仪测桥墩上测点的位移
5	初支变形	收敛计	0.01mm	每个断面 10 个测点	下穿通道轮廓小，宽仅 4m，且采用 CRD 法
6	地下水水位	水位计	5.0mm	承压水管、污水管接头附近外侧	承压水管外侧的水位变化可作为一个水管是否开裂的前兆特征
7	结构应力	压力盒、钢筋计	0.001MPa		可酌情考虑增设

3. 数据分析内容

（1）数据收集与整理：

1）定期收集洞内监测和洞外监测的数据，包括拱顶下沉量、水平收敛量、底板隆起量、地表沉降量等。

2）对收集到的数据进行整理，建立监测数据库，便于后续分析和管理。

（2）数据分析方法：

1）趋势分析：通过分析监测数据随时间的变化趋势，评估隧道变形的发展情况。例如，绘制地表沉降—时间曲线，分析沉降速率和最终沉降量。

2）横向与纵向分析：对同一断面不同位置或不同断面相同位置的监测数据进行横向和纵向比较，评估隧道变形的空间分布规律。例如，绘制地表沉降横向曲线和纵向曲线，分析沉降的影响范围和最大值位置。

3）相关性分析：分析监测数据之间的相关性，找出影响隧道变形的主要因素。例如，分析地表沉降与掌子面距离的关系，评估施工对地表的影响范围和时间效应。

（3）数据分析结果应用：

1）指导施工调整：根据数据分析结果，及时调整施工方案和支护措施，确保施工安全和质量。例如，发现地表沉降速率加快时，及时加强支护或采取注浆加固等措施。

2）评估施工效果：通过数据分析评估施工措施的效果，为后续工程提供参考。例如，对比采取不同支护措施后的地表沉降情况，评估支护效果优劣。

3）预警与应急响应：当数据分析结果显示存在重大安全隐患时，及时发出预警并采取应急响应措施，防止事故发生。例如，发现隧道变形异常时立即停止施工并撤离人员同时启动应急预案进行处理。

6.4.5 未来发展与技术突破

浅埋暗挖法施工技术应用初期，施工方案及技术应用尚处于探索起步阶段，施工作业环境条件相对较差，且存在涌水、坍塌等风险隐患，安全性尚有待考证。随着安全管理理念以及职业健康管理体系的逐步完善，有关浅埋暗挖法施工技术应用的作业环境条件不断改善，大大降低了事故发生率。目前，浅埋暗挖法被广泛应用于公路、地铁、铁路隧道工程项目施工中，相较于盾构法发挥着自身独特的优势，如可以支持在短距离范围内对工作断面的灵活调整，对小半径、大坡度隧道施工作业有良好的适应性，对施工区域范围无明显要求，可适用于浅层覆土（厚度1.0~2.0m）地下施工作业。依托于这些独特优势，未来浅埋暗挖法在地下项目施工作业中的应用价值将得到更进一步的凸显。

1. 浅埋暗挖法隧道施工技术的发展

（1）发展方向。从目前隧道挖掘的发展现状来看，我国的浅埋暗挖法隧道施工技术仍随着社会的发展而不断发展。虽然浅埋暗挖法隧道挖掘技术在施工过程中仍面临各种问题，但是都能够根据问题的实际情况有效地解决。在未来的发展中，针对性地解决在隧道挖掘中面临的各类问题，仍然是浅埋暗挖法隧道施工技术发展的重点。

（2）发展重点。从浅埋暗挖法隧道挖掘技术的发展现状来看，一些技术的发展已经达到了非常深入的程度，但是仍然存在很多缺陷亟待提高，譬如一些浅埋暗挖隧道挖掘技术虽然有很高的技术标准，但是并不一定能适应时代发展的需要，也不能有效解决在实际施工过程中面临的具体问题，另外，浅埋暗挖法隧道挖掘技术还面临一个重要问题，即其成本较高。在未来，要使浅埋暗挖法隧道挖掘技术获得更好的发展，必须注重提升其技术应用效率，即尽量应用较少的成本获得较高的技术水准，只有这样才能充分保证浅埋暗挖法隧道施工技术获得长久的发展，从而在隧道挖掘中有效发挥其应有的价值，也是浅埋暗挖法隧道挖掘技术发展的重点。

2. 浅埋暗挖法不同技术类型的发展

(1) 双侧壁导洞法暗挖技术的发展。双侧壁导洞法也可以被称作眼睛工法，这种方法可以有效改进大跨度地下空间暗挖技术，将大跨度变成应用性更高的小跨度，在实际作业过程中，是将一个大断面调整成多个小断面进行相应的工作，在双侧或中部展开导洞处理，导洞的尺寸应尽可能地保证与实际施工要求相符合。在将双侧壁导洞法暗挖技术应用于隧道施工的过程中，导洞内部施工应采取正台阶法，如果地质条件较差，应用正台阶法需要考虑采用多种可实施的方式展开相应的施工，如中隔墙法或环形留核心土法。总而言之，为了更好地应用双侧壁导洞法暗挖技术，需要充分考虑当地的地质条件，按照实际的环境条件展开相应的施工，否则会产生严重的影响。

(2) 中洞法暗挖技术的发展。中洞法暗挖技术曾经发挥了至关重要的作用，为我国隧道工程的发展做出了非常突出的贡献。具体来说，中洞法暗挖技术需要先对隧道的中间部分进行挖掘，而中间部分的挖掘相对比较困难，并且隧道跨度较大，在挖掘过程中需要综合采用多种施工方法，如 CD 法（中墙隔法）、CRD 法（交叉中隔墙法）等，施工时分块要小、台阶尽量短、成环时间要早、环与环之间联系紧密，另外，进行竖向挖掘时，需要注意预留一定的坡度和错台。因此，与双侧壁导洞法暗挖技术相比，中洞法暗挖技术施工具有更多的优越性，无论是从安全性还是稳定性的角度来说，中洞法暗挖技术均优于双侧壁导洞法暗挖技术。因此，中洞法暗挖技术在现代隧道挖掘中比双侧壁导洞法暗挖技术得到了更为广泛的应用，促进了浅埋暗挖法隧道挖掘技术的向前发展。

(3) 洞桩法暗挖技术的发展。洞桩法暗挖技术在应用过程中有效克服了地域条件的限制，解决了隧道挖掘过程中的诸多难题。具体来说，所谓洞桩法暗挖技术，主要是应用小导洞的方式进行隧道挖掘。在应用洞桩法暗挖技术挖掘隧道的过程中，应用小导洞挖掘对地层的损害相对较小。小导洞挖掘完成后，再对其内部进行施工，主要包括地下围护桩结构、桩顶冠梁结构和竖向承载桩结构的施工，在完成这些结构施工的基础上，对承载拱结构进行施工。完成大弧口拱的施工工作后，即意味着隧道的支护体系建成。在此支护体系的保护下，隧道挖掘可以加快挖掘速度，后面的挖掘会以更快的速度完成。洞桩法暗挖技术的应用已经得到了广泛的认可，并获得了该领域的专利，对浅埋暗挖法隧道施工技术的发展非常有利。

3. 辅助施工技术的发展

(1) 初支和二衬背后注浆技术。初支和二衬背后注浆技术在隧道挖掘技术的发展过程中发挥了非常重要的作用。从初支和二衬背后注浆技术的发展现状来看，其技术的发展基本能满足隧道挖掘的要求，并且能解决在隧道挖掘过程中遇到的各种问题，达到较高的技术水准。初支施工完成后，会出现初支背后与土层不能紧密相贴的问题，或在应用初支施工的过程中出现土层松动以及沉降现象，针对这类现象，如果未采取有效措施进行处理，会很快在地面上显现出来，对隧道的长期使用非常不利，有可能在隧道的后期使用过中出现沉降现象。应用初支和二衬背后注浆技术后，对解决以上问题有非常关键的作用，甚至能从根源上杜绝这些问题的发生。

(2) 双排小导管超前支护技术。在挖掘隧道的过程中，应用的施工技术都不是单一的，而是多种先进技术的综合，应用的每一种类型的施工技术都带有自身的独特之处。从目前隧道施工技术的发展现状来看，双排小导管超前支护技术在整个隧道施工中发挥着至关重要的作用，并且可以在施工中有效发挥其技术优势，具有自身技术的独特性，做到很多其他施工技术无法完成的重要事情，对我国隧道事业的发展做出了非常重大的贡献。在具体的挖掘过程中，需要经过管道，一般经过重要管道时，需要应用长管棚支护技术。而长管棚支护技术在施工过程中，会在曲线和交界施工的地方面临着一定的施工困难，严重时还会造成地面沉降现象，沉降量为4~5m，对整个隧道施工非常不利。因此，为了有效弥补长管棚支护技术在具体施工过程中面临的各种缺陷，产生了双排小导管超前支护技术。从这个角度来说，双排小导管超前支护技术具有防止地面沉降的优势，总体来说有较高的稳定性和安全性，对隧道的整体施工可以产生较为积极的影响。

6.5 本章小结

本章阐述了浅埋暗挖法的基本原理及发展历程，凸显了其于我国隧道工程建设所具有的重要意义。浅埋暗挖法在城市地铁、地下管道、停车场等众多领域中得到了广泛运用，能够切实降低地面交通干扰以及拆迁成本。借由合理的支护结构、地层加固与排水举措，此项技术有效应对了繁杂的地质状况，为地下工程的安全性和效率性提供了坚实保障。另外，有关施工分类如全断面法和台阶法的适用性剖析，使得工程师能够依据具体的地质条件选取适宜的方法，进而提升施工质量。

工程实践中，浅埋暗挖法的顺利施行取决于关键技能的把控，涵盖初期支护与二次衬砌的施工技艺、地层加固的各类方式（诸如注浆、锚杆支护、超前管棚等），还有降水与排水技术的有效运用。与此同时，实时监控与信息反馈机制的构建对于施工进程的安全和稳定具有关键意义。此类技能的整合以及灵活运用，不但保障了施工的高效推进，还削减了环境影响，增进了项目的经济性。借由总结上述重点技能，工程师能够更优地应对未来渐趋繁杂的地下工程难题，进而助推行业技术的持续进步。

思考题

1. 浅埋暗挖法的主要技术要点是什么？如何确保在施工过程中有效控制地表沉降？

2. 解释初期支护和二次衬砌在浅埋暗挖法中的作用及其相互关系。

3. 列举并比较浅埋暗挖法中几种常见的开挖方法（如台阶法、双侧壁导坑法等）及其适用条件。

4. 在浅埋暗挖法施工中，地层加固技术的重要性体现在哪些方面？请举例说明具体的加固方法。

5. 分析降水技术在浅埋暗挖法中的应用场景及其效果评估标准。

6. 初期支护中喷射混凝土施工有哪些主要方式（如干喷、潮喷、湿喷）？各自有何优缺点？

7. 结合具体工程案例，探讨监控量测在浅埋暗挖法施工中的重要性及其实施步骤。

8. 为什么浅埋暗挖法特别适用于城市密集区的地下工程？其在环保和减少对地面影响方面有哪些具体措施？

9. 随着技术的发展，浅埋暗挖法未来可能在哪些方面发展和创新突破？这对施工效率和安全性有何影响？

10. 在浅埋暗挖法施工中，如何平衡工程进度与环境保护之间的关系？请提出具体的策略和建议。

参考文献

[1] 王梦恕．地下工程浅埋暗挖技术通论［M］．合肥：安徽教育出版社，2004：5-7，484-488，504-508，511-512，593-594，626-633.

[2] 张彬，刘艳军，李德海．地下工程施工［M］．北京：人民交通出版社股份有限公司，2017：103-104，107-108.

[3] 卜良桃，曾钰林．城市地下工程施工技术与工程实例［M］．北京：中国环境出版社，2013：52-57.

[4] 朱泽民．地铁暗挖车站洞桩法（PBA）施工技术［J］．隧道建设，2006，(05)：63-65+100.

7 盾 构 法

随着我国基础设施建设的快速发展，盾构施工技术凭借其高效、安全、环保等优势，广泛应用于地铁、市政公路、城市铁路、城市水工隧洞等工程，成为城市地下工程不可或缺的关键技术。本章主要系统阐述盾构技术的发展历程，分析盾构系统的基本架构与分类，重点介绍盾构机的工作原理，详述盾构法施工的工艺流程与技术控制要点，同时论及盾构法施工的质量管理等内容。通过本章学习，能够全面掌握盾构法施工技术的基本理论、实践和创新方向，为地下工程领域的技术应用与研究提供理论借鉴和指导。

7.1 概述

7.1.1 定义与发展历程

盾构法施工是暗挖法施工中的一种全机械化施工方法，适用于土层中地下工程的施工，是城市地铁隧道等常用的施工方法。该施工方法将盾构机械在地层中推进，通过盾构外壳和管片支承四周围岩防止发生隧道内的坍塌。同时在开挖面前方用切削装置进行土体开挖，通过出土机械运出洞外，靠千斤顶在后部加压顶进，并拼装预制混凝土管片，最终形成隧道结构。

应用盾构法修建隧道始于 1818 年，由法国工程师布鲁诺尔从蛆虫腐蛀船底成洞得到启发而提出盾构法，并取得了隧道盾构的发明专利。1825 年，英国泰晤士河底首次用矩形盾构建造隧道，实际上，当时盾构仅是一个活动的施工防护装置。1869 年，英国工程师格雷托海德成功地应用了 P. W. Barlow 式盾构修建英国伦敦泰晤士河水底隧道以后，盾构法施工才得到普遍的承认。1874 年，在英国伦敦城南修建隧道时，格雷托海德创造了比较完整的用压缩空气来防水的气压盾构施工工艺，使水底隧道施工工艺有了长足的发展，并为现代化盾构奠定了基础。

19 世纪末，盾构法施工传入美国。在美国纽约，采用气压盾构法成功地建造了 19 座重要的水底隧道，应用于道路、地铁、煤气和上下水道等，其中最有名的哈德逊河下的荷兰（Holland）道路隧道，第一次解决了人工通风问题；林肯道路隧道则采用“盲开挖”，即在淤泥地层中采用闭胸式盾构挤入地道，仅将 20% 的土壤放入隧道的挤压施工法，一昼夜内的推进速度达 13.5m，最快的月进度达 317m。后来德国、苏联、日本等国也都采用并发展盾构法施工工艺。特别是近代，日本盾构法得到了迅速发展，用途越来越广，并研制了大量新型盾构机械，如机械式盾构、半机械式盾构、局部气压盾构、泥水加压盾构和土压平衡（泥土加压）盾构。与此同时，盾构施工配套设备与管理技术也获得了迅速发展。

我国自 20 世纪 50 年代开始应用盾构法施工，1957 年北京下水道工程中首次使用 2.6m 小盾构（当时称盾甲法）。此后，从 1963 年起先后设计制造了外径为 2.6m、4.2m、5.8m、10.2m 等不同直径的盾构机械，1984 年设计制造了直径超过 11m 的大盾构，用于建造黄浦江第二条水底公路隧道。2004 年施工的“万里长江第一隧”——武汉长江隧道，全长 3630m，采用了两台直径 11.38m 泥水加压平衡盾构和复合式刀具，实现了长距离不换刀掘进。2004 年，上海隧道工程公司研制成我国第一台具有自主知识产权的“先行号”加泥式土压平衡盾构；2009 年又研制并成功应用了直径为 11.22m 的“进越号”大型泥水平衡盾构机。2006 年施工的上海沪崇越江隧道，全长 8950m，采用直径 15.44m 泥水加气平衡盾构（德国海瑞克），是当时世界上直径最大的盾构掘进机。

近十多年来，在南水北调工程、港珠澳海上大通道、杭州钱塘江水底隧道工程、上海过江隧道、南京过江隧道以及全国各地的众多城市地铁隧道工程中盾构法施工得到了广泛的应用。目前，我国盾构施工技术取得了丰硕的成果，泥水、土压平衡盾构技术得到普及和推广，技术细节有了完善、改进和提高；一些特种盾构工法相继问世，如双圆、三圆搭接形、椭圆形、矩形（含凹凸矩形）、马蹄形等盾构工法，球体盾构工法，母子盾构（异径盾构、分岔盾构）工法，扩径盾构工法，断面变形盾构工法，硅胶盾构工法，ECL 盾构工法等；大深度、大直径、长距离、高速施工、高地下水压等各种施工方法也得到成功运用。今后盾构技术将朝着大深度化、高地下水压、大口径化、长距离化、施工机械化、自动化、施工高速化、断面异圆化等方向发展。

7.1.2 盾构法的适用条件与特点

盾构法通常是在软弱地层中采用，是城区软弱地层中修建地下工程的最好施工方法之一。加之近年来盾构机械设备和施工工艺的不断发展，各种断面形式的盾构机械、特殊功能的盾构机械（急转弯盾构、扩大盾构、地下对接盾构等）的相继出现，使之对各种复杂的工程地质和水文地质条件的适应能力大为提高，这将为城市地下空间利用的发展起到有力的技术支撑作用。

盾构法的主要优点有：

1）施工安全性有保障，可在盾构设备的掩护下安全地进行土层开挖及衬砌支护工作。

2）施工机械化程度高，施工人员少，管理方便。在工程条件差、水位高、埋深大的隧道施工，盾构法有较高的技术经济优越性。

3）作为一种暗挖法，施工时不影响地表交通，尤其在城市建筑密集和交通繁忙地段更显示其优越性，同时施工不受气候条件影响。

4）施工时振动和噪声小，对施工区域环境及附近居民几乎没有什么干扰。

同时目前盾构法还存在以下一些问题：

1）在陆地建造隧道时，如隧道埋深太浅，则盾构法施工困难很大，而在水下时，如覆土太浅，则盾构法不够安全。

2）盾构施工过程中引起的隧道上方一定范围内的地表下沉尚难完全防止，特别在饱和含水松软的土层中，要采取严密的技术措施才能把地表下沉控制在很小的限度内。

3）在饱和含水地层中，盾构法施工所用的拼装衬砌，对达到整体结构防水性的技术要求较高。

7.2 盾构机的类型与工作原理

7.2.1 盾构机的分类

盾构可以从各个角度进行分类，若根据其构造和施工方法可分为以下几类：手掘式盾构、挤压式盾构、网格式盾构、半机械式盾构和机械式盾构等多种。

1. 手掘式盾构

手掘式盾构（图 7-1）构造简单，配套设备少，容易制造且价格低廉，多用于地质条件较好的小型隧道开挖。开挖面可以根据地质条件全部敞开，也可以采取正面支撑，随挖随撑。

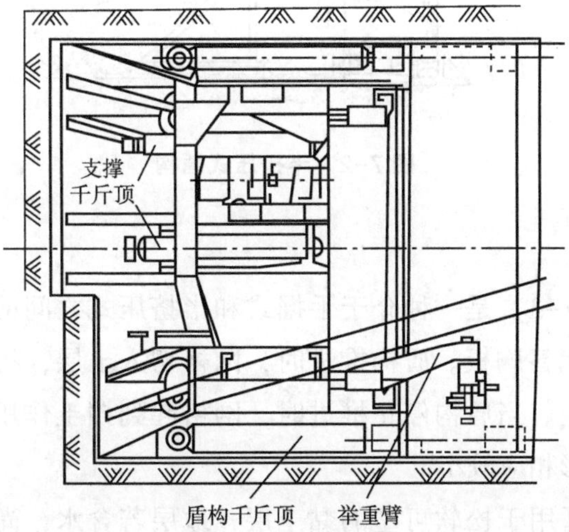

图 7-1 手掘式盾构

优点主要体现在：由于开挖面敞开，施工人员可随时观察地层变化情况和清除地下障碍物；可向需要方向超挖，容易进行盾构纠偏，也便于曲线段施工，因此这种是最为经济的盾构。

主要缺点：劳动强度大，施工速度慢，效率低，尤其在大直径盾构中尤为突出；施工安全性差，如遇正面坍方，容易危及人身安全及工程安全。在含水不稳定地层中施工时，需采用压气、降水、化学注浆等辅助方法稳定和加固地层。

2. 挤压式盾构

当手掘式盾构在地质条件很差的地层，如粉砂土质地层、黏土层中施工时，极易引起工作面坍塌。这时可在盾构的前面设置胸板来封闭开挖面及挡住正面土体，即为挤压式盾构。这种盾构分为全挤压式和半挤压式两种。

全挤压式盾构是将开挖工作面用胸板全部封闭，把土层挡在胸板外，故没有水土涌入及土体坍塌危险，安全可靠，并省去了出土工序。但由于其工作面胸板全部封闭而不出土，从而将盾构经过区域的土挤压向外部，易引起较大的地表隆起，因而一般只适用于空旷地带、河底海滩等处。

半挤压式盾构（图 7-2）是在封闭胸板上局部开孔，盾构推进时，土体从孔中挤入盾构，装车外运。其胸板上开口率的大小应根据地质条件、盾构的外径和长度及推进速度确定。半挤压式盾构仅适用于松软可塑的黏土层，适用范围较狭窄。

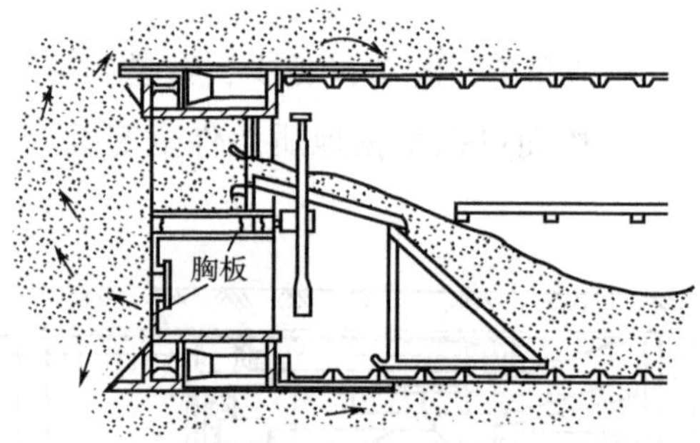

图 7-2　半挤压式盾构

3. 网格式盾构

网格式盾构（图 7-3）是一种介于手掘式和半挤压式之间的盾构形式。其盾构正面用钢制的开口格栅代替胸板。盾构推进时，网格切入土层，将土体切成条状进入盾构内再通过输送机运走。当盾构停止推进时，网格起到挡土作用，有效地防止了开挖面坍塌，并使地面变形相应较小。

网格式盾构也只适用于松软可塑的黏土层，地层若含水，尚需辅以降水和压气等措施。

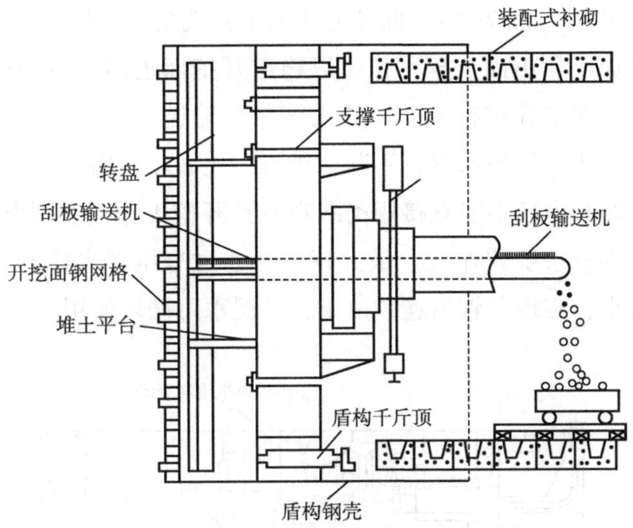

图 7–3 网格式盾构

4. 半机械式盾构

半机械式盾构是在手掘式盾构的正面装上挖土机械，以代替人工开挖。这种盾构造价比机械化盾构低廉得多，效率也较高。采用何种掘进机械（反向铲挖掘机、螺旋切削机或软岩掘进机等）应根据地质条件确定。为使开挖工作面保持稳定，应考虑配合使用其他的地层加固措施。

5. 机械式盾构

机械式盾构是在盾构切口环外安装与盾构直径相适应的旋转切削刀盘，进行全断面开挖的盾构。根据地质条件好坏，全机械式盾构分开胸式和闭胸式。闭胸式机械化盾构又可分为局部气压盾构、泥水加压盾构和土压平衡盾构等。机械式盾构优点除了能改善作业环境外，还能显著地提高推进速度，缩短工期。目前，世界各国机械化盾构施工技术发展迅速，在闭胸式机械化盾构施工技术方面发展更快。

（1）开胸式机械切削盾构。开胸式机械切削盾构是在盾构切口环部分安装与盾构直径相适应的大刀盘，以进行全断面开胸机械切削。星形的刀盘辐条后面没有胸板封闭。适用于地层能够自立，或采用辅助措施能够自立的情况。

（2）局部气压盾构。局部气压盾构是在开胸式机械盾构的切口环和支承环之间装有密封隔板，使切口与此隔板之间形成一个密封舱。舱内通入压缩空气，以平衡开挖面的土压力，达到稳定开挖的作用。它是相对于在盾构隧道内全部通入压缩空气的施工方法而言的，因此可以免除施工人员在压缩空气下工作的弊病。但也存在盾构工作条件较差，在密封舱、盾尾及管片接缝处容易漏气的技术问题，故一直未被推广应用，既已被现代的泥水加压盾构和土压平衡系列盾构所代替。

(3) 泥水加压盾构（图7-4）。此种方法施工，就是在盾构开挖面的密封隔舱内注入泥水，通过泥水加压和正面土压平衡，以稳定开挖面土体。盾构推进时开挖下来的土进入盾构前部的泥水室并进行搅拌，并由泥浆泵输送至地面。泥水在地面经过水土分离，然后送入地下盾构的泥水室，不断地排渣净化循环使用。

泥水加压盾构在其内部不能直接用肉眼观察到开挖工作面，因此要求盾构从推进、排泥到泥水处理全部按系统化作业。最大特点是通过有压泥水使开挖面保持稳定，施工时对土体扰动较小，实现了管道连续出土，且泥水可循环使用。

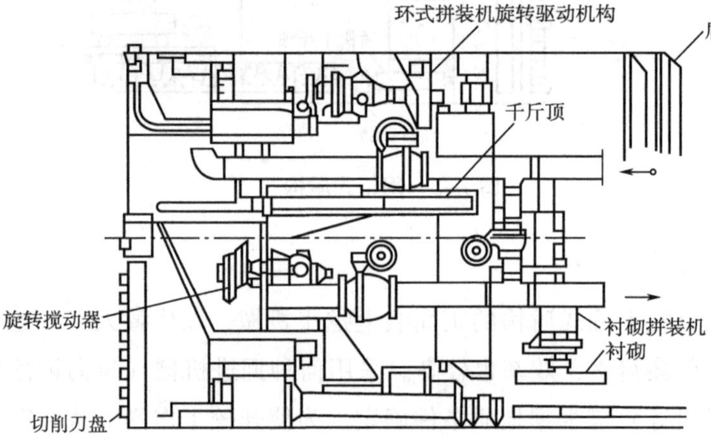

图7-4　泥水加压盾构

(4) 土压平衡盾构（图7-5）。土压平衡盾构是在局部气压及泥水加压盾构基础上发展起来的，适用于含水饱和软弱地层中施工的新型盾构。其头部装有全断面切削刀盘，在切口环与支承环间设有密封隔板形成密封舱。其基本原理是，盾构推进时，由旋转刀盘切削下来的土体进入密封舱内，在舱内的土砂中注入一种具有流动性和不透水性的“作浆材料”，经刀盘后的叶片强制搅拌，使切削下来的土搅拌成为一种具有可流动、又不透水的浆化泥土，充满密封舱及与之相连的长筒形螺旋输送机。盾构推进时，浆化泥土产生压力作用于开挖面与土体静压和水压平衡，同时通过螺旋输送机出土。螺旋输送机的出土量要密切配合刀盘的切削速度，以保证密封舱内始终充满泥土，而又不过于饱满。

土压平衡盾构避免了局部气压盾构的主要缺点，也省略了投资较大的泥水盾构所需的输送和处理设备，因此应用比较广泛。

土压平衡盾构种类也比较多，根据工艺特点可分为削土加压式盾构、加泥式盾构、土压平衡型加水式盾构、高浓度泥水加压式盾构等。即使是开挖面稳定措施根本不同，只要是用螺旋输送机从切削密封舱内直接排土的机械挖掘盾构，都有别于泥水加压盾

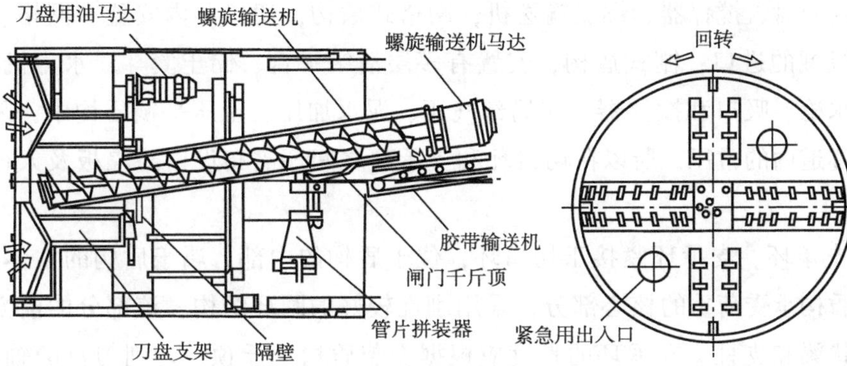

图 7-5 土压平衡盾构

构而称为土压平衡盾构（或土压系盾构）。

（5）微型盾构。微型盾构是指在 2.0m 以下的小直径盾构。自 1970 年以来，由于上下水道、电缆隧道等小直径地下隧道工程不断增加，促使微型盾构迅速发展。尤其在大城市中地下管线密集，开槽埋管无法施工时，用微型盾构施工更显示其优越性。

7.2.2 盾构机的构造与功能

盾构机主要采用 Q235 钢板（单层厚板或多层薄板）制成，由通用机械和专用机构组成。通用机械通常由盾构壳体、推进系统、拼装系统、出土系统四大部分组成，专用机构因机种的不同而异，主要包括掘削机构、挡土机构和驱动机构。大型盾构考虑到水平运输和垂直吊装的困难，可制成分体式，到现场进行就位拼装。

1. 盾构壳体

盾构壳体简称盾壳，是由钢板焊接成的壳体。设置盾构外壳的目的是保护掘削、排土、推进、施工衬砌等所有作业设备和装置的安全，故整个外壳用钢板制作，并用环形梁加固支承。盾构壳体由切口环、支承环和盾尾三部分组成。

（1）切口环。切口环为盾构的前端，设有刃口，施工时可以切入土层中，掩护开挖作业。切口环的长度主要取决于支撑、开挖方法、挖土机具和操作工作面，多取 300~1000mm。在稳定地层中切口环上下宽度可以相等，但在淤泥、流砂地层中切口的顶部要比底部长，犹如帽檐，既能保证掩护工作空间，又减少了盾构底部的长度。某些盾构还设有千斤顶操纵的活动前檐，以加长掩护长度。

切口环保持工作面的稳定，并由此把开挖下来的土体向后方运输。因此，采用机械化开挖、土压式或泥水加压式盾构时，应根据开挖下来的土体状态，确定切口环的形状、尺寸。切口环的长度主要取决于盾构正面支承、开挖的方法。对于机械化盾构，切口需容纳各种专门的挖土设备，切口环长度应由各类盾构所需安装的设备确定。泥水盾构，在切口环内安置有切削刀盘、搅拌器和吸泥口；土压平衡盾构，在切口环内安置有切削刀盘、搅拌器和螺旋输送机；网格式盾构，切口环内安置有网格、提土转盘和运土机械的进口；棚式盾构，安置有多层活络平台、储土箕斗；水力机械盾构，则安置有水枪、吸口和搅拌器。在局部气压、泥水加压、土压平衡盾构中，因切口内压力高于隧道内的常压，所以在切口环和支承环之间还需布设密封隔板及人行舱的进出闸门。

（2）支承环。支承环紧接于切口环，位于盾构的中部，属于盾构的主体构造部。支承环是盾构承受荷重的核心部分，采用刚性较好的圆环结构，该部分的前方和后方均设有环状梁和支柱。支承环的长度应根据安装盾构千斤顶、切削刀盘的轴承装置，驱动装置的空间决定。大型盾构空间较大，需要在支承环内安设水平隔板和竖直隔板，以保证结构具有足够的刚度。水平隔板起系杆作用承受拉力，竖直隔板承受压力。为了便利工作面开挖，在水平隔板上设有可伸缩的工作平台和相应的千斤顶，可安设所有液压动力设备（如油箱、油泵、液压马达等）、操纵控制台、衬砌拼装器（举重臂）等，隔板数量和分隔情况视盾构直径大小和工作方便决定。对局部气压盾构，水平隔板之间支承环内还要布置人工加压和减压闸。

（3）盾尾。盾尾主要用于掩护隧道衬砌管片的安装工作，一般由盾构外壳钢板延伸构成，其长度必须保证衬砌组装工作的进行，同时应考虑在衬砌组装后因破损而需更换管片、修理盾构千斤顶和曲线段进行施工等条件，使其具有一些富余量。盾尾厚度应尽量薄，可以减小地层与衬砌间形成的建筑空隙，从而减少压浆工作量，对地层扰动范围也小，有利于施工，但盾尾也需承担土压力，在遇到偏离隧道曲线施工时，还有一些难以估计的荷载出现，所以其厚度应综合上述因素来确定。盾尾末端设有密封装置，以防止水、土及注浆材料从盾尾与衬砌间隙进入盾构内。盾尾密封装置要能适应盾尾与衬砌间的空隙，由于施工中纠偏的频率很高，因此要求密封材料应富有弹性、耐磨、防撕裂等，其最终目的是能够止水。止水形式有多种，目前较为理想且常用的是采用多道、可更换的钢丝刷密封装置。盾尾采用钢丝刷时，一般使用专用的盾尾油脂泵往钢丝束内加注油脂。由于充满了油脂，钢丝又为优质弹簧钢丝，使其成为一个既有塑性又有弹性的整体。另外，油脂还能保护钢丝免于生锈损坏。这种盾尾密封装置的更换时间主要取决于土质情况，在砂性土中掘进，盾尾刷损坏较快，而在黏性土中掘进，则使用寿命较长，一般一次推进可达500m以上。盾尾的密封道数根据隧道埋深、水位高低来确定，一般为2~3道。

2. 盾构的推进系统

主要由设置在盾构外壳内侧环形中梁上的盾构千斤顶和液压设备组成。

（1）盾构千斤顶。盾构千斤顶一般是沿支承环圆周均匀分布的。千斤顶是使盾构机在土层中向前推进的关键性构件，同时千斤顶上下左右的活塞杆伸出长度的不同还可达到纠偏目的。盾构千斤顶的选择和配置应根据盾构的灵活性、管片的构造、拼装管片的作业条件等来决定。选定盾构千斤顶必须注意以下事项：

1）千斤顶要尽可能轻，直径宜小不宜大，且经久耐用，易于维修保养和更换方便。

2）采用高液压系统，使千斤顶机构紧凑。目前使用的液压系统压力值一般为30~40MPa。

3）一般情况下，盾构千斤顶应等间距地设置在支撑环的内侧，紧靠盾构外壳。在一些特殊情况下，也可考虑非等间距设置。

4）千斤顶的伸缩方向应与盾构隧道轴线平行。

(2) 千斤顶的推力及数量。一般情况下，选用的每只千斤顶的推力范围是：中小口径盾构每只千斤顶的推力为600~1500kN，大口径盾构每只千斤顶的推力为2000~4000kN。盾构千斤顶的数量根据盾构直径、要求的总推力、管片的结构、隧道轴线的情况综合考虑。

(3) 千斤顶的最大伸缩量。盾构千斤顶的最大伸缩量应考虑到盾尾管片拼装及曲线施工等因素，通常取管片宽度加上100~200mm的富余量。另外，成环管片有一块封顶块，若采用纵向全插入封顶时，应将顶部盾构千斤顶做成二级活塞杆，即在相应的封顶块位置应布置双节千斤顶，其行程约为其他千斤顶的2倍，以便将封顶管片纵向插入，满足拼装成环需要。

(4) 盾构液压设备。盾构的液压设备由输油泵、高压油泵、控制油泵等组成。盾构是利用电能带动液压设备工作的。工作时，启动控制油泵待油压升至额定压力后，按指令操纵电磁阀开关，由电磁吸铁来打开控制阀门，依靠压力较低的控制油压按同样的指令推动高压阀，使总管内高压油通向千斤顶，而千斤顶活塞杆则按操纵指令伸出或缩回。整个系统设有电控压力表、电流过载保护装置等，使高压油泵及电动机不致超载损坏。

3. 拼装系统

盾构拼装系统设置在盾构的尾部，由管片拼装机和真圆保持器构成。

(1) 管片拼装机（图7-6）。管片拼装机又称举重臂，是拼装系统的主要设备，是在盾尾内把管片按照设计所需要的位置安全、迅速拼装成管环的装置。举重臂以油压系统为动力，一般均安装在支承环上，中、小型盾构因受空间限制，有的安装在后车架上或平板车上。举重臂在钳捏住管片后，能沿隧道中轴线做前后平移、360°（左右叠加）旋转、径向伸缩运动。举重臂有环式、空心轴式、齿轮齿条式等，一般常用环式拼装机。这种举重臂如同一个可自由伸缩的支架，安装在具有支承滚轮的、能够转动的中空圆环上的机械手。该结构形式的中间空间大，便于安装出土设备。

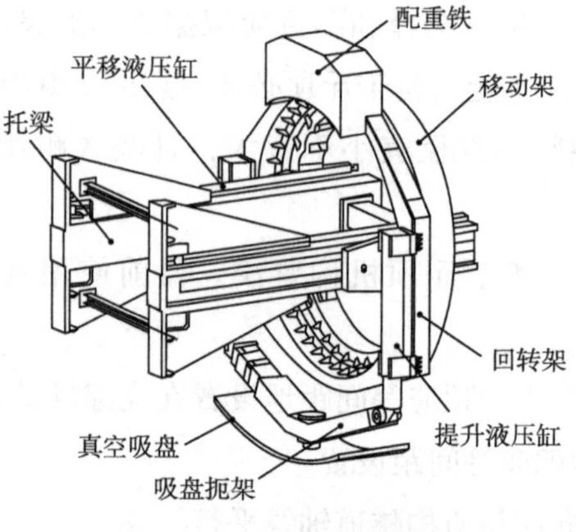

图 7-6　管片拼装机结构

(2) 真圆保持器 (图 7-7)。当盾构向前推进时, 管片拼装环 (管环) 就从盾尾部脱出, 管片受到自重和土压的作用会产生横向变形, 使横断面成为椭圆形, 已经拼装成环的管片与拼装环在拼装时就会产生高低不平, 给安装纵向螺栓带来困难。为了避免管片出现高低不平的现象, 就有必要让管片保持真圆, 此时就需要使用真圆保持器, 使拼装后管环保持正确 (真圆) 位置。真圆保持器支柱上装有可上、下伸缩的千斤顶和圆弧形的支架, 它在动力车架的伸出梁上是可以滑动的。当一环管片拼装成环后, 就将真圆保持器移到该管片环内, 当支柱的千斤顶使支架圆弧面紧贴管片后, 盾构就可进行下一环的推进。

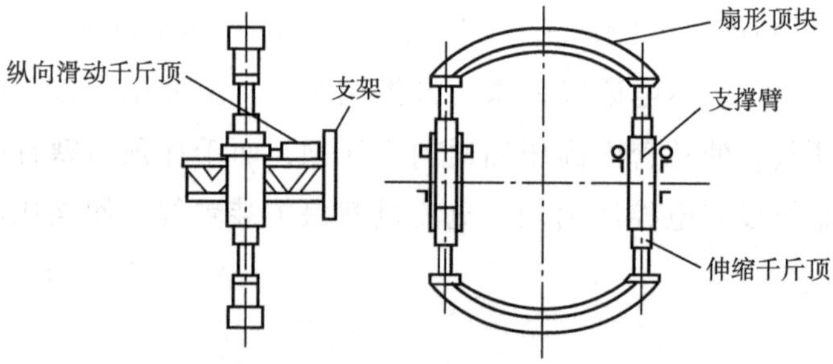

图 7-7　真圆保持器

4. 出土系统

大直径盾构施工要运出大量土方, 出土方式恰当与否直接影响到盾构推进的速度和施工场地安排是否合理。出土方式一般采用有轨运输和管道运输。

有轨运输是盾构开挖出的土方经皮带运输机或螺旋传输机传送到矿车, 由电机车牵引到洞口或工作井, 再经垂直起吊送至地面。有轨运输在气压施工时, 矿车要经过气闸室加压或减压后才能进出气压段, 功效低、施工麻烦。

管道运输是将开挖或水力冲刷下来的土，经搅拌机拌成泥浆，然后再经泥浆泵接力压至地面，使盾构出土实现了连续化，大大提高了功效，并且隧道内非常干净，实现了文明施工。近年来，泥水盾构、加水式土压平衡盾构都采用这种出土方式。

泥水盾构出土系统示意图见图 7-8。

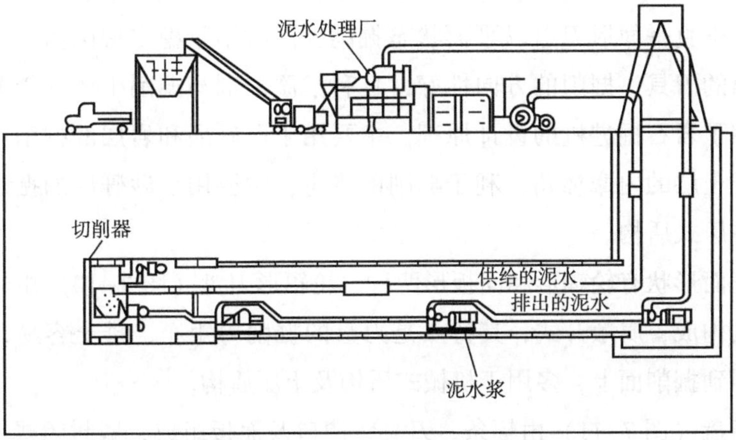

图 7-8 泥水盾构出土系统示意图

5. 掘削机构

对人工掘削式盾构而言，掘削机构即鹤嘴锄、风镐、铁锹等；对于半机械式盾构而言，掘削机构即铲斗、掘削头；对于机械式、封闭式（土压式、泥水式）盾构而言，掘削机构即切削刀盘。下面主要对切削刀盘做详细的介绍。

（1）刀盘的构成及功能。切削刀盘即做转动或摇动的盘状掘削器，由切削地层的刀具、稳定掘削面的面板、出土槽口、转动或摇动的驱动机构、轴承机构等构成。刀盘设置在盾构机的最前方，既能掘削地层的土体，又能对掘削面起一定支承作用，从而保证掘削面的稳定。掘削方式根据刀具运动的方式不同分为旋转掘削式、摇动掘削式和游星掘削式。

刀盘掘削方式图见图 7-9。

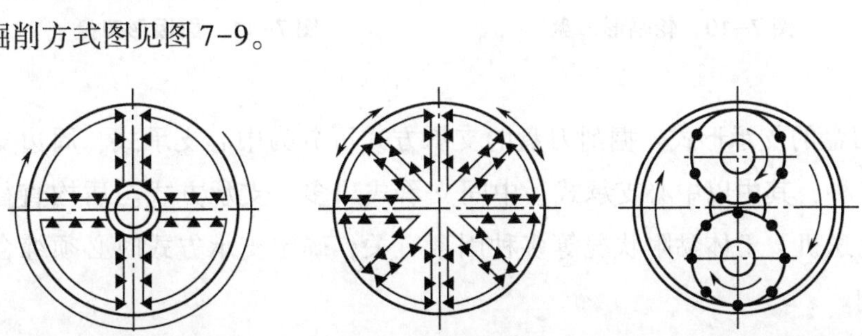

（a）旋转掘削式　（b）摇动掘削式　（c）游星掘削式

图 7-9 刀盘掘削方式图

（2）刀盘与切口环的位置关系。刀盘与切口的位置关系有三种形式，第一种是刀盘位于切口环内，适用于软弱地层；第二种是刀盘外沿突出切口环，适用的土质范围较宽，适用范围最广；第三种是刀盘与切口环对齐，位于同一条直线上，适用范围居中。

（3）刀盘的形状。刀盘的纵断面形状有垂直平面形、突芯形、穹顶形、倾斜形和缩小形五种。垂直平面形刀盘以平面状态掘削，同时用于稳定掘削面；突芯形刀盘的中心装有突出的刀具，掘削的方向性好，且利于添加剂与掘削土体的拌和；穹顶形刀盘设计中引用了岩石掘进机的设计原理，主要用于巨砾层和岩层的掘削；倾斜形刀盘的倾角接近于土层的内摩擦角，利于掘削的稳定，主要用于砂砾层的掘削；缩小形刀盘主要用于挤压式盾构。

刀盘的正面形状有轮辐形和面板形两种。轮辐形刀盘（图 7-10）由辐条及布设在辐条上的刀具构成，属敞开式，其特点是刀盘的掘削力矩小、排土容易、土舱内土压可有效地作用到掘削面上，多用于机械式盾构及土压盾构。

面板形刀盘（图 7-11）由辐条、刀具、槽口及面板组成，属封闭式。面板式刀盘的特点是面板直接支承掘削面，利于掘削面的稳定。另外，多数情况下面板上都装有槽口开度控制装置，当停止掘进时可使槽口关闭，防止掘削面坍塌。控制槽口的开度还可以调节土砂排出量，控制掘进速度。面板式刀盘对泥水式和土压式盾构均适用。

图 7-10　轮辐形刀盘

图 7-11　面板形刀盘

（4）刀盘的支承形式。掘削刀盘的支承方式可分为中心支承式、周边支承式和中间支承式三种，其中以中心支承式、中间支承式居多。支承方式与盾构直径、土质对象、螺旋输送机、土体黏附状况等多种因素有关，确定支承方式时必须综合考虑各种因素的影响。

6. 挡土机构

挡土机构是为了防止掘削时掘削面坍塌和变形，确保掘削面稳定而设置的机构。

该机构因盾构种类的不同而不同。

就全敞开式盾构机而言，挡土机构是挡土千斤顶；对半敞开式网格盾构而言，挡土机构是刀盘面板；对机械盾构而言，挡土机构是网格式封闭挡土板；对泥水盾构而言，挡土机构是泥水舱内的加压泥水和刀盘面板；对土压盾构而言，挡土机构是土舱内的掘削加压土和刀盘面板。此外，采用气压法施工时由压缩空气提供的压力也可起挡土作用，保持开挖面稳定。开挖面支撑上常设有土压计，以监测开挖面土体的稳定性。

7. 驱动机构

驱动机构是指向刀盘提供必要旋转力矩的机构。该机构是由带减速机的油压马达或电动机，经过副齿轮驱动装在掘削刀盘后面的齿轮或销锁机构。有时为了得到更大的旋转力，也有利用油缸驱动刀盘旋转的。油压式对启动和掘削砾石层较为有利；电动机式噪声小、维护管理容易，也可相应减少后方台车的数量。驱动液压系统由高压油泵、油马达、油箱、液压阀及管路等组成。

7.2.3 工作原理与操作流程

盾构法施工的基本原理是指外形与隧道横截面相同，但尺寸比隧道外形稍大的钢筒或钢架压入地层中构成保护切削机械的外壳，在此外壳的保护下，切削机械沿隧道轴线向前推进的同时开挖土层。这个钢组件在最初或最终的隧道衬砌建成以前总是在防护着开挖出的空洞。盾构必须承受周围地层的压力，而且如果有需要，还要防止地下水的入侵。

盾构法施工的基本原理可以从其施工过程来理解。其主要施工步骤是先在隧道某段的一端建造竖井或基坑，以供盾构安装就位。盾构从竖井或基坑的墙壁预留孔处开孔出发，在地层中沿着设计轴线，向另一竖井或基坑的设计预留孔洞推进。盾构推进中所受到的地层阻力，通过盾构千斤顶传至盾构尾部已拼装的预制衬砌，再传到竖井或基坑的后靠壁上。盾构是这种施工方法中主要的独特施工机械，是一个既能支承地层压力，又能在地层中推进的圆形、矩形、马蹄形及其他特殊形状的钢筒结构。其直径稍大于隧道衬砌的直径，在钢筒的前面设置各种类型的支撑和开挖土体的装置，在钢筒中段周圈内安装顶进所需的千斤顶，钢筒尾部是具有一定空间的壳体，在盾尾内可以安置数环拼成的隧道衬砌环。盾构每推进一环距离，就在盾尾支护下拼装一环衬砌，并及时向盾尾后面的衬砌环外周的空隙中压注浆体，以防止围岩松弛和地面下沉，在盾构推进过程中不断从开挖面排出适量的土方。盾构法施工就是利用盾壳作为支护，一边在机内安全地进行开挖作业和衬砌作业，一边防止开挖面土体崩塌，从而构筑成隧道的施工法。

盾构法是一项综合性的施工技术，它除土方开挖、正面支护和隧道衬砌结构安装等主要作业外，还需要其他施工技术密切配合才能顺利实施。主要包括：始发和接收端地层加固、衬砌结构的制造、隧道内的运输、衬砌与地层间空隙的充填、衬砌的防水与堵漏、开挖土方的运输及处理、施工测量及变形监测等。

盾构施工流程见图 7-12。

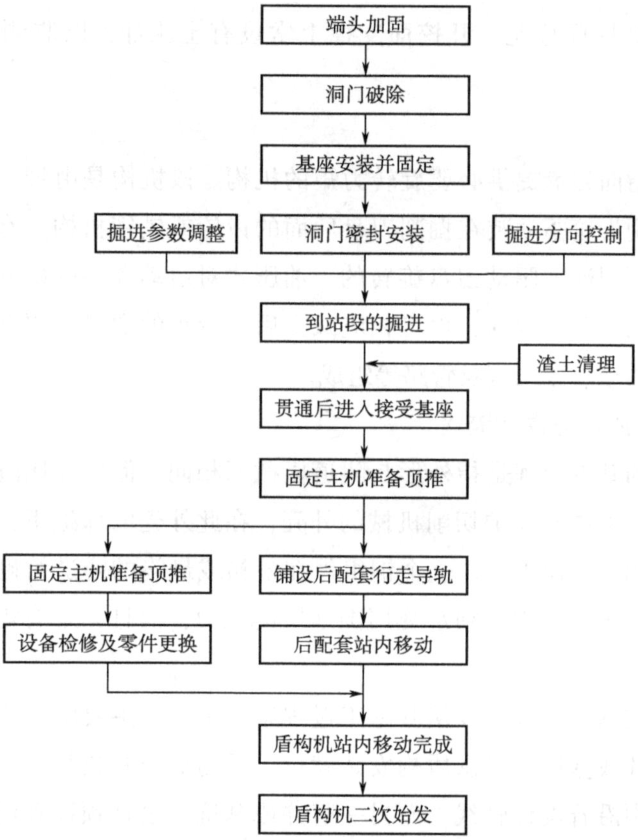

图 7-12　盾构施工流程

7.3　盾构法施工阶段与控制要点

7.3.1　盾构施工的阶段划分

盾构法施工的主要步骤是先在隧道的一端建造竖井或基坑井，在井内进行盾构的就位安装，然后盾构从竖井或基坑井的墙壁预留孔处开孔出发，在地层中沿着设计轴线，向另一端的竖井或基坑井的设计预留孔洞推进，完成隧道的掘进。由盾构法施工的主要步骤可知，盾构施工一般分为始发、正常掘进和接收三个阶段。第一个阶段是盾构始发，即盾构机从始发工作井开始向隧道内推进，也叫作盾构的出洞；第二个阶段是盾构始发后向另一端的达到井掘进，叫作盾构隧道的推进；第三个阶段是盾构到达接收井，即盾构的进洞，也称盾构接收。这三个施工阶段是盾构法施工的重要环节。

7.3.2 盾构始发施工技术要点

在盾构法施工技术领域，盾构机出洞、进洞是盾构法施工的重点、难点，涉及工作井设置、洞口封门形式、洞门端头土体加固、盾构进出洞方法、洞内设备布置等技术方案。下面先介绍始发阶段相关技术要点。

1. 盾构工作井

在盾构施工段的始端和终端，为了便于进行盾构安装和拆卸，需建造竖井或基坑井，又叫工作井。如果盾构推进线路特别长时，还需要设置检修工作井。这些竖井或基坑井都应尽量结合隧道规划线路上的通风井、设备井、地铁车站、排水泵房、立体交叉、平面交叉、施工方法转换处等需要来设置。

（1）工作井尺寸。作为拼装和拆卸用的竖井，工作井的建筑尺寸应根据盾构拼装、拆卸及施工来确定，满足盾构装、拆的施工工艺要求。一般工作井的宽度应大于盾构直径1.6~2.0m，井的长度主要考虑盾构设备安装余地，以及盾构出洞施工所需最小尺寸。盾构拆卸井要满足起吊、拆卸工作的方便，其要求一般比拼装井稍低，但应考虑留有进行洞门与隧道外径间空隙充填工作的余地。

（2）盾构基座（图7-13）。工作井内需要设置支撑盾构拼装的基座。盾构基座置于工作井的底板上，用作安装及稳妥地搁置盾构，更重要的是通过设在基座上的导轨使盾构在施工前获得正确的导向。因此，导轨需要根据隧道设计轴线及施工要求定出平面、高程和坡度进行测量定位。基座可以采用钢筋混凝土（现浇或预制）或钢结构，导轨夹角一般为60°~90°。盾构基座除了承受盾构自重外，还应考虑盾构切入土层后，进行纠偏时产生的集中荷载。

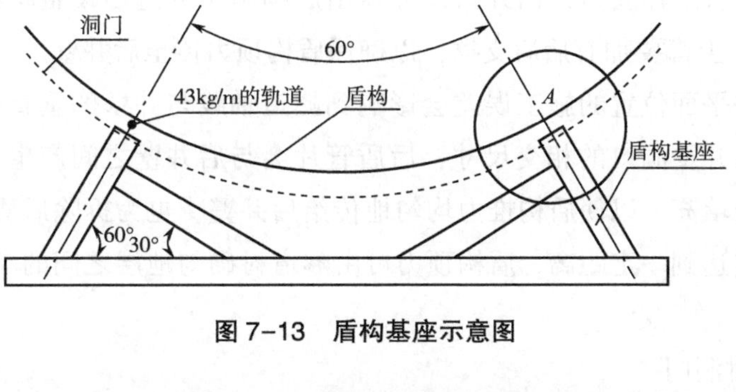

图7-13 盾构基座示意图

（3）盾构后座。盾构刚开始向前推进出洞时，其推力要靠工作井后井壁来承担，在盾构与后井壁之间需要有相应的传力设施，这个设施就称为后座。盾构后座通常由隧道衬砌管片、专用顶块或顶撑制作。图7-14表示的是盾构采用专用工作井时的后座形式，它由后盾环（负环）和细石混凝土组成，盾构掘进的轴向力由其传递至井壁上。图 7-15 表示的是利用地铁车站作为工作井时构筑的后座，由后盾环（负环）、工字钢柱和钢管支撑组成，盾构掘进的轴向力由其传递至站台的顶板、底板上。

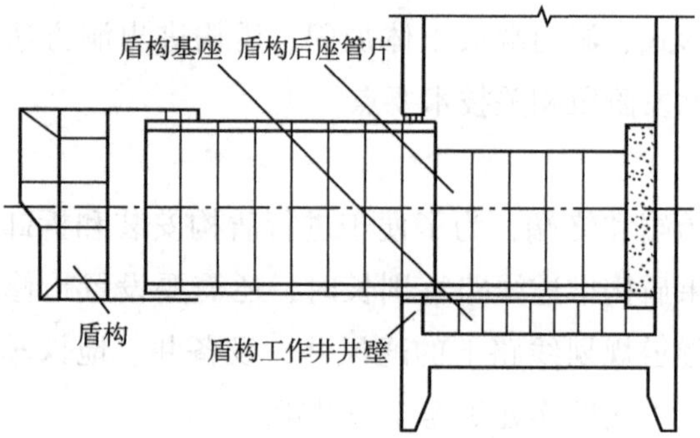

图 7-14　专用工作井盾构后座

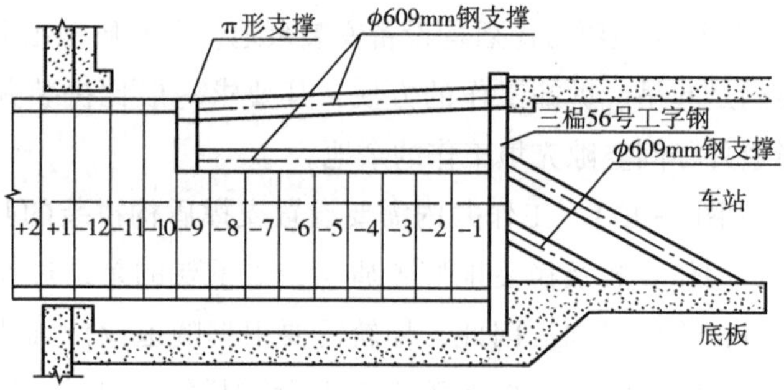

图 7-15　地铁车站盾构后座

后座不仅要传递推进顶力，还是垂直水平运输的转折点。所以后座不能是整环，应有开口作为垂直运输通口，而开口尺寸需由盾构施工的进出设备材料尺寸决定，在第一环（闭环）上都要加有后盾支撑，以确保盾构顶力传至后井壁。

由于工作井平面位置的施工误差会影响到隧道轴线与井壁的垂直度，为了调正洞口第一环管片与井壁洞口的相交尺寸，后盾管片会与后井壁之间产生一定间隙，这间隙要采用混凝土填充，以使盾构推力均匀地传给后井壁，也为拆除后盾管片提供方便。当盾构向前掘进达到一定距离，盾构顶力可由隧道衬砌与地层之间的摩阻力来承担时，后座即可拆除。

2. 盾构临时洞门

盾构进出洞前需先完成工作井或工作基坑。为确保盾构能够方便顺利地进洞、出洞，应在工作井或基坑施工的同时在竖井端墙上将盾构通过的开口预留出来，设置洞门并临时封闭，洞门又称为封门。这些封门最初起挡土和防止渗漏的作用，一旦盾构安装调试结束，盾构刀盘抵住端墙，要求封门能尽快拆除或打开。洞门的封闭形式与周围的地质条件、工作井采用的围护结构及洞口加固方法有关，同时还需考虑盾构进洞、出洞是否方便、安全和可靠。

临时洞门按其设置位置分有内封门和外封门，内封门一般用于进洞洞口，外封门常用于出洞洞口；按封门材料分有混凝土封门、钢板桩封门和预埋H型钢封门。

（1）混凝土封门。当采用混凝土搅拌桩、钢筋混凝土灌注桩和地下连续墙等作封门时，可直接在壁墙上凿孔出洞，拆除可用凿岩机或爆破的方法。施工时一般按盾构外径尺寸在井壁（或连续墙钢筋笼）上预留环形钢板，板厚8~10mm。宽度同井壁厚。环向钢板切断了连续墙或井壁的竖向受力钢筋，故封门周边要做构造处理。这种封门制作和施工简单，结构安全。但拆除时要用大量人力铲凿，费工费时。

（2）钢板桩封门。钢板桩封门较适用于用沉井修建的盾构工作井。在沉井制作时，按设计要求在井壁上预留圆形孔洞，沉井下沉前，在井壁外侧密排钢板桩，封闭预留的孔洞，以挡住侧向水、土压力。当沉井较深时，钢板桩可接长。盾构刀盘切入洞口靠近钢板桩时，用起重机将其连根拔起。用过的钢板桩经修理后可以重复使用。钢板桩通常按简支梁计算。钢板桩封门受埋深、地层特性和环境要求等的影响较大。

（3）预埋H型钢封门。预埋H型钢封门施工时需将位于预留孔洞范围内的连续墙或竖井壁的竖向钢筋用塑料管套住，以免其与混凝土黏结，同时，在连续墙或沉井壁外侧预埋H型钢，封闭孔洞，抵抗侧向水、土压力。当盾构刀盘抵住墙壁时，凿除混凝土，切断钢筋，连根拔起H型钢。

3. 盾构出洞方法

盾构出洞是指利用反力架和负环管片，将始发基座上的盾构，由始发竖井推入地层，开始沿盾构设计线路掘进的一系列作业。盾构出洞在盾构施工中占有相当重要的位置，是盾构施工的关键环节之一，也是容易出现风险的环节。

盾构出洞的主要内容包括：始发前竖井端头的地层加固，安装盾构始发基座，盾构组装及试运转，安装反力架，凿除洞门临时墙和围护结构，安装洞门密封，盾构姿态复核，安装负环管片，盾构贯入作业面建立土压和试掘进等。

（1）盾构出洞方式。根据不同的考虑因素，盾构出洞方式可划分为多种形式。根据盾构主机、后配套及相关附属设施是否一次性放置于地下，分为整体始发和分体始发；根据临时拼装的负环管片是否封闭，分为整环始发和半环始发；根据盾构始发的线路不同，又可分为直线始发和曲线始发。

1）整体始发与分体始发。整体始发是指将盾构主机和全部台车安装在始发井下，盾构始发掘进时带动全部台车一起前进的施工技术。当具备整机始发条件时，尽量采用整体始发，以便充分发挥盾构施工安全、快速、高效的优势。目前盾构施工中，采用的整体始发主要有利用车站整体始发和利用始发竖井、出土井并结合反向隧道两种方式。利用“始发竖井+反向隧道+出土井”的整体始发方式只需增加一个出土竖井的投资，在出土井施工场地许可的情况下，可以在始发井和出土井同时施工的情况下，从两个工作面相向施工70m左右的反向隧道，能大大节约工期。因此，在车站不具备盾构机整体始发条件时，可优先考虑“始发竖井+反向隧道+出土井”的整体始发方式。

盾构进行常规整体始发需要80m长的始发竖井或车站空间，如此长的竖井不但造价昂贵，而且在繁华的城市中很少具备这样的场地条件，此外车站也有可能因场地拆迁或总工期控制等因素一时不能提供盾构整体始发空间，这时就需要采用分体式始发。分体式始发是将盾构主机与全部或部分台车之间采用加长管线连接，盾构主机与全部或部分台车分开前行，待初始掘进完成后再将盾构主机与全部台车在隧道内安装连接进行正常掘进。盾构分体式始发时，盾构主机与地面台车之间采用的电缆、油管等管线需加长连接，在盾构掘进80m左右后拆除负环，将后配套台车吊入始发井内，并拆除台车与盾构主机相接的加长管线，对台车与盾构主机重新进行连接，然后按正常掘进模式掘进。目前盾构施工中，根据现场场地情况，常用的有部分台车或全部台车置于地面两种方式。

2）整环始发与半环始发。盾构始发时，盾构机的后端是一个反力架，盾构机向前推进时需在盾尾拼装管片环（一般通缝拼装）以给盾构机掘进提供反作用力，从反力架到盾尾之间安装的管片就是负环管片。负环管片若为整环安装即为整环始发，若采用半环安装则称为半环始发。

3）直线始发和曲线始发。直线始发是指盾构始发时隧道中心线为直线的始发方式，曲线始发是指盾构始发时隧道轴线为曲线的始发方式。一般情况下，曲线始发半径不宜小于500m。

（2）盾构出洞准备工作。

1）井内的盾构后盾管片布置、后座混凝土浇筑或后支撑安装。盾构后盾由负环管片组合而成，可根据施工情况确定开口环（需预留运输通道时，负环管片安装时不封闭成环）、闭口环的数量。

2）洞口止水装置的安装。井壁洞口内径与盾构外径存在环形建筑空隙，为了防止盾构出洞时土体从此空隙处流失，洞圈内应安装由橡胶帘布环状板、扇形板等组成的密封装置，作为施工阶段临时防泥水措施。

3）洞门混凝土凿除。先凿除洞圈内大部分钢筋混凝土，外壁留20cm厚混凝土，并把它分成9块，凿出外排钢筋，在盾构与槽壁之间搭设脚手架，准备下一步施工作业。

（3）盾构出洞施工。待洞口加固土体达到一定强度，后盾负环拼装、盾构调试完成后，即可拉走洞圈内钢筋混凝土网片，将盾构靠近加固土体，然后调整洞口止水装置，准备出洞。为防止盾构出洞时正面土体的流失，在盾构切口前端离洞口加固土体有一定距离时，利用螺旋机反转法向盾构的正面灌注黏土，使土压力达到施工要求。盾构推进前，为减少盾构的推进阻力，可在盾构基座轨道面上涂抹牛油，同时为避免刀盘上的刀头损坏洞门密封装置，在刀头和密封装置上亦应涂抹油脂，另外应将盾尾钢刷填满密封油脂。当第一环闭口环管片脱出盾尾后，立刻进行反力架的安装，支撑柱用工字钢呈“π”形布置，并用钢管支撑撑紧。支撑完成后，在盾构推进时要密切观察后座的变形情况，以防止变形过大而造成的破坏。

盾构自基座上开始推进到盾构掘进通过洞口土体加固段为止，即为盾构出洞始发施工。盾构始发流程如图 7-16 所示，其技术要点如下。

1）盾构基座、反力架与管片上部轴向支撑的制作与安装要具备足够的刚度，保证负载后变形量满足盾构掘进方向要求。

2）安装盾构基座和反力架时，要确保盾构掘进方向符合隧道设计轴线。

3）由于负环管片的真圆度直接影响盾构掘进时管片拼装精度，因此安装负环管片时必须保证其真圆度，并采取措施防止其受力后旋转、径向位移与开口部位的变形。

4）拆除洞口围护结构时，要确认洞口土体加固效果，必要时进行补浆加固，以确保拆除洞口围护结构时不出现土体坍塌、地层变形过大现象，且盾构始发过程中开挖面稳定。

5）盾构机的盾尾进入洞口后，应将洞口密封且与管片贴紧，以防止泥浆与注浆浆液从洞门泄漏。

6）加强观测盾构井周围地层、盾构基座、反力架、负环管片的变形与位移，超过预定值时必须采取有效措施后，才能继续掘进。

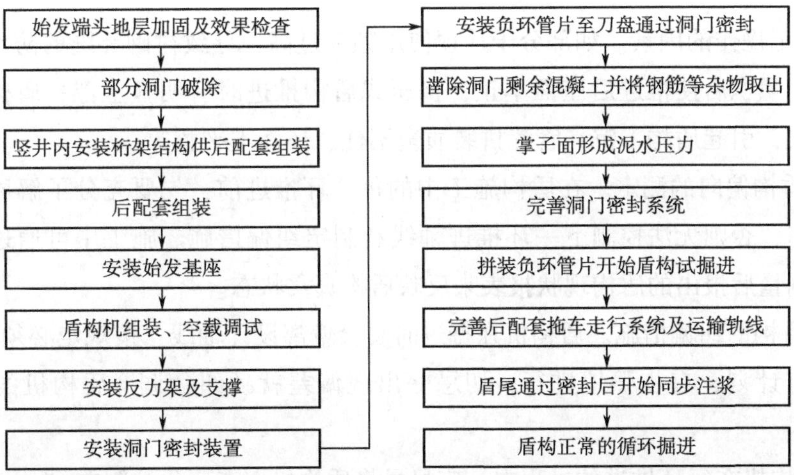

图 7-16　盾构始发流程

7.3.3 盾构正常掘进阶段的施工控制

盾构推进时必须根据围岩条件，保证工作面的稳定，同时控制好盾构机的掘进方向，保证盾构按设计的路线进行推进。

1. 盾构姿态的控制

盾构姿态的控制包括盾构推进方向的控制和盾构自身扭转的控制。盾构隧道一般不是完全呈直线形，由于各种原因和需要，在纵轴线上会存在水平方向的弯曲和垂直方向的变坡。因此，盾构施工时要保证盾构按设计的路线进行推进，控制盾构机掘进方向就显得十分重要。

（1）盾构掘进方向控制。盾构掘进操作主要是控制盾构运动轨迹始终在设计轴线容许偏差值范围内，使隧道衬砌拼装在理想的位置上。要控制好盾构掘进轴线，不但要能熟练地操作盾构，懂得纠偏原理、方法，还应对隧道埋置的地质情况、盾构施工时土质与盾构相互的影响有全面的了解。盾构的方向控制主要是通过调整盾构千斤顶的编组、油压和开挖面阻力等操作来实现。

盾构偏向的原因。盾构偏向是指盾构机掘进过程中，其平面、高程偏离设计轴线的数值超过允许范围。盾构在脱离基座导轨进入地层后，主要依靠千斤顶编组及借助辅助措施来控制盾构的运动轨迹。盾构在地层中推进时，导致偏向的因素很多，主要有以下几方面：

1）地质条件的因素。由于地层土质不均匀，以及地层有卵石或其他障碍物，造成正面及四周的阻力不一致，从而导致盾构在推进中偏向。

2）机械设备的因素。如千斤顶工作不同步，由于加工精度误差造成伸出阻力不一致；盾构外壳形状误差；设备在盾构内安置偏重于某一侧；千斤顶安装后轴线不平行等。

3）施工操作的因素。如部分千斤顶使用频率过高，导致衬砌环缝的防水材料压密量不一致，累积后使推进后座面不正，挤压式盾构推进时有明显上浮；盾构下部土体有过量流失，引起盾构下沉；管片拼装质量不佳、环面不平整等。

（2）盾构偏向的测定。在盾构施工中的每一环推进前，先要充分了解盾构所处的位置和姿态，否则无法控制下一环推进轴线和制定纠偏措施。施工中可通过对盾构机现状位置测量后报出的盾构现状报表来反映盾构真实状态。

（3）盾构的纠偏措施。盾构机在掘进时总会偏离设计轴线，按规定必须进行纠偏。纠偏必须有计划、有步骤地进行，切忌一出现偏差就猛纠猛调。盾构机的纠偏措施如下：

1）盾构机在每环推进的过程中，应尽量将盾构机姿态变化控制在±5mm 以内。

2）应根据各段地质情况对各项掘进参数进行调整。对于含水率较大的地层，管片很容易上浮，如果对盾构机的姿态控制不好，将使管片的上浮加剧，并造成管片的破损。因此，这种地层推进时对盾构机姿态的控制更显重要，应对各项掘进参数进行调整。

3）尽量选择合理的管片类型，避免人为因素对盾构机姿态造成过大的影响。严格控制管片拼装质量，避免因此而引起的对盾构机姿态的调整。

4）当盾构机偏离理论轴线较大时，纠偏中俯仰角的调整力度控制在5mm/m，不得猛纠猛调。

5）在纠偏过程中，掘进速度要放慢，并且要注意避免纠偏时由于单侧千斤顶受力过大对管片造成的破损。

6）在纠偏时，要密切注意盾构机的姿态、管片的选型及盾尾的间隙等，把盾构机姿态控制在设计轴线中心±20mm以内，盾尾与管片四周的间隙要均匀。

7）当盾构机的姿态处在轴线左边时，在纠偏时首先要提高盾构机左侧分区千斤顶的推力，使盾构机机头向右侧偏移，然后相应再逐渐减小左侧分区千斤顶的推力，加大右侧分区千斤顶的推力，逐渐使盾构机逼近设计轴线。当盾构机姿态处在轴线右侧、上面及下面时，也应如此控制。

2. 盾构自转控制

盾构在推进施工中，除了偏离设计轴线外，还会存在盾构本身自转的现象。

（1）盾构自转对盾构掘进施工的影响。

1）使盾构设备操作、液压系统的运转不正常。原来安置平整的设备自转后歪斜，如不调整，会造成操作不方便，运转使用失常。

2）隧道衬砌拼装困难。当采用全纵向插入的成环形式时，因位置转了一个角度，会造成封顶块管片难以或根本无法拼装。

3）给隧道测量带来不便。测量时在盾构上安装有弧形尺，盾构自转后尺位发生偏移，有时要重新装尺，两次定位肯定会影响到测量精度。

（2）盾构产生自转的原因。

1）地质原因。盾构推进时土层土质不均匀，盾构两侧的土体有明显差别时，则土体对盾构的侧向阻力不一，从而引起旋转。

2）盾构掘进施工不当造成影响。在施工中为了纠正轴线，对某一处超挖过量，造成盾构两侧阻力不一致而使盾构旋转，同样，安装在盾构上的大的旋转设备顺着一个方向使用过多，也会引起盾构自转。

3）盾构制作、安装质量造成的影响。由于盾构制作误差、千斤顶位置与轴线不平行、盾壳不圆、盾壳的重心不在轴线上等，同样会使盾构在施工中产生旋转。

（3）盾构自转后纠正的方法。施工中允许盾构有滚动偏差，但当超过规定偏差时，盾构机会报警。在盾构有少量自转时，可通过调整盾构内的举重臂、转盘、大刀盘等大型旋转设备的使用方向，改变管片拼装左、右交叉的先后次序，调整盾构两腰推进油缸轴线，使其与盾构机轴线不平行等措施来纠正。当自转量较大时，可在盾构机支承环或切口环内单边加压重，使其形成一个反旋转力偶。

7.3.4 盾构接收施工技术要点

盾构进洞即盾构机的到达和接收，是指盾构机沿设计的路线掘进至距离接收竖井50~100m直至从预先准备好的洞门开口处将盾构机顶进竖井内的整个施工过程。

1. 盾构进洞施工内容

盾构进洞前应首先完成盾构接收井施工，然后需对洞门位置的中心坐标测量确认，并安装盾构接收基座（参照出洞盾构基座安装形式），同时完成接收井内混凝土洞门凿除和洞门封堵材料准备等各项盾构进洞准备工作。

盾构在进洞前100m做隧道贯通测量、进洞口中心坐标测量，要求复测两次。根据测量数据及时调整盾构推进姿态，确保盾构顺利进洞。当盾构逐渐靠近洞门时，要在洞门混凝土上开设观察孔，加强对其变形和土体的观测，并控制好推进时的土压值。在盾构切口距洞门20~50cm时，停止盾构推进，尽可能掏空平衡仓内的泥土，使正面的土压力降到最低值，以确保混凝土封门拆除的施工安全。混凝土封门拆除的方法与出洞时基本相同。在洞门凿下的混凝土清除后，盾构应尽快连续推进并拼装管片，尽量缩短盾构进洞时间。洞圈特殊环管片脱出盾尾后，用弧形钢板与其焊接成一个整体，并用水硬性浆液将管片和洞圈的间隙进行充填，以防止水土流失。综上所述，盾构进洞接收施工的主要内容归纳如下。

1）完成盾构接收井施工和接收端头地层加固。

2）在盾构贯通之前100m、50m处分两次对盾构姿态进行人工复核测量。

3）接收洞门位置及轮廓复核测量。

4）根据前两项复测结果确定盾构姿态控制方案并进行盾构姿态调整。

5）接收洞门凿除，盾构接收架准备。

6）贯通后刀盘前部渣土清理，盾构接收架就位、加固。

7）洞门防水装置安装及盾构推出隧道。

8）洞门注浆堵水处理。

2. 盾构进洞施工技术要点

为确保盾构进洞顺利、安全，盾构接收施工需注意以下技术要点：

1）盾构暂停掘进时，准确测量盾构机坐标位置与姿态，确认与隧道设计中心线的偏差值。

2）根据测量结果制定到达掘进方案。

3）继续掘进时及时测量盾构机坐标位置与姿态，并及时进行方向修正。

4）掘进至洞口加固段时．确认土体加固效果，必要时进行补注浆加固。

5）进入接收井洞口加固段后，逐渐降低土压（泥水压），降低掘进速度，适时停止加泥、加泡沫或送泥与排泥、停止注浆，并加强工作井周围地层变形观测。

6）拆除洞口围护结构前要确认洞口土体加固效果，必要时进行注浆加固，以确保拆除洞口围护结构时不发生土体坍塌、地层变形过大。

7）盾构接收基座的制作和安装要具备足够的刚度，且安装时要对其轴线和高程进行校核，保证盾构机顺利、安全接收。

8）盾构机落到接收基座上后，及时封堵洞口处管片外周与盾构开挖洞体之间的空隙，同时进行填充注浆，控制洞口周围土体沉降。

3. 洞门土体加固

在盾构出洞始发和进洞接收时，随着竖井挡土墙或围护结构的拆除，端头土体的结构、作业荷载和应力将发生变化，因此盾构出洞、进洞施工时，除合理选用洞门结构形式外，在直径大、土质差、隧道埋深较大的情况下，还应考虑洞外土体的稳定性问题。如果洞外土体能自立稳定相当长一段时间，可不进行加固，盾构进出洞前拆除封门即可，否则，应提前采取有关辅助措施，对始发和接收竖井的端头地层进行土体加固，稳定洞口土体和防止泥水涌入。

（1）端头加固目的。盾构洞门端头土体加固的目的主要是控制端头地表沉降，控制洞口周围水土流失，避免坍塌，提高土体的承载力，以及防止重型机械在软弱土体上起吊时发生失稳、坍塌，或对已成形隧道安全造成不利影响。在盾构出洞始发掘进前几环时，同步注浆不能实施，管片与盾壳之间的空隙不能立刻填充，进行端头加固还可以有效地防止同步注浆前隧道上方土体的稳定。

（2）端头加固时机。端头加固时机根据加固方法不同而异，考虑加固施工一个月的工期、一个月的龄期、检测后的补充加固等因素，一般应提前至少三个月进行。通常是在盾构施工前，车站或盾构井主体结构施工完成后进行，亦可在前期基坑土体开挖前进行。

（3）端头加固范围。洞门土体的加固范围一般应为盾构推进过程中，周围土体受到扰动、易出现塑性松动变形的范围。土体的加固深度（图 7-17）包含全深加固和局部加固两种，全深加固是隧道口上部一直到地面的土层全部加固；局部加固是只对盾构周围须穿透的土层进行加固，其他土体不进行加固。加固深度与加固方法和隧道的埋深有关，通常深层搅拌桩法采用全深加固；注浆法一般为局部加固；冻结法则在隧道埋深大时可采用局部加固，埋深较浅时采用全深加固。土体的加固范围包括径向和纵向两个方向。径向加固厚度一般为 2~4m，具体需根据土层情况和加固方法确定。纵向厚度须根据水土压力进行设计计算，并且考虑一定的安全系数。一般来说，用冻结法加固时，纵向厚度为1~3m，注浆加固则更厚些，其他方法可根据经验取盾构长度再加长1m左右。

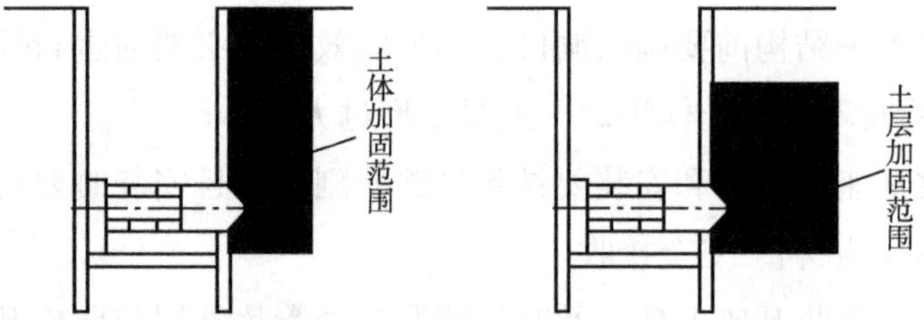

（a）全深加固　　（b）局部加固

图7-17　土体加固深度范围

（4）加固方法。目前，国内常用的加固方法有多种，施工中应根据地质、地下水、埋深、盾构机直径、盾构机型、施工环境等因素，同时考虑安全、施工方便、经济性、进度等确定，可单独采用或联合采用。

1）旋喷加固。旋喷桩法是利用工程钻机钻孔到设计深度，将一定压力的水泥浆液和空气，通过其端部侧面的特殊喷嘴同时喷射，并强制土体与喷射出来的浆液流混合，胶结硬化。该法主要适用于冲击层、残积层及人工填土等。对于砂类土、黏性土、淤泥土及黄土等土质都能加固，但对砾石直径过大、含量过多及有大量纤维质的腐殖土的加固质量稍差。虽有应用范围广、施工简便、固结桩体强度高等特点，但总体造价偏高，且在城市狭小的施工环境下，泥浆排放比较困难。

2）深层搅拌加固。深层搅拌桩是软土地基加固和深基坑开挖侧向支护常用的方法之一，其主要是利用深层搅拌机械，用水泥、石灰等材料作为固化剂与地基土进行原位的强制粉碎拌和，待固化后形成不同形状的桩、墙体或块体等的地层加固方法。该法主要适用于饱和软黏土、淤泥质亚黏土、新填土和沉积粉土等地层的加固，但在砂层中加固效果不好，须与旋喷桩等工法配合使用。该法优点是工程造价低、操作方便，场地较小时采用更为合理。

3）冻结法加固。冻结法是指采用人工冻结原理，将土体温度降至0℃以下，使土体固结形成较好的稳定土体，同时起到隔水的作用，在冻土帷幕保护下进行地下工程施工。冻结法依冻结孔的布置方式，可分为水平冻结和垂直冻结。盾构始发到达端地层加固时多采用水平冻结。该法主要适用于各类淤泥层、砂层、砂砾层，但对于含水率低的地层不适用。

4）注浆加固法。注浆加固法适用于多种地层，尤其是深度较大的砂质地层、砂砾层，在土质较好的地段主要用于对于水量不大的情况进行加固止水或与搅拌桩等工法相结合。该法可进行单液和双液注浆，同时可进行跟踪注浆，浆液种类较多，经济性和可施工性好，材料和施工方法多种多样，可根据地下水、地质、施工环境等来确定。

7.4 盾构技术分类

7.4.1 大直径盾构开挖

城市地面空间及浅地下空间土地资源已被高强度开发，为进一步扩大人类的生活和发展空间，城市建设日益向超深地下空间拓展，盾构隧道施工技术逐渐崭露头角。随着地下空间施工工程需求的增加及科技的不断进步，盾构隧道尺寸逐渐增大，因而大直径盾构隧道施工技术逐渐被开发和使用。1965 年 6 月开工建设的盾构刀盘直径为 10.22m 的上海黄浦江打浦路隧道和 1982 年 9 月开工建设的盾构刀盘直径为 11.30m 的延安东路隧道是我国大直径盾构隧道建设的开始。这两个衬砌外径直径 10~14m 级盾构隧道项目的建成通车，是我国大直径盾构隧道建设的开端，标志着我国盾构隧道建设从普通盾构隧道工程向大直径盾构隧道工程进军。然而盾构隧道工程断面尺寸较大、隧道埋深起伏较大，工程地质条件、水文地质条件复杂，会面临许多复杂的施工方法、工程测试及施工技术等问题。大直径盾构隧道工程施工风险复杂、多样，通过对施工风险进行分析，可促进施工措施的研究，有效保障施工作业的安全性和工程质量。

1. 大直径盾构开挖重、难点分析

（1）刀盘焊接风险。盾构隧道工程焊接刀盘作业需要专门的焊接场地，大直径盾构隧道施工所用盾构机刀盘体积和重量相对较大，普通的焊接场地无法满足其焊接作业要求，需要高承载力的焊接场地，否则将发生不均匀沉降，刀盘精度降低，易发生施工安全事故。

（2）刀盘泥饼风险。大直径泥水盾构在长距离掘进时，刀盘易出现结泥饼现象。刀盘泥饼是指盾构机掘进过程中，刀盘切削地层形成的细小颗粒、碎屑与一定的水分结合并重新在刀盘中心或开口区域凝结形成的半固体状、固体状的块状体。刀盘泥饼的形成会阻碍盾构机掘进、增大刀盘的扭矩和推力、升高刀盘温度、加重刀具磨损，严重影响施工进度和施工安全。

（3）吊运设备风险。吊运作业是盾构隧道工程施工流程的开端和基础，吊运作业的安全性及吊运速度直接影响整体工程的工效。大直径盾构机各部件及隧道管片均具有较大的体积和较高的质量，普通盾构隧道工程的吊运设备无法满足要求，需承载能力更高的吊运设备。当大直径盾构隧道工程组件在吊运过程中不够稳定时，其出现的摆动能量比普通盾构隧道工程组件更大，因此需要专门的抗摆动设计或设备提高吊运过程稳定性。若吊运设备选型失当，不仅容易损坏设备和场地，还会对施工作业人员的安全造成威胁，易发生严重的品运事故。

（4）抗震风险。由于大直径盾构隧道工程施工区域自然环境条件差别很大，对于某些地处地震带或地震带周边的地区，大直径盾构隧道工程就需要考虑地震等高震动因素，因此对其有更高的抗震要求。地震波不仅对施工过程中作业人员的安全造成威胁，还对工程建成通车后使用人员的安全带来隐患。因此，为保证工程的安全性、保障人员的生命安全，该类地区的大直径盾构隧道工程需加强抗震分析并做好应对措施。

（5）盾构姿态上浮风险。地质条件不同，大直径盾构机施工状态也不同，尤其对于上软下硬地层，盾构掘进过程中，上侧为软土层，下侧为硬土层，软土层对刀盘掘进产生的阻力较小，硬土层对刀盘掘进产生的阻力较大，不平衡的掘进阻力会使刀盘受到斜向上的合力，其向上的垂直分量会导致盾构姿态上浮。盾构机掘进阻力不平衡，很容易发生姿态上浮的情况，若姿态上浮超限，极易导致盾构机损坏，从而影响施工进度及工程质量。

（6）管片上浮风险。我国不同地区水文地质条件差异性很大，尤其在富水地区，地下水资源丰富，管片一直浸泡在壁后注浆浆液和地下水中。由于盾构机外壳直径略大于管片直径，因此在盾构掘进过程中，已挖段土体与管片外表面之间会出现一定宽度的间隙，间隙中充满地下水或注浆浆液。由于管片一直浸泡在壁后注浆浆液和地下水中，管片不仅受到向下的自身重力的作用，还受到地下水及注浆浆液对其向上的浮力的作用，当浆液及地下水对管片向上的浮力大于管片自身向下的重力时，管片所受合力向上，就会导致管片上浮。

若壁后注浆不及时，注浆量不充分或注浆液凝固不及时，在土体与管片之间就会出现注浆间隙，注浆间隙会为管片上浮留有空间，导致管片上浮风险。

（7）穿越建筑风险。目前，大直径盾构隧道技术已有许多工程应用。虽然大直径盾构掘进施工在地下空间和超深地下空间的应用不少，但这些隧道的掘进过程中容易出现地表变形和位移过大等情况，施工过程中产生的土质损失易导致地面下沉、房屋开裂等连带性风险，严重甚至可导致房屋坍塌。

（8）工程地质、水文地质条件复杂。大直径盾构施工对工程地质、水文地质差异的敏感度很高，盾构施工与工程地质条件、水文地质条件、地形地貌、地面建筑、地下管线、隧道结构、线路线形等因素息息相关，施工过程中也会导致土层应力发生变化，由于埋深变化大，即使地质组成相同，如都为岩性的砂土、黏土等，工程性质也会截然不同。若盾构机选型错误，很容易发生机械设备损坏，施工进度受阻等风险。

（9）管理风险。大直径盾构隧道工程施工节点较多、施工流程复杂、施工要求较高，不同地区的施工项目甚至相同地区不同区域的施工项目所面临的施工条件差异性很大，这就导致每个施工项目都有各自独特的施工流程和作业要求。若施工组织管理不恰当，场地空间布置不科学，现场施工流程不清晰，作业人员操作不规范，将出现许多易忽视的管理盲区，施工作业交叉互阻，工程质量及施工安全无法保障。

2. 大直径盾构开挖施工措施

（1）刀盘焊接措施。应结合大直径盾构隧道工程施工场地布置、施工工期安排、施工安全要求等方面，将刀盘焊接场地选定在距离始发井5~10m处，同时设计科学合理的盾构机部件摆放位置及顺序，便于焊接作业的顺利进行。应加强盾构机部件焊拼焊过程的监测力度，保证焊接过程的全面性和安全性，保障刀盘拼焊高质量进行。广东珠三角城际佛莞线狮子洋隧道，通过风险源分解结构法（RSBS），从刀盘拼焊场地、吊装、端头加固欠效、吊装设备选型、始发台选型和管理方面对盾构始发阶段的风险源进行风险识别，得到该大直径隧道工程盾构始发风险为Ⅳ级，同时采取相应措施进行预控。

（2）刀盘泥饼措施。大直径盾构刀盘在盾构掘进过程中易出现泥饼，泥饼的产生会使刀具对土体的切割不流畅，从而导致土体切削作业工效降低，阻碍盾构掘进作业的正常进行。因此在施工过程中需对形成的泥饼进行处理，主要的措施有以下四种。

1）化学添加剂。随着盾构掘进技术的发展，许多不同种类的针对泥饼处理的化学添加剂被研制成功，可采用适量浓度的化学添加剂混合液对刀盘上的黏土进行浸泡，通过化学添加剂与黏土的化学反应使黏土溶解、软化或开裂，从而利于黏土块从刀盘上分离，以化学手段解决刀盘泥饼问题。

2）优化刀具配置。大直径盾构机刀盘上通常配有一定数量的搅拌臂、滚刀、刮刀、边刮刀、撕裂刀、保径刀和超挖刀等，根据施工掘进土层的组成差异，刀具也有许多不同的种类和型号。可根据地质勘探所得资料，根据土层变化，更换适配的刀具，同时改变刀盘开口率，从而为切刀创造良好的切削条件，保证大直径盾构刀盘切削土体的流动性，提高施工掘进效率。

3）冲刷设备改进。大直径盾构及刀盘处往往配有刀盘冲刷设备，根据大直径盾构隧道工程施工具体条件及需要，可选择增大冲刷水流量，或保持冲刷水流量不变减小冲刷孔直径，从而增大冲刷压力，同时调整冲刷方向，保障冲刷水流的通畅，使刀盘得到充分的冲刷清洗，降低切削土与刀盘的黏结率，预防刀盘形成泥饼。

4）人工清理。当大直径盾构刀盘结饼速度过快，以上三种方法无法及时处理泥饼时，最直接有效的方法就是带压进仓进行人工泥饼清理。

（3）平稳吊运措施。大直径盾构隧道施工对组件吊运要求更高，需要选购满足施工系数的吊运装备，进行专门的抗摆动设计，并研制配套的施工辅助系统及其装备，细化组件吊运作业流程，设计优化吊运场地布置及机械行走速度，加强盾构机部件及管片的吊运平稳度。

（4）隧道抗震措施。应对隧道纵向结构变形、水平方向位移、管片强度进行测算，使隧道整体结构满足抗震需求。可增加密封垫厚度，预防地震时发生漏水，加强隧道安全性。在地层易发生变形处适量增加变形缝数量，提高管片间连接处抗震性。

（5）盾构姿态措施。大直径盾构掘进过程中所受阻力不平衡，很容易发生盾构姿态上浮的情况，盾构姿态上浮阻碍盾构掘进作业的正常进行，影响盾构施工的安全性及工程质量。预防及纠正盾构姿态的措施主要有以下几类：

1）可通过控制各油缸压力大小，改变盾构机上下油缸压力差，从而调整盾构姿态，防止或纠正盾构姿态上浮。

2）可调控土舱重量，使盾构机产生向上或向下掘进的趋势，平衡所受阻力的垂直分力。

3）调控盾构机掘进速度，防止掘进速度过快影响盾构机姿态调控。

4）调整管片拼装顺序，来调整铰接行程差。

（6）管片上浮措施。在地下水资源充沛的富水地区，大直径盾构管片会受到浆液及地下水产生的浮力影响，极易发生管片上浮现象。管片上浮可能会导致管片间连接处产生裂缝甚至出现涌水等危险，严重威胁施工安全，影响施工质量及进度。预防及改善管片上浮情况的措施有：

1）通过调控注浆间隔时间，加快土层与管片间浆液的填充频率，降低管片上浮概率，缓解管片上浮速度，抑制管片上浮过限。

2）适当增加壁后注浆浆液中水泥及膨润土的比例，降低水的比例，降低浆液的流动性，提高其固结强度，使凝固的浆液对管片有良好的包覆定位作用。

3）在浆液中加入适量的粉煤灰，改善壁后注浆浆液的拌和物和易性，提高其强度。

4）通过加入活量的水玻璃，调控注浆浆液凝固速度，降低管片上浮程度。

（7）穿越建筑物措施。大直径盾构隧道工程施工往往要穿越建筑区域地下地层，盾构掘进过程中可能导致地层振动、土层损失等危害，进而出现地表变形、位移过大、地面下沉、房屋开裂等连带性风险，从而对地表建筑物区域造成一定威胁。为保障施工人员、居民及建筑的安全，需要在盾构施工时采取以下防范措施：

1）大直径盾构机施工过程中，会一定程度上导致应力的减少和地层的损失，从而导致地表沉降。泥水盾构可采用泥水压力平衡土压力，泥水在盾构机前方形成一层泥膜，泥膜的存在可以抑制土体突涌。通过壁后注浆填充管片与土体间间隙，在土体与管片间起到支撑作用，也可减少应力和地层损失，防止塌陷。

2）为减少大直径盾构施工对地表建筑物的影响，通常要对建筑物采取一定的保护措施，比如对建筑物主体及地基进行加固。也可采用土体注浆加固，提高土体强度，减少施工过程中土体及地基的变形，防止其开裂和塌陷。还可在大直径盾构施工区间和建筑物之间设计隔离措施，将施工过程土体变化对建筑物的影响控制在隔离区域内，可大幅度降低地表建筑物受到的威胁及影响。

南京纬三路过江通道工程 SG-1 标段 N 线工程，通过优化盾构掘进施工参数的方法，科学选择掘进参数、选择合理的泥浆参数、适当的泥水压力、合适的掘进速度等，达到保护建（构）物不受影响的目的。

（8）地质、水文条件措施。由于不同地域的地质、水文条件差异很大，需根据项目需要分别对地下水位分层观测、孔隙水压力观测、水文地质试验等进行测试，对地下水分布情况、孔隙水压力动态、地下水位发展情况等进行模拟分析。大直径盾构施工方案需根据提供的测试及分析报告进行设计规划，从施工“源头”降低地质、水文条件带来的影响。

（9）管理措施。大直径盾构隧道施工节点更多，流程更复杂，对施工管理组织要求更高。要对大直径盾构施工进行风险评估，识别风险。

7.4.2 TBM 法

TBM 是一种机械化的隧道掘进设备，能够实现破岩、出渣和支护连续作业。用此种机械修筑隧道的方法，称为 TBM 法。TBM 是在盾构技术的基础上发展而来的，1881 年波蒙特开发出压缩空气式 TBM，成功用于英吉利海峡隧道直径 2.1m 的勘探导坑。1952 年美国罗宾斯（Robbins）公司研制出第一台软岩 TBM，1956 年又成功研制中硬岩 TBM。国外应用 TBM 曾创造 2000m 以上、日掘进突破 70m 的记录。所制造的 TBM 最大直径达 12m。国外英吉利海峡隧道、我国引大入秦总干渠 38 号隧道、兰渝铁路西秦岭隧道均采用 TBM 法施工。

TBM 就是隧道掘进机的英文“Tunnel Boring Machine”的缩写，但通常定义中的 TBM 是指全断面岩石隧道掘进机，即为“Full Face Rock Tunneling Boring Machine”。

1. TBM 施工方法的优点

1）开挖作业能连续进行，能保证破岩、出渣、支护一条龙作业。因此，施工速度快，工期得以缩短，长距离施工时，此特征尤其明显，特别是在稳定的围岩中。

2）对围岩的损坏小，几乎不产生松弛、掉块、崩塌的危险，减少支护工作量。用爆破法使围岩的损伤范围为 2~3m，在机械掘进的情况仅为 1m。

3）开挖洞壁比较光滑，超挖量少，降低工程费用。

4）机械化施工安全、作业人员少。近期的 TBM 机可以在防护棚内进行刀具的更换，密闭式操作室、高性能的集尘机等的采用，使安全性和作业环境有了较大的改善。

5）震动、噪声小，对周围的居民和结构物的影响小。

2. TBM 施工方法的缺点

1）机械的设计制造时间长，购置费和运输、组装、解体等费用高。机械设备太大，准备好进洞场所后，要一件件地组装机器，一般需要 2~3 个月才能完成场地准备和设备组装工作。因此，很难用于短隧道施工，一次性连续开挖长度不宜短于 1km。

2）施工途中不能改变开挖直径。断面的大小、形状改变更难，在应用上受到一定的制约。

3）掘进机施工方式一旦确定，不可能像钻爆法那样自由变更施工方法，地质的适应性受到一定限制。

4）TBM 运行费也较高，切刀要经常更换，有时零部件也要更换，因此单位岩石的开挖成本一般比钻爆法高。有的单位统计结果认为，要高 20%~30%。

目前虽然正在开发全地质型的机种，但很难满足这种要求。因为 TBM 不仅受地质条件约束，还受到开挖直径、开挖机构的约束。对于软弱围岩，还存在不少问题；而在硬岩中开挖大直径隧道也很困难。

3. TBM 型式及特点

（1）开敞式 TBM。开敞式 TBM 需配置钢拱架安装器与喷锚等辅助设备。常用于硬岩等良好地质条件，采取有效支护手段时也可用于软岩隧道。

（2）护盾式 TBM。护盾式 TBM 有单护盾、双护盾和三护盾之分，其中以双护盾式为多。双护盾 TBM 适用于各种地质条件，既能适应软岩，也能适应硬岩或软硬岩交互地层。

单护盾 TBM，常用于地质情况较差的地层。推进时利用管片作为支撑（原理类似盾构），相比双护盾 TBM，掘进与安装管片不能同时进行。单护盾 TBM 与盾构的区别主要体现在：前者采用皮带机出渣，而盾构则采用螺旋输送机或泥浆泵通过管道出渣；前者不具备平衡掌子面的功能，而盾构则采用土压力或泥水压力平衡开挖面水土压力。

（3）扩孔式 TBM。开挖大口径隧道的方法，首先是用小直径 TBM 开挖小断面的导洞，以此为前导，用扩孔型 TBM 扩挖隧道。

4. TBM 施工工艺

常用的 TBM 全断面掘进机，刀盘直径 3~12m 不等。刀盘上设有刀具，刀盘旋转时，这些刀具在掌子面上挤压旋转而将岩石破碎。破碎的岩块落入皮带输送机上，向后输送，装入出渣车中运出洞外。

Robbins 开敞式 TBM 循环作业流程如下：

1）作业开始。主支撑靴前位撑紧洞壁，后支撑靴提起。刀盘转动，推进油缸伸出，TBM 前部前移一个作业行程。

2）刀盘停转，后支撑靴抵住仰拱承重。

3）主支撑回缩，推进油缸回缩将自由态主支撑靴前拉回位，TBM 找正。

4）返回第一步，TBM 准备下一循环掘进。

5. TBM 基本构造

TBM 由破岩机构、推进机构、岩渣装运机构、导向调向机构以及通风、吸尘装置等几部分组成。

(1) 破岩机构。滚刀或削刀在强大推力的作用下旋转，切削与剪切破碎岩石。

(2) 推进机构。主要使用推进千斤顶，推进按下述动作反复进行：

1) 扩张支撑靴，固定机体在隧道壁上。

2) 回转刀盘，开动千斤顶前进。

3) 推进一个行程后，缩回支撑靴，把支撑靴移置前方，返回 (2) 的状态。

(3) 出渣装运机构。破岩形成的片状石渣，由安装在刀盘上的铲渣斗铲起，铲斗旋转到顶部卸入集料斗，经皮带机装车运出洞外。

(4) 导向调向机构。导向机构是用来指示和校核掘进机推进方向的，使其保证符合设计轴线和坡度的要求。

(5) 通风、吸尘装置。掘进机工作时将产生大量的热量与粉尘，故对通风、降尘要求较高。一般在刀盘头部安装有吸尘设备和喷水装置，掘进时连续喷水降尘。机房内专设通风降温设备。

6. TBM 法衬砌施工技术要点

衬砌结构一般是由临时或初期支护以及二次衬砌组成。目前，引水隧道大都采用护盾式 TBM 进行管片衬砌的结构形式。公、铁路隧道除进行临时支护外，一般视地质情况采用二次喷射混凝土或二次模筑混凝土作为永久衬砌。

(1) 管片式衬砌。护盾式 TBM 一般采用圆形全周管片式衬砌。该类衬砌适合于软弱围岩。管片间应安装止水条，并在管片外圆与洞壁间隙间压入豆石并注浆。

(2) 二次模筑混凝土衬砌。开敞式掘进机一般随开挖先施作临时或初期支护，再进行二次模筑混凝土衬砌，亦可采用二次喷射混凝土作为永久衬砌，加钢筋网或钢纤维。

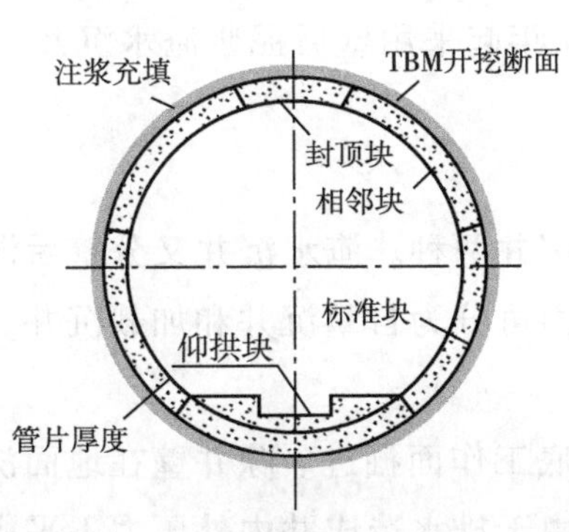

图 7-18 预制钢筋混凝土管片衬砌

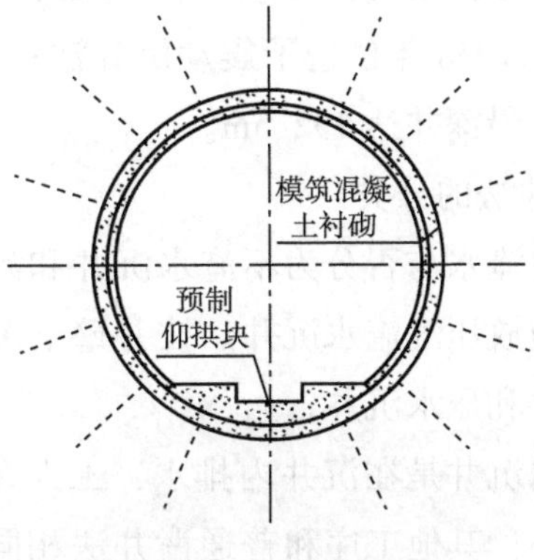

图 7-19 复合式衬砌

7. TBM 法的主要技术流程

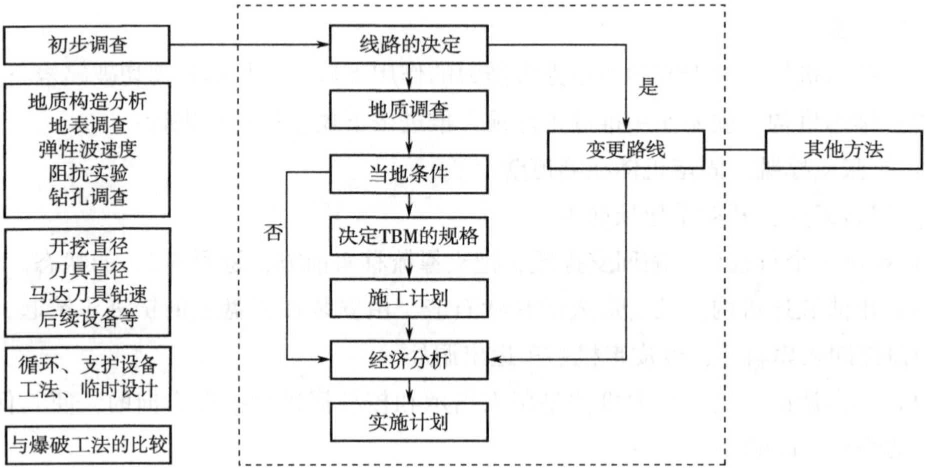

图 7-20　TBM 法的研究和主要技术流程

7.4.3　沉井法

沉井法又称沉箱凿井法，是在土层开挖前，在井筒设计位置，把预先制好的一段 6~7m 长的整体井壁，靠自重局部沉人土中，然后在它的掩护下，边掘进边下沉，相应砌筑井壁，通常称为普通沉井法。随着沉井深度的增加，井壁与井帮的摩擦阻力增加，下沉深度受到限制，一般只能下沉 20~30m。

沉井法是在地面下沉预制井筒的施工方法。在井口位置，预制好沉井刃脚和一段井壁，边掘边沉，再在地面浇筑，接长井壁，继续下沉。此法开始多用于水利工程，工艺简单，通常采用砖井壁，人工挖掘，自重下沉。沉井深度一般仅 20m 左右。1839 年法国创造了压气沉井法，因下沉深度有限，并有损工人健康，到 20 世纪 50 年代渐被淘汰。1894 年德国创造了淹水沉井法。1944 年日本向沉井壁后施放压缩空气，减少井壁与土层的摩擦阻力获得成功。1952 年匈牙利和瑞士创造了触变泥浆液体减阻的新方法。中国于 1958 年创造了震动沉井法；1969 年起采用壁后泥浆淹水沉井，建成了 30 多个井筒，最深井达 192.5m。

1. 沉井法的分类

按井内淹水与否分为不淹水沉井和淹水沉井两种。淹水沉井又分壁后泥浆淹水沉井和壁后施放压气淹水沉井。按井壁下沉动力可分为自重沉井和加载沉井。后者又分为震动沉井和压水沉井。

不淹水沉井是在沉井内排水，工人在井底工作面掘进。除井壁在地面浇筑、随掘进随下沉外，其他工序和普通凿井法相同。由于排水造成井内外压力不平衡，下沉深度受到限制，本法不宜在涌水大、流砂层厚的表土层采用。

淹水沉井特点是：井内淹水，保持井内外压力平衡，可防止涌砂冒泥；壁后灌注减阻介质；掘进与排渣均在水下完成；一般采用水枪或钻机破土、压气排液器排渣。该法工艺较简单，需用设备少，机械化程度高，工人不下井，作业条件好，成本较低，除砾卵石层外，一般均可采用。但由于量测和纠偏技术尚未完全解决，沉井下沉速度和偏斜程度较难掌握，往往影响工期。

壁后泥浆淹水沉井是在整个施工过程中保持井筒内淹水水位高于地下水位1~2m。在沉井壁后环形空间灌注触变泥浆，它是以膨润土为主要原料，加水和化学处理剂（碱、羧甲基纤维素）混合搅拌而成的一种液态减阻材料，其特性是静止时为不易流动的凝胶状态，搅动时变成易于流动的溶胶状态。通过埋设在井壁内的管路，将触变泥浆灌注在沉井壁后的环形空间内，把井壁和地层隔开，借助泥浆柱压力，维护土层稳定，防止塌陷并可在沉井下沉时减少沉井外壁的摩擦阻力。用触变泥浆减阻，经济效益较好；但在恢复井壁与土层的固着力和保证泥浆护壁的可靠性方面，还有待研究改进。

壁后压气淹水沉井是在沉井外壁上，按压缩空气可能克服的作用面积，预留气龛，在气龛底部设喷气小孔与井壁内的压气管路相连，构成施放压气的通道。沉井需下沉时，按施工的要求压力依次打开管路阀门，压气由喷气孔喷出，沿井壁外围扩散上升，形成一个空气帷幕，减少周边的摩擦阻力，促使井筒下沉。该法可控制施放压气的时间，有利于控制井筒偏斜。日本用本法施工，最深沉井达200.3m，偏斜仅为0.1%。

震动沉井是在预制的薄壁长段井筒上部装有井帽，在其上安置震动机，带动井筒震动，加大井筒的下沉力，并促使井壁四周土壤液化，减少沉井周边的摩擦阻力，加快下沉速度。本法由建桥工程使用的震动管柱法移植而来，自1958年起，在中国淮北矿区用该法相继建成了十多个井筒。优点是机械化程度高，成井速度快，成本低。由于震动机的加载有一定限度，在遇到砾卵石层时，井壁容易断裂，且地面及井筒周围受震动影响，适用条件受到限制。压水沉井是加载沉井的另一种形式，在沉井刃脚上增设伞形钢结构底罩，把井筒和刃脚隔开，伞上灌水，增加荷载。伞下作为破土排渣的空间。破土使用五组装在刃脚四周斜面处和伞顶部的固定水枪，泥渣水自伞顶中心的排渣管排出。本法在中国开滦建井工程处首次试用，下沉深度达30.1m。

沉井的井壁可作成竖直形、台阶形或斜坡形。斜坡形虽可减少周围的摩阻力，但下沉过程中容易倾斜；台阶形便于加高井壁。沉井的内部可根据需要作隔墙，划分成几个取土井，但取土井必须对称设置，以利均衡挖土或纠正偏斜；取土井尺寸，须能容纳机械挖土斗自由上下。如中国九江长江大桥采用圆沉井，直径20m，内设9个井孔，中孔直径5.5m，8个边孔直径3.8m；日本本（州）四（国）联络桥的南北备赞濑户桥7A号墩沉井，桥轴方向长75m，横跨方向59m，高55m，中间设纵横向隔墙，是当前世界大型沉井之一。

2. 沉井下沉

沉井下沉分为排水和不排水下沉两种，在软弱土层中须采用不排水下沉，以防涌砂和外周边土坍陷，造成沉井倾斜及位移，必要时采取井内水位略高于井外水位的施工方法。出土机械可使用抓土斗、空气吸泥机、水力吸泥机等。近代各国发展用锚桩及千斤顶将沉井压下的方法。此外，还有用大直径钻机在井底钻挖的方法，如日本在圆形沉井内采用臂式旋转钻机，在硬黏土层内开挖，直径可达 11m，由沉井外的电视机反映操作情况及下沉速度。

沉井到达设计标高后，一般用水下混凝土封底。井孔是否填充，应根据受力或稳定要求决定，可填砂石或混凝土，但在低于冻结线 0.25m 以上的部分，应用混凝土或圬工填实。沉井基础的最后一道工序是灌筑顶盖。

7.4.4 曲线盾构施工技术

盾构法施工技术的关键是盾构机始发进洞，由于绝大多数盾构都是在车站始发，区间开始为直线段或缓和曲线，所以只需按照线路方向直线始发即可。但是，较小的曲线半径，能够较好地适应地形、地物、地质等条件的约束。在上海、北京这样的城市，随着社会经济的快速发展，高层建筑、高架桥等设施大量兴建，其深桩基对轨道交通选线形成很大的约束。此外，一些需要保护的古建筑、古树、防汛墙桩基、大型污水管等也在一定程度上影响线路走向的选择。在这样复杂的约束条件下，缩小曲线半径可以大大减少工程拆迁量。有时，如果遇到高层建筑群，一处曲线采用大、小半径引起的拆迁工程费差异达数千万元甚至上亿元。因此，盾构始发进洞就不可避免地处在较小的曲线半径上，研究小曲线半径盾构始发技术对于降低城市轨道交通造价、改善运营条件、降低运营成本具有极其重大的社会意义与价值。

1. 曲线盾构工法特点

1）纠偏能力强，在 350m 小半径圆曲线线路上的实际推进轴线与设计线路误差控制在规范允许值内。

2）纠偏曲线拟合在 CAD 软件上进行，清晰直观。

3）纠偏节点和纠偏参数设置合理。

4）充分利用了空间偏移和盾构机本身的纠偏设计。

2. 曲线盾构操作原理

盾构机在始发机座上不能开铰接和采用分区油压差来进行曲线纠偏，只能直线推进，因而小半径曲线段盾构机始发主要是通过对盾构机始发轴线向曲线内侧的旋转和偏移，使其在始发段盾构机长度范围内直线推进，过该直线段后用比设计转弯半径小的实际推进曲线来拟合设计曲线，充分利用盾构机自身的纠偏设计如超挖刀、铰接、分区油压差等，再加上合理的管片选型来保证实际推进曲线与设计曲线偏差在规范允许的范围内。

（1）曲线拟合。根据设计线路与竖井的平面关系确定进洞盾构机长度范围内实际推进直线的轨迹，以经过设计圆曲线与洞门交点的切线为基线，绕交点向曲线内侧旋转，以直线与设计圆曲线偏差值不超过规范允许值为衡量指标，反向延长到竖井暗挖洞门作为始发轴线，结合考虑盾构机、始发机座、反力架和与竖井的空间关系，修改基线旋转角，找出满足上述要求的始发轴线。

由于始发轴线在曲线内侧，盾构机直线进洞后如果还是按照设计圆曲线半径推进，将出现实际推进线路与设计线路偏差逐渐增大的情况，所以在实际推进中采用比设计半径小的圆曲线来拟合设计线路，待盾构机回到设计线路上来且有向设计线路另一端反向增大的趋势时回归到设计半径，随设计线路正常推进。

（2）安装始发机座。先测量放线，在竖井地板放出在电脑上拟合好的始发轴线。再分体始发机座在地面上用高强度螺栓连接拼成整体，选择合适吊点往竖井下放，机座中线与始发轴线重合，确认机座高程无误之后，将其与底板预埋件牢固焊接。

（3）组装盾构机及其后配套。

1）竖井及暗挖隧道里铺轨并放下电瓶车，将在地面组装好的后备台车吊入竖井并用电瓶车拉进暗挖隧道进行台车之间的连接。

2）利用龙门吊及大吨位吊车按组装将本体部分一一吊入竖井中已定位好的始发机座上进行组装。

3）在机械组装的同时穿插电气及液压连接。

4）组装完毕之后对盾构机进行整体调试，检查各部件的运转情况。

（4）安装反力架。在调试的同时进行反力架的安装，反力架由立柱、横梁加水平撑、斜撑用高强螺栓法兰连接而成，各组成部件均采用箱梁内外加肋板的形式，极大提高了实际承载力。安装时按照定好的始发轴线，找准反力架中心高程将下横梁定位，依次组装左、右立柱，上横梁及支撑。由于推进轴线的旋转将在反力架水平撑与竖井壁之间形成楔口，并须用钢板将此口密实形成良好的传力体系。

（5）直线推进。

1）负环采用通缝拼装模式，封顶块放在 12 点位置，便于始发完毕之后拆卸。拼第一环负环的 A 块时，在盾尾下半圈千斤顶之间的间隙内焊直径 20mm 的圆钢，保证第一环负环拼装完后有良好的盾尾间隙并且在推出盾尾时不会拉坏盾尾密封刷，当水平尺的气泡居中与纵向螺栓孔连线重合时，用事先做好的定位板将第一块管片固定，然后依次拼装其他块，成环之后，将其推出顶到反力架，为后续推进提供反力，最后启动油脂泵将三道盾尾密封刷之间的间隙填满。

2）开始推进时由于刀盘与掌子面还有一定距离，此时盾构机重心前移，易发生栽头，必须在洞口钢环处做一段导轨支撑盾构机顺利进洞。

3）在盾构机接触到掌子面时开始旋转刀盘切削土体，加大推力，待土仓充满土并建立起土压平衡之后，启动螺旋输送机和皮带机开始排土。为了降低刀盘扭矩和改善土体的流动性，需要通过旋转接头往刀盘前面加注适量泥浆和泡沫，同时打开超挖刀进行全断面超挖，为盾构机进入曲线段后的纠偏甩尾做准备。

（6）曲线推进纠偏。

1）盾构机离开始发机座后，将铰接开到理论计算角度，加大左右分区的油压差。

2）通过计算可以得知拟合曲线上转弯环与直线环的比例，当左右千斤顶行程差达到转弯环纠偏左右长度差时拼装转弯环。

3）盾尾完全进入帘布橡胶圈里后开始同步注浆，注浆采用注浆量与注浆压力双控的原则。

7.5 盾构法施工管理

7.5.1 盾构法施工质量控制

1. 技术要求

1）盾构在厂内制造完工后，必须进行整机调试，检查核实盾构设备的供油系统、液压系统和电气系统的状况，调试机械运转状态和控制系统的性能，确保盾构出厂就具备良好的性能，防止设备上的先天不足给工程带来不必要的困难。

2）工程所使用的各种原材料、半成品或成品都必须符合国家现行有关标准和设计要求，特别是防水材料在使用前必须按规定抽查检测。

3）盾构掘进施工对上部所需的覆土层的厚度要求。盾构顶推时，应防止千斤顶对刚拼装完毕的管片造成损伤。盾构推进后，应及时对衬砌背后实施注浆，尽可能减少地层损失。

4）平行双洞应有足够的线间距，洞与洞及洞与其他建（构）筑物之间所夹土（岩）体加固处理的最小厚度水平方向 1.0m，竖直方向 1.5m。

5）两条隧道平行或立体交叉施工时，应根据地质条件、盾构（如土压平衡盾构）的特点、隧道埋深和间距，以及对地表变形的控制要求等因素，合理确定两条盾构推进前后错开的距离。

6）掘进（如泥水平衡盾构）时，工作面压力应通过试推进 50~100m 后确定，在推进中应及时调整并保持稳定。盾构掘进水平与垂直方向地表沉降控制标准：水平方向控制标准：±0mm；垂直方向控制标准：±50mm。

表 7-1 地表最大沉降量控制标准

隧道掘削面地层		隧道上方地层	最大沉降量/mm
冲积层	软黏性土层	冲积层	30~100
洪积层	砂性土层	洪积层且厚度小于隧道直径	50~80
	黏性土层	洪积层或冲积层	10~30

7）盾构掘进中遇有下列情况之一时，应停止掘进、分析原因并采取措施：盾构前方发生坍塌或遇有障碍；盾构自转角过大；盾构位置偏离过大；盾构推力较预计的增大；可能发生危及管片的防水、运输及注浆故障等。

2. 安全要求和措施

（1）安全要求。

1）针对盾构施工在特定的地质条件和作业条件下可能遇到的风险，在施工前必须仔细研究并切实采取防止意外的技术措施。

2）应特别注意防止瓦斯爆炸、火灾、缺氧、有害气体中毒和涌水情况等，预先制定和落实发生紧急情况时的对策和措施。

3）盾构工作竖井地面设防雨棚，井口周围应设防淹墙和安全栏杆。

4）更换刀具的人员必须系安全带，刀具的吊装和定位必须使用吊装工具。在更换滚刀时要使用抓紧钳和吊装工具。所有用于吊装刀具的吊具和工具都必须经过严格检查，以确保人员和设备的安全。

5）隧道施工时应进行机械通风，保证每人每分钟需供应新鲜空气 $3m^3$；最小风速不小于 0. 15m/s。隧道内气温不得高于 28℃；隧道内噪声不得大于 90dB。

6）带压作业人员必须身体健康，并经过带压作业的专业培训，制定并执行带压工作程序。

（2）安全措施。

1）采用专门仪器、仪表测量可燃性气体、有害气体和氧含量并做好记录。

2）必须选择合适的通风设备、通风方式、通风风量，做好隧道通风，将可燃性气体和有害气体控制在容许值以内。

3）当存在燃烧和缺氧危险时，应禁止明火火源，防止火灾。

4）当发现可燃气体和有害气体浓度超过容许值时，应立即撤出作业人员，加强通风、排气。

5）盾构需停止施工较长时间时，应按相关规定做好各项安全防护工作。

3. 质量控制和施工测量

不同盾构施工方法，对质量控制的内容、施工过程中的控制测量，以及环境保护要求也不同，以泥水盾构施工为例，阐明关键点。

（1）质量控制。

1）掘进参数的控制。推进速度、排渣量、同步注浆和补强注浆、盾构姿态控制及方向调整、泥水处理及质量控制。

2）泥水要具有物理稳定性好，化学稳定性好，泥水的粒度级配、相对密度与黏度适当，流动性好，成膜性好。

3）泥水的最佳特性参数是：可渗比 $n=14\sim16$，相对密度为 1.2，漏斗黏度为 25~30s，界面高度小于 3mm（24h 静置后），pH 浓度 7~10。

4）泥浆制备。作泥量需考虑以下因素：混入泥水中的粉砂、黏土使泥水成分增加（砂质土几乎全部，硬质黏土有 10%~15% 的细粒混入）；在作业面的损失量；泥水处理时的损失量；在加长配管时的损失量；从配管、泵向洞内泄漏的损失量等。

5）作泥设备。泥水的密度和黏度是泥水主要控制指标。在充分把握开挖前后泥水成分的增减和查明对于不同地质的泥水损失量及泵的规格的基础上，设置能应付预想的泥水性能变化的设备容量。作泥设备主要包含剩余泥水槽、黏土溶解槽、清水槽、调整槽、CMC（增黏剂）贮备槽、搅拌装置等。

6）泥水制作流程。调整槽内泥水不足时，黏土或膨润土被送入黏土溶解槽，经过搅拌装置充分搅拌后，送入调整槽；剩余泥水槽内的黏稠泥浆与来自清水槽的水混合，经过搅拌后，送入调整槽；泥水黏度不足时，向泥水中添加 CMC（增黏剂）增加泥水黏度；调整槽内的泥水经搅拌后由送泥泵送入送泥管道。

7）泥水盾构到达（进洞）管理。盾构到达是盾构推进施工的最后一道工序，也是关系工程成败的关键工序之一。盾构到达施工要保证隧道贯通、防止靠近洞口若干环管片纵向移位、防止基座出现姿态突变而影响成环管片变位等。另外，还需要在洞门封门拆除、洞门缝隙处理等方面采取相应的技术措施、施工工艺和方法，确保盾构顺利到达。

8）到达前姿态控制。在盾构离洞口 50~100m 处，作最后一次传递测量，从而复核盾构的位置是否达到要求的范围之内。从三个方面控制盾构姿态：盾构轴线与隧道轴线夹角控制；盾构切口中心高程偏离值宁正勿负；盾构切口中心平面偏离值控制在允许范围内。

9）管片拉紧。每环管片拼装后及时拧紧、复紧。采取纵向拉杆或其他材料，对前若干环管片全部连接在一起。

10）洞门封门。如为钢板封门，应在盾构距离 20~30cm 时停止掘进，拆除封门后，盾构快速掘进进入接收基座上，并立即进行洞口缝隙密封处理。如为钢筋混凝土封门，须在盾构到达前进行拆除。

11）接收导轨安装。将根据测量出的盾构进洞姿态作为接收基座安装的依据，使盾构进洞后产生的姿态突变尽量小，并尽量减少对管片变位的影响。

12）土体加固。地质情况较差时的土体加固方法与始发施工类似。

（2）施工测量。一般来说，泥水盾构施工掘进时，应对以下项目进行控制和测量：

1）盾构机切削刀盘与掌子面压力的控制和测量。

2）切削刀盘的扭矩（驱动压力）和盾构机开舱泥水压力的控制和测量。

3）盾构机顶部泥水压力的测量；同步注浆及注脂的控制。

4）盾构机推进压力和进排浆系统压力及流量的控制和测量。

5）掘进方向的控制和测量。

（3）环境保护要求。

1）废弃泥水的排放应经三次处理，使其符合循环再利用标准及废弃物排放标准。

2）盾构穿越重要建筑物下部时，应严格按计划实施监测，并及时进行信息反馈，确保建筑物的安全。

3）施工现场产生的排水，应先经过沉砂池、沉淀池除去悬浮物质，对酸性、碱性溶液进行中和后才能排放至公共下水道。

7.5.2 盾构掘进数据收集与分析

1. 掘进数据的重要性

掘进工程是现代工程建设中不可或缺的一部分，如地铁、隧道、地下管线等工程的施工。然而，传统的掘进方法存在着对工程现场环境掌握不准确、施工效率低下等问题，严重影响了工程的顺利进行。为了解决这些问题，掘进数据分析应运而生。通过收集掘进过程中各个环节的数据，运用数据分析和机器学习的方法，可以对掘进过程进行精确的预测和优化。

2. 掘进数据分析的方法

（1）数据收集。首先，我们需要收集掘进过程中的各种数据，包括但不限于掘进设备的运行状态、掘进进度、地质情况、环境因素等。这些数据可以通过传感器、监控设备等手段获取。

（2）数据预处理。收集到的原始数据往往存在噪声、缺失值、异常值等问题，因此需要进行数据清洗、填充、归一化等预处理工作，以保证数据的准确性和可靠性。

（3）数据分析。利用统计学、机器学习等分析方法，对处理后的数据进行深入挖掘。这包括识别和提取关键指标、建立预测模型、寻找潜在规律等。

（4）模型优化与部署。根据分析结果，对掘进过程进行模拟和预测。通过调整模型参数、优化模型结构等方法，提高模型的预测精度和泛化能力。最后，将优化后的模型部署到实际掘进现场，进行实践验证。

3. 掘进数据分析的应用

（1）掘进进度预测。通过对掘进过程中收集的数据进行分析，可以建立掘进进度预测模型，提前预测出未来的掘进进度。这有助于制订更加合理的施工计划，提高施工效率。

（2）设备故障预警。通过对掘进设备的运行数据进行监控和分析，可以及时发现设备的潜在故障，提前进行维修和保养，避免设备在掘进过程中出现故障，提高施工安全性。

（3）优化掘进参数。通过对掘进过程中地质情况、环境因素等数据的分析，可以优化掘进设备的参数设置，提高掘进效率和质量。例如，调整爆破参数、优化盾构机的运行参数等。

（4）施工方案优化。通过对掘进数据的分析和挖掘，可以对现有的施工方案进行评估和优化，寻找更加合理的施工工艺和流程，提高施工质量和效率。

（5）环境影响评估。在掘进过程中，可能会对周围环境产生影响，如地层变形、地下水位下降等。通过对这些影响数据的分析和监测，可以及时评估掘进过程对环境的影响程度，采取相应的措施减小对环境的影响。

掘进数据分析是提高工程掘进效率和安全性的重要手段。通过深入挖掘掘进过程中的数据，可以制订更加合理的施工计划，预测掘进进度，优化设备参数设置，评估环境影响等。随着大数据和机器学习技术的不断发展，掘进数据分析将会有更加广阔的应用前景。

7.5.3 施工风险管理

地下空间工程建设中，盾构施工既是常见的也是风险较高的施工方法。风险主要包括技术风险、环境风险和管理风险等。如果不能对上述风险进行有效管理和控制，可能导致施工事故的发生，给工程的进度、质量带来严重影响。因此，进行地铁隧道盾构施工风险管理研究，对于提高施工安全性和稳定性、保障施工人员生命安全以及降低工程成本等方面都具有重要意义。

1. 盾构施工风险种类

（1）地质风险。地质条件是地铁隧道盾构施工过程中的主要风险因素之一，包括地下岩土的不均匀性、断层和溶洞等地质隐患。地质风险的评估主要依靠地质勘探和调查，确定地质条件并采取相应的处理措施。

（2）工程风险。工程环境和施工条件是地铁隧道盾构施工过程中的另一个重要风险来源。例如，施工现场的限制条件、邻近建筑物的影响、地下水位和地下水压力等，对于这些风险，需要事先进行充分的分析和评估，并采取相应的措施来减轻其对施工过程的不利影响。

（3）设备风险。盾构机作为地铁隧道盾构施工中用到的核心设备，其性能和可靠性对施工过程和工期具有重要影响。针对盾构机的故障、损坏和维修等问题，需要提前进行风险评估，并加强设备维护和监控，以确保施工的顺利进行。

（4）安全风险。盾构施工过程存在一定安全风险，如事故、人员伤亡和环境污染等。此类风险对施工人员的安全和施工现场的环保要求提出了更高要求，需加强施工期间的安全管理和监控，确保施工过程中各项安全措施得到有效执行。

2. 盾构施工风险管理的基本原则

（1）对潜在风险进行全面的识别和评估。施工单位需要对地铁隧道盾构施工过程中可能出现的各种风险进行细致的调查和分析，通过对发生的事故、损失和延误等进行全面评估，可以有针对性地制定风险管理策略，以减少风险对项目的影响。

（2）采取措施来预防和控制潜在的风险。通过加强安全教育和培训，增强工作人员的风险意识和提高应急能力，从而减少事故的发生。此外，可以采取现代化的仪器设备和技术手段，加强对施工现场的监测和控制，确保工作环境的安全性和稳定性。

（3）做好风险应急和救援工作。地铁隧道盾构施工过程中可能发生各种突发事件，如地质灾害、设备故障等，对施工进展和工作人员安全产生影响。因此，必须建立完善的应急预案，制定相应的处置措施，并对工作人员进行救援演练和培训，以提高应对突发事件的能力。

（4）持续监测和评估风险情况。地铁隧道盾构施工过程中，风险情况可能随着工作进展和环境变化而发生改变。因此，需要对施工过程进行持续的监测和评估，及时更新风险管理策略和措施，确保项目的顺利进行。

（5）盾构始发几点认识。

1）大型盾构始发基座强度和刚度要满足要求。

2）端头土体加固应满足洞门凿除受力要求。

3）端头土体加固长度宜大于盾构壳体长度。

4）洞门密封结构增加油脂腔使洞门密封更有效。

5）在高承压水地层，采用降水辅助措施可降低风险。

3. 洞门凿除方案

首先，将洞门凿除至保留地连续墙外侧钢筋及保护层；其次，在盾构组装调试好可贯入掌子面后快速自上凿除剩余钢筋混凝土。

4. 洞门密封结构

洞门密封装置由两道相同的密封组成，其中每道密封由帘布橡胶、扇形压板、折叶板、垫片和螺栓等组成。两道密封间隔500mm。

5. 盾构掘进

（1）盾构在黏性土、浅覆盖层地段掘进施工易出现黏附刀盘、地表冒浆、地表沉降量大、管片上浮的问题。采取措施为较低掘进速度、较高转速推进；均匀快速穿越；压力选取合适、压力波动小，减小对地层扰动；利用中部及上部4个注浆管注浆，注浆采用稠度稍高的水泥砂浆，避免上浮。

（2）盾构在砂性土地层掘进施工中易出现：地层不稳定易坍塌；地表沉降量大，长江深槽段易发生“冒顶”。采取措施为调整好泥浆质量，将泥浆的黏度提高，压力选择适当，设定压力高于计算水土压力0.2bar，压力波动控制在0.2bar；控制出碴量，每环记录出碴量确定是否有超挖现象；重要地段快速穿越，如穿越建筑物和长江大堤。

（3）盾构掘进几点认识。

1）压力设定要不断摸索，通过地表沉降及时修正。

2）压力波动范围要控制，正常情况下应控制在±0.2bar。

3）地面荷载偏压的情况下，压力设定值宜取超载和无荷载的中间值，若压力太大，易从薄弱面发生冒浆情况，冒浆后建筑物的沉降值会更大。

4）重要建筑物下要快速连续通过，如下穿建筑物、铁路和大堤等。

5）采用水泥砂浆，仅靠中部和上部注浆可有效控制管片上浮问题。

6）不稳定地层中泥浆的指标需提高，黏性土层泥浆质量要求可降低。

7）每环应记录出碴量，及时发现超欠挖现象。

6. 盾构到达

（1）盾构到达流程。图7-21所示是盾构到达流程图。

（2）端头加固方案。

1）加固方案采用双重管旋喷桩进行地层加固（洞门下部地层为粉土和粉细砂层）。

2）加固范围加固长度为14m，横断面加固范围为距盾构隧道外围3m范围内的正方形区域。

3）加固效果检查通过垂直钻孔、洞门处水平钻孔检查加固土体的强度、均匀性和渗透性。

（3）降水井施工。根据加固效果检查发现，在粉土层和粉细砂层旋喷桩加固效果不理想，而场区承压水的埋深约在地面下8m，高出洞门底部10m。为了防止盾构进洞期间，承压水击穿止水帷幕，必须将场地承压水进行有效治理。根据武汉地区近几年大量的降水成功经验，在场区内共布置12口降水井并将承压水降到开挖面以下。

（4）盾构到达掘进控制。

1）进行隧道贯通测量，控制盾构姿态，保证盾构从洞门顺利穿出。

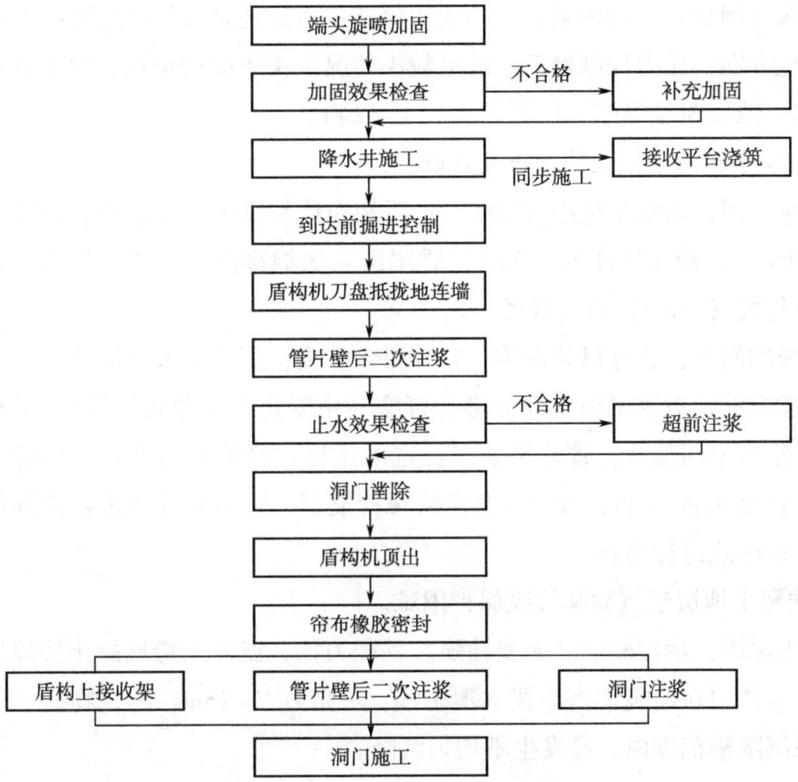

图 7-21 盾构到达流程图

2）在盾构到达过程中控制油缸推力，避免将地下连续墙推裂造成漏浆和压力释放。

3）盾构抵拢连续墙后，将气压仓压力释放，通过泥浆循环把仓内泥水降至最低。

（5）洞门凿除。当检查确认无地下水影响后开始进行洞门凿除。凿除采用人工分层自上而下方式进行。凿除洞门需快速连续进行。

（6）洞门密封。洞门密封采用扇形压板、帘布橡胶板、钢丝绳套箍方式，确保盾构在穿越洞门时同步注浆质量并防止地下水涌出。

（7）盾构上接收架。

1）在盾构到达后根据盾构姿态精确调整和固定接收架。

2）在洞门破除后，在洞门与接收架间安设导轨使盾构平稳进入接收架。

3）在盾构顶推过程中要保持平衡，避免盾构悬空从而使接收架受力不均。

7. 盾构掘进施工遇到的问题及处理方案

（1）地表冒浆。

1）产生原因：地层具有薄弱面；压力设置过高；压力波动大；对流塑性地层扰动大；误操作；黏性土、大块杂物堵管，造成压力突变冲破地层。

2）带来的问题：环境污染；压力无法保持；造成地表沉降和坍塌；无法掘进。

3）处理方案：压力控制稍低、波动较小情况下快速掘进穿越；地表钻孔注浆、封闭地层裂隙；地表覆盖保压（混凝土、黏土堆高）。

（2）盾构小转弯半径曲线掘进管片破损。

1）产生原因：曲线半径小（800m）；盾构壳体长度大，无铰接；管片与盾构壳体间隙小（40mm）；管片环宽大（2m）；盾尾由4块焊接而成，产生局部变形；管片失圆，横向直径大（3cm），竖向直径小。

2）带来的问题：管片拼装困难；管片错台破损；管片止水效果差。

3）处理方案：对盾尾突出部分进行打磨（主要是45b角盾尾焊接部位）；盾构掘进过程中确定每米纠偏量；管片拼装点位选取正确；管片拼装过程中将管片往所转方向环面人为错台3mm左右；管片拼装后将螺栓复紧，减少管片变形；破损的管片根据情况采用环氧砂浆进行修补。

（3）浅覆土地层建筑物和管线保护困难。

1）产生原因：地层软弱、触变性强、承载力低，淤泥质粉质黏土层厚度大，且地下水丰富；隧道顶在建筑物密集段，覆土浅，一般在7~15m；建筑物荷载不同、结构差，且处在沉降槽范围内，易发生不均匀沉降。

2）带来的问题：泥浆压力设定困难，稍有不慎就会引起沉降和隆起；沉降控制难度大，建筑物易开裂，管线易破损；建筑物多为居民房，出现裂缝后，若处理不好对盾构正常施工造成影响。

3）处理方案：泥水压力设定是关键，在不同埋深和不同地层要精确计算掌子面压力，地面超载也需考虑在内，黏性土层采用水土合算，砂性土层采用水土分算；掘进操作精细，避免泥浆压力发生突变，增大对地层的扰动；同步注浆材料要配比合理，注浆料要有一定稠度、不易离析、可泵送性强，注浆量要保证不低于理论的1.5倍，必要时采用水泥-水玻璃进行二次注浆；盾构通过建筑物时要加强监测和现场巡视，及时反馈沉降信息以指导掘进操作，地面巡视可及时发现问题、解决突发情况；对重要建筑物提前进行加固，并在施工过程中根据监测情况进行跟踪注浆；对重要管线（煤气管、电信、电力和有压管）建立应急预案，与管线管理单位事先做好沟通，关键时刻能够及时切断管线，避免更大损失。

（4）浅覆土地层带压潜水取出泥浆门滑槽。在盾构始发25m后（处于4层建筑物下方）发现泥浆门油缸断裂，必须处理才能掘进。

1）产生原因：由于泥浆门油缸支座偏心，多次开关泥浆门后造成油缸端部断裂。

2）带来的问题：泥浆门无法提升完全，造成泥浆循环不畅、压力不易控制；若泥浆门滑槽脱落会带来不可预测的后果，从而导致盾构无法掘进。

3）处理方案：由于覆土仅 7m，且泥浆门处于盾构泥水仓底部，如果直接采用气压支撑掌子面，气压将达到 1.5bar（正常情况，顶部泥水压力仅为 0.8bar）才可能保证地层稳定，但高气压有可能会击穿地层，造成突然泄压而引起严重后果，所以在气压条件下采用潜水的方式将泥浆门滑槽取出，使盾构能继续掘进。具体方案为利用黏土淤积在泥水仓将泥浆门处接缝封闭，将气压仓压力变为常压，然后将偏心泥浆门油缸支座重新定位焊接，并更换断裂油缸；重新将气压仓压力建立，提升泥浆门；将泥水仓顶部与气压仓连通，保持液位在人员仓下 50cm；带压人员通过高压仓进入泥水仓，然后潜水到盾构底部将损坏的泥浆门滑槽取出；将泥水仓顶部压缩空气排出，重新建立泥水压力，恢复掘进。

（5）过江前刀具检查。

1）产生原因：为了保证盾构一次过江，需要在盾构过江前对刀盘、刀具进行一次彻底检查，主要检查滚刀的偏磨和切刀的磨损情况，同时对磨损的刀具进行更换。

2）带来的问题：需要在不稳定砂层进行检查，但如何保证地层稳定至关重要；需要在高压下进仓检查。

3）处理方案：在停机前将泥水仓内泥浆充分循环，使其比重降低；采用高分子聚合物材料制浆，浆液黏度达到 80～100Pa·s，然后利用专用罐车运输到掌子面，由注浆泵通过泥浆管注入刀盘仓，注入过程中将刀盘转动；保证掌子面形成质量较高的泥膜；将泥水仓顶部与气压仓联通，保持液位为 50%；带压人员通过高压仓进入泥水仓，在检查掌子面稳定的情况下依次检查刀盘和刀具并进行记录。在检查过程中严禁旋转刀盘。刀盘检查分 2 次检查，第 2 次将刀盘旋转 180°后进行检查。为了保证安全，在第 2 次检查前必须重新进行泥膜形成。

8. 结语

武汉长江隧道工程两台盾构先后在浅覆土层下穿密集建筑物群、武大铁路、4 次安全穿越长江防洪大堤、穿越武昌深槽和上软下硬地层，完成过江段 1300m 掘进，盾构经受了黏性土、砂性土和局部破碎岩层的考验。单台盾构最高日进度为 18m，最高月进度为 340m。虽然前期进展不理想，但通过前期的工作，进一步对盾构施工特别是泥水盾构施工增加了认识，取得了一些宝贵的经验，为类似工程提供借鉴。

7.6 本章小结

本章重点阐述了城市地下空间隧道挖掘的前沿施工方式——盾构法。盾构法借助盾构机掘进，边挖土边装衬砌构建隧道。施工前要做多项准备，如建竖井、检查拼装盾构机等。施工时先在隧道一端建竖井或基坑，盾构机从始发井预留孔洞出发，沿轴线朝到达井推进，地层阻力经千斤顶传至盾尾衬砌再到竖井或基坑后壁。盾构机直径大于衬砌直径，前部有支撑和挖土装置，中间有顶进系统和千斤顶，末端能安置衬砌环。每推进一环就拼装一环衬砌并注浆防下沉。推进中排土方，根据情况调整参数掘进成隧道。隧道主体竣工后，在接收井吊运出盾构机部件完成主体施工。盾构法有诸多优势，未来发展前景广阔，会随技术进步实现智能化等助力于施工质量的提高。

思考题

1. 简述盾构机的基本构造和组成。
2. 简述盾构法施工的使用条件和选择盾构法应考虑的因素。
3. 简述盾构法施工工艺的选取原则。
4. 简述盾构机的种类，并分析各自特点。
5. 考虑盾构施工应划分几个阶段，并简述盾构施工过程。
6. 盾构掘进时应如何满足工程安全和质量要求？
7. 如何考虑不同地质条件下盾构选型和技术支撑？
8. 简述 TBM 掘进技术的特点。
9. 结合目前现状思考盾构法施工未来发展趋势。

参考文献

［1］刘鑫，洪宝宁．城市地下工程［M］．北京：中国建筑工业出版社，2020：261-266.

［2］龚建，吴小建．地下工程施工安全控制及案例分析［M］．上海：上海科学技术出版社，2021：97-138.

［3］张彬，刘艳军，李德海．地下工程施工［M］．北京：人民交通出版社股份有限公司，2017：126-156.

［4］郭院成．城市地下工程概论［M］．郑州：黄河水利出版社，2014：183-197.

8 特殊与辅助施工技术

辅助施工方法是针对软弱不良地层所提出的，其选取的正确与否，直接关乎工程的成败以及造价的高低，是衡量施工应变能力的关键标志。在施工之前，依据围岩条件、施工方法、进度要求、机械配套以及工程所处环境等状况，优先选用较为简易的方法，或者同时采用数种综合辅助施工方法来对地层进行加固，以确保不出现塌方、减少沉陷。本章围绕超前管棚支护、超前锚杆支护、超前小导管支护、冻结法、地面加固技术以及降水施工技术等方法的基本原理与施工工艺展开论述。

8.1 超前预加固施工技术

在浅埋及软弱地层开展施工时，倘若围岩自稳时间短促，无法保障安全地完成初次支护，为达成施工安全之目的，并加快施工进度，务必于开挖前针对工作面前方的围岩实施超前支护，而后方可进行开挖作业。超前支护存在多种方式，诸如超前管棚、超前锚杆或者超前小导管、插板等，施工过程中应依据实际状况予以选择。运用浅埋暗挖法进行施工时，当围岩自稳时间处于12~24h区间，通常会采用超前锚杆或者超前小导管支护；结构跨度相对较小的情况下，常常运用超前锚杆支护；倘若结构跨度较大（跨度>6m）或者锚杆成孔效果不佳，可采用超前小导管支护；若处于软弱土层、极破碎岩体、塌方体以及岩堆区等特殊或者困难地段，可采用超前管棚支护；当遭遇流速状软岩地层或者岩溶区严重流泥地段，管棚与围岩预注浆相结合能够成为有效的施工方法。当采用超前小导管支护时，为增强支护成效，必须协同钢拱架支护，此为当下最为常用的超前支护方法。

8.1.1 超前管棚支护

超前管棚支护法又称“伞拱法”，其实质是在拟开挖的地下隧道或结构工程的衬砌拱圈隐埋弧线上，预先钻孔并安设惯性矩较大的厚壁钢管，起到临时超前支护作用，防止土层坍塌和地表下沉，以保证掘进与后续支护工艺安全运作。

1. 超前管棚支护的基本原理

管棚因采用钢管或插板作纵向预支撑，又采用钢拱架作环向支撑，其整体刚度加大，对围岩变形的限制能力较强，且能提前承受早期围岩压力。因此，管棚主要适用于围岩压力来得快、大，用于对围岩变形及地表下沉有较严格限制要求的软弱破碎围岩隧道工程中。如砂土质地层、强膨胀性地层、强流变性地层、裂隙发育的岩体、断层破碎带、浅埋有显著偏压等围岩的隧道中。此外，在一般无胶结的土及砂质围岩中，可采用插板封闭较为有效；在地下水较多时，则可利用钢管注浆堵水和加固围岩。图 8-1 为超前管棚支护的示意图。

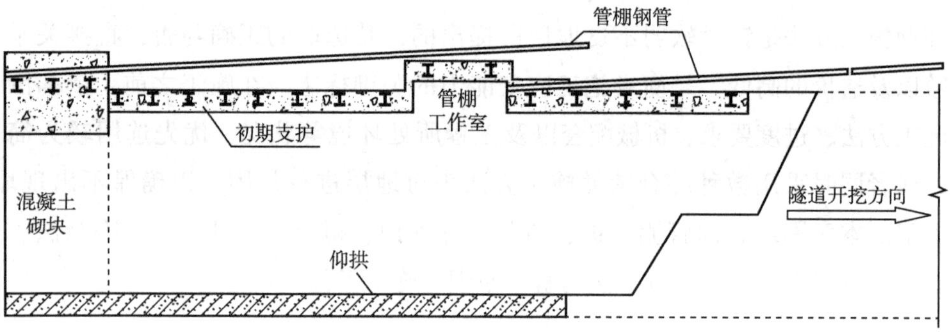

图 8-1 超前管棚支护示意图

2. 管棚的构造及配置

（1）管棚的构造形式。所谓管棚支护结构的构造形式，即为各管棚之间的搭接、连接方式。具有搭扣形式的管棚结构，不仅能保证管棚注浆效果，还能方便管棚定位、增加管棚结构的整体连续性。特别是在富水泥岩隧道中，具有搭接接头的管棚结构，还能起到良好的防止水功能。

工程实践中，常用的管棚搭接方式有外接式和内接式两种。外接式管棚支护结构，如图 8-2 所示。其特点为：①施工时接头形式便于方便施作。②由于外接接头在管棚之外，使得管棚与围岩的摩擦力增大，管棚推进时受到较大阻力，并且对周围土体造成破坏。③接头处不方便注浆。④常用的外接接头有：C 形、L 形、TC 形、TL 形。

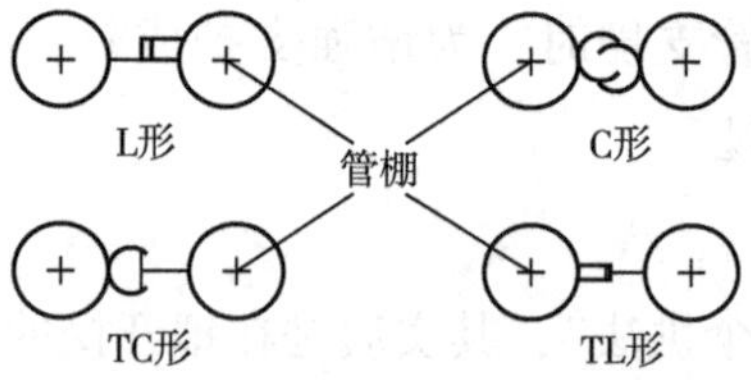

图 8-2 管棚外接接头方式

管棚内接式接头的特点为：①接头内接时，要求具有较高的内接精度。②对于小直径管棚，内接时接头不方便施作。

（2）管棚的布置形式。管棚作为预支护技术，适用于软弱围岩等不良地质中。

根据隧道所处的地质条件及管棚发挥的支护效果，隧道与结构物的位置关系等决定了管棚有不同的配置形式。管棚每种配置形式有各自的适用范围与特点，如表 8-1 所示。

表 8-1 管棚的布置形式

管棚的配置形式	图例	特点
弧形布置	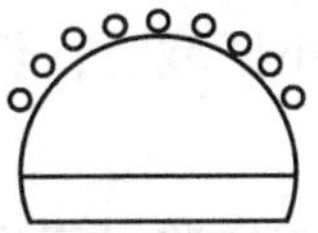	主要控制隧道拱部塌方，布置范围在 120°～150°，多用于较稳定的地层
半圆形布置	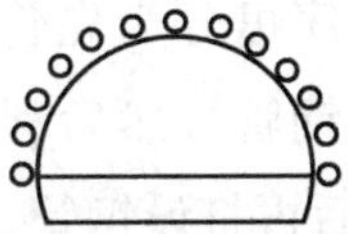	适用于隧道埋深较浅，表面有建筑物，隧道下部地层稳定，起拱线以上部位不太稳定地层
全周布置	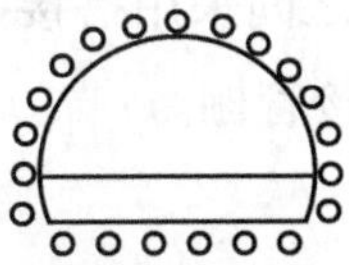	适用于隧道围岩条件极差的情况，比如软弱、富水、膨胀性等地层
门型布置	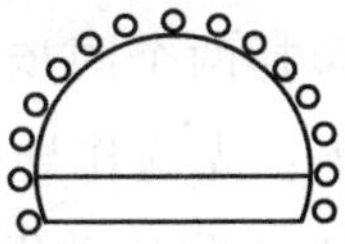	适用于隧道基础稳定，但断面地层不稳定的条件
一字型布置	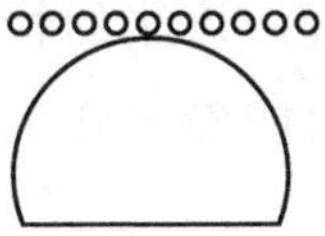	多在已建铁路、公路、结构物下方开挖隧洞时采用
一侧布置	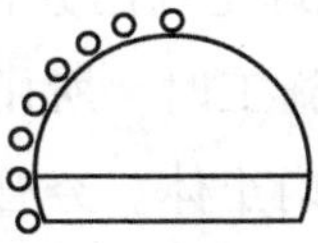	适应于抵御偏压、防护隧道一侧建筑物时采用

3. 管棚的技术分类

我国近些年来，隧道修建技术逐渐成熟，施工工艺极其完善，致使工程结构中管棚类别日趋多样化。根据我国工程建设实际，管棚可做如下分类。

（1）按钢管直径分类。根据钢管直径大小，可将管棚分为大管棚、中管棚、小管棚三类。其中，直径大于 300mm 以上时，为大管棚。直径在 129～299mm 时，为中管棚。当直径小于 129mm 时，为小管棚。我国通常选用直径为 108mm 钢管作为管棚预支护结构。

（2）按钢管长度分类。根据管棚结构单次循环中所选取钢管长度，以长度6m为界限，可将管棚分为以下两类：长度小于6m时为短管棚；长度大于6m时为长管棚。

（3）按布置层数分类。根据管棚布置层数，可将管棚分为单层管棚和双层管棚。在大量工程中，以单层管棚布置方式为主。单层管棚是指在隧道开挖轮廓线外沿环向布置一层钢管。而双层管棚是指在开挖轮廓线外沿环向，根据受力大小设置管棚。对于受力较大区域时，设置两层钢管；对于受力较小区域时，仍然设置为单层钢管。双层管棚常适用于对地表沉降有严格限制的地段。

（4）按钢管中是否注浆分类。根据钢管中是否注浆，可将管棚分为注浆管棚与不注浆管棚。注浆管棚根据注浆与打设钢管先后顺序可分为先管后注法、先注后管法两种。先管后注法是指先在开挖轮廓线外环向打设钢管，然后利用钢管预留注浆孔向围岩注浆。而先注后管法是指先进行围岩注浆，然后再打设钢管。

（5）根据管棚是否搭接分类。当管棚中钢管之间采用搭接接头时，称为搭接管棚。当钢管一次施作时即一次打入围岩时，称为不搭接管棚。

4. 管棚支护的施工方法

（1）管棚施工方法。

1）水平钻进法。水平钻进法这一施工工法包括两个同步施工过程。即边用高压喷射水软化土体，边用钻机钻孔。具体过程如下：先施作导向孔，利用高压喷射水流强大冲击力，切割导向孔前方围岩，同时钻机向前移动继续钻孔，钻孔结束后，打设钢管。循环往复，直到管棚施作到设计长度。该法的特点为：施工速度快、效率高；环保、无污染；由于施作了导向孔，从而能确保施工精度。同时，对土体的扰动效应大。

2）夯管施工法。该法在管棚施工中的工作原理是利用夯管锤在压缩空气时产生强大冲击力作用下，将钢管打入围岩中。利用该法施工时，所用钢管为敞口管。钢管打入围岩过程中，管内充满土体，利用气压清除管内土体。夯管法施工时对地层的适应性较强，其优点为：铺管直径范围大、设备简单、造价低、施工精度高、误差可控制在2%范围内。缺点为：施工噪声大、污染大、效率不是太高。当钢管长度较长时，其精度控制较难。

3）水平导向跟管钻进法。该法施工原理是用棚管代替钻杆，利用水平定向钻机将棚管直接打入土体中。在棚管前段安设导向钻头，管棚间用丝扣连接。在钻进过程中，利用导向钻头内置传感器传出钻进角度，可以适时调节钻进角度，按设计角度施作管棚。该法特点为：施工精度高，能及时控制钻进角度；管棚施作范围长，一次性可施作大于100m长管棚；不需要扩孔操作，对临近土体扰动小；环保，对环境污染小；不需要设置管棚工作室。

（2）管棚施工工艺流程。管棚的施工工艺流程见图8-3。

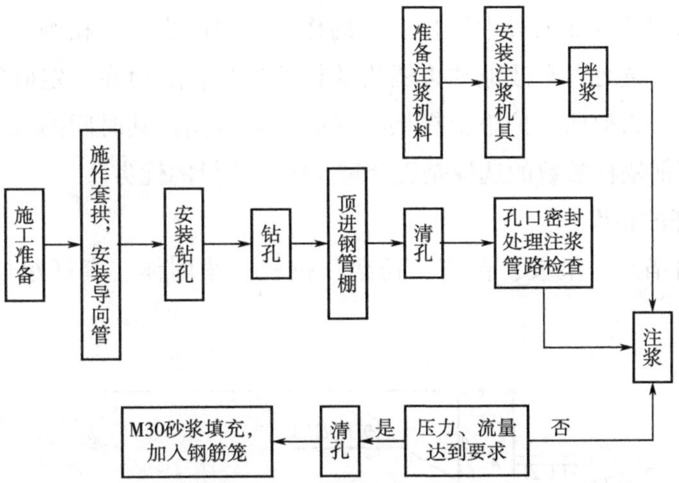

图8-3 管棚施工工艺流程

（3）管棚施工纠偏控制。传统的管棚施工工法，无论是先管后注法还是先注后管法，在管棚施工时，往往因地层、钻孔坍塌、钻杆长细比大、钻具不稳定等因素作用，使管棚在打入过程中发生偏离，钻进轨迹远离设计轨迹等。实践证明，管棚一旦发生偏离，会致使管棚施作失败或者不能充分发挥管棚预支护作用。因此，施作管棚支护时，就需要纠偏控制，及时调整施作角度。而在前述管棚施工方法中，水平导向跟管钻进法提供了纠偏控制管棚打设的方法，即在导向钻头安设角度传感器。利用该传感器适时传出信号，利用钻机设备调整钻头进行纠偏。管棚施作后，还应利用钢尺测距仪等及时检查每节钢管的方向和角度。同时，对钻施人员培训，加强管棚结构安设精度等。

8.1.2 超前锚杆支护

超前锚杆又称斜锚杆，是沿隧道纵向在拱上部开挖轮廓线外一定范围内向前上方倾5°~10°，或者沿隧道横向在拱脚附近以向下方倾斜固定角度的密排砂浆锚杆。前者称拱部超前锚杆，后者称边墙超前锚杆。

拱部超前锚杆用以支托顶拱上部临空的围岩，起插板作用。边墙超前锚杆用在先拱后墙法开挖边墙的过程中，将起拱线附近岩体所承受的较大拱部荷载传递至深部围岩，从而提高施工中的围岩稳定性。

超前锚杆法一般适用于软弱岩层段，开挖临空后的数小时内可能出现剥落或局部坍塌的情况。

1. 超前锚杆支护的基本原理

超前支护的锚杆一端支在未开挖的围岩上，另一端支在钢拱架或喷射混凝土、结构锚杆上，可以起到两端有支点的梁的作用。超前锚杆还因为砂浆对围岩的固结作用，有时又可以起到钢筋混凝土梁中受拉主筋的作用。当围岩产生松弛变形时，超前锚杆可以及时提供支承抗力，有效地约束围岩的松弛变形，从而在一定时间内阻止开挖面顶部围岩的坍塌，为初期支护施工提供必要的作业时间。其时间的长短和支护作用的好坏，取决于超前锚杆参数的选择是否合理及施工质量的优劣。

2. 超前锚杆的布设

锚杆主要由锚具、垫板、台座、托架、拉杆、锚固体、套杆组成，详细构造见图 8-4。

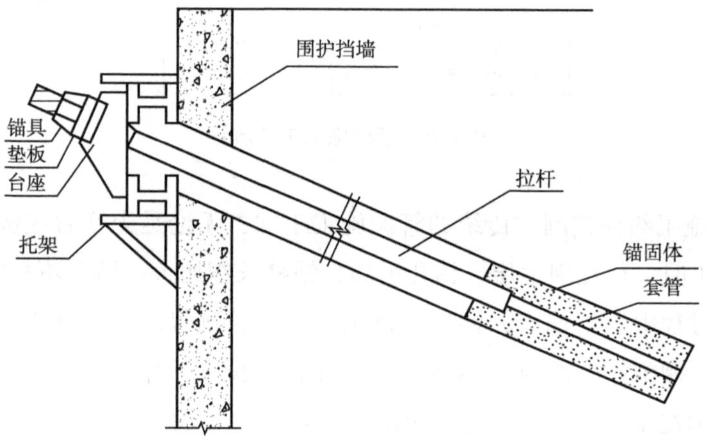

图 8-4　锚杆的构造

超前锚杆一般采用 ϕ22mm 螺纹钢全长黏结砂浆锚杆。这种超前锚杆的尾部是以钢拱架为支点。超前锚杆在钢拱架腹部穿过，锚杆长度一般为短台阶的高度加 1m，总长度多为 3.5~4.0m。

3. 超前锚杆支护的施工方法

超前锚杆的施工一般采用钻孔打入法，其安设方法及步骤如下：

1）用 YT-28 风钻或专用液压台车打孔，然后用吹管将孔内岩粉吹出成孔。

2）插入小导管。插入有困难时，可用带冲击锤的 YT-28 风钻顶入或直接用重锤打入。有钢拱架时，小导管插入须从其腹部穿过。

3）用吹风管将导管内沙石吹出或用掏钩钩出。

4）导管周围和工作面裂隙用塑胶泥封堵，或在导管周围和工作面喷 8~10m 厚混凝土封闭。

4. 超前锚杆施工的注意事项

（1）保证整体稳定。超前支护的作用是防止开挖面顶部坍塌，在相邻已施工的初期支护抑制了围岩的有害变形时，超前支护才能承受纵向“次生拱”的压力。因此，要求初期支护能可靠地承受超前支护端部传来的荷载，并能保证整体稳定。特别要注意距掌子面1~1.5倍洞径范围内初期支护变形和收敛情况，如有问题，应及时采取加固措施，否则会造成此范围内的整体坍塌。

（2）采用控制爆破技术。如果放炮后超前支护的顶部被掏空，将会大大削弱其超前支护的效果。因此，在爆破时应注意控制成形质量，防止超挖，使超前支护能起到应有的作用。

（3）选择合理的开挖方法。掌子面前方的正面坍塌往往会导致超前支护失效，在选择开挖方法时应尽量降低开挖高度，如采用环状开挖或上半断面开挖并留核心土等方法，以保证掌子面的稳定。

（4）喷混凝土抵紧掌子面。当使用钢拱架支护时，由于掌子面不整齐，在掌子面的顶部和钢拱架之间总有一定的空隙，应先喷一层混凝土，至少应喷平钢拱架外缘，这样可以加强超前支护的作用。

8.1.3 超前小导管

超前小导管支护与超前锚杆类似，在软弱、破碎地层中凿孔后易坍塌，且使用超前锚杆比较困难或者结构断面较大时，宜采取超前小导管支护。超前小导管支护必须配合钢拱架使用。超前小导管布设后会用注浆的方式将小导管固定，具体内容见8.3.2。

1. 超前支护小导管的基本原理

超前小导管基本原理与超前锚杆类似。采用注浆小导管进行超前支护，提升围岩的强度和承载力，进一步提升岩体对隧道结构的弹性抗力，更好地改善隧道围岩结构的受力条件。

2. 超前小导管的布设

在软弱、破碎地层中凿孔后易坍塌，且施用超前锚杆比较困难或者结构断面坡度较大时，应采取超前小导管支护。超前小导管支护必须配合钢拱架使用。

超前小导管应选用直径40~50mm的焊接钢管或无缝钢管制作而成。为便于打入地层，前端常做成尖靴状，后端焊一圈ϕ8mm钢筋加固。

超前小导管从钢格栅的腹部穿过，后端应支承在已架设好的钢格栅上，并焊接牢固，前端嵌固在地层中，前后两排小导管的水平支撑搭接长度不应小于1.0m。

小导管间距一般为40mm，外插角为10°~15°。外插角不宜过大，以减少超挖。管子打入3.3m，外露2.2cm，其布设如图8-5、图8-6所示。

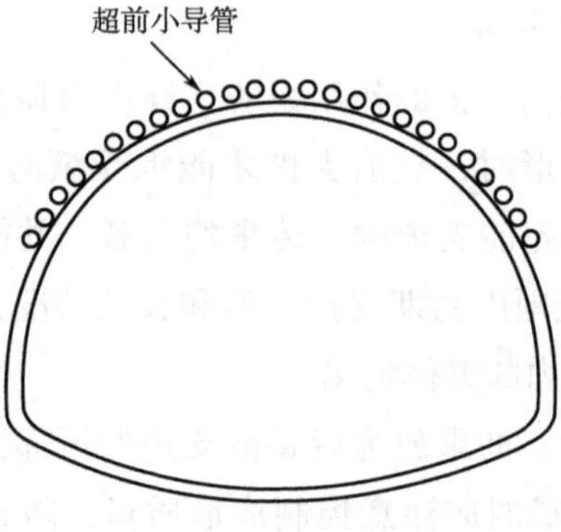

图 8-5 小导管注浆横剖面图

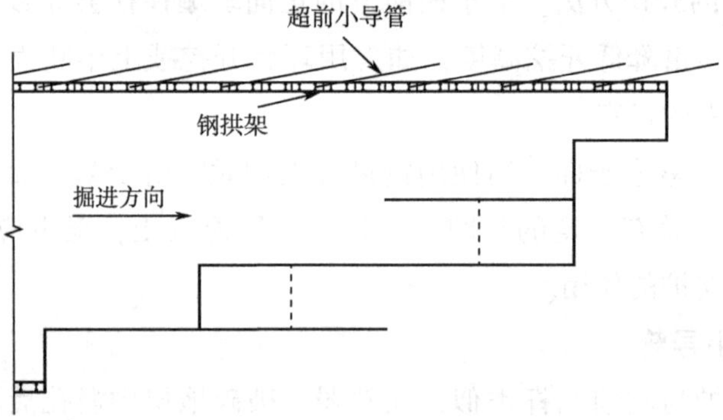

图 8-6 小导管注浆纵剖面图

常见超前小导管的布置方式如图 8-7 所示，既可以在隧道外轮廓线外进行全包围布置，也可以根据实际需要布置为扇形、一字型或者门型，可以单排或双排布置。

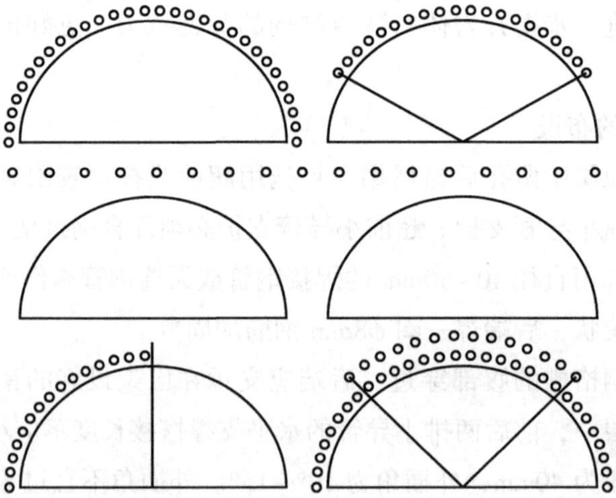

图 8-7 超前小导管布置示意图

3. 超前小导管支护参数的选择

超前支护参数包括杆径（管径）、纵向间距、环向间距，外插角等，施工前必须根据围岩状况的量测监控结果和施工水平来选择合理的参数，表 8-2 所示为我国铁路隧道、地下铁道工程中采用的参数，可供参考。

表 8-2 超前支护参数表

围岩类别	小导管直径/m	纵向间距/m	环向间距/m	外插角/(°)
Ⅰ	40~50	3~5	25~35	5~10
Ⅱ	30~40	2.5~3.5	35~45	5~10

4. 超前小导管支护的施工及注意事项（详见 8.3.2）

5. 施工案例分析

（1）工程概况。某隧道施工中采用辅助施工措施为：超前长管棚（洞口段）、超前小导管（无管棚支护的Ⅴ、Ⅳ级围岩地段）、超前锚杆（Ⅳ级围岩地段）。超前长管棚均采用 ϕ108mm×6mm 热轧无缝钢管，环向间距为 40cm，接头用 15cm 的丝扣直接对口连接；超前小导管采用外径 50mm、壁厚 5mm、长 450cm/400cm 的热轧无缝钢管；超前锚杆采用长 450cm 的 ϕ22mm 砂浆锚杆，环向间距为 40cm（或 45cm）。ZK45+239~251 段施工中，该处围岩等级为Ⅳ级，施作 XXS-Ⅳb 型衬砌，设置单层 ϕ50mm 超前小导管，长度 4.5m，环向间距为 40cm，构成本隧道的超前支护体系。系统锚杆所用材料为 ϕ22mm 药卷锚杆，长 4.0m，以 I18b 为原材料制得钢架结构，各材料纵向间距保持一致，为 80cm。C30 钢筋混凝土是重要材料，施工后可形成厚 50cm 的二次衬砌。

（2）大管棚超前支护的重要性。根据工程实际情况，由于进洞施工难度较大，存在大开挖断面，且根据勘察资料得知，洞口处埋深较浅，含大量松软的砂岩与泥岩，伴随明显的风化剥蚀现象，施工中易发生坍塌。为确保进洞施工安全性，采取大管棚超前支护的方式，并通过小导管有效注浆，提升隧道围岩稳定性，沿着开挖轮廓线构成完整的棚幕，洞口边仰坡稳定性随之提升，为进洞创造良好条件。

在洞顶轮廓开挖线周边环向设置钢管，对其实施压力注浆。实际开挖作业时，在环向钢管的作用下形成棚架，给现场施工作业创造了安全的环境，有利于排除安全隐患。水泥浆液固结后将在隧道内形成完整的拱结构，且隧道纵向将形成梁结构，这一现象的出现与围岩、钢管的组合作用有关，形成的固结圈具备较高的刚度，大幅提升了围岩自稳能力，有效避免围岩变形现象。

（3）超前大管棚支护设计参数。

1）设计参数。

①本工程钢管选择热轧无缝钢管，规格为 ϕ108mm×6mm。

②钢管接头采取丝扣连接的方式，控制螺纹段长度，此部分至少为 15cm，且需注意相邻钢管接头位置，其错开间距为 1.0m；同一截面钢管接头数须在钢筋总根数的 50% 内。

③钢管注浆孔设置：确定各孔的合适位置，间距为 15~20cm，采取梅花形布置，孔径 10~26mm；较特殊的是钢管尾部，该区域不钻花孔。

④管棚管距：采取环向间距为 40cm 的设计标准，钢管总量为 41 根，控制外插角，稳定在 1°~3°。

2）注浆参数。水泥砂浆水灰比为 0.8~1.0，不同阶段注浆压力存在差异，初始时期稳定在 0.8~1.0MPa，经持续注浆后，终压为 2.0MPa，且要做到一次性注浆成型。

3）套拱参数。搭建大管棚超前支护结构处理固定端。该处设置 3 榀 I18 工字钢 C25 混凝土套拱导向墙，并于内部设置长 2m 的导向钢管，总量为 41 根，采取 140mm×5mm 布置方式，所有导向钢管姿态都要足够合理，即外插角 1°~3°。

（4）超前大管棚施工。超前大管棚施工流程：搭建施工平台→测量定位→搭建 I18b 钢架→定位导向管→立模并浇筑→钻孔→设置 ϕ127mm 管棚钢管→注浆→封孔。

1）选择 I18b 钢架，以此为基础材料搭建施工平台，以满足管棚施工需求。施工过程中应注重对各项指标的控制，确保钻孔作业效率。形成的施工平台应具有足够的稳定性，为后续施工创造安全的环境，提升施工效率。

2）测量定位。

①测量定位：掌握钢拱架的位置情况，主要考虑 3 部分，即纵向中轴线位置、拱架脚高程及彼此形成的纵向间距；

②引入坐标法，基于此方法做好导向管的测量定位工作。首先要获得具体的平面位置，对应至工字钢架外轮廓线上，严格控制导向管倾角，利用坡度板提升定位精度；对于导向管外插角的控制，宜采用前后差距法。

3）搭建钢架。I18 钢拱架可拆分为 3 个单元，所有节段端部都采取焊接措施，钢板厚度为 16cm，各单元采取螺栓连接的方式，从而构成完整的拱架结构。对于曲线单元节段的制作，考虑到精度与效率双重要求，适配型钢弯曲机。施工后，要求架脚处足够稳定，且应设置在平稳、坚实的基岩面上，否则会对平整度带来影响。

4）固定导向管此处选择长 2m 的 ϕ140mm×5mm 钢管，要求各导向管与拱架均稳定连接。

5）套拱立模浇筑施工，此环节使用到模注泵，整个立模工作可分为内模、外模和端头模 3 个部分，依次设置并使其具有足够的稳定性。由于立模作业时易出现导向管堵塞现象，因此在实际操作中要有效保护管口，以免杂物进入其中。

6）管棚钻孔作业，应在套拱硬度符合设计要求的基础上进行，采取液压钻进的方式，使用 ϕ15cm 钻头。根据工程经验，一次性完成钻孔难度较大，仅在地质条件极为优良的情况下才可达到良好效果。实际施工中，如卡钻、坍孔等问题尤为常见。为此，需事先做好注浆施工作业，无误后方可钻孔。初期以低压、低速钻进的方式为宜，当孔深达到 1.0m 时即可加快钻进速度。通过分析钻进情况来评价成孔质量，各项指标必须与设计要求相符。钻进作业时相关参数都要完整记录，以便为后续施工作业提供指导。

7）清孔，结束钻孔施工后，可采取高压风清孔的方式处理各类残渣，不可出现堵孔现象。现场配备测斜仪、经纬仪等高精度仪器，检验成孔质量，各项指标的偏差需控制在合理范围内。

（5）制作并安装。使用热轧无缝钢管，规格为 ϕ108mm×6mm，通过丝扣连接的方式有效处理钢管接头，将各钢管连接成稳定的整体结构。在设置好的钢管上钻注浆孔，孔径为 10~16mm，孔间距控制在 15~20cm，且孔布置均呈梅花形。

（6）超前小导管注浆。超前小导管注浆施工流程：封闭工作→钻孔→制作、安设小导管→安装设备、连接管路及密封孔口→压水检查达到要求→拌制浆液并注浆→压力、流量达到要求→结束。

1）小导管注浆。严格控制原材料，使用 ϕ45mm 热轧无缝钢花管，外径为 50mm、壁厚 5mm。考虑到钻孔质量与效率双重要求，使用 YT-28 风动凿岩机，调整小导管外插角在合理范围内，通过人工作业的方式完成小导管安装作业，经焊接后使其与钢架稳定连接。注浆作业时，采取水泥单浆液，压力维持在 0.8MPa，根据现场情况灵活调整浆液参数。小导管形态上应呈前端尖锥形，通过焊接的方式处理尾部，于该处设置 ϕ8 钢筋加劲箍，各钻眼均匀分布在管壁上，间距为 15cm。

结束钻孔作业后，置入小导管，通过焊接的方式将其尾部与钢架连接为稳定的整体，此时预支护结构随之形成。之后施作止浆墙，在此基础上展开注浆作业。各阶段注浆压力不尽相同，应从 0 开始逐步加压，达到 1.5MPa 后维持该状态 3min，检查此时的注浆量，当其变小后可随即暂停注浆作业。考虑到浆液容易外流，必须采取合适的堵口措施，且施工中应做好监测工作，实时掌握注浆状况。

2）止浆封孔。结束注浆作业后，随即采取焊接钢板的方式封堵注浆孔。关于阀门的设置，以注浆管预留处为宜，要求堵头足够严密。此外，要注意导向管与钢管的位置，二者易出现空隙，该处需使用水泥砂浆有效封堵，以免在外界因素作用下使得管棚支护体系的整体稳定性受到影响。

8.2 冻结法施工技术

冻结法技术作为一种先进的地下工程施工方法，是通过冻结周围土体，形成临时性的固体土体，以增强地层稳定性和降低施工风险。冻结法不仅可以有效应对地下水位较高、土壤松软等复杂地质情况，还能够在施工过程中减少对周围环境和结构的影响，从而为地铁联络通道的建设提供了可行的技术途径。

8.2.1 冻结法的基本原理

冻结法是在地下工程开挖之前，先在欲开挖地下工程周围打一定数量的钻孔，孔内安装冻结器，然后利用人工制冷技术对地层进行冻结，使地层中的水结成冰、天然岩土变成冻结岩土，在地下工程周围形成一个封闭的不透水的帐幕——冻结壁，用以抵抗地压、水压，隔绝地下水与地下工程之间的联系，然后在其保护下进行掘砌施工。其实质是利用人工制冷临时改变岩土性质以固结地层。

1. 冻结法三大循环

形成冻结壁是冻结法的中心环节。冻结壁的形成依赖于冻结系统的三大循环：氨循环、盐水循环和冷却水循环。

（1）氨循环。工程中一般用氨作为制冷剂。将吸收了地层热量的盐水返回到盐水箱，在盐水箱内将热量传递给蒸发器中的液氨（蒸发器中氨的蒸发温度比周围盐水温度低5~7℃）。使液氨变为饱和氨蒸气，再被氨压缩机压缩成高温高压的过热氨蒸气；过热氨蒸气进入冷凝器等压冷却，将地热和压缩机产生的热量传递给冷却水，冷却后的高压常温液氢，经储氨器、节流阀变为低压液态氨；低压液态氨进入盐水箱中的蒸发器进行蒸发，吸收周围盐水之热量，又变为饱和氨蒸气。如此周而复始，构成氨循环。

（2）盐水循环。盐水循环在制冷过程中起着冷量传递作用，以泵为动力驱动盐水进行循环。循环系统由盐水箱、盐水泵、去路盐水干管、配液圈、供液管、冻结管、回液管、集液圈及回路盐水干管组成，其中供液管、冻结管、回液管组合称为冻结器。低温盐水（-35~-25℃）在冻结器中流动，吸收其周围地层的热量，形成冻结圆柱；冻结圆柱逐渐扩大并连接成封闭的冻结壁，直至达到其设计厚度和强度。通常将冻结壁扩展到设计厚度所需要的时间称为积极冻结期，而将维护冻结壁的时间称为消极冻结期。积极冻结期，冻结器进出口温差一般为3~7℃；消极冻结期，其进出口温差为1~3℃。

（3）冷却水循环。冷却水循环在制冷过程中的作用是将压缩机排出的过热氨蒸气冷却成液态氨，以及对压缩机自身进行冷却。冷却水循环以水泵为动力，通过冷凝器进行热交换。冷却水把氨蒸气中的热量释放给大气。冷却水温度越低制冷系数就越高。冷却水温度一般较氨的冷凝温度低5~10℃。冷却水循环系统由水泵、冷却塔、冷却水池以及管路组成。由上可知，人工冻结的基本原理是低温盐水吸取地层的热量，在盐水箱内进行热交换，把热量传给氨，氨经压缩机做功后，在冷凝器中把这部分热量传给冷却水，冷却水再把热量散发到大气中去。通过上述三大循环，三次热交换，便可使地层冻结。

2. 地层冻结技术的特点

（1）冻结加固的地层强度高。冻结法通常是加固含水的软弱地层，冻结施工后所形成的冻土与原覆土相比抗压强度显著提高，形成临时的加固体，便于地下工程的开挖。例如，冻结的砂土在-10℃时的瞬时抗压强度可达11~12MPa。

（2）封水效果好。冻结法使地层中的水结冰，形成不透水性的冻土，保证开挖工作面在无水条件下作业。

（3）适应能力强。在黏土、砂土、砾石或填土石方等地层中，只要有水存在都可进行冻结。冻结体的形状即可以是垂直、水平或斜向等简单形式，也可以是复杂形式，而且可认为能控制冻结体的形状和扩展范围。

（4）安全性好。冻结形成的临时冻结体，由于其强度高和封水效果好的性质，可使隧道的施工在一个相对安全的环境下进行，有效避免了隧道掘进过程中围岩的坍塌和地下水渗漏等安全隐患。

（5）整体性好。冻结体形成后，冻结体内是一个完成的支护体，在隧道掘进施工过程中不会存在任何缝隙。

（6）环保型工法。冻结法是一种临时措施，地层冻结仅仅是将地层中的水变成冰，并且所加固的地层最终要恢复到原始状况，所以能够保护城市地层地质结构和地下水不受污染。同时也具有省时省力的效果。

8.2.2 冻结法方案与工艺参数

冻结法加固地层进行地下工程施工是地层钻孔、冻结、开挖和衬砌等多种施工工法的有机组合。为保证工程的顺利进行，施工前必须要进行多方面的细致调查，因地制宜，确定合理的冻结施工方案。

1. 冻结法方案

冻结法施工首先要确定施工类型，即在掌握详细的地质水文资料和总体设计资料的基础上，根据工程要求进行技术和经济分析，选择合理的冻结类型。

冻结法可采用的类型主要有3种，即水平、垂直和倾斜冻结。浅埋隧道多位于建筑物或道路、桥梁之下，地面场地受到限制，而且隧道多采用暗挖法施工，因此冻结类型以水平冻结为主；工作竖井或盾构出入口的施工，可采用垂直或倾斜冻结。冻结类型确定后，就要选择合适的局部冻结方法，表8-3列出了三组冻结壁的适用范围和工艺特点，表8-4列出了几种典型的局部冻结方法。

表 8-3 常用冻结壁的形式

方法	工艺特点	适用范围
立式冻结	冻结管自地表垂直向下穿入地层，通过对冷冻液循环深度的控制，实现由地面到地下某一深度的连续冻结或对地下某一深度的含水不稳定地层局部冻结	1. 含水地层内的工作竖井施工； 2. 位于埋深较浅的含水地层中水平隧道或倾斜度不大的隧道施工
斜式冻结	冷冻管在地层中围绕倾斜隧道前进的方向排列，在含水地层中形成倾斜的冻结体	适用于含水软弱地层中倾斜隧道
水平冻结	冻结管在地层中围绕着隧道前进方向水平排列，在含水的软弱地层中冻结形成水平冻结体，覆盖或环绕待施工的隧道	适用于含水软弱地层中的水平隧道

表 8-4 几种典型的局部冻结方式

方法	填充压气法	隔板法	填充盐水法	套管法
注意事项	压气要按要求的压力进行控制，否则将会降低使用效果	—	结构和工艺简单，容易实现	—
适用条件	下部冻结而上部不冻结的井筒		下部冻结而上部不冻结的井筒	上部和下部冻结，而中部不冻结的井筒

2. 冻结法工艺

冻结法施工分为三个阶段，积极冻结阶段、维护冻结阶段和解冻（恢复）阶段。

积极冻结阶段——在施工地层中开展冷冻作业，并将地层中的冻结壁扩展到设计厚度的阶段。

维护冻结阶段——维护施工所需要的冻结壁厚度，进行地下工程正常施工操作阶段。

解冻（恢复）阶段——地下结构工程施工完成后，停止制冷、低温恢复原状的过程。

冻结法施工包含四大工序，冻结站安装、钻孔施工、地层冻结和地下工程掘进施工。其具体工艺流程见图 8-8。

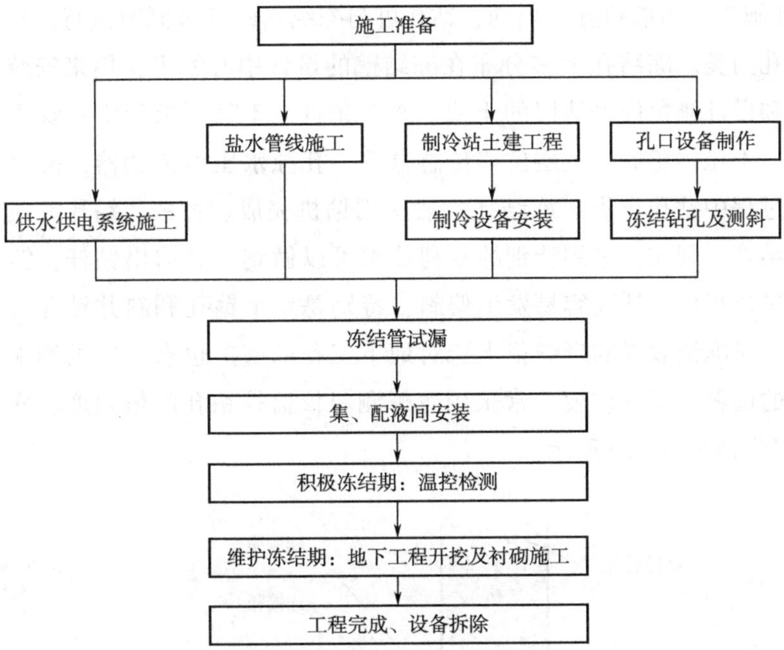

图 8-8　冻结法施工工艺流程

1）冷冻站安装。冷冻站的位置以供冷、供电、供水、排水方便为原则，同时也要兼顾施工竖井的井口布置和进出材料、器材的方便。常把冷冻站设在距井 30～50m 的位置。冷冻站的设备分为内、外两大区域布置，站内区主要布置冷冻机组（包括盐水循环系统），站外区主要布置循环水冷凝器和储水池。冷冻站制冷示意图如图 8-9 所示。

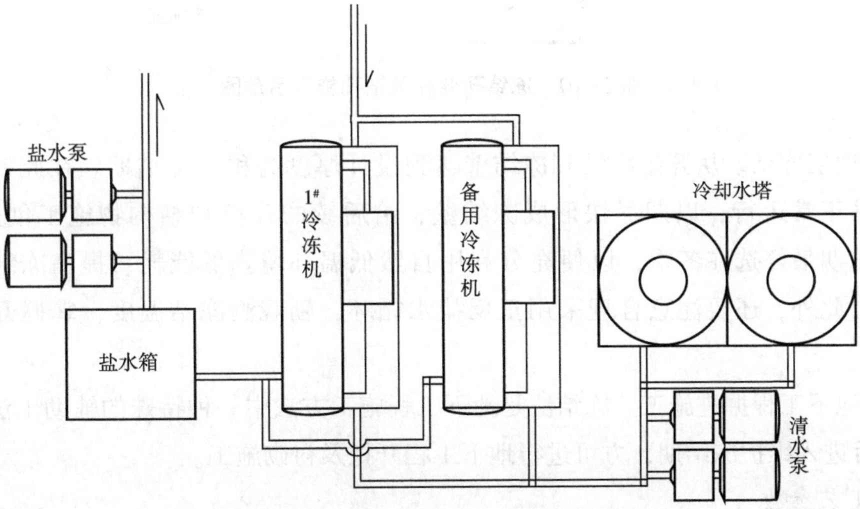

图 8-9　冷冻站制冷示意图

2）钻孔施工。为缩短施工周期，钻孔可与冻结站的安装同时进行。钻孔可分为冻结孔和观测孔两类。冻结孔大多分布在冻结壁的设计中心线上，用来安装冻结管，其孔径、间距和设计倾角依据地层的土质，水文条件、工程要求而定；观测孔用于安装温度传感器、土压传感器、土层位移传感器等。孔隙水压力传感器，按设计要求在施工前或施工过程中钻孔布设。冻结孔一般采用钻机完成。过去，钻孔完成后需撤出钻杆，换装冻结管。现在，采用特别的专利技术可以做到不必取出钻杆，钻杆直接用作冻结管。钻进过程中，钻孔容易发生偏斜，特别是水平钻孔和斜井钻孔，掌握钻进角度比较困难，对冻结效果的影响很大，对地下工程的施工也有一定的影响。因此，严格控制钻孔的偏斜度十分重要，常采用陀螺测斜仪监控钻孔的偏斜度。冻结孔开孔及钻孔施工示意图如图 8-10 所示。

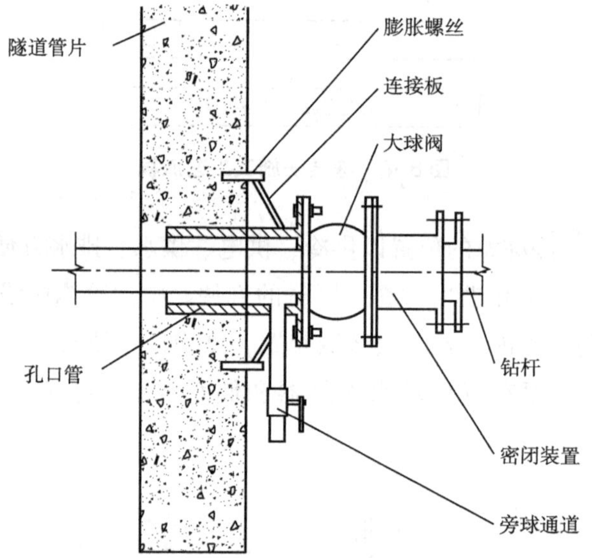

图 8-10 冻结孔开孔及钻孔施工示意图

3）地层冻结。从开始冻结到冻结壁达到设计厚度为积极冻结期。在此期间应保证冻结站正常运行，以期尽快形成冻结壁，给后续的开挖和结构物施工创造条件。积极冻结期最好选在冬季，以便充分利用自然低温环境降低能耗、提高冻结站的制冷效率。此外，还要注意合理采用正反盐水循环，勤观测冻结温度，掌握开挖的最好时机。

4）地下工程掘进施工。冻结法是地下工程施工方法中一种特殊的辅助工法，冻结壁形成后进入维护冻结期，方可进行地下工程开挖及衬砌施工。

3. 工艺参数

冻结主要参数设计包括冻结壁厚度、冻结深度、冻结站制冷能力计算以及冻结时间计算。

（1）冻结壁厚度。冻结壁是凿井的临时支护结构物。其功能是隔绝井内外地下水的联系和抵抗水土压力，其厚度取决于地压大小和冻土强度。它也是评价应用冻结法经济合理性的基本参数。冻结壁厚度一般为 2~6m。

实际的冻结壁，从物理、力学性质方面看，是一个非均质、非各向同性、非线性体，随着地压的逐渐增大，由弹性体、黏弹性体向弹性塑性体过渡；从几何特征看，它是一个非轴对称的不等厚筒体。当盐水湿度和冻结管布置参数一定时，代表冻结壁强度和稳定性的综合指标是厚度，而反映冻结壁整体性能的综合指标是冻结壁的变形。冻结壁变形过大，会导致冻结管断裂、盐水漏失融化冻结壁，还会使外层井壁因受到过大的冻结壁变形压力而破裂。当掘砌工艺和参数、盐水温度和冻结管间距一定时，控制冻结壁的厚度是控制冻结壁变形的最主要手段。

（2）冻结孔布置间距。在取得冻结壁设计厚度的基础上进行冻结孔布置设计，确定冻结孔间距时需要考虑以下因素：

1）需要冻结的地层的地质水文情况。

2）设计冻结深度和冻结体形状。

3）考虑钻孔偏斜度，控制终孔的孔间距。

立井冻结过程中，冻结孔开孔间距一般为 1~1.3m；隧道水平冻结，冻结孔开孔间距一般以 0.5~1m 为宜。

（3）冻结站制冷能力计算。冻结站应用于一个地下工程项目时，其实际制冷能力按下式计算：

$$Q_0 = \lambda \pi d N_d H_d q \tag{8-1}$$

式中：Q_0——冻结一个地下工程项目时的实际制冷能力（kW）；

λ——管路冷量损失系数，一般为 1.10~1.25；

d——冻结管内径（mm）；

N_d——冻结管数目；

H_d——冻结管长度（m）；

q——冻结管单位面积的吸热能力，一般取 $q = 0.26 \sim 0.29 kN/m^2$。

一个冻结站服务于两个相近的、需同时冻结的工程时，如盾构隧道并列的进（或出）口、矿山的主副井等，一般将两个工程安排为先后开工，以错开积极冻结期，即第二个工程在先开工工程进入维护冻结期后才开始冻结。此时，总制冷能力按先开工工程所需制冷能力的 25%~50% 与后开工工程所需制冷能力之和计算。

（4）冻结时间。冻结时间是冻结孔交圈所需要的时间，需要根据盐水温度和冻土扩展速度来确定。冻结壁交圈时间参考表如表 8-5 所示。

表 8-5　冻结壁交圈时间参考表

冻结孔间距/m		1.0	1.3	1.5	1.8	2.0	2.3	2.5	2.8	3.0	3.3	3.5
冻结孔交圈时间/d	粉细砂	10	15	22	35	44	58	67	82	94	114	128
	细中砂	9.5	14	21	33	42	55	64	78	89	108	121
	粗砂	8.5	13	19	30	37	49	57	70	80	97	109
	砾石	8	12	18	28	35	46	54	66	75	91	102
	砾质黏土	10.5	16	23	37	46	61	70	86	99	120	134
	黏土	11.5	17	25	40	51	67	77	94	108	131	147
	钙质黏土	12	18	26	42	53	70	80	98	113	137	154

4. 冻结法施工的设备和器材

冻结法施工所需要的主要设备和器材包括：制冷设备与附件以及钻孔设备、器材。

（1）制冷设备及其附件。

1）制冷压缩机。我国冻结法施工所使用的压缩机主要有活塞式和螺杆式两种。在施工中常采用螺杆式制冷压缩机。螺杆式压缩机是回转式压缩机的一种，它只有旋转运动部件，没有往复运动机件，动平衡性能好，几乎无振动。它体积小、重量轻，适合作为移动制冷设备。

2）冷凝器和蒸发器。冷凝器和蒸发器是完成制冷循环所必需的辅助设备。它们的换热效率直接影响冻结站的技术经济指标。

蒸发器由置于盐水箱中的多组金属管组成。在制冷循环中，压缩后的液态工质（液态氟利昂或液态氨）在蒸发器中蒸发，变为饱和蒸气，吸收周围管路中盐水的热量，形成低温盐水。

在冻结法施工中多采用立式冷凝器完成气态工质到液态的转换。立式冷凝器是一个装有多组冷却水管的密闭筒体，高 2~3m，直径 1~2m。冷凝水从筒体内的冷却管通过，使筒内的过热氟利昂或氨的蒸气冷却并形成气态和液态混合物。

3）盐水循环系统。盐水循环系统的作用是：将通过蒸发器得到的冷量低温盐水输送到需要冻结的地层中的冻结器，并将吸收了地层热量的升温盐水通过管路送回蒸发器，完成利用盐水作介质的热交换循环。

盐水循环系统主要设备有盐水泵、盐水干管、配液及集液环、冻结器等。在一般保温情况下，冷量损失约占冻结站总制冷量的 20%~25%。因此为降低能量消耗，盐水循环系统应有良好的保温措施。配液器和集液环设在冻结工作面附近，使去、回盐水管路阻力相等，配液均匀。

冻结器由冻结管、供液管、回液管组成，冻结管常用直径127mm或139mm的无缝钢管制成，供液管可采用直径50~60mm的塑料管或橡胶管。冻结器的选择根据实际工程施工环境有所不同，详见上述冻结方案选择内容。

4）可移动制冷组。在城市地下工程中采用冻结法施工优点很多，但是每个工作现场要建立冻结站比较繁琐。为方便工程使用，近几年来，煤矿和机械行业联合研制了可移动制冷机组。将具有制冷机、卧式冷凝器、蒸发器、盐水泵、电机控制柜等配置的小型冻结站所需的主要设备全部装配在一个底盘上，形成可移动制冷机组。这样的制冷机组采用平板拖车运到现场后，只需增设一个盐水箱。安装盐水循环泵，接上电源和冷却水源后即可投入运行。

（2）钻孔设备。钻孔设备主要包括钻机、钻具等。

1）钻机。根据垂直冻结、水平冻结或斜向冻结的不同冻结方式和冻结长度的需要，可选用不同形式的钻机。

2）钻具。钻具主要是指常规钻杆、特殊钻杆、钻杆连接器材和钻头。随着冻结法施工在城市浅地层中的使用，为提高成孔效率、避免坍孔、减小地面沉降，煤炭科研单位已研制出钻杆、冻结管合一的专利技术：采用装有特殊钻具的直径120~140mm的无缝钢管做钻杆，在钻孔完成后，采用专利技术封闭管端，然后装入盐水循环管，把钻进钢管直接变成为冻结器。该项技术已经得到越来越广泛的应用。钻进过程中，钢管与钢管之间除采用螺纹管箍连接外，还增加了环向焊接工序，使密封性能更好，避免了盐水的泄漏。

8.2.3 冻结法施工案例分析

1. 工程概况

某地铁区间施工工程，区间为土压平衡盾构区间，设置1座联络通道兼泵房，采用暗挖法施工。联络通道兼泵房处土层自上而下依次为：黏土、含黏性土粗砂、粗砂-砾砂、强风化安山岩。其中通道地层位于黏土、粗砂-砾砂，集水井地层位于强风化安山岩，覆土约16.2m，洞身主要地层为强透水层，场区地下水主要类型为第四系孔隙水和基岩裂隙水，地下水位线6~10m，围岩级别M级。

2. 施工方案

（1）冻结方案。为了有效实现地铁联络通道的建设，本研究根据工程地质条件和相关施工要素，制定了一套基于冻结法的施工方案。该方案旨在通过地层冻结加固和矿山法开挖构筑来完成联络通道的建设。

在施工方案的第一阶段，将在地下隧道内进行钻凿作业。通过布设水平孔和部分倾斜孔，对周围土体进行冻结加固。这一步骤将在隧道内形成一个临时的冻土帷幕，以提供稳定的工作环境。水平孔和倾斜孔的布设将确保冻结范围覆盖到联络通道的外围土体，从而形成高强度和封闭性优良的冻土固结体。

在冻结加固的基础上，第二阶段的施工将采用矿山法进行。根据“新奥法”的原理，在冻结土体内进行联络通道的开挖构筑。这一方法充分利用了冻结土体的支撑性能，减少施工过程中的地层变形和沉降风险。矿山法的采用还将有助于保持施工环境的稳定，从而为工程的顺利进行提供有力支持。

通过在区间隧道内分阶段进行施工，可以更好地控制施工进度，确保工程的安全性和顺利性。总的施工流程如图 8-11 所示。

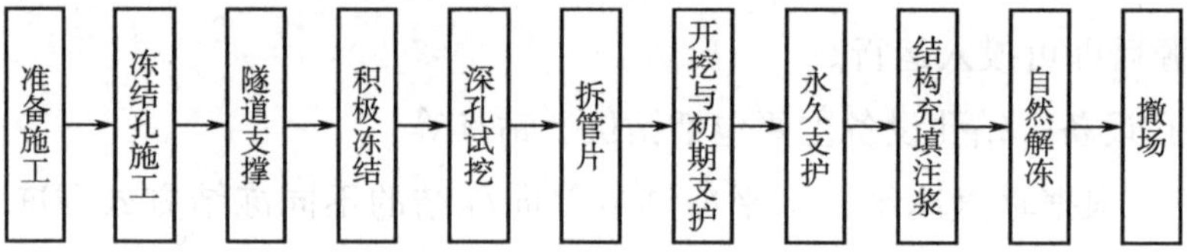

图 8-11　施工工艺流程

（2）冻结施工。冻结施工主要包含了施工准备、冻结孔施工、冻结机房建设、积极冻结和维护冻结等几部分，其中冻结孔施工对于整个工程的进度和成本控制具有重要影响，其主要施工工序包括了空位标定、钻孔施工、管道安装及孔口封堵等内容。

在进行钻孔之前，必须确保孔口装置的安装正确可靠。应通过螺丝将球阀固定在孔口管上，并注意正确加装密封垫片。随后，通过螺丝将孔口压紧装置固定在球阀上，在进行压紧操作之前，使用牛油盘根充填以保密实，具体如图 8-12 所示。

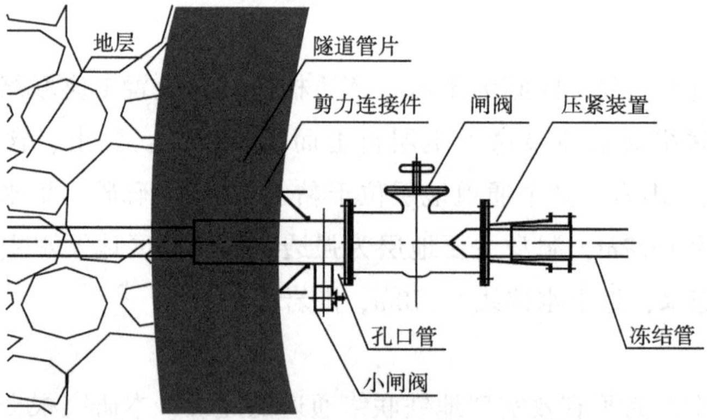

图 8-12　孔口密封装置示意图

此外，钻孔偏斜在地铁联络通道的施工中具有重要的意义。为了确保施工质量和工程的稳定性，钻孔偏斜需要满足以下一系列条件。

1）开孔位置误差限制。钻孔开孔位置的误差是确保施工精度的关键因素。在一般情况下，正常冻结孔的开孔位置误差不得超过50mm。这确保了冻结孔的实际位置与设计位置之间的偏差在可控范围内，从而保证后续施工步骤的准确性。

2）特殊结构的开孔位置限制。对于一些特殊结构，如管片螺栓孔等，由于其在工程中的重要性，其开孔位置的误差限制更为严格。在任何情况下，特殊结构的开孔位置误差不得超过100mm，以确保这些关键位置的精确度、开孔间距和误差限制。冻结孔的开孔间距是保持施工整体均衡性和稳定性的重要因素。开孔间距的误差不应超过150mm，以保持孔位分布的均匀性，防止不必要的结构变形。

3）最大允许偏斜限制。冻结孔的最大允许偏斜是衡量施工精度和稳定性的重要标准。在实际成孔轨迹与设计轨迹之间，最大允许偏斜不应超过150mm。这有助于确保冻结孔的整体位置与设计要求保持在可接受的范围内。

4）管片结构加固措施。当开孔位置存在管片结构强度较低的情况时，必须额外采取管片加固措施。这可以包括使用适当的加固材料、结构支撑等方式，以确保开孔位置的稳定性和承载能力。在冻结管长度和偏斜检查合格后，继续进行压力测试和泄漏检测，对于试压不合格的冻结孔，可以采取下套管或进行补孔处理措施，在保证试压合格的前提下进行冻结系统的积极运转及维护。

（3）联络通道开挖构筑。联络通道开挖前，根据测温孔测温情况分析，推算冻土发展速度；根据冻土发展速度计算冻结壁厚度，分析冻结帷幕是否满足施工要求，结合泄压孔情况及探孔情况，确定最终开挖时间。

首先，施工准备。包括三通一平、隧道内工作平台搭建、初期支护金属支撑架、预应力支架安装、排水系统、设备材料进场和防护门安装等。其中，预应力支架及防护门均在积极冻结时期安装，其目的是防止土方开挖时出现涌水、涌砂等不安全因素。

其次，开挖顺序。开挖过程划分为4个阶段，其流程如图8-13所示。

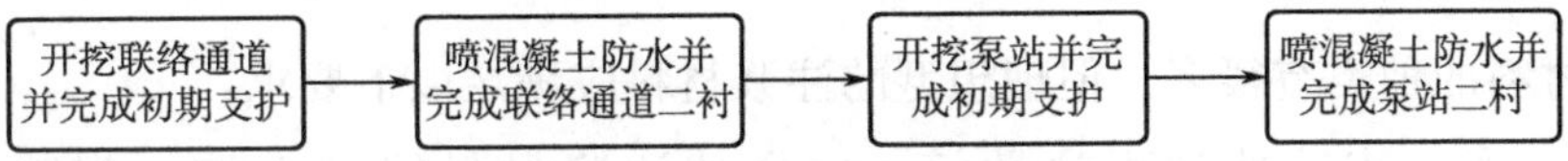

图8-13 开挖顺序示意图

最后，施工效果。基于前期施工准备，在正式施工过程中取得了较好的施工效果，包括初期支、喷射混凝土施工、防水施工、钢筋施工和浇筑施工。

8.3 注浆加固法施工技术

注浆法是用于地下工程中的地层加固或培水技术。它是将具有充填、胶结性能的材料配制成浆液，用注浆设备注入地层的孔隙、裂隙或空洞中，浆液经扩散、凝固和硬化后，能减小岩土的渗透性，增加其强度和稳定性，从而达到封水或加固地层的目的。

注浆法的分类方法很多：按注浆材料种类分为水泥注浆、黏土注浆和化学注浆；按注浆施工时间不同分为预注浆和后注浆；按注浆对象不同分为岩层注浆和土层注浆；按注浆工艺流程分为单液注浆和双液注浆；按注浆目的分为堵水注浆和加固注浆；按作用机理分为渗透注浆、压密注浆、劈裂注浆、充填注浆、喷射注浆等。

8.3.1 注浆加固施工的基本原理

注浆原理可分为在裂隙岩层和松散含水层中两种。在裂隙岩层中，浆液起充塞作用，它包括机械性充塞与水化作用充塞。机械性充塞为浆液在一定压力作用下沿裂隙流动扩散，离注浆孔越远，流速越慢，浆液由湍流转为层流状态，浆液中的颗粒就会沉析，出现充塞现象。水化作用充塞是浆液内的水硬性材料之间以及水硬性材料与水之间发生化学变化而充塞裂隙。在松散的砂土中，化学浆液起渗透固结和挤压密实作用。在砂层中，化学浆液在压力的推动下，以一定的流量均匀地渗透到砂粒之间的孔隙内。

注浆技术现已成为处理各种工程问题的重要手段之一，只要涉及岩土工程和土木工程的各个领域，都可使用注浆技术。其主要的应用范围有：大坝、堤防的防渗和基础加固，地下构筑物的防水和加固，地面建筑物地基加固和阻止沉降，地下矿山井巷、硐室的防水和加固隧道加固等。随着我国基础建设的发展、资源开采能力的提高，注浆技术的发展和应用规模在不断扩大。

1. 注浆材料

地下注浆工程中所用的注浆材料由主剂（原材料）、溶剂（水或其他有机溶剂）以及外加剂混合而成。通常所说的注浆材料是指浆液中的主剂。固化是注浆材料的主要特征。

注浆材料的种类有很多，但理想型的注浆材料应满足以下要求：

1）黏度低、流动性和可注性好，这样的注浆材料能进入细小裂隙或粉细砂层内。

2）浆液凝固时间可调并能准确控制，凝胶固化过程在瞬间完成。

3）浆液固化时不收缩，结石率高，结石体抗渗性能好，抗压、抗拉强度高，与砂石的胶结力大。

4）浆液稳定性好，便于保存运输。

5）浆液无毒，对环境不污染，对人体无害，不易燃易爆。

6）材料来源广泛，价格便宜，注浆工艺简单，浆液配制方便。

（1）注浆材料的主要功能。注浆材料的品种繁多，其性能的变化也很大，不同的浆材有不同的性能，同种浆材也可以根据需要而改变其性能。注浆材料的主要性能有黏度、凝胶时间、抗渗性和抗压强度等。

1）黏度。黏度是表示浆液流动时，因分子间相互作用而产生的阻碍运动的内摩擦力。通常所说的浆液黏度是指浆材所有组分混合后的初始黏度。黏度的大小影响着浆液的可注性及扩散半径。黏度的单位用 Pa · s（帕秒）表示，现场有时用简单的漏斗黏度计测定浆液的黏度，用 s（秒）作单位。

2）凝胶时间。凝胶时间是指从浆液各组合成分混合时起，直至浆液凝胶不再流动的时间。凝胶时间对注浆作业、浆液扩散半径和浆液注入量等都有明显的影响。能否正确确定和准确控制浆液的凝胶时间，是注浆成败的关键之一。因此，要求浆液的凝胶时间能随意调节和准确控制，以满足不同的需要。凝胶时间的确定：水泥浆可用水泥浆稠度仪，其他浆液可用凝胶时间测定仪；在没有测定仪器的情况下，通常用手持玻璃棒搅拌浆液，以手感觉不再流动或拉不出丝为止。

3）抗渗性。抗渗性是指浆液固化后结石体进水性的高低或强弱，通常用“m/d”或“cm/s”表示。

4）抗压强度。抗压强度指的是注浆材料自身抗压强度和浆液结石体抗压强度。当以加固为注浆的主要目的时，应选择高结石体强度的浆材；以堵水为注浆的主要目的时，浆材结石体的强度可低一些。

（2）注浆材料。注浆材料种类繁多，按其主剂可分为有机系（化学浆料）和无机系（粉、粒状材料）两大类。其具体分类见图 8-14。

1）水泥浆液。单液水泥浆是指用水泥与水拌制而成的浆液。为改变浆液的性能，也可以水泥为主剂，添加一定量的外加剂。注浆用的水泥宜采用强度等级不低于 42.5 级的普通硅酸盐水泥。浆液的配合比必须经现场试验后确定。水泥浆的浓度通常用水胶比表示，水胶比变化范围为 1∶2~1∶0.5。

水泥浆液是基岩裂隙注浆中应用最广泛的浆材。其主要优点是：货广价廉，结石体强度高，抗渗性能好，注浆工艺简单，易于操作，无污染。其缺点是：水泥颗粒较粗，可注性差，在细裂隙及粗砂以下地层中很难注入，且凝胶时间难以准确控制，初期强度低，浆液易沉淀析水，易被水稀释，稳定性差。因此，纯水泥浆在注浆工程中的应用受到了一定的限制。为改善水泥浆液的性能，通常在水泥浆液中加入添加剂，如水玻璃、氯化钙等速凝剂，三乙醇氨等速凝早强剂，硅粉等早强剂和黏土等悬浮剂。水玻璃和氯化钙的添加量一般为水泥质量的 3%~5%，三乙醇氨的最佳用量为水泥质量的 0.05%，硅粉、黏土用量可占水泥质量的 10%~30%。

2）超细水泥（简称 MC）。该水泥平均粒径为 4mm，最大粒径为 10mm，比表面积为 8000cm^2/g，可灌入渗透系数为 1×10^{-4}~1×10^{-3}cm/s 的细沙中。可灌性与化学浆液相近，结石强度大于化学浆液，对地下水及环境无污染，称为绿色注浆材料。

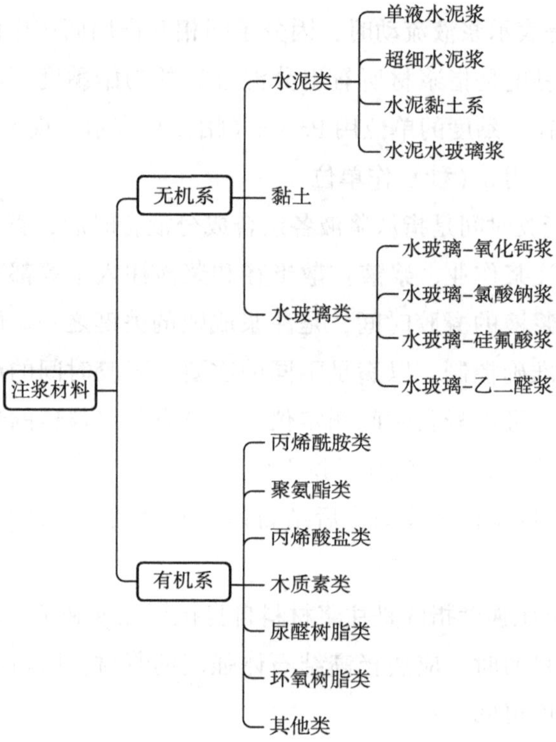

图 8-14　注浆材料分类

表 8-6 列出了不同水灰比的水泥浆黏度，可以看出，它比水灰比相同的普通水泥黏度高很多。

表 8-6　不同水灰比的水泥浆黏度

水灰比/(Pa·s)	0.6：1	1：1	1.5：1	2：1	2.5：1	3：1
超细水泥	45	30	15	8	7.5	7
普通水泥	9	50	35	20	15	805

由于超细水泥比表面积大，有较高的化学活性，能较快地凝结固化，可获得早期和后期强度。3d 结石强度可达 25MPa，3 个月强度可达 62MPa。同期相比，比普通水泥强度高 20% 左右。同样，在 30s~7min 之间根据不同配比，也可用添加剂进行调节。可单液压注，也可与水玻璃配合进行双液压注。

由于比表面积大，为了使其在水中分散均匀，应采用高速搅拌机拌和。美国、日本等国家都大量用于封堵地下工程。

3）水泥-化学浆液。两者混合起来的浆液可以提高水泥浆的可灌性，增加化学浆液的强度，降低造价，减少毒性污染。该浆液在储水率很高的工程中容许局部应用。它的代表是丙凝-水泥浆（即 AM-C 浆液），其配方见表 8-7。注浆时，将 A、B 两液以 1∶1 比例混合倒入手压泵中，然后压注浆到地层中，当 AM-C 浆液中丙凝浓度越大，水灰比越小时，其凝胶时间越短，强度越高。

表 8-7 AM-C 浆配方（AM10%，$W/C=1$）

A 液	丙烯酰胺	0.5kg
	双丙	0.5kg
	三乙醇胺	0.5kg
B 液	过硫酸铵	0.5kg
	加水	50L
	水泥	50kg

其中，AM-C 浆液的凝胶时间为 160s，其 28d 强度可达 3.6MPa。

4）耐久性水泥-水玻璃浆液（简称 C-S 浆）。这是工程中常用的材料，其料源广，价格便宜，结石强度高，结石率大，凝胶时间可控，无毒性、无污染，是理想的注浆材料。其缺点是结石体稳定性较差，特别在干燥地层条件下易风化崩解，不适用于做永久性堵水加固材料。最近研制的一种以高分子有机材料为主的 XZ-1 型外加剂，可以激发水泥活性，和水泥浆体的有机材料交联在结石体内部，变成相结构，从而增加结石体的韧性和耐久性，抗冻融性能比 C-S 浆液高 15 倍，耐干湿循环性是 C-S 浆液的 5 倍。

XZ-1 型外加剂本身原料来源广，制备工艺简单，该浆液成本比 C-S 浆液增加 10%～15%。

5）丙烯酰胺类浆液。丙烯酰胺类浆液是以有机化合物——丙烯酰胺为主剂的化学浆材，我国在 1964 年研制成功的 MG646 及水电系统研制的丙凝均属于这一类浆液。国内通常将这一类浆液称为丙凝。这种浆液可应用于各个工程领域的防渗堵水。

丙烯酰胺类浆液及凝胶体性能特点有以下几方面：

①浆液黏度小，且在凝胶前始终保持不变，因此可注性好。

②凝胶时间可在几十秒至几十分钟内准确控制，凝胶是在瞬间发生并完成。

③凝胶体抗渗性能好，其化学性能稳定，耐久性能好。

④凝胶体本身是弹性的，抗压强度低。固结体的抗压强度一般为 0.4～0.5MPa。

⑤浆液的材料来源较困难，价格较贵，配制浆材较复杂，因此，一般只用于其他浆材难以注入的极细裂隙或粉土的堵水注浆。

(3) 注浆材料的选择。一种理想的注浆材料，不但应满足工程上的性能要求，而且应货广价廉、无毒性、对环境无污染，因此应根据工程地质、水文地质条件、注浆目的、注浆工艺、设备和成本等因素选用。

1) 预注浆和衬砌前围岩注浆，宜采用水泥浆液、水泥-水玻璃浆液、超细水泥浆液、超细水泥-水玻璃浆液等，必要时可采用化学浆液。

2) 衬砌后围岩注浆，宜采用水泥浆液、超细水泥浆液等。

3) 回填注浆，宜选用水泥浆液，水泥砂浆或掺有石灰、熟土、膨润土、粉煤灰的水泥浆液。

4) 衬砌内注浆，宜选用水泥浆液、超细水泥浆液、化学浆液。

2. 注浆设备

注浆设备是指配制、压送浆液的机具和注浆钻孔机具，这些设备的合理选择与配置是完成注浆施工的重要保证。注浆设备主要包括钻孔机械、注浆泵、搅拌机、混合器、止浆塞、流量计和输浆管路等。当注浆量较大时，通常在地面设注浆站。

(1) 注浆站。注浆站是布置造浆和压浆设备的临时建筑，其面积的大小主要与设备的型号、数量及选用的注浆材料有关。一般矿山工程，水泥浆注浆站面积约 $200m^2$，水泥-水玻璃注浆站面积约 $300m^2$。注浆站应尽量靠近受注点，使注浆管路短、弯头少，以减少浆液的压力损失。当附近同时有几个大的注浆工程时，最好用同一注浆站，其位置要适中。

(2) 钻孔机械。钻注浆孔时主要使用钻探机械、潜孔钻机、潜风锤、气腿式凿岩机和钻架式钻机等。钻探机械选择的依据主要有钻孔深度、钻孔直径、钻孔的角度等。凿岩机主要用于壁后注浆等浅孔（深度小于 5m）的钻进，钻架式钻机多为立井钻凿炮眼用的伞形钻架（深度可达 10~15m）。

(3) 注浆泵。注浆泵是注浆施工的主要设备。注浆泵要依据设计的供浆量和最大注浆压力来选择。泵压应大于或等于注浆终压的 1.2~1.3 倍，在注浆过程中应能及时调量调压，并保证均匀供液。双液注浆时，注浆泵应能使双液吸浆量保持一定的比例。

注浆泵的种类很多，按动力分，有电动泵、风动泵、液压泵和手动泵；按压力大小分，有高压泵（15MPa 以上）、中压泵（5~15MPa）和低压泵（5MPa 以下）；按输送的介质分，有水泥注浆泵和化学注浆泵；按同时可泵送的浆液数量分，有单液注浆泵和双液注浆泵；按用途分，有专用注浆泵和代用注浆泵两种。

(4) 搅拌机。搅拌机是使浆液拌和均匀的机器，它的能力应与注浆泵的最大排浆量相适应。搅拌机的有效容积一般为 $0.8 \sim 2.0m^3$。

(5) 止浆塞。止浆塞是把待注浆的钻孔按设计要求上、下分开，借以划分注浆段高，并使浆液注到本段内岩石裂隙部位的工具。它在孔中安设的位置，应是围岩稳定、无纵向裂隙和孔型规则的地方。止浆塞应结构简单、操作方便和止浆可靠。

目前使用的止浆塞分为机械式和水力膨胀式两大类。机械止浆塞主要是利用机械压力使橡胶塞产生横向膨胀，与孔壁挤紧，从而实现分段注浆。机械式止浆塞有孔内双管止浆塞、单管三爪止浆塞和小型风管止浆塞等形式。

（6）混合器。混合器是针对两种浆液混合注浆用的一种专用器具。混合时，浆液将发生一系列物理、化学反应，因此对混合器的技术要求是：

1）混合器保证两种浆液能充分混合均匀，并保证浆液在预定的时间凝固。

2）两种浆液的注浆压力要求不同时，应保证不会窜浆，以保证浆液不在管路内凝固。

3）有足够的过流断面，并能承受最大注浆压力。

按上述要求，根据不同的施工条件，混合器可分为两类，即孔口混合器和孔内混合器。

8.3.2 注浆施工工艺与参数

浅埋暗挖法施工中，当围岩的自稳能力在12h以内，甚至没有自稳能力时，为了稳定工作面，确保安全施工，需要进行注浆加固地层（同时也起到堵水作用）。注浆方法包括小导管超前周边注浆加固和深孔注浆加固，以及由此派生出的许多与其他特殊施工相配合的注浆方法。本节介绍小导管超前周边注浆加固和深孔注浆加固围岩。

小导管超前周边注浆加固方法适用于中砂及砂卵（砾）石，且卵（砾）石直径不大于60mm的地层中，并且常和台阶法施工相配合。在未胶结的砂卵石、粉细砂等第四纪地层中修建的北京地铁区间隧道常用此法。

深孔注浆加固方法适用于无黏结性砂及砂卵石、亚黏土地层，这种方法对地面沉降要求严格，是一种适于采用台阶法的大跨度结构物施工方法。当遇到围岩特别破碎或有地下水时，也可辅之以周边小导管在初次支护背后注浆，以控制地面沉降。

1. 超前小导管注浆加固围岩施工

作为隧道掘进施工过程中经常应用的超前预支护技术，超前小导管注浆在不良地质条件下的施工中发挥着非常重要的作用。隧道开挖施工中，应用超前小导管注浆可以将荷载传递到初支部位，保证隧道掘进施工过程中围岩的稳定性。

（1）特点。隧道周围小导管注浆，是在开挖面前方沿隧道开挖轮廓线外钻孔安管注浆，起稳定开挖面和止水作用，同时，小导管还起到超前管棚支护作用。另外，该方法具有施工设备少、工艺简单、成本低、质量可靠、安全等特点。

（2）施工机具。小导管注浆所用机具主要包括钻孔机械、注浆泵、浆液搅拌机、混合机等。超前小导管结构图见图8-15。

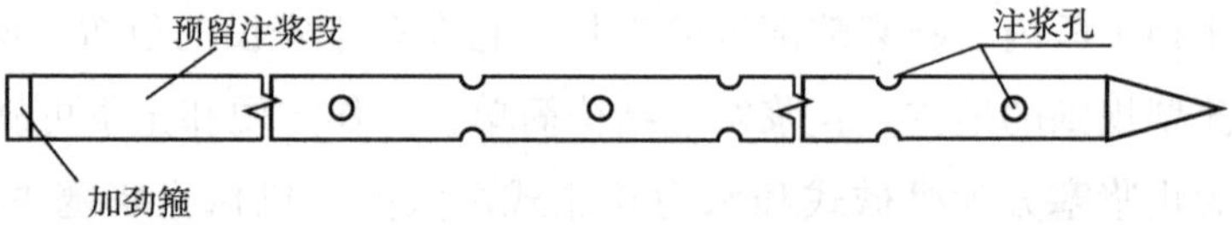

图 8-15 超前小导管结构图

(3) 注浆施工流程。

1) 施工准备。

①正式施工前，调查施工条件，根据施工条件设计施工图纸，同时根据施工过程中可能出现的问题制定相应的应对措施。

②加强地质勘查分析，了解渗透参数，根据渗透系数确定注浆类型，在这个过程中，还要根据实际情况确定注浆材料、用量及具体的技术标准等内容。一般而言，化学浆液毒性较大，且应用成本较高，应谨慎选择。

③检查施工过程中需要应用的仪器，务必保证仪器性能完好。

④制订试验方案，通过试验获得实际施工的注浆压力、速度、初凝时间及注浆半径等参数。

⑤制作小导管，管壁上设置直径为 8mm 的钻眼，控制相邻钻眼之间的距离为 20cm，尾端留出 30cm 的长度不钻孔，将这段作为止浆段。

⑥组织施工队伍，部署生产设备和器材。

2) 安装小导管。标记孔位，利用凿岩机钻孔，这里要求孔径大小应大于小导管直径（20mm）；成孔后，将小导管插入孔内，要求小导管外漏部分约为 20cm，将其支撑设置在开挖面后方的钢架位置，和钢架一起形成预支护体系。

3) 注浆。进行单液注浆时，为了防止发生漏浆问题，需要先封闭掌子面形成止浆盘。为了确保注浆顺利完成，注浆操作前，必须彻底清理管内杂物并且对其进行充分清洗，完成管道清洗后就可以将输浆管连接到小导管的尾部，同时打开阀门排气孔，开始自下而上压注水泥浆液。我国超前小导管注浆所应用的水泥有两种：普通水泥、早强水泥。注浆施工中，严格按照试验确定的压力参数和注浆量参数进行，如果因为客观条件不能进行试验，那么注浆半径从 20cm 开始试验，并且从大到小调整，最后根据注浆效果确定最佳的注浆压力和注浆量。

如果注浆操作类型为劈裂、压密注浆，实际注浆中，控制固结厚度应该大于 40cm。另外还要注意，在实际注浆施工过程中，应该对注浆压力和注浆量进行控制和调整。为了保证注浆效果，尽量应用高压注浆泵，并且在注浆完成后，及时堵塞钢管管口，避免浆液外流。如果注浆类型为双液注浆，那么首先应该将两种不同的浆液放置在不同的容器中，然后为每一种浆液配置 1 台注浆泵，应用 1 台吸浆泵将两种浆液混合到一起，就可以开展注浆施工。实际注浆施工中，注意做好记录，根据记录做好分析、调整和完善，同时还要配置专业的工作人员负责观察支护工作面的状态情况。小导管注浆施工流程如图 8-16 所示。

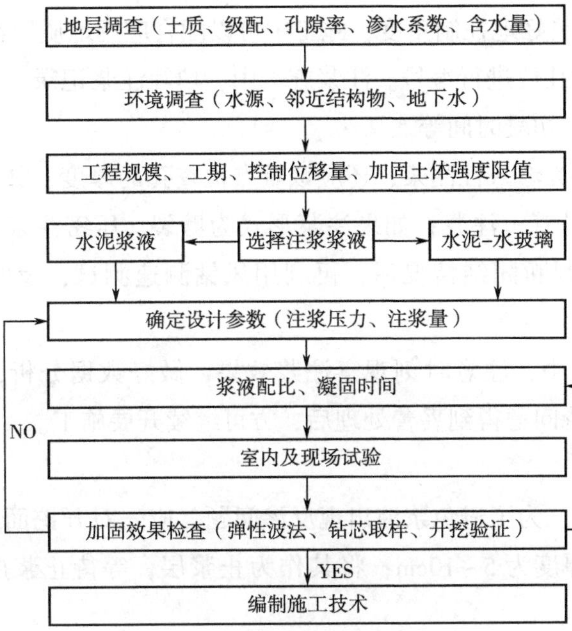

图 8-16　小导管注浆施工流程

（4）施工原理。简单理解，超前小导管注浆，其实就是在干旱的河底倒一桶水，水会沿着干涸的缝隙渗入。唯一不同的是，超前小导管注浆需要借助注浆泵的压力，迫使浆液进入隧道工作面拱上部的缝隙。浆液沿着导管向地缝中扩散，待浆体初凝后，隧道面的周围就会形成一个底层自承拱，并具有一定的止水效果；不仅如此，因为管体超前锚杆的作用，周围岩体的力学性能也会得到良好的改善，使得围岩力学参数得到提升，土体的自稳时间和自稳能力自然而然就会得到有效提升，如此一来，地层松弛变形的问题就会得到有效控制。注浆压力是否合理直接关系到围岩抗渗性和强度，而注浆压力必须通过现场试验确定。超前小导管注浆固结作用的发挥一般可分为以下两种形式：

1）渗入性注浆。对于自身存在一定孔隙或者稳定性较差的围岩，利用注浆泵将浆液推入围岩空隙中，当浆液达到初凝状态后，地层就具有了良好的固结效果。

2）劈裂、压密注浆。对于土质密度较大的地层，一般先要借助设备挤开裂缝，然后将提前准备好的浆液注入裂缝中，以达到压密岩体的目的。

（5）注浆质量标准：

1）打入小导管时，必须将范围控制在轮廓线以内，并且打入的过程中需要严格控制设计位置和打入角度。不同类型的施工，小导管打入的角度误差和孔径误差也不相同，如果注浆为深入性注浆，那么角度误差一般要求不能超过2°，孔径误差不能超过5cm；如果注浆类型为劈裂、压密注浆，那么角度误差一般要求不能超过3°，孔径误差不能超过10cm。为了更好地控制角度，施工中可以配合应用地质罗盘仪随时检查。

2）画出草图，对孔位进行编号。注浆施工中，填写注浆记录，并且注明实际注浆情况，包括注浆压力、初凝时间等。

3）如果注浆类型为渗入性注浆，还应该重点检查孔的厚度；如果孔厚度不符合标准，也需要及时进行补管、注浆；如果注浆形式为劈裂、压密注浆，可以借助小锤对周围钢管进行敲打，判断固结情况后，再利用风钻测速测试，及时处理固结不良的问题。

4）隧道开挖施工中，注意时刻观察注浆效果，做好数据分析，一旦发现异常问题，立即停工处理，待问题得到妥善处理后，方可继续开展施工。

（6）注意事项：

1）在注浆操作前，为了避免浆液出现反渗问题，应先对开挖面及开挖面附近的坑道喷射混凝土，喷射厚度为5～10cm，将其作为止浆层，等待止浆层强度达到具体要求，方可进行注浆。

2）在安装注浆管的过程中，注浆管和孔壁之间充分挤压塞紧，达到止浆和固定的效果。只有胶泥充分凝固后，方可进行注浆施工。

3）设计科学的配比，严格控制各种材料用量，精确配置混合料。

4）为了防止杂物进入小导管或者注浆泵内侧，必须应用过滤网过滤浆液。

5）注浆施工中，一般先注无渗水孔，然后再注有渗水孔。

6）为了防止开挖面发生开裂现象，严格控制注浆施工中的注浆压力。当注浆压力达到设定值时，可以先保持一定的时间，以促进浆液渗入缝中，待浆液充分渗入，再继续调大注浆压力进行注浆。

7）在对一个导管进行注浆操作时，打开相邻导管的止回阀，让注浆导管内部的裂隙水从相邻导管中流出，当在相邻导管内发现浆液时，关闭止回阀。

8）配置的浆液应及时用完，禁止长时间放置。

9）对于注浆量的计算，注意不能粗略地用水泥袋计量。注浆施工中，应做好注浆记录，严格控制好注入岩体中的总浆液量。

2. 深孔注浆加固围岩施工

深孔注浆技术是软弱围岩隧道施工的一种技术。在隧道掘进前，沿隧道前进方向，在较长范围内进行超前预注浆，让浆液与岩层一起固岩，达到堵水和加固地层的作用，给隧道施工创造一个场地干燥、岩层自稳性较好的条件，以满足施工的需要。

（1）孔口管的制作。用于注浆的孔口管一般采用 ϕ80mm 的焊接钢管或外径不大于 90mm，壁厚 5~7mm 的无缝钢管制作而成，注浆孔的横截面布置图如图 8-17 所示。

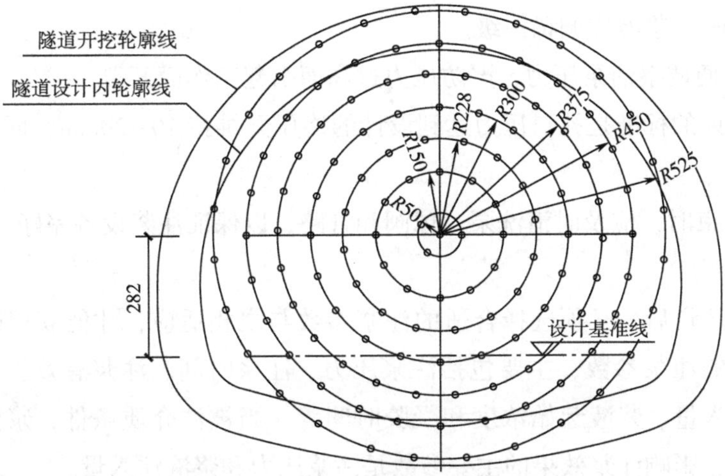

图 8-17　注浆孔的横断面布置图（mm）

（2）工作面的封闭及准备工作。为了保证注浆施工顺利、安全进行，工作面必须喷 10cm 以上混凝土进行封闭，并且在开挖轮廓线上打一圈小导管进行注浆加固，然后按要求进行孔位放线、钻机定位，试机运转。

（3）注浆施工方式。对于成孔困难的地层，宜采用工艺比较简单的前进式注浆方式。

1）钻孔采用引孔导入法，即先用 ϕ90mm 钻头钻进 2.5~3.0m 后停止钻孔。将孔口管正确装入钻孔内，用快凝水泥进行堵孔，并保证孔口管方向与结孔方向一致。钻孔时严禁停水停电。

2）在孔口管周围堵孔 1h 后可进行短注浆，形成止浆墙，以防止正式注浆时浆液外溢渗漏。

3）对止浆墙注浆 2~4h 后，改用 ϕ65mm 结头继续钻孔，软弱地层结孔采用分段前进形式，结一段注一段。钻孔出现下列问题时应停止钻孔，进行注浆：

①卡钻严重，无法钻进。

②孔口不出水。

③孔深达到了设计要求。

④深孔注浆多采用双浆液注浆法，即用 2 台注浆泵、2 根注浆管，把 2 种浆液分别输入孔口管前的混合器混合，经混合器进入地层中，注浆时应注意：

a. 应根据钻孔长度选用合理的浆液，凝胶时间一般控制在 3min 以内。

b. 先开水泥浆液泵，5min 后根据单液进浆量的大小确定凝胶时间，再开水玻璃浆液泵。

c. 注浆浆液应先稀后浓，凝胶时间应先长后短，但不宜少于 30s。

d. 流量不变，若压力经过 20~30min 不上升时，浆液应调浓一级；流量急剧减少，压力上升很快时，浆液应调稀一级。

e. 不能随便调整油泵压力，严防压力过高而引起工作面开裂。

f. 注浆结束的标准是孔口压力达到设计的终压并维持 10~20min，而且单位时间进浆量很少。

g. 注浆结束时，应及时清洗泵、球阀和管路，以保证注浆设备完好，管路畅通。

3. 注浆参数

注浆材料选定后，必须选择合适的注浆参数与之相适应，才能获得理想的注浆效果。通常所说的注浆参数，主要包括注浆压力、注浆时间、注浆有效扩散半径、浆液流量和浆液注入量、浆液起始浓度和凝胶时间等。当被注介质条件、浆液条件和设备条件等确定后，影响注浆效果的主要参数是注浆压力和浆液注入量。

（1）注浆压力。是指克服浆液流动阻力进行渗透扩散的压强，通常指注浆终了时受注点的压力或注浆泵的表压。地面预注浆时，主要观察和控制表压；工作面预注浆时，主要观察和检查工作面上孔口（受注点）的表压。立井工作面注浆、注浆泵在地面时，受注点的表压包括泵压和浆液液柱的压力。

提高注浆压力，可增加浆液的扩散距离，减少注浆孔数，从而加快注浆速度。此外，由于注浆压力的提高，细小裂隙易被浆液充填，提高了结石体的强度和密实性，改善注浆质量。但是，压力过高，会使浆液扩散太远，造成材料浪费，也会增加冒浆次数，甚至引起岩层的变形和移动。若压力太小，则难以保证注浆效果。注浆压力的选择应同时考虑两方面因素：其一应考虑受注介质的工程地质和水文地质条件，如受注层埋藏深度、地下水量与水压、受注层的力学性质和裂隙情况等；其二应考虑浆液性质、注浆方式和注浆时间，要求的浆液扩散半径和结石体强度等。工作面预注浆还要考虑支护层的强度和止浆垫的强度等。

由于上述因素中有的目前还不能预先了解清楚，许多理论计算公式在实际中还不便应用。因此，至今还没有可行的统一方法来计算注浆压力，通常采用经验公式、经验数据或者通过注浆现场试验来确定。以下介绍几种常用的方法。

1）根据静水压力计算注浆终压。立井地面预注浆和立井工作面预注浆的终压应为静水压力的 2~4 倍。

2）根据埋藏深度计算注浆终压，计算式为：

$$P_z = Kh_d \tag{8-2}$$

式中：P_z——注浆终压（MPa）；

h_d——注浆分段底板到地面的高度（m）；

K——注浆压力系数，见表8-8。

表8-8 注浆压力系数表

注浆深度/m	<200	200~300	300~400	400~500	>500
K值	0.023~0.021	0.021~0.02	0.02~0.018	0.018~0.016	0.016

在流沙层中进行化学注浆时，注浆压力一般比静水压力大0.3~0.5MPa。在粗砂以上的地层中可以用低压注可注性好的浆液；在细砂层中，为了保证扩散范围和质量，可采取先低压后高压的方式注浆。

在地基加固、埋深50m以内的地下工程中注浆时，注浆压力一般为0.5~1.0MPa。

（2）浆液注入量。是指一个注浆孔的受注段注入的浆液量，其计算以浆液扩散范围为依据。但是由于地质情况复杂，很难精确计算，只能估算。

含水岩层：

$$Q_v = \lambda \pi R^2 h\eta\beta/m \tag{8-3}$$

式中：Q_v——浆液注入量（m^3）；

λ——浆液损失系数，$\lambda=1.2\sim1.5$；

R——浆液扩散半径（m）；

h——注浆段高（m）；

η——岩层裂隙率（%），根据取芯或经验值确定，一般为0.5%~3%；

β——浆液在裂隙内有效填充系数，一般$\beta=0.8\sim0.9$；

m——浆液结实率，水胶比与水泥结实率的关系见表8-9，其他浆液取$m=1$。

表8-9 水胶比与水泥结实率的关系表

水胶比	2:1	1.5:1	1:1	0.75:1	0.5:1
m值	0.56	0.67	0.85	0.97	0.99

含水砂层：

$$Q_v = \pi R^2 \eta_s hC \tag{8-4}$$

式中：η_s——砂层孔隙率，一般$\eta_s=30\%\sim40\%$；

C——与浆液、砂层的种类、充填率等有关的修正系数，一般取1.1~1.3。

（3）浆液有效扩散半径。在注浆压力作用下，浆液在岩层裂隙或砂层孔隙间扩散的范围称为扩散半径，而浆液充塞胶结后起堵水或加固作用的有效范围称为有效扩散半径。在裂隙岩层或其他不均匀地层中，由于渗透性和裂隙的各向异性，扩散半径和有效扩散半径的数据相差很大。有效扩散半径的大小与被注地层裂隙或孔隙的大小、浆液的凝胶时间、注浆压力、注浆时间等成正比，与浆液的黏度及浓度成反比。

由于被注地层的各向异性，用理论公式计算的结果往往与实际相差甚远。在实际工作中，通常按经验值选取。在岩层中用 C-S 注浆的经验数据见表 8-10。工程设计中一般取 4~6m。砂层中的化学注浆有效扩散半径较小，一般为 200~1000mm。

表 8-10　岩层内 C-S 注浆扩散半径

裂隙等级	细裂隙		中裂隙		大裂隙
裂隙开度/mm	0.3~2.0	2.0~5.0	5.0~10.0	10.0~30.0	>30.0
有效扩散半径/mm	2.0~4.0	4.0~6.0	6.0~10.0	10.0~25.0	>25.0

在实际工程中，有效扩散半径太小，注浆钻孔数目就要增加，否则就难以达到注浆堵水和加固之目的；若注浆的扩散半径太大，就会造成浆液的流失和浪费。对此，可通过控制浆液的黏度和浓度，调整注浆压力和注浆时间等途径解决。

（4）注浆段高。是指一次注浆的长度。注浆段高的划分应以保证注浆质量、降低材料消耗及加快施工速度为原则。在含水砂层中注浆时，若含水砂层厚度大，或上、下的渗透系数相差较大时，每层注浆厚度一般为 0.4~1.0m。在岩层中注浆时，中小裂隙（裂隙宽度小于 6mm）中段高为 20~40m，大裂隙中段高为 10~20m，破碎带中可取 5~10m。

在注浆工程中，注浆压力具有重要意义。在注浆参数选择中，多以注浆压力为主，其他注浆参数均要适应注浆压力的变化。由于影响注浆压力的因素很多（如静水压力、浆液性质、地质地层条件等），因此，在实际施工时，要结合施工的具体情况对确定的注浆压力进行必要的调整。

8.3.3　注浆加固法施工案例分析

1. 工程背景

某地铁区间隧道埋深 12~15m，采用矿山法施工。隧道开挖穿越地层为粉质黏土层、细砂层、卵石层，其中拱顶位于粉质黏土层，拱顶以上粉质黏土层厚度为 0~50cm，粉质黏土层之上为砂卵石层。由于粉质黏土层渗透系数非常小，致使地表径流补给水无法下渗，长期以来形成丰富的上层滞水，在开挖过程中由于拱顶以上粉质黏土层较薄造成滞水下渗，随着拱顶暴露时间延长，局部出现塌方，给施工安全带来隐患。该区间隧道上方地表分布着平房；区间南侧为与隧道平行走向的河流，河床及边坡未做过防渗处理，河底为砂卵石地层，渗透性极强，雨季时，河水最高水位已接近跨河桥面的底部，因此该隧道施工的风险非常大，对地表沉降控制要求严格。此外，受地面条件限制，该段区间无条件施工地面降水井。综合以上几点考虑，该区间设计采用深孔注浆进行超前预加固地层，以确保施工安全及减小地表沉降量。

2. 深孔注浆工艺应用情况

（1）深孔注浆工艺选择。目前，在隧道施工中常用的深孔注浆工艺主要包括水平袖阀管注浆、水平二重管注浆和分段前进式注浆。结合该工程的工程地质、水文地质、工期要求、造价控制要求等，对上述三种工艺分别做了现场试验。

1）水平袖阀管注浆施工。袖阀管采用 ϕ48mm 硬质 PVC 管，能够承受的最大压力大于 3.0MPa；注浆孔间距为 33~50cm，开孔处管外紧箍橡胶套，覆盖注浆孔；袖阀管的底端头用土布等物包紧扎死，以防止套壳料进入袖阀管。袖阀管成孔采用 ZDY-1500 型钻机，该型号钻机适用于回转和冲击-回转钻进，可用于地质勘探、探放水、管棚支护、旋喷注浆、边坡及基坑支护（锚杆、锚索）、地基加固工程等，适用于各种围岩地质钻探。该工程实践发现，在富水砂卵石地层成孔比较困难，钻杆拔出后，容易塌孔，即使增加套管成孔，由于水流较大，袖阀管安装后易随套管拔出过程被水冲出来，致使下一步注浆无法实现。因此，经过现场试验后认为水平袖阀管注浆对该工程不适用。

2）水平二重管注浆施工。二重管成孔采用 ZLJ-400 型坑道钻机，该钻机采用机械传动，结构简单、体积小、重量轻、操作方便、性能可靠。钻机配有液压卡盘及液压给进油缸。通过试验发现，二重管注浆可实现长距离的深孔注浆，遇卵石层可直接打设穿过，当出现塌孔现象时可进行注浆加固，然后重新钻进穿越塌孔段，当打设深度达到设计深度后，根据地层条件和设计方案进行注浆，以达到注浆效果。二重管注浆工艺在该工程实践中起到了积极作用。二重管注浆工艺的缺点是该工艺采用钻杆注浆，钻杆与注浆孔之间必然会存在间隙，注浆时极易造成浆液回流，因此在注浆前需要进行孔口堵塞。

3）分段前进式注浆施工。在该工程试验中，根据钻机钻进能力，这种注浆方式每次注浆长度可达 12m。由外向内循环反复跟进式向前钻进的注浆，可以保证钻机钻进时都在已经加固的土体内钻孔（第 1 次钻进除外，如果地下水丰富可以在孔口管安装好后，先注浆后钻进），有效防止了塌孔和成孔困难，并且可以控制孔内涌水，在钻进到孔内出水就开始注浆。该方法可以灵活掌握，及时堵水。但其成孔设备较大，操作灵活性较差，每个钻孔循环往复，钻孔时间增加，致使循环注浆时间增加，对工期影响较大，且注浆量不易控制，综合成本较高。因此在该工程中没有选用该工艺。

通过对三种工艺的现场试验对比，最后采用了水平二重管工艺进行深孔注浆施工。

（2）深孔注浆施工参数：

1）注浆孔布置。选取隧道上断面进行深孔注浆，共布孔100~150眼，注浆加固范围为隧道上断面180°，厚度为初支结构2.5m，每一循环注浆长度为12.0m，留止浆盘2.0m，开挖进尺10.0m。

2）注浆材料及注浆压力。根据地层情况，富水的卵石圆砾层、砂层注浆材料采用水泥-水玻璃双液浆；粉土层采用单液水泥浆。注浆压力控制在1.0~1.5MPa。

3）注浆量计算。注浆量计算公式如下：

$$Q = \pi R^2 hn\alpha\beta \tag{8-5}$$

式中：R——浆液扩散半径，粉土取0.5m，卵石取1.0m；

h——注浆段长度，取12m；

n——地层孔隙率，据地质详勘资料，粉土为0.375，卵石层根据经验取0.384；

α——空隙填充系数，取0.8；

β——浆液损耗系数取1.1~1.2。

4）掌子面封堵要求。每个循环都要进行掌子面封堵，掌子面止浆封堵采用C25挂网喷射混凝土，混凝土厚度为300mm，钢筋网采用ϕ6.5@150mm×150mm。

5）注浆结束标准。单孔注浆结束标准为注浆孔达到设计终压并稳定5min，或注浆量达到设计注浆量的80%。

（3）深孔注浆设备及浆液配比。通过对各土层的分析和各种浆液的性能比选，结合该工程的工程地质、水文地质等条件，综合考虑注浆效果、工期、造价，在粉质黏土层选择可注性好、可靠性高和注浆效果佳、早期强度高的超细水泥-水玻璃双液浆。在饱和砂卵石层选择早期强度高、胶凝时间可控的水泥-水玻璃浆液。

1）注浆设备。注浆设备采用SYB-60/5型双液变量注浆泵，它是一种单缸双液往复式注浆泵。该注浆泵压力、流量的改变是通过调节液压油流量来实现的，可以在泵的运转过程中任意调节。该泵体积小、质量轻、操作简单。

2）浆液特性。

①水泥-水玻璃双液浆。水泥-水玻璃浆液简称C-S浆液，它是一定水灰比的水泥浆和一定质量浓度的水玻璃溶液，按一定比例混合，必要时加入速凝剂或缓凝剂形成的注浆堵水材料。水泥-水玻璃浆液的初凝时间可控，变化范围为十几秒到几十分钟，浆液结石率100%，结石强度高，较单水泥浆液在凝结时间、结石率方面都有所改善。水泥-水玻璃双液浆一般按体积比1∶1进行配置，根据需要的凝结时间，可对水玻璃质量浓度和2种浆液配比进行适当调整。

②超细水泥-水玻璃双液浆。注浆液由超细水泥浆加水玻璃浆液配制而成，浆液注入地层后，水玻璃可与土层中碳酸钙起化学反应生成硅胶，超细水泥与土颗粒及土层

中其他填充物胶结。同时水玻璃可促使水泥早凝，避免沉淀、析水，保证浆液和易性、可注性。超细水泥-水玻璃双浆液充分利用了水玻璃溶液黏度低、可注性好、来源广泛、无污染、造价低的特点和超细水泥粒径小、可灌性好、强度高的特点。注浆液通过土层中孔隙，起到劈裂和渗流充填作用，所经之处均与土层牢固胶结，形成坚强持力层，提高围岩自稳能力。

3）双液浆配合比。双液浆包括水泥-水玻璃浆液（C-S 浆液）和超细水泥-水玻璃浆液（MC-S 浆液）2 种，分别用在 2 种不同的地层中，具体配比见表 8-11 和表 8-12。

表 8-11 C-S 双浆液配合比表

浆液	规格	配合比
水泥浆	PO42.5	$m_{水泥}:m_{水}=1:1\sim1:0.8$
水玻璃溶液	$1.37\sim1.39g/cm^3$	$V_{水玻璃}:V_{水}=2:1\sim3:1$
混合剂		$V_{水泥浆}:V_{水玻璃溶液}=1:0.8\sim1:1$
外加剂		根据不同地层要求调节胶凝时间

表 8-12 MC-S 双浆液配合比表

浆液	规格	配合比
超细水泥浆	800 型	$m_{超细水泥}:m_{水}=1:1\sim1:0.8$
水玻璃溶液	$1.37\sim1.39g/cm^3$	$V_{水玻璃}:V_{水}=3:1\sim4:1$
混合剂		$V_{水泥浆}:V_{水玻璃溶液}=1:0.6\sim1:1$
外加剂		根据不同地层要求调节胶凝时间

（4）注浆质量控制及效果。

1）注浆质量控制。深孔注浆质量控制采用注浆量和注浆压力双控方法，以浆液注入量控制为主，泵送终止压力控制为辅。一方面通过计算控制每节注浆量，根据《地铁暗挖隧道注浆施工技术规程》DBJ01-96-2023，每节（0.5m）注浆量控制在 $0.22m^3$；另一方面施工中注浆压力应达到设计控制值 1.0~1.5MPa。由于卵石圆砾层土体渗透系数较高，注浆压力与注浆量难以匹配，采取分阶段多次间歇注浆。

2）注浆效果检查。注浆效果检查主要包括土体黏结力检查和渗水检查。土体黏结力检查：通过地质钻机取芯，报送试验室检查注浆后土体黏结力是否达到设计值；渗水检查：质检人员和工长应记录钻孔过程中有无渗水。

（5）地表沉降监测数据。该工程富水砂卵石地层经深孔注浆预加固后，在隧道穿越地表处及隧道拱顶布置沉降监测点。隧道施工后，经过半年的沉降观测，地表最大沉降量为18mm，地面房屋最大沉降量为9mm，隧道拱顶最大沉降量为12mm，确保了施工安全。

3. 结论

（1）深孔注浆加固地层应结合现场地质条件选择合适钻机，需考虑操作灵活性、成孔效率。

（2）在富水砂卵石地层条件下，袖阀管注浆存在成孔困难问题，二重管注浆可有效解决成孔难、塌孔等问题。

（3）富水砂卵石地层深孔注浆浆液应选择水泥-水玻璃双液浆，以取得理想经济效益，浆液配比应根据现场实际通过试验确定。

（4）注浆质量应从注浆量和注浆压力两方面进行控制，由于卵石地层孔隙率大、渗透性好，注浆压力易控制在1.0～1.5MPa之间。注浆量应根据地层孔隙率计算确定，要避免大量浆液流失，造成不必要的经济损失。

（5）经深孔注浆加固的地层，在隧道开挖后地表沉降得到了有效控制。

8.4 地面加固施工技术

当地面与地中没有建筑物和地下管线时，可采用地面加固的方法加固地层。采用浅埋暗挖法施工时，常用的方法有地面锚杆预支护，垂直、倾斜深孔注浆，高压旋喷注浆加固等。

8.4.1 地面锚杆预支护

采用暗挖法修建浅埋地下工程，当地下结构因地面荷载不对称而产生偏压时，为了防止发生过大的地面沉降和土体水平滑移，坍塌，可在工程施工前，沿隧道纵向两侧从地面向拱顶部位打设地面预支护锚杆进行加固。

1. 地面锚杆预支护基本原理

地面锚杆预支护作用是利用锚杆在地层中的固定作用，来增强地基或者岩体的稳定性，增强地层的受力面积，防止其发生位移或者破坏。

2. 地面锚杆预支护参数的选择

地面锚杆的直径应比一般锚杆的直径大，常用ϕ28mm～ϕ32mm的螺纹钢筋加工而成，纵向间距为1.0m，横向间距为1.5～2.0m；打设角度应与工程横断面垂直方向的对称轴成0°～10°倾角；锚杆长度根据结构埋深而定，一般要穿过上方覆土层到达工程拱部结构外缘处。

3. 地面预支护锚杆的施工

选择好参数后，可在地面设计位置钻孔，孔径要大于锚杆直径5～10倍，通常为

100~200mm。成孔后将锚杆插入孔内，然后用水泥砂浆锚固，为防止地面荷载通过地面锚杆直接传向工程的拱部，距地面1.0m深的一段锚杆可不用砂浆锚固。也可将锚杆做成两段，锚杆打设后截去其中一段，然后用沙回填。

4. 地面锚杆预支护条件下的开挖

由于钻孔直径较大，锚杆锚固后，在工程拱部以上的锚杆位置实际上形成了一群灌满砂浆的砂浆桩。这些桩可以防止开挖工作面坍塌，起到预支护作用。

8.4.2 地面高压旋喷注浆加固

对于细沙类土和含水量大、液化严重的软弱地层，由于注浆不能形成均匀渗透，若地面无其他构筑物，且埋置深度较浅时，可采用高压旋喷注浆法堵水并加固隧道周边围岩，其工作条件优于洞内注浆。

高压旋喷注浆法就是将带有特殊喷嘴的注浆管插入土层的预定深度后，以20MPa左右的高压喷射流强力冲击，破坏土体，使浆液与土搅拌混合，经过凝结固化后，便在土中形成固结体。

1. 高压旋喷法基本原理

高压旋喷注浆是利用高压发生装置使浆液通过一定形式的喷嘴产生一股能量大而集中、压力高而连续的射流。此高压射流能把一定距离内土体结构破坏并冲下，在射流的紊动作用下，浆液与土搅拌混合，经过浆液的凝结，在土层中凝固成有一定尺寸的固结体，从而使地层得到加固，并提高了防水性能。

固结体的形状与喷嘴移动轨迹有关。喷嘴做圆周运动称为旋喷，固结体为柱状，这是目前用得最多的一种；喷嘴方向固定称为定喷，固结体为板壁形状；喷嘴做左右往复运动称为摆喷，固结体为扇形。通常讲的旋喷已包括后两种方式。

2. 高压旋喷注浆法堵水加固地层的适用范围

高压旋喷注浆堵水加固地层技术主要适用于有水软弱地层，如第四纪的冲（洪）积层、残积层，对于沙类土、流塑黏性土、黄土和淤泥等常规注浆难以堵水加固的地层，采用高压旋喷注浆法效果较好。

3. 高压旋喷注浆加固地层的施工工艺

首先是钻孔，可以采用传统的钻孔方法进行，几乎所有类型的钻机都可使用。但早先的方法是钻完孔后，将钻头钻杆拔出，另放入带喷嘴的喷头从孔底开始喷射浆液。后来为了提高效率，普遍改为钻头上带喷嘴，钻孔到底后随即开始喷浆。此时钻机性能要能够适应喷射的需要。

喷浆工序从结孔底部开始，由钻杆端部喷头上的喷嘴产生高压射流切割土层。在高压喷射的同时，缓缓提升钻杆，从而形成具有一定强度的固结柱体。固结柱体的直径取决于工艺类型，并受以下参数的影响：钻杆提升速度（0.1~0.5m/min）、钻杆回转速度（15~60r/min）、旋喷压力（20~60MPa）、喷嘴直径与形状、土层的剪切强度与密实度。

通过控制喷射压力、时间和钻孔方向，可以获得各种直径与形状的竖直、倾斜或水平的固结体。

4. 高压旋喷注浆法的类型和参数选择

高压旋喷注浆法的工艺类型有三种，即单管旋喷注浆法、二重管流喷注浆法和三重管流喷注浆法。

（1）单管旋喷注浆法。如图 8-18 所示，单管旋喷注浆法是利用钻机等设备，把安装在注浆管（单管）底部侧面的特殊喷嘴置入土层预定深度后，使用高压泥浆泵、高压发生装置，以 20MPa 左右的压力把浆液从喷嘴中喷射出去，冲击、破坏土体，同时借助注浆管的旋喷和提升运动，使搅拌机中的浆液与从土体上崩落下来的土搅拌混合，经过一定时间凝固，便在土中形成圆柱状的固结体，喷头直径为 0.4~1.0m。

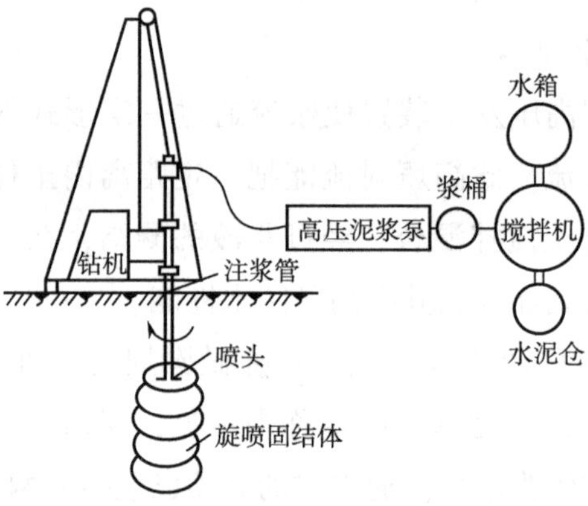

图 8-18　单管旋喷桩示意图

（2）二重管流喷注浆法。如图 8-19 所示，使用双通道的二重注浆管。当二重注浆管钻进到土层的预定深度后，通过在管底部侧面的一个同轴双重喷嘴，同时喷出高压浆液和空气这两种介质的喷射流，冲击、破坏土体。具体来说，即从高压泥浆泵、高压发生装置喷射出 20MPa 左右压力的浆液（从内喷嘴中高速喷出），并用 0.7MPa 左右压力把压缩空气从外喷嘴中喷出，在高压浆液流及其外圈环绕气流的共同作用下，破坏土体，喷嘴一面喷射一面旋转和提升，最后在土中形成圆柱状固结体，固结体的直径为 0.6~1.5m。

（3）三重管流喷注浆法。分别使用输送水、气、浆三种介质的三重注浆管，在高压泵、高压发生装置产生 20MPa 左右的高压水喷射流的周围，环绕一股 0.7MPa 左右的圆筒状气流，高压水喷射流和气流同轴喷射，冲切土体，形成较大的空隙，再由泥

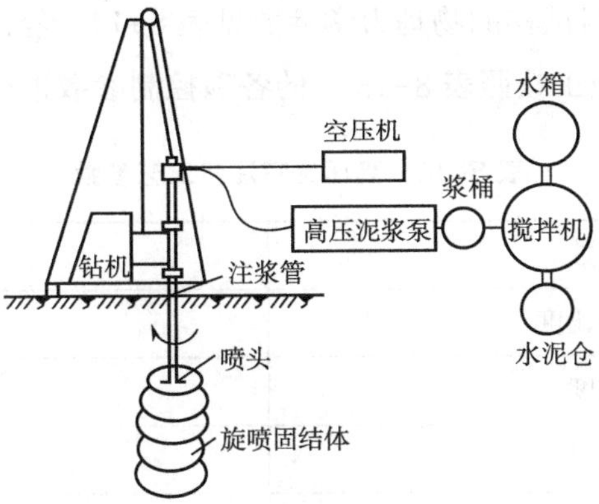

图 8-19 双管旋喷桩示意图

浆泵注入压力为2~5MPa的浆液填充，喷嘴做旋转和提升运动，最后便在土中凝固成直径较大的圆柱状固结体，直径为0.8~2.0m。当所用的注浆量超过设定数量时，就要考虑凝胶时间，需修改其配合比，当地下水流速大、涌水压力也较大时，需修正浆液配合比。

高压旋喷注浆法的参数应根据工程地质情况慎重选择。

5. 旋喷固结效果的检查

旋喷固结效果的检查方法有开挖检查、钻孔检查、荷载试验等，应根据具体情况来选择，目前多用钻孔检查法，即旋喷完毕，待凝固并具有一定强度后，在旋喷桩边缘进行钻孔，以检查胶黏情况。另外，开挖后由于固结体完全暴露出来，因此能比较全面地检查旋喷固结的效果。

8.4.3 地面加固技术施工案例分析

1. 工程概况

某隧道采用连拱结构，钻爆法施工，设计总长度445m，最大埋深约26.7m。道路设计等级为双向六车道城市快速路，设计车速为60km/h，单洞路面标准宽12.25m。隧道左右洞加中导洞开挖总面积约350m^2，属于典型的大断面连拱隧道穿越粉煤灰堆积体工程。

2. 高压旋喷注浆施工

高压旋喷注浆技术可以大范围加固地层，在软弱地层中使用广泛。通过浆液自身水化反应以及浆液与粉煤灰的胶凝反应生成的凝胶体发挥胶结作用，可有效提高粉煤灰堆积地层的黏聚力和内摩擦角，为隧道暗挖提供良好的地层条件。

高压旋喷桩采用正三角形布置，采用三重管法，从地面对开挖区域地层进行加固。在施工前要对高压旋喷桩进行试桩试验，以确定合适的注浆参数，由试桩试验得到适合该粉煤灰堆积体的工艺参数，如表8-13所示。注浆加固后取桩体芯样送检，测试的抗压强度大于2MPa，3组试样的物理力学参数见表8-14。经试桩验证，高压旋喷桩工艺参数切实可行，后续施工按照表8-13中的各项控制参数进行。

表8-13 高压旋喷注浆工艺参数

控制参数	桩间旋喷桩
旋喷提升速度	6cm/min
旋转速度	6r/min
水流压力	0.6MPa
水泥浆液压力	38MPa
水泥浆液流量	80L/min
空气压力	≥0.7MPa
水灰比	0.6~0.8

表8-14 高压旋喷桩力学参数

物理力学参数		单轴压缩变形	
黏聚力/MPa	摩擦角/(°)	弹性模量/GPa	泊松比
1.019	31.9	0.526	0.19
		0.522	0.18
		0.534	0.17

8.5 降水施工技术

当浅埋地下工程处于富水地层中，由于地层的渗透性较好，不会因降水而引起地面过大沉降（如沙砾石地层）。为了保持开挖工作面的干燥或少水状态，以便安全快速施工，可采用降低地下水位的方法施工。常用的降水方法包括表面排水法、洞内轻型井点降水和地面深孔井点降水等。

8.5.1 表面排水法

表面排水法是一种将地下水引导流向集水井，然后用抽水设备排走的方法。在地下工程施工中，表面排水法通常在基坑或者隧道内设置流水沟和集水井，待集水井注入一定量的水后，通过水泵将水抽出。表面排水法适用于易产生流砂和饱和细粉砂层，同时应注意对临近建筑结构的影响。渗排水、盲沟排水都是常见的表面排水施工方法。

1. 渗沟

采用渗透方式将地下水汇集于沟内，并通过沟底通道将水排至指定地点，此种地下排水设备统称为渗沟。它的作用是降低地下水位或拦截地下水，其水力特性是紊流，但在构造上与简易盲沟有所不同。渗沟有三种结构形式，即盲沟式、洞式和管式。盲沟式渗沟与上述简易管沟相似，但构造更为完善。当地下水流量较大，要求埋置更深时，可以在沟底设洞或管，前者称为洞式渗沟，后者称为管式渗沟。渗沟的位置与作用，视地下排水的需要而定，大致与简易盲沟相似，但沟的尺寸更大，埋置更深，而且需要进行水力计算确定尺寸。

2. 盲沟

从盲沟的构造特点出发，由于沟内分层充填大小不同的颗粒材料，利用渗水材料透水性将地下水汇集于沟内，并沿沟排泄至指定地点。此种构造相对于管道流水而言，习惯上称为盲沟，在水力特性上属于紊流。

盲沟排水适用于地基为弱透水性的土层，地下水量不大、排水面积较小或常年地下水位低于地下建筑物室内地坪，只在雨季丰水期的短期内稍高于地下建筑物室内地坪的地下防水工程。

8.5.2 井点降水法

井点降水法也是地下工程施工中常用的降水措施。当地下水位较高或者处于富水地层时，为保证工程质量及安全需要把地下水位降低到安全的高度，以使施工在疏干和坚硬的土体条件下进行开挖。本节主要介绍洞内轻型井点降水和地面深孔井点降水两种方法。

1. 洞内轻型井点降水

洞内轻型井点降水是将一系列井点管埋设于洞内开挖底面以下的地层中，并将这些井点都连接到抽水总管，用真空泵（射流泵）和水泵将地下水抽出，降低地下水位，使开挖工作面保持干燥或少水状态，以改善施工条件，加快施工速度。

（1）洞内轻型井点降水的适用范围。洞内轻型井点降水主要适用于渗透系数为0.1~80m/d的砾砂粗砂、中砂和细砂层等地层，其降低地下水位的深度受诸多条件的限制，尤其受设备条件的限制，一般单层井点系统能降低地下水位3~6m。

（2）井点的布置。井点的布置应根据施工方法和地下水位的实际情况灵活选择，一般是在开挖上半断面时埋设井点，图8-20是井点设在上台阶和上导洞内的布置方式。

当大断面开挖、地下水位于隧道中偏下位置时，或地下水虽在拱顶以上，但施工中已通过竖井将水位降到底部时，洞内降水井点多布置在下半断面墙脚处。无论正台阶法施工或眼镜工法施工，这种布置方式都是很合适的。

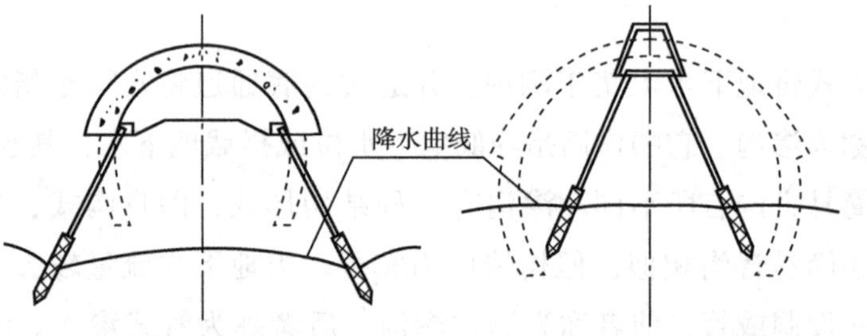

（a）井点设在上台阶　（b）井点设在上导洞

图 8-20　隧道施工中的井点布置

(3) 井点系统的组成。井点系统主要由井点、抽水总站和泵站等组成，其结构形式见图 8-21。

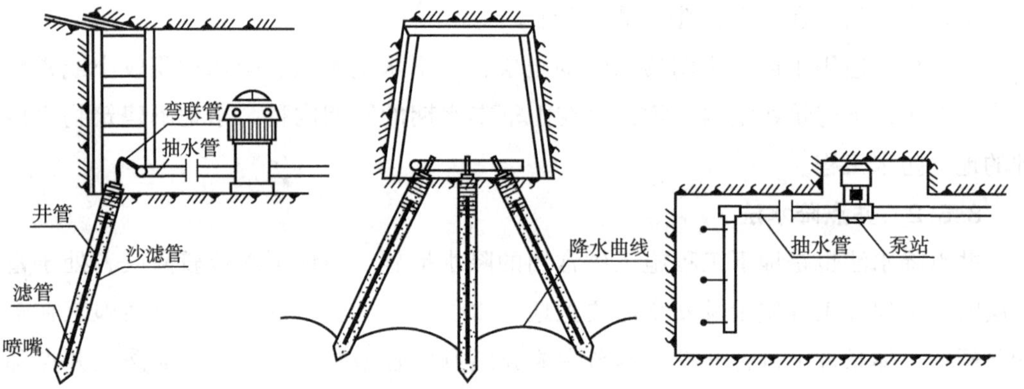

图 8-21　井点系统结构示意图

1) 井点。井点由滤管、喷嘴和井管组成。

①滤管。长约 1m，用直径为 50mm 的无缝钢管制成，管壁留有直径 19mm 的滤孔，排列成梅花形。滤孔面积约为滤管表面积的 20%～25%。滤管外缠棕片或麻片，并用直径 2～3mm 的铁丝捆扎，捆扎间距为 20mm 左右，然后包两层滤网，内层为 30 孔/cm^2 网眼的铜丝网，外层为 5 孔/cm^2 网眼的铁丝网。

②喷嘴。接在滤管的末端，用内径 50mm 的钢管制成，内装有球阀和环阀。喷嘴的作用是在沉埋井点时，从喷嘴喷出的水自行成孔，使滤管沉落到需要的深度。隧道内一般不用水冲法钻孔，而是用钻机钻孔。埋设井点管不需喷嘴，而将滤管一端做成尖形，封死即可。

③井管。一般用直径 25mm 的无缝钢管制作，其长度视施工现场的具体条件而定。导洞内施工受空间限制，可采用 1m 左右的短管分节打入。

2) 弯连管和抽水总管。

①弯连管。指井管和总管的连接管，一般采用高压胶管，以便于安装。

②总管。一般用直径150mm的无缝钢管，每节4m左右，用套箍连接。安装总管时，应根据井点间距预先设置连接井管的接头，并安装阀门。

3）泵站设备。井点系统的泵站设备种类很多，常用的有真空泵站和射流泵站两种。

①真空泵站。主要由真空泵、抽水泵和气水分离箱等组成，依靠真空泵将浮子阀总成内抽成真空，浮子上浮，使气水分离箱内形成真空，井点水被抽出，一般需要的真空度为0.8~0.85个标准大气压（80~85kPa）。真空泵排出地下水的过程如图8-22所示。

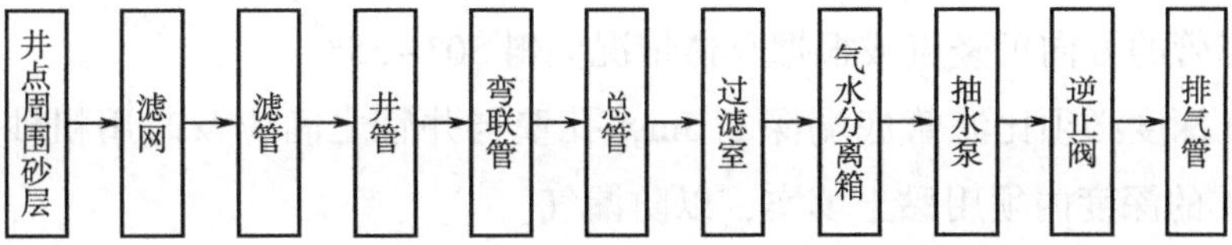

图8-22 真空泵站地下水排出途径

当隧道沿上坡方向掘进时，则不需要抽水泵抽水，而是将气水分离箱里的水直接导入排水沟即可。

②射流泵站。主要由射流器、离心泵和水箱等组成。射流泵站是通过离心泵将水输送到射流器中，射流器射水时，形成真空，将地下水抽出。地下水部分经离心泵进入射流器，多余的水经排水口排出。射流泵站的地下水排出途径如图8-23所示。

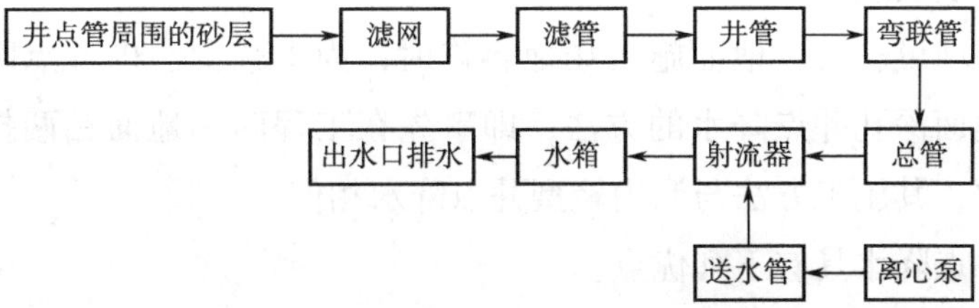

图8-23 射流泵站的地下水排出途径

两种泵站相比：射流泵站所需设备少，功率消耗少；真空泵站应用时间较长。

(4) 井点降水施工。轻型井点降水施工流程图如图8-24所示。

井点降水系统施工应遵循以下原则：

1）井点按现场条件及地层情况，用钻机钻孔埋设。

2）井点间距一般为0.8~1.6m。

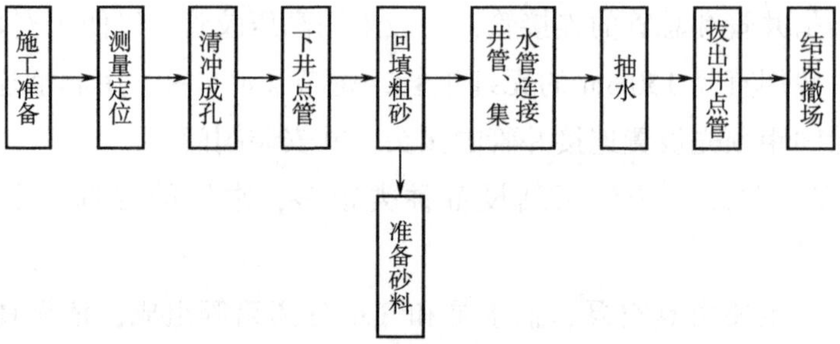

图 8-24　轻型井点降水施工流程图

3）埋设深度：滤管顶端应埋设在开挖基础底面以下，一般应低于底面 1.0~1.2m，每组井点埋设深度必须保持一致。

4）井点管的方向可竖直或根据具体情况倾斜 50°~55°。

5）钻孔深度必须比滤管底端深 0.5m，孔壁与井管之间应及时用粗砂填实。孔口下至少 0.5m 的深度内须用黏土填实，以防漏气。

6）遇到黏土层时，应注意防止产生沙滤层脱空现象。沙滤层脱空后，黏土层以上的含水层中地下水就不能抽吸出来。

7）井点埋设后，应进行试验。埋管合格后，装上弯连管，并与总管连接。

8）总管与泵的位置应按设计要求安装，各部分应连接严密，防止漏气。

井点系统安装完毕后，应进行试验性运转，检查系统的真空度。

正式运转后，根据泥沙含量和降水速度判断排水管开启的大小及泵的流量，及时进行调整。抽水过程中，应经常检查管路有无漏气和“死井”，如有“死井”，可进行疏通或重新埋设井点。

2. 地面深孔井点降水

当地下工程埋设较浅，地面施工场地容许时，为了减少洞内井点降水对施工的干扰，也可采用地面深孔井点降水的方法，即事先在工程两侧地面钻两排或多排井孔进行深孔井点降水，其施工方法与洞内轻型井点降水相似。

地面深孔井点降水具有下列优点：

1）降水工作在地面进行，与洞内各项作业互不干扰。

2）能在较大范围内大幅度降低地下水位。

深井降水一般适用于以下地层：

1）含水层厚度小于 15m，但其中黏土夹层不超过两层。

2）地层渗透系数在 10~200m/d 之间。

3）地层中颗粒小于 0.05mm 的砂含量不超过 3%（按体积计）。

深井降水钻孔深度（升深）一般应低于隧道底面 5m，井点间距根据地层情况，在

25~35m之间选择。

深井降水采用重力排水方式，降水速度缓慢，因此对于有工期限制的工程须提前进行。

深井降水的主要机械设备包括钻机、深井水泵，并管和滤网管。

8.5.3　降水施工案例分析

1. 工程概况

某隧道采用降水施工，采用如下两种设计方法：

1）正洞降水设计。隧道降水采用真空轻型井点降水为主，并辅以集水箱（集水坑）的降水方案，开挖采用双侧壁导坑法施工。假定在开挖完两侧上导坑之后，在导坑底部的拱脚处设置轻型降水井点，设计降深为隧道底部以上0.5m（正洞中线处应为最小降深），即$s=7.5$m。首先，估计抽水孔组的总流量，可采用“大井法”。此处将正洞假定为竖直的轻型井点来处理。

2）斜井段降水设计。隧道斜井降水采用真空轻型井点降水为主，并辅以基底集水坑的降水方案，开挖采用三台阶法。通过采用正洞相同计算方式（此处简化），初步计算出斜井降水管根数及间距：降水管数量32根；间距66.5cm；管径ϕ32mm。

2. 施工流程

1）井点管制作。井点管用ϕ32mm的PVC管，长度4~5m，其中滤管长度1.0~1.5m；在井点管管壁上按梅花型钻ϕ8~10mm的孔，径向间距50mm左右。管壁外包2层细滤网（采用100目的滤网），用铁丝包扎。滤网要保证其有一定的搭接，使用前应检查有无漏缝。

2）井点管平面布置。井点管深度为从施作位置穿越下部施工台阶高度，井点管分布在距边墙0.3~0.5m、间距0.5~0.75m，分3层布设。

3）井点管沉没。井点管的沉没常用高压风成孔法及高压水冲孔法，在冲孔的同时降水管跟进。冲管采用ϕ20~40mm的钢管，上端与高压风管相连接。冲孔时应注意冲风管垂直、上下一致，保证滤管有一定厚度的砂滤层。冲孔深度应比滤管底深0.5~1m，以保证滤管埋设深度，并防止被井孔中的沉淀泥砂所淤塞。为防止漏气，在滤管顶以上1~1.5m用黏土进行封口。

4）管路连接。抽水主管悬挂于边墙位置，主管采用ϕ75mmPVC管或钢管，并按井点管间距在其上用ϕ32mm的PVC管引出接头，井点管与钢管主管的引出接头用ϕ32mm的塑料软管或橡胶管相连，再用铁丝箍紧并缠绕胶布，管箍丝扣处必须涂黄油以防止漏气。

8.6　本章小结

地下工程施工主要涵盖掘进与支护这两大工序。通常状况下，借助人工、机械等手段均可较为顺畅地完成相关工作。然而，当在含水饱和、松软、破碎等不良地层中开展地下工程建设时，往往难以确保掘进施工的安全与顺利推进，有时甚至无法进行施工。在此情形下，有必要施行一些辅助施工技术，而后再开展正常的挖掘与砌筑作业。在软弱地层中施工时，为保障安全施工所采用的防护举措，即于开挖前对工作面前方的围岩实施超前支护。常用的超前支护方式包括超前小导管支护、超前锚杆支护以及超前管棚支护。

冻结法乃是借助人工制冷技术，将地层予以冻结之后再展开开挖的一种辅助施工技术。尽管冻结法多应用于矿井建设中存有不稳定地表土层的立井开凿，但其基本原理同样适用于其他地下工程中的不稳定地层或者含水极为丰富的裂隙岩层施工。在近十几年间，此工法已由矿山逐步拓展至城市地铁、污水排放、深基坑、水利工程以及河底隧道等工程，也愈发受到建设者们的青睐。

与冻结法的宗旨趋同，注浆法同样是应用于地下工程中的地层加固抑或堵水技术。将具备充填与胶结性能的材料调配成浆液，借助注浆设备注入地层的孔隙、裂隙或者空洞之中，浆液历经扩散、凝固以及硬化之后，降低岩土的渗透性，提升其强度与稳定性，进而达成封水或者加固地层的目标。相较于其他特殊施工方式，注浆法的主要优势在于：所需设备相对较少，工艺简便，造价低廉，成效显著。正因如此，当下在水利水电、矿山、交通隧道、建筑基础、边坡等土木工程的各个范畴均获得了广泛运用。

地面加固技术旨在通过对地层进行加固，以规避地下工程施工进程中产生较大沉降的情况，通常在地面不存在其他建筑时运用此技术来削减施工成本。降水施工技术乃是为化解地下水给施工带来的不利影响所采用的手段，其中洞内轻型井点降水在施工过程中获得了广泛的应用。

思考题

1. 超前管棚支护布置方式有哪些？并概述超前管棚支护的施工流程。

2. 超前管棚支护、超前锚杆支护和超前小导管支护的原理和适用范围分别是什么？

3. 阐述冻结法的三大循环系统。

4. 冻结方案有哪几种？并概述冻结法工艺流程。

5. 阐述注浆材料的特性、功能和分类。

6. 超前小导管注浆的施工原理和施工流程是什么？如何评定注浆质量？

7. 地面锚杆支护和地面高压旋喷注浆支护的基本原理分别是什么？

8. 阐述注浆旋喷法的施工工艺和施工类型。

9. 阐述表面排水法的原理和类型。

10. 洞内轻型井点降水的施工工艺和施工原则分别是什么？

参考文献

[1] 王梦恕. 地下工程浅埋暗挖技术通论［M］. 合肥：安徽教育出版社，2004：534-625.

[2] 周传平，陈建平，罗学东，等. 地下建筑工程施工技术［M］. 北京：人民交通出版社，2008：159-166.

[3] 张志勇. 地下工程施工［M］. 北京：机械工业出版社，2015：248-261.

[4] 王军舰. 隧道管棚超前支护技术研究［D］. 西安：西安科技大学，2012.

[5] 杨波. 超前小导管注浆技术在隧道工程中的应用［J］. 湖南科技学院学报，2015（10）：20.

[6] 王炳智. 软弱围岩隧道管棚超前预支护技术研究［D］. 重庆：重庆交通大学，2018.

9 地下工程监测技术

城市地下工程地质状况复杂以及施工难度较大，地下工程监测技术乃是保障地下工程安全、稳定的关键手段。通过实时监测与数据采集，能够及时洞悉施工进程中围岩与支护结构的状况，并及时反馈至设计与施工环节，以此确保地下工程施工以及周边建（构）筑物的安全。本章将针对地下工程监测技术的地位、主要任务及内容予以系统性的阐释，同时对现场量测、明挖施工、浅埋暗挖以及盾构法的监测重点展开深入的探讨。通过本章学习，能够深刻领会监测技术的重要性，熟练掌握现场量测的核心内容与要求，并且获取各类施工方法的监测项目、方案设计以及测点布设等关键知识。

9.1 概述

9.1.1 地下工程测试监控技术的地位

地下工程是在地下开挖出的空间中修建结构物，既是地下结构又处在周围介质（地层）之中，因此从结构角度来说，地下工程所处环境条件与地面工程是全然不同的。

1）地下工程结构体系是由周围地质体和支护结构构成的，该体系的荷载由支护结构和岩土体之间的相互作用给定，但是对应于目前的理论与技术水平，该体系所受荷载不是事先能给定的参数，这不同于地面建筑结构可明确地确定荷载值。

2）地下工程的一个重要特点是空间效应和时间效应非常突出。地下工程与周围环境密切相关，必将受到周围岩土的物理、力学、构造特性，岩土压力的时间效应的影响；受到支护结构参与工作的时间、施工方法及支护方式、地面建（构）筑物、地下各种管线等的影响。在施工过程中，其荷载、变形及安全度是动态的，不像地面工程基本上是固定的。

地下工程的一个重要力学特性是岩土体既是承载结构，又是受力结构。地下工程修筑在应力岩土体之中。

尽管目前的数值计算方法得到迅速发展，但是至今地下结构的计算理论仍很不完善，计算结果与实际有较大差别。因此，对于地下工程而言，要像地面工程结构物那样，主要通过力学计算来进行设计、组织、指导施工是困难的。长期以来，地下工程在很大程度上是凭经验设计、施工的，而这些大量的、丰富的经验都是由工程实践得来的，许多是符合科学、有一定理论基础的。如锚喷支护、新奥法施工、地下工程监测和信息化设计技术等，就是从实践基础上发展起来，已为国内、外学术界及岩土工程界所公认的设计、施工方法。实际上，地下工程已成为一门经验性极强的科学。事实证明：单独地、孤立地使用力学计算方法或经验方法都难以取得较好的效果。地下工程设计的正确途径，应该是一方面使经验方法科学化，另一方面使设计中的力学计算具有实际背景。为了做到这一点，测试与监控技术在地下工程中的作用就显示出了特别重要的意义。随着大型洞室隧道、地铁等地下工程的兴建，岩土力学及岩土量测、支护技术得到了迅速发展，量测监控已逐步成为地下工程的先导技术，成为安全施工与科学管理不可缺少的重要手段，相关部门已制定了地下工程监控量测的技术规范，多数建设单位也把测试及监控技术工作作为合同文件中所需确定的工程量的一部分。

9.1.2 测试与监控技术工作的主要任务

1）对某具体工程进行观测和试验，对量测数据进行分析，评价围岩的稳定性和地下结构的性能，为设计施工提供资料。

2）通过量测为控制开挖与控制变形提供信息反馈和数据预报。

3）通过科学监控和信息反馈，优化设计施工，使地下设计施工的动态化、信息化管理成为现实。

4）为验证和发展地下工程的设计理论服务，为新的施工方法技术提供可靠的实践资料和科学依据，促进经济技术效益的提高。

9.1.3 测试与监控技术的内容

地下结构测试与监控技术主要研究地层与结构之间相互作用的规律，就其试验内容而言，除量测结构的变形、挠度、应力等外，还应量测地层作用于结构的主动压力、由于结构变形而产生的地层被动抗力、结构周围岩土中的应力、孔隙水压力及岩土特性有关的指标（如泊松比 v、压缩模量 E、弹性压缩系数 K 等）。就其工程监测而言，量测内容也十分广泛，如边坡位移，地表沉陷，净空收敛，拱顶下沉，围岩内位移，喷层应力，锚杆轴力，围岩压力，房基下沉，房屋竖向倾斜，邻近构筑物沉降、变形等的监测。

上述各项主要量测、试验内容及具体监测的实施，以及测试数据的整理与分析，信息反馈，优化设计、施工及管理的全过程则是组成测试、监控技术的主要内容。

地下结构试验与测试，根据其试验目的可分为两类：一类为生产鉴定性试验，如检验地下结构质量与工程的可靠性，判断实际的承载能力及处理工程事故等；另一类是科学研究性试验，如为建立或验证某种地下结构的计算理论，为创造或推广新的地下结构形式等。

地下结构试验测试又可分为现场量测和模型试验两种类型。模型试验包括结构模型试验、相似材料模型试验和光弹性试验等。

9.2 现场量测

9.2.1 现场量测的作用与内容

1. 现场量测的作用

1）及时掌握周围岩土体变化的动向和支护系统的受力情况，为验证和修改设计提供信息。

2）根据量测资料，修正施工方案，指导施工作业。如新奥法就是在施工中进行系统的量测，并将量测结果反馈到设计和施工中，逐步修改初步设计，以适应周围岩土体的条件。

3）预计工程事故和安全报警。

4）在地下结构物运行期间进行长期观测，收集和积累周围岩土与支护系统长期共同工作的有关资料，并检验建筑物的可靠性。

2. 现场量测的内容

1）岩土力学性能的现场试验。岩土力学性能的现场试验指在现场进行直剪试验、变形试验和三轴强度试验，以测定岩土的黏聚力、内摩擦角、变形系数、弹性抗力系数。

2）施工期间洞内状态观测。随着开挖工作面的推进，及时测绘岩土体的性质、地质构造、水文地质情况的变化，观测支护系统变形和破坏情况。

3）断面变形量测。量测洞壁的绝对位移和相对位移，如量测拱顶、拱脚、墙底的下沉量和底板隆起量，最大水平跨度的变化和洞壁其他两测点之间的变化。通过量测洞壁的收敛变形，即洞壁两侧或周边的相对位移变化，可以进一步评估围岩的稳定性及初期设计、施工的合理性，确定二次衬砌结构断面尺寸和施设时间。断面变形可采用精密经纬仪或水准仪、收敛计等进行量测。

4）围岩应变和位移量测。在围岩中沿量测锚杆安装应变计，并在周围岩体不同深度设置应变测点，同时使用测力锚杆和位移计进行测量。量出锚杆各测点的应变，推算锚杆的轴力，并可量测出周围岩土体不同深度的相应应变。若同时在坑道周围岩土体埋设多点位移计，可测出洞壁与周围岩土体测点之间和周围岩土体各测点相互间的相对位移。从周围岩土体应变和位移量测结果，可估计隧道周边的岩土体松动范围，并校核锚杆的计算参数。

5）支护系统和衬砌结构受力情况量测。通过埋设应变计或压力传感器，了解支护系统和衬砌结构的内部应力，以及周围岩土体和支护系统或衬砌界面之间接触应力的大小和分布。此外，还可在隧道施工前或施工初期进行锚杆抗拔试验，以确定锚杆的合理长度和锚固方式。

6）地层沉降量测。地层沉降量测是浅埋隧道及构筑物施工中必不可少的测试项目，地表沉陷量与覆盖土石的厚度、工程地质条件、地下水位及周围建筑物等有关。它的测点宜和隧道断面变形量测布置在同一测试段，一般都应超前于开挖工作面布置测点进行量测。同时，可量测地表建筑物的下沉及倾斜量，并注意观测建筑物的开裂情况。

7）地层弹性波速测定。量测弹性波在岩土中的传播速度。由于岩土中的各种物理因素的改变（如岩土性质、裂缝及不连续面、密度等）都会引起弹性波传播特性（波速、波幅频率）的变化，因此，可在岩土中用测定弹性波传播速度的方法推断岩土的动弹性模量、强度、层位和构造，坑道周边岩土体的松动范围等。

8）在弹性体上施加一个瞬间的力，弹性体内则产生动应力和动应变，使施力点（震源）周围的质点产生位移，并以波的形式向外传播，形成弹性波，其传播速度与介质密度、弹性常数有关。弹性波传播速度公式为：

$$v_{\mathrm{p}} = \sqrt{\frac{E_{\mathrm{d}}(1 - v_{\mathrm{d}})}{\rho(1 + v_{\mathrm{d}})(1 - 2v_{\mathrm{d}})}} \tag{9-1}$$

$$v_{\mathrm{B}} = \sqrt{\frac{E_{\mathrm{d}}}{\rho} \cdot \frac{1}{2(1 + v_{\mathrm{d}})}} \tag{9-2}$$

式中：v_{d}、E_{d}——动泊松比、动弹性模量；

ρ——岩土的密度。

通过声波仪测出声波在岩土中从南发射探头到接收探头的时间，就可算出波速（见工程地球物理勘探相关内容）。

按激振的频率，弹性波测定可分为地震法（几十到几百赫兹）、声波法（几千到20kHz）和超声波法（超过20kHz）。地下工程中常用声波法。根据测点的布置，可分为单孔法（也称下孔法）和双孔法（也称跨孔法）。

除上述量测内容以外，必要时还可对其他参数进行测定，如地温、湿度、洞内风速、空气中粉尘及有害气体含量等环境因素的测试。

9.2.2 现场量测注意事项与要求

1）按工程需要和地质条件选定观测部位、断面，确定监测项目，做出监测设计整体方案。在制定现场量测规划时，应考虑到量测规划的经济效益，绝不能处于盲目状态。

2）从施工监测和信息化设计角度出发，安排量测项目应注意到：量测元件及仪器便于布设；测试方法简单可行；具有可靠性和一定的量测精度，要有适当的测试频度保证，按要求格式做好记录，整理存档；数据较易分析，结果易于实现反馈，便于信息化施工。

3）仪器布置应考虑方便合理，既要尽可能减少对施工操作的干扰，又要能保证仪器设备的安全。

4）仪器应有足够的灵敏度和精度，抗干扰性强，能保证在场地狭窄、潮湿、多尘等恶劣环境下，长期可靠地工作。

5）建立严格的监测管理制度，观测队伍应经过训练，具有较好的素质，了解地下结构物的力学行为，具有一定理论水平和较丰富的实践经验。

在施工期监测时，应根据各项量测值的变化、各量测项目的相互关系，结合开挖后周围岩土体的实际情况进行综合分析，将所得结论和推断及时反馈到设计和施工中，以确保工程的安全和经济。

9.2.3 现场量测资料的分析整理

现场量测资料存在一定离散性和误差，对量测资料必须进行误差分析、回归分析和归纳整理，找出所测数据资料的内部规律，以便提供反馈和应用。仍以位移量测数据处理为例，其他量测资料整理类似。

一般对于测试数据，采用回归分析方法，得出数理统计函数式及其拟合曲线，找出位移随时间、空间的变形规律，并在一定范围内推测变化趋势值，为施工提供信息预报。位移-时间曲线（图9-1、图9-2）可以采用累计变形值和变形速率值来分析判断变形趋势及周围岩土体的稳定性。

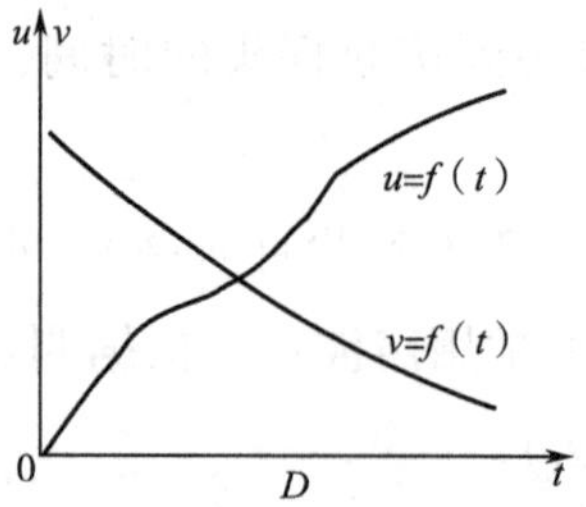

图9-1 收敛-时间关系曲线

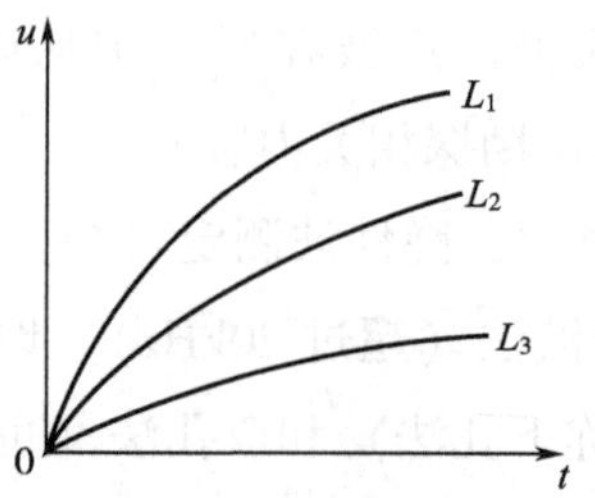

图9-2 位移-时间关系曲线

注：L_1、L_2、L_3 为多点位移计。

位移-距离曲线：收敛、位移与工作面距离关系曲线。它反映了周围岩土体位移的空间效应。其中，收敛与工作面距离（L）曲线（图9-3）对分析、确定支护时机及措施具有指导意义；周围岩土体内位移与测点距孔口基准点距离（L）关系曲线（图 9-4），反映了周围岩土体开挖后的松动范围和稳定性。

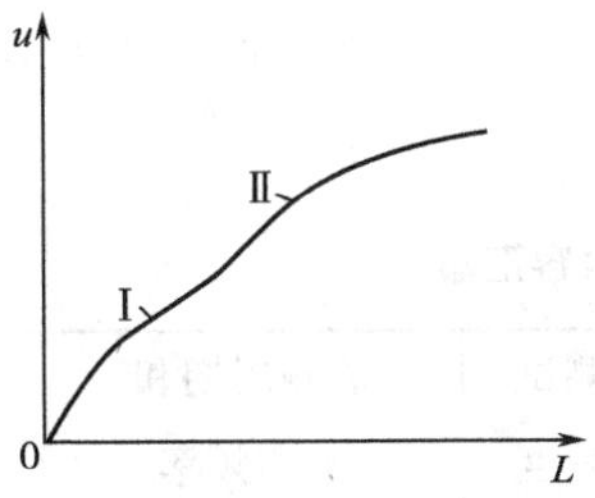

Ⅰ—一次支护；Ⅱ—二次支护

图 9-3 收敛-工作面距离关系曲线

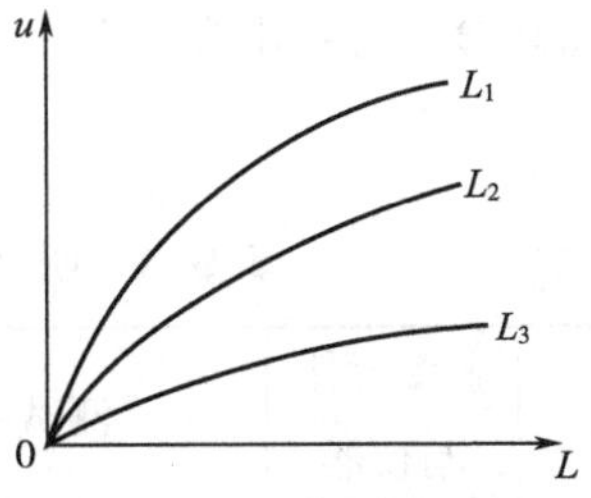

图 9-4 周围岩土体内位移-孔口距离关系曲线

注：L 为测点距孔口基准点距离

9.3 明挖法施工监测

9.3.1 监测目的

1）通过对基坑开挖施工过程的监测，了解基坑变化的趋势，利用监测信息反馈的数据，更好地预测基坑围护结构和周围环境的变化趋势。

2）根据监测数据的变化趋势，制定相应的保护措施。

3）每个基坑都有唯一性，因此很难完全按照以往的工程经验施工，而理论的分析结果一般是在特定条件下得出的结果，不可能适用于所有的工程，因此现场监测就显得非常重要。

4）根据设计文件的要求，准确记录每个施工时间段基坑围护结构的变形特性和受力特征，以及对地下土层、附近管线、邻近地面建筑物的影响程度，及时掌握各项监测数据的变化特征，确保施工及周边建筑物的安全。现场测量数据要及时反馈给施工方，一旦某项监测数据超过警戒值，应立刻找出原因，采取相应措施确保安全之后才能继续施工。

5）将现场测量数据与理论计算值比较，用反分析法进行分析计算，并用数值模拟进行验证，使设计更符合实际，达到优质安全、经济合理的标准，也可以指导今后类似工程的建设。

6）对工程进行信息化施工。工程施工期间对基坑围护体系和周围环境的变化情况进行监测，汇总各项监测信息，并进行综合分析，有利于指导施工，及时采取各项施工措施。

9.3.2 监测内容

明（盖）挖法工程施工现场的监控量测内容分为两部分，即围护结构本身和周围环境。围护的结构包括围护桩墙、支撑、围檩与圈梁、立柱、坑内土层等五部分，周围环境包括相邻地层、地下管线、相邻建（构）筑物等三部分，详见表 9-1。

表 9-1 明（盖）挖法施工监控量测内容汇总

<table>
<tr><th colspan="2">量测项目</th><th>监测元件与仪器</th><th>测试范围和测点间距</th><th>测试精度</th><th>监测周期和监测频率</th><th>分类</th></tr>
<tr><td colspan="2">基坑外地面和建筑地层土质描述</td><td></td><td></td><td></td><td>全过程</td><td>应测</td></tr>
<tr><td rowspan="4">围护桩墙</td><td>桩墙顶水平位移与沉降</td><td>经纬仪
水准仪</td><td>桩顶冠梁。长短边中点和围护结构的每个拐角处必须布点，布设在基坑平面上挠度计算值最大的位置。无支撑时每 20m 左右布置一个测点，有支撑时设置在支撑结构的两道支撑之间</td><td>1mm</td><td rowspan="2">基坑开挖时，2 次/d，若有异常情况，增加到 3~4 次/d；基本稳定后，1 次/2d</td><td>应测</td></tr>
<tr><td>桩墙深层挠度</td><td>测斜仪</td><td>桩体全高。长短边中点，竖向间距 0.5m 或 1m；标准段按 30~40m 布设一个观测主断面</td><td>1mm</td><td>应测</td></tr>
<tr><td>桩墙内力</td><td>钢筋应力计
频率仪</td><td>桩体全高。长短边中点，且竖向间距 5m 左右，轴力监控量测断面应布设在支撑的跨中部位</td><td>0.1MPa</td><td>全过程，1 次/d</td><td>选测</td></tr>
<tr><td>桩墙土压力</td><td>压力盒
频率仪</td><td>围护桩迎土侧，嵌固段桩基坑侧、背基坑侧、长短边中点，且竖向间距 5m 左右；在平面上，沿着基坑长边标准段每 30~40m 设置一个观测主断面，设点桩位与观测主断面相对应</td><td><1/100 (F，s)</td><td>土方开挖过程中，2 次/d，主体结构施工期间，1 次/2d；土方开挖后、结构施工前，1 次/周</td><td>选测</td></tr>
</table>

续表9-1

<table>
<tr><th colspan="2">量测项目</th><th>监测元件与仪器</th><th>测试范围和测点间距</th><th>测试精度</th><th>监测周期和监测频率</th><th>分类</th></tr>
<tr><td colspan="2">水平支撑轴力</td><td>钢筋应力传感器
频率仪
位移计</td><td>每道支撑，测点一般布置在支撑的两头或中点，对于重要支撑，宜同时监控量测其两端和中部的沉降及位移</td><td><1/100（F，s）</td><td>从支撑设置后到支撑拆除，每天1次</td><td>应测</td></tr>
<tr><td rowspan="2">圈梁和围檩</td><td>内力</td><td>钢筋应力计
频率仪</td><td rowspan="2">沿着基坑长边标准段每30~40m设置一个观测主断面，设点桩位与观测主断面相对应</td><td>0.1MPa</td><td>全过程，1次/3d</td><td>选测</td></tr>
<tr><td>水平位移</td><td>经纬仪</td><td>1mm</td><td>全过程，1次/d</td><td>选测</td></tr>
<tr><td colspan="2">顶板（盖挖）内力</td><td>钢筋应力计
频率仪</td><td>在立柱与顶板的纵横断面上、立柱与顶板的刚性连接部位，以及两根立柱的跨中部位各布置2个钢筋计</td><td>0.1mm</td><td>全过程，1次/d</td><td>选测</td></tr>
<tr><td rowspan="3">立柱（盖挖）</td><td>垂直沉降</td><td>水准仪</td><td rowspan="3">柱身全高，在标准段选择4~5根具有代表性的立柱进行内力监控量测，测点布置在与板层接触处的立柱上和立柱柱身的中部，每一个断面上布置4个钢筋计。沉降测点一般布置在与立柱刚性连接的顶板表面上，使用铆钉枪打入或钻孔埋设膨胀螺丝，每根最少布设两组倾斜测点（每组2个），具体测点数目视现场情况而定</td><td>1mm</td><td rowspan="3">全过程，1次/d</td><td rowspan="3">应测</td></tr>
<tr><td>轴力</td><td>钢筋应力计
频率仪</td><td>0.1MPa</td></tr>
<tr><td>倾斜</td><td>经纬仪</td><td>0.01%</td></tr>
<tr><td colspan="2">基坑隆起</td><td>水准仪</td><td>在基坑中央和距坑底边缘1/4坑底宽度处及特征变形点处必须布设</td><td>1mm</td><td>全过程，1次/d</td><td>选测</td></tr>
<tr><td colspan="2">坑内地下水位</td><td>孔隙水压力计
频率仪</td><td>基坑四角点，长、短边中点</td><td>10mm</td><td>土方开挖过程中，2次/d；主体结构施工期间，1次/2d；土方开挖后、结构施工前，1次/周</td><td>选测</td></tr>
</table>

续表9-1

量测项目		监测元件与仪器	测试范围和测点间距	测试精度	监测周期和监测频率	分类
相邻地层	地面沉降、水平位移、分层沉降	经纬仪 水准仪 分层沉降仪 频率仪	周围1~2倍基坑开挖深度。长、短边中点，沿着基坑的长边，每30~40m布置一个观测断面，基坑深度变化及断面变化处，应增加监控量测点密度，每30~40m设置一个主观测断面	1mm	基坑开挖期间，基坑外10m以内，1~2次/d，基坑外10~20m之间，1次/2d，基坑20~30m之间，1次/3d，基坑外30m以外，1次/周	选测
地下管线	垂直位移、水平位移	水准仪 经纬仪	从基坑边至开挖深度2.0~3.0倍距离范围管线的接头处，或者对位移变化敏感的部位，沿着管线延伸方向每10~15m布设一个测点	1mm	开挖起至出土±0.00mm，1次/d	应测
相邻建筑物	垂直位移、倾斜裂缝	水准仪 经纬仪 裂缝观测仪	位于施工中线两侧40m左右区域范围以内，一般可设在建筑物的四角（拐角）上，高低悬殊或新旧建筑物连接处，伸缩缝、沉降缝和不同埋深基础的两侧。原则上每栋建筑物上最少布设4个沉降点，两组倾斜测点（每组2个），沉降测点一般布置在房屋四角及其他结构物周围基础上，测斜时，在建筑物的墙面上下垂直布设2个测点，用经纬仪进行观测	1mm	开始降水3天以前和降水完成3天以后，1次/d，其他时间，1次/2d	应测

续表9-1

量测项目		监测元件与仪器	测试范围和测点间距	测试精度	监测周期和监测频率	分类
坑外地下水	水位	水位计	一般在明挖基坑的四角点以及基坑的长、短边中点布置。对于长边较大的基坑，可以每30~40m布设一个测点，测点距基坑围护结构的距离为1.5~2m	1mm	降水期间，1次/d	应测
	孔隙水压力	孔隙水压力计频率仪		0.1MPa		
竖井净空收敛		收敛计	原则上竖井结构的长、短边沿竖向按2~3m布设一个监控量测断面，每个监控量测断面最少布设2个监控量测点	1mm		

监测内容设置取决于工程本身的规模、施工方法、地质条件、环境条件及常规监测方式，本着经济、合理、有效的原则，遵守工程施工的规律，合理设置监测内容。

基坑开挖是土体卸荷产生应力释放的过程，也是一个应力重新分布的过程，会引起围护体的巨大变形。这种变形贯穿于施工的全过程，也可以通过合理的设计、有效的施工措施结合“时空效应”理论的信息反馈技术等方法进行有效控制，使变形控制在允许的范围内。因此，有效、准确、及时的施工监测是信息化施工的关键。

针对一般工程的设计要求及施工条件，总体设置以下监测内容：围护体位移（测斜）监测、围护墙顶沉降与位移监测、支撑轴力监测、立柱隆沉监测、坑底土体隆沉监测、坑外地下水位变化监测、坑外地表沉降监测、建（构）筑物沉降监测。

明挖法监测技术一般规定有以下几点：

(1) 采用明（盖）挖法进行地铁隧道施工时，必须将现场监控量测列入施工组织设计，开工前应制定监控量测方案和实施计划，施工中按规定认真进行实施，工程竣工后将监控量测资料整理归档，并纳入竣工文件。

(2) 开工前的监控量测方案和实施计划应根据工程与水文地质条件、基坑与隧道周边环境、车站与隧道埋深条件等进行编制，同时考虑监控量测费用的经济性，并注意与施工进度相适应。监控计划应报告监理单位和业主，主要内容包括施测程序和方法、使用仪器、监控量测精度、监控量测点布置、监控量测的周期和频率、监控量测人员的情况和安排、监控量测质量保证措施等。

(3) 明（盖）挖法隧道施工监控量测的主要目的：

1) 为施工和设计提供及时的反馈信息。

2) 保证基坑支护的安全。

3）保证周边环境安全。

4）总结工程经验，为后续类似工程提供依据。

（4）监控量测应在主体结构和附属结构开挖前测得初始值（如实行降水，则应在施工降水前取得初始值），施工中及时进行监控量测、分析和反馈。施工监控量测数据的整理分析必须与明（盖）挖法施工的地铁隧道的施工参数采集相结合，综合分析。

（5）明（盖）挖法施工监控量测所采用的监控量测技术和测试仪器及元件，必须选用成熟的技术和产品，仪器和元件必须选择满足测试精度要求、抗干扰性强、适应现场长期监控量测的可靠产品。

9.3.3 监测项目

根据工程所处的地质条件、地理位置、周边环境，结合设计方案，将以下项目列为重点监测项目：

1）围护墙顶竖向及水平位移。

2）墙体变形。

3）支撑轴力。

4）土体侧向变形。

5）地下水位。

6）地表沉降。

7）管线沉降。

8）临近建筑物倾斜、沉降及裂缝宽度监测。

当遇到以下两种情况的基坑施工时，要重点对待，确保施工过程安全：

1）基坑挖深超过 10m 以上时。

2）基坑施工过程中遇暴风雨、大雪等不利天气条件时。

9.3.4 监测频率

（1）监测频率设置依据。根据二级基坑监测时间间隔要求，监测工作自始至终要与施工进度相结合，根据工况合理安排监测时间间隔，做到既安全又经济。

（2）监测频率设置说明。监测工作布置的基本原则是在确保施工安全的前提下，本着“经济、合理、可靠”的原则安排监测进程，尽可能建立起一个完整的监测预警系统。

1）基坑预降水阶段，应在降水前一周完成水位观测孔、连续墙顶变形点的埋设，并测定初始值，观测项目为水位观测，测量频率为 2~3 次/周。

2）在基坑开挖过程中，由于土体应力场的变化，围护墙深部将向坑内发生位移，势必引起周边地表、地下管线的沉降，尤其是当基坑开挖至坑底垫层至浇注前这一时间段内，整个围护体处于最不利受力状态，变形速率也会增大。特殊情况如监测数据有异常或突变、变化速率偏大等时，适当加密监测频率，直至跟踪监测。

(3) 在地下结构施工阶段，各监测项目观测频率为2~3次/周，支撑拆除阶段1次/d。

9.3.5 测点布设

(1) 围护（墙）体测斜孔布设。围护体测斜是对基坑开挖阶段围护体向坑内方向的水平位移进行监控，及时掌握基坑变形的动态信息。根据各种规范及地铁公司要求，监测点布置间距宜为3幅地下连续墙（约18m），中间及阳角部位宜布置监测点，每侧边监测点至少设置1个，对于基坑中部，特别是基坑宽度较大、开挖较深、受力集中区域，应予以加密。测斜孔深度必须与围护体深度一致，无效量测深度不得大于2m，否则应在地下连续墙迎土面补设测点。在地下连续墙内埋设测斜管方法如下：

在地下连续墙钢筋笼内绑扎高强度PVC测斜管，管长与钢筋笼长度一致。测斜管外径为70mm，管体与钢筋笼主筋绑扎牢，管内一对十字滑槽（用于下放测斜仪探头滑轮）必须与基坑边线垂直，上、下端管口用专用盖子封好，接头部位用胶水、胶带密封，钢筋笼吊装完后，立即注入清水，防止泥浆浸入，并做好测点保护。

(2) 围护（墙）体顶部沉降、位移测点布设。由于测斜所反映的墙体位移是相对于墙顶（或者墙底）为不动点的相对位移，故需测出墙顶的绝对位移，两者相比较才能得出墙体向坑内方向各点的绝对位移。因而，设立墙顶位移监测点应与墙体测斜孔位置相对应。将监测点埋设于第一道圈梁梁顶，同时兼做顶部沉降点。监测点埋设时间与围护（墙）体第一道圈梁混凝土浇筑同步，同时做好测斜管接出地面工作。

(3) 支撑轴力布设。围护（墙）体外侧的侧向土压力由围护（墙）体及支撑体系所承担，当实际支撑轴力与支撑在平衡状态下应能承担的轴力（设计值）不一致时，将可能引起围护体系变形过大或支撑体系失稳。为了监控基坑施工期间支撑的内力状态，需设置支撑轴力监测点。

为确保基坑安全，监测点宜布置在支撑受力较大、较复杂的支撑上，钢支撑轴力监测采用钢弦式频率轴力计，安装时将轴力计安装架与钢支撑端头对中并牢固焊接，在拟安装轴力计位置的桩（墙）体钢板上焊接一块250mm×250mm×25mm的加强垫板，以防止钢支撑受力后轴力计嵌入钢板。待焊接件冷却后，将轴力计推入安装架并用螺丝固定好。安装过程中要注意轴力计和钢支撑轴线在同一直线上，各接触面平整，确保钢支撑受力状态通过轴力计（反力计）正常传递到围护结构上。详见图9-5。

(4) 立柱隆沉测点布设。立柱对支撑体系起到一定的支承和约束作用，其隆沉将直接影响支撑体系的安全，故应加强对其的隆沉监测。监测点宜布置在基坑中部、施工栈桥下的立柱上，且数量不得少于立柱总数的10%。

埋设时间：第一道支撑施工开始埋设。

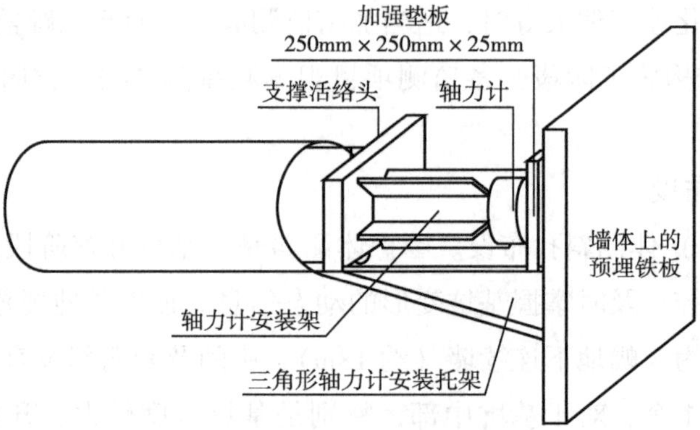

图 9-5　轴力计安装示意图

(5) 坑底土体隆沉测点布设。基坑开挖是卸荷的过程，随着基坑内土体开挖出现应力释放过程，引起坑内土体回隆，严重时坑外土体涌入基坑形成坑底隆起，砂性土层中，在动水压力作用下可能出现涌砂，这将对工程造成严重影响，危及基坑安全。通过埋设坑底土体隆沉观测孔，利用分层沉降仪可量测基坑开挖过程中土层的隆沉量，依据隆沉量和速率及早发现问题。

在埋设的测管内慢慢放入沉降仪测头，每到一个磁环埋设点，沉降仪测头感应信号并启动声响器，根据声响记录钢尺距管顶的距离，管顶高程以二等水准联测求得，由管顶高与沉降仪钢尺上的读数求得磁环埋设点的高程。各点累计隆沉量等于实时测量值与其初始值的变化量。本次测量值与前次测量值的差值为本次变化量。

测试仪器采用 CJY-80 钢尺沉降仪。

埋设时间：在坑底加固完成后开始，降水前 1 周完成。

(6) 坑外水位（潜水）监测孔布设。坑外水位监测孔主要对围护结构的止水状态进行监控，以防止围护结构渗漏引起坑外大量水土向坑内流失。水位管采用钻孔方式埋设：在围护体外侧 2m 处，用 100 型钻机钻孔，钻孔完成后，清除泥浆，将 ϕ50 的 PVC 水位管吊放入钻好的孔内（管顶应高出地面），在孔四周的空隙下部回填中砂，上部约 4m 的深度内回填黏土，并将管顶用盖子封好。水位管下部还需设进水孔，用滤网布包裹住，以利于水渗透。测量时采用电子感应式水位计。

埋设时间：在基坑内开始降水前 1 周完成。

(7) 坑外地表沉降监测点布设。在基坑施工时，为了解基坑施工对围护外侧土体的扰动影响，沿垂直于基坑主体方向布设地表沉降点。基坑区每边埋设一个断面，每个断面 2 个测点。地表沉降观测点采用钻孔方法进行埋设，即所设测点应穿透道路表面结构硬壳层，将其埋设在路基层中（通常深度不小于 60cm），同时应设置保护套管及盖板，如图 9-6 所示。

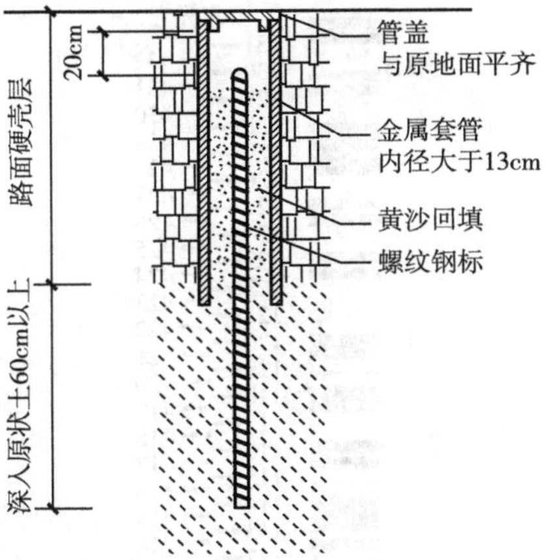

图 9-6 地表沉降观测点埋设示意图

（8）建（构）筑物沉降监测点布设。建（构）筑物监测点埋设时应注意避开有碍设标与观测的障碍物，并视立尺需要离开墙（柱）面和地面一定距离。埋设位置要便于观测同时便于保护，不易被破坏。

沉降监测点标志采用“L”型测点标志形式。测点埋设的方法是：墙面上钻孔，然后将测点标志（$\phi=20$mm）预埋件放入，孔与测点四周空隙用水泥砂浆或锚固剂填实(测点固定部位做成螺纹)。埋设形式如图 9-7 所示。或者使用监测条码尺，将条码尺粘贴至需要监测的部位和合适的位置，粘贴处一定要牢固，四周需要封闭开口，条码尺要粘贴整齐。粘贴监测条码尺形式如图 9-8 所示。

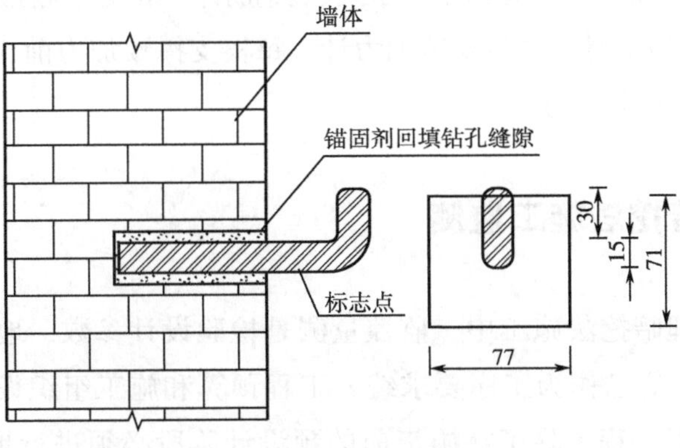

图 9-7 建（构）筑物沉降监测点（mm）

（9）监测设备安装顺序。各监测设备仪器的安装随基坑工程施工步序而开展，基本按如下顺序进行：

1）先期布设房屋、地面沉降点。

2）围护墙施工时，同步安装墙体内的测斜管。

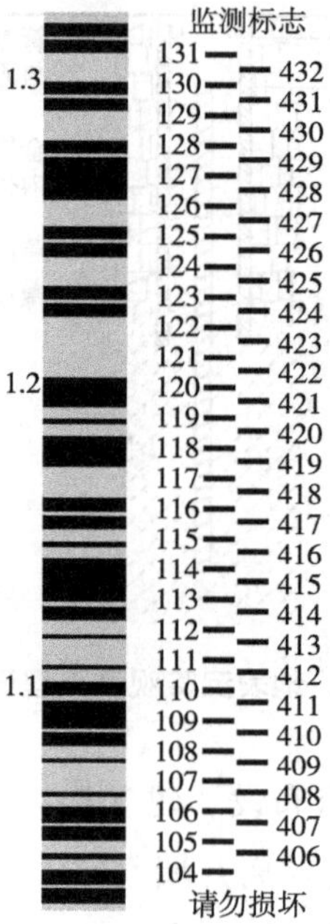

图 9-8　监测条码尺布设示图

3）围护墙及坑内外加固施工完后，钻孔埋设坑外的水位管监测点。

4）围护墙顶的圈梁浇捣时，同步埋设墙顶的沉降、位移测点，并做好测斜管的保护工作，进行初始值的测取工作。

5）基坑开挖前，应测出各测试项目的初始值。

6）第一道钢筋混凝土支撑施工时，同步安装钢筋计，混凝土浇注后 7d，测出初读数。

7）每道钢支撑施工时，同步安装轴力计，每根支撑预加力前，需完成轴力测试仪器的安装工作，并测出初读数。

9.4　浅埋暗挖法施工监测

在地下工程浅埋暗挖法施工中，监控量测是检验设计参数、地面稳定性，评价施工方法的主要依据，它已作为工序要求编入工程预算和施工组织设计中，目前，地下工程尤其是浅埋地下工程，除了在施工前的预设计阶段必须进行地质勘查和试验外，还应在施工全过程中进行监控量测，即用人工观察和各种仪器测试围岩、地面的变化，支护的外观与力学变化，并将实测资料和数据加工处理成为一定的信息，及时反馈到设计和施工中去，以评定围岩的稳定程度和支护结构的可靠度，以便调整施工方法和支护参数。必要时还应采取相应的辅助工法，以确保施工的绝对安全和工程经济合理。这是地下工程不同于地面工程的第一个重大区别。

监控量测的数据也应是地下工程竣工文件中不可缺少的部分。因此，在工程施工的全过程中，及时进行现场监控量测是很重要的工序。同时，要强调及时将监控量测结果反馈到设计与施工中，并及时修正，否则，塌方、沉陷等现象不可避免。及时监控量测、及时反馈、及时修正是地下工程，尤其是软弱地层地下施工管理的核心，这是不同于地面工程的第二个重大区别。

9.4.1 监测目的

1）通过监控量测，了解各施工阶段地层与支护结构的动态变化，明确工程施工对地层的影响程度以及可能产生失稳的薄弱环节，把握施工过程中结构所处的安全状态。

2）用现场实测的结果弥补理论分析的不足，并把监控量测结果反馈到设计和施工中。在施工过程中，及时掌握地层和支护结构的变位与受力信息，以便采取相应的施工技术措施，比如改变施工方法、选择相应辅助工法、确定二次衬砌施作时机、调整开挖步序、修正支护参数等，避免出现施工事故。

3）对工程施工可能产生的环境影响进行全面的监控，判断浅埋暗挖法施工对周围环境（建筑物、地下管线）的影响程度，寻求预防的办法。

4）修改工程设计。监控量测除了反映工程的质量状况外，监控量测工程状况的累积记录的研究，还有助于对工程设计进行修改，并通过观测数据与理论上及试验中预测的工程特性指标的比较，了解设计的合理程度。

5）积累资料，以提高地下工程的设计和施工水平。通过监控量测，了解该工程客观条件下所表现出来的一些地下工程施工规律和特点，为今后类似工程或该工法本身的发展提供借鉴。

9.4.2 监测内容

现场监控量测应根据地下工程的埋深、地质条件、结构类型、施工方法、工程规模、工程的重要程度以及周围环境条件等进行设计，并编制监控量测规划，内容如下：

1）监控量测内容和方法。

2）监控量测断面和测点布置。

3）监控量测时间和监控量测频率。

4）监控量测数据的整理和分析。

5）监控量测数据的反馈和安全措施。

6）监控量测经费概算。

监测的主要任务有以下几点：

1）保证隧道和围岩的稳定，确保施工安全。因此，需掌握围岩和支护的动态，按照动态管理监控量测的信息，正确施工。

2）监控量测数据经过分析处理和必要的计算与判断，预测和确定隧道最终稳定时间，指导施工工序和二衬的施作时间。

3）信息反馈修正设计。根据隧道开挖后围岩稳定性信息进行综合分析，检验和修正施工前的预设计。

4）积累资料。已有工程的监控量测结果可应用到其他类似的工程中，作为设计和施工的依据。

有了上述明确的监控量测任务，可以有的放矢地进行监控量测项目的选择和监控量测系统的建立。

9.4.3 监测项目

监控量测是一项精密、细致和必不可少的工序，为了确保在安全条件下快速、优质地施工，必须确定合理的监控量测内容和方法。项目过多则没有必要，项目过少则影响安全。为此，应根据地下工程所处的围岩条件、洞室跨度与埋深、周围环境条件等，选择相应的监控量测内容，并根据地质条件变化和测试结果，视具体情况适当增减，以求经济合理。目前，在浅埋暗挖施工中大多以位移作为监控的指标，即把位移值或位移变化速率作为施工管理的基准。其原因是位移监控量测比应力和荷载监控量测简单、经济、直接，它是地下工程受力变化最直接、最明显的参数，而且数据易于处理。基于位移监控量测预测的最终位移值可作为分析工程安全度、是否需要加强或减弱初期支护的判断依据。位移变化速率不仅可以预估初期支护的荷载大小和安全程度，也可确定二次模筑衬砌的修筑时间。表 9-2 列出了通过多项工程实践得出的支护所受荷载大小与位移变化速率的定性关系，在各类软弱围岩中修建地下工程时可以参考该表，也可以将其作为现场监控量测的控制指标。

表 9-2　支护荷载与位移速率的关系

位移变化速率/(mm/d)	支护荷载
0.5 以下	轻微
0.6~1.0	中
1.0~3.0	大
3.0~5.0	非常大，需加固
5.0~10.0	极大，可能塌方
10.0 以上	意外性大，是塌方的前兆

根据浅埋暗挖法的施工特点，本着结构和围岩共同作用的原则，首先确定必测项目（称 A 项目），这是指导施工、确保安全、防塌防沉的重要监控量测，其内容包括：

1）目测，检查有无明显开裂和变形。

2）初期支护拱顶下沉监控量测。

3）拱脚、边墙中部水平净空收敛监控量测。

4）洞顶地面沉降监控量测．施工单位应认真布点、监控量测和反馈。

作为以后设计和科研参考的监控量测或者因特殊周边环境要求而需要增加的监控量测项目，称为 B 项监控量测，其内容如下：

1）隧道边墙两侧地层地中水平位移监控量测。

2）拱顶上部地层地中垂直多点位移监控量测。

3）结合工程的重要性以及洞室条件、周围环境条件等，选择围岩接触压力量测。

4）锚杆应力量测。

5）钢拱架应力量测。

6）爆破震动速度量测。

9.4.4　监测方案

在地下工程中进行监控量测，绝不是单纯地为了获取信息，而应把它作为施工管理的一个积极有效的手段。因此，监控量测信息应满足以下要求：

1）确切地预报围岩破坏和变形的动态，对设计参数和施工流程加以监控，以便及时采取适当的措施（如预估最终位移值，根据监控基准调整、修改开挖与支护的顺序和时机等）。

2）提供修改设计时所需要的重要信息和各项要求，如提供设计和施工所需的重要参数（初始位移、速度、作用荷载等）。

施工监控量测工作是一项系统工程，监控量测工作的成败与监控量测方法的选取和测点的布设等因素有关。根据长期的工程监控量测实践，总结出以下五条原则，它对于指导监控量测设计十分有用。

（1）可靠性原则。可靠性原则是监控量测系统设计所要考虑的最重要原则。为了确保其可靠，必须做到：

1）系统须采用可靠的仪器。一般而言，用机械式仪器进行监控量测的主要优点是直接、简单、可靠，而使用电测式仪器则易受环境干扰。如果使用电测式仪器，通常要求与其他机械式仪器互相校核。

2）应在监控量测期间内保护好测点。

（2）多层次监控量测原则。多层次监控量测的具体含义有四点：

1）监控量测对象以位移为主，但也要考虑对其他物理量的监控量测。

2）监控量测方法以仪器监控量测为主，并辅以巡检的方法。

3）监控量测仪器选型以机械式仪器为主，辅以电测式仪器。为了保证监控量测的可靠性，监控量测系统还应运用多种原理、方法，并选用各种仪器。

4）分别在地面、隧道围岩内和邻近受影响的建筑物与设施内布点，以形成具有定测点覆盖率的监控量测网。

（3）重点监控量测关键区的原则。对易出事故，而且一旦出事故必将带来很大损失的地方，应列为关键区进行重点监控量测，并尽早实施。

（4）方便实用原则。为了减少监控量测与施工之间的相互干扰，监控量测系统的安装和测读应尽量做到方便实用。

（5）经济合理原则。考虑到多数测点都是临时为施工服务的，测点的布置要设在重要部位，不要盲目追求测点数量。另外，系统设计时应尽量选用实用而低价的传感器，不必过分追求仪器的先进性，以降低监控量测费用。

9.4.5 监测方法

（1）目测。开挖后对无支护围岩的目测内容包括：

1）围岩类型及分布特征，结构面位置和产状，节理裂隙发育程度和几何特性，节理裂隙的填充物的性质和状态等。

2）开挖工作面的围岩稳定状态，顶板有无剥落掉块现象。

3）是否有涌水，涌水量大小，涌水位置，地下水的物理性质（颜色、气味、色度等）。

开挖后对已支护段的目测内容包括：

1）有无锚杆被拉断或垫板嵌入围岩内部的现象。

2）喷射混凝土是否产生裂隙或剥离，要特别注意喷射混凝土是否发生剪切破坏。

3）钢拱架有无被压屈现象。

4）隧道底部是否有底鼓现象。

（2）水平净空周边收敛的监控量测。隧道及地下工程的拱脚和墙中两侧壁面之间的相对位移是水平净空周边收敛应监控量测的项目。浅埋地下工程的收敛监控量测数据直接反映初期支护结构和围岩的受力特征，要检验开挖步骤和支护结构强度是否稳定合理。拱顶位移的大小直接反映拱脚支护的稳定性，是防止拱脚塌方的重要检测项目。侧墙中部位移的大小反映了整体结构是否稳定，因此，该项监控量测是浅埋暗挖法施工的必测项目之一。

1）埋点布设。浅埋地下工程的拱腰、拱脚、墙中部位是受力和引起变位的最敏感部位，称力敏感受力点，应在这些敏感点紧随开挖面（离地面沉降测点开挖面距离 2m 以内）布设测点，进行水平净空周边收敛监控量测。应根据不同的围岩多点垂直位移测孔条件、洞室跨度和施工方法，选择不同的布点方式。采用台阶法施工时，一般在上台阶拱脚处和下台阶墙中处各布设一对测线。采用全断面开挖时，一般在起拱线处布设一条测线，详见图 9-9。纵向测点布设视围岩结构条件而定，一般为间隔 5~100m 布设一个监控量测断面（围岩条件差、洞室跨度大时，间隔应小些）。具体实施时，可参照以下经验数据：Ⅰ类围岩5~10m（洞室跨度大于或等于15m时取下限），Ⅰ~Ⅲ类围岩10~20m，Ⅰ~M类围岩50~100m（按前面介绍的铁路围岩分类标准）。

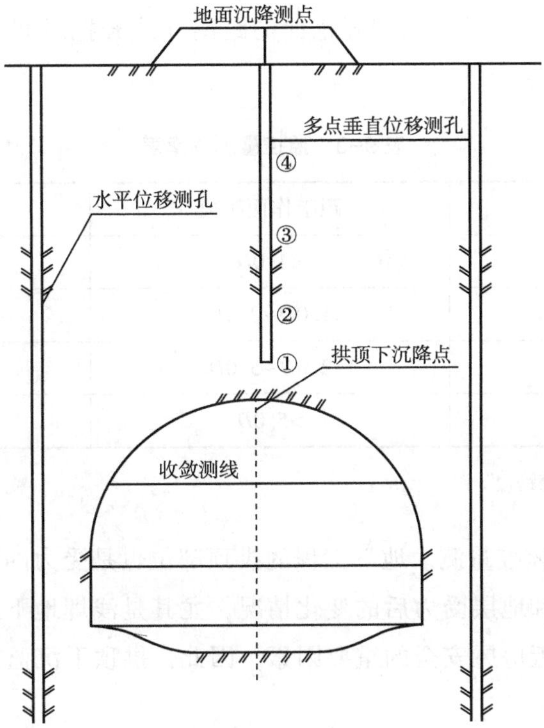

图9-9 测点布设

2）监控量测仪器和设备。水平净空周边收敛监控量测目前多采用各种类型的坑道收敛计，主要由带孔钢尺和读数装置构成。目前常用的是百分表读数收敛计，但由于读数不够稳定，将会被数显式收敛计所取代。图9-10是中铁隧道集团开发的SD-1型数显收敛计的结构示意图。根据工程需要，收敛计的测量精度应达到±0.02mm。

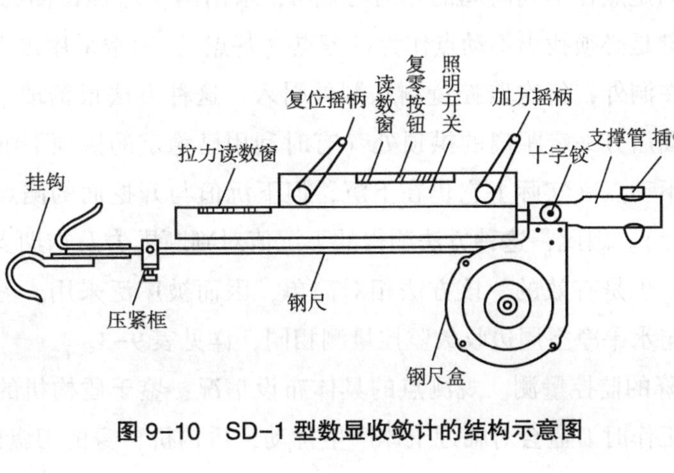

图9-10 SD-1型数显收敛计的结构示意图

（3）监控量测方法和频率。水平净空周边收敛的监控量测方法比较简单，即通过监控量测布设于洞室周边上两固定点在不同时间的净长 L，求出两次监控量测的增长量（或缩短量）AL，即为此处围岩和初期支护共同变形引起的水平净空周边收敛值。监控量测频率视围岩条件以及测线到开挖面的距离（或开挖时间）而定，实施时参照表 9-3 所列内容。

表 9-3 监控量测频率表

位移变化速率	距工作面距离	监控量测频率
>10mm/d	<1.0D	1~2 次/d
5~10mm/d	1.0D~2.0D	1 次/d
1~5mm/d	2.0D~5.0D	1 次/2d
<1mm/d	>5.0D	1 次/周

注：表中 D 洞室开挖跨度。

（4）拱顶下沉的监控量测。地下工程的拱顶部位也是受力的敏感点，其变化反映了初期支护结构顶部和地层受力后的变化情况，尤其是浅埋地下工程，它直接涉及地面的沉降，是关系邻近房屋安全的重要因素。因此，拱顶下沉监控量测也是浅埋暗挖法施工的必测项目之一。

1）测点布设。拱顶下沉监控量测就是紧随开挖面（离开挖面 2m 以内）在结构拱顶部位布设一个或多个（分部开挖）测点，在施工期间监控量测其下沉情况。通常，纵向测点布设与水平净空周边收敛监控量测相对应，随地层好坏和结构跨度大小而定，测点间距一般为 5~100m，测点布设见图 9-9。

2）监控量测方法和频率。拱顶下沉的监控量测方法比较简单，即通过监控量测布设于拱顶部位的固定点在不同时间的相对标高 h，求出两次监控量测的差值 Ah，即该点的下沉值。关键是必须找出不动点作为参考点（基点），通常采用以下两种方法：一是将不动点设置在洞外，每次监控量测从洞外引入，这种方法很繁琐，现场一般不采用；二是在开挖面后方一定距离的拱顶处（有时利用已稳定的拱顶下沉点）设置参考点，并假定它为不动点（实际上它仍在下沉，但下沉值与开挖面的测点的下沉相比很小，可以忽略不计）。因此，这种方法测得的下沉值对判断围岩及初期支护结构的稳定性，精度是够的，也是有效的。该方法相对简单，因而被广泛采用。另外，拱顶下沉的监控量测频率与水平净空周边收敛监控量测相同，详见表 9-3。

（5）地面沉降的监控量测。观测点的具体布设情况：鉴于盾构机的工作原理是靠刀盘削切土体，工作时刀盘会对临近土体产生扰动，盾构机自身的刀盘图案凹凸不平，使得盾构附近的土体形成和盾构机刀盘相似的图案，以隧道轴线横断面的角度来看，土体将呈现出凹凸不平的槽，也就是沉陷槽。为此对盾构机经过的地方进行地面沉降和隆起监测很有必要。沿隧道中线一定间距布置一个地面变形监测断面，在横断面上根据实际情况布置测点，监测范围约为20m，即布置9个点，其中在隧道中线上各布置一个点。

布设时在地面上形成一个直径为0.1m左右、深0.8m的孔，为了方便，将长度约为0.8m的光圆钢筋放入孔中，将钢筋布置在每一个监测点，钢筋的头部略微低于地表，最后用砂及木屑将孔内的空隙填充，防止一些有害物质浸入孔内，从而影响测量结果。钢筋头低于半刚性路面层表面5mm，并在旁边用红色油漆标注点号，见图9-11。

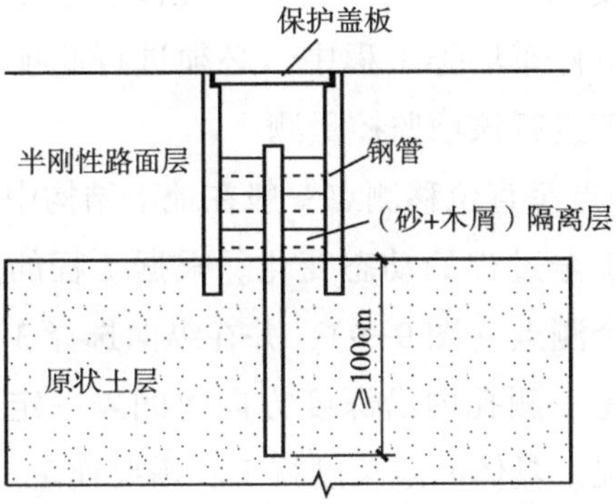

图9-11　地面沉降监测点埋设示意图

频率：掘进面前后小于或等于20m时，测1~2次/d；掘进面前后小于或等于50m时，测1次/2d；掘进面大于50m时，测1次/周，根据数据分析确定沉降基本稳定后，测1次/月。

（6）地面建筑物的下沉和倾斜。在隧道上方，由于地层不均匀下沉会造成地面建筑物的倾斜，因此，必须进行严格监控量测和控制，基准可参考表9-4。

表9-4　房屋容许倾斜值

结构类型	建筑物高度 H/m	容许倾斜值 f
钢筋混凝土承重结构	$H \leqslant 18$	$f \leqslant 0.005H$
	$18<H<24$	$f \leqslant 0.004H$
砌体承重结构	$H \leqslant 21$	$f \leqslant 0.004H$

如图9-12所示，S_1、S_2是位于同一水平测线上的建筑物两测点的下沉值，建筑物倾斜角 $\theta = \arctan[(S_2-S_1)/L] \leqslant$ 控制基准值 $[f]$，即为安全。

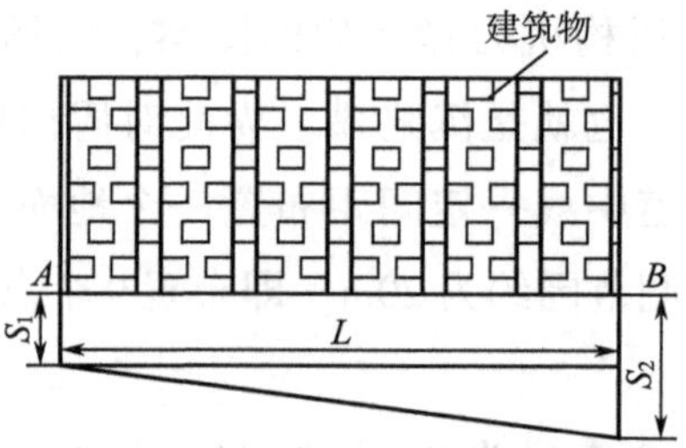

图 9-12　建筑物倾斜计算示意图

（7）地中多点垂直位移的监控量测。浅埋暗挖法施工的地下工程中，地中多点位移监控量测主要是监控量测施工过程中结构上覆土层的扰动程度、波及范围与规律，以便确定围岩松动区的高度，进而确定作用在结构上荷载的大小，对设计结构支护参数和优化施工方法具有重要的参考价值。所以，在浅埋暗挖法施工的重要工程，如大跨度地铁车站、渡线、地下停车场等工程中，必须进行此项监控量测。这一监控量测属于选测项目，一般工程不进行该项监控量测。

1）测点布设。地中多点垂直位移测点一般在地下结构中线（拱部）所对应的地面提前钻孔布设，以测试施工全过程的动态变化。根据工程的重要程度及结构跨度的大小，可选择一个测点或多个测点（图 9-9），并在纵向选择 3~5 个有代表性的断面布设测点，相互对比验证。在每一测孔内沿深度方向每间隔一定距离设置一孔内测点，监控量测不同深度的变位情况。具体间隔长度视工程需要而定。

2）监控量测仪器和设备。地中多点垂直位移监控量测方法很多，常用的有钻孔多点位移计量测和分层沉降仪监控量测等。分层沉降监控量测的主要仪器设备有钢尺、电感元件、沉降仪、波纹塑料管、不锈钢环等。

分层沉降仪由分层沉降管和电感探测装置组成。分层沉降管是一个波纹状的塑料管，管外每隔一定距离套一个钢环，钢环和地层同步下沉。用电感探测装置可以方便地测到钢环的确切位置，根据钢环位置深度的变化，即可知道地层中的沉降变化情况。

用分层沉降仪可以监控量测地层中不同深度处的沉降和不同深度处的隆起，沉降管上的钢环越密，能够测出的点也越多。

钻孔多点位移计监控量测的主要仪器设备包括测头、传感器、测杆、锚头、指示器、灌浆管等。钻孔多点位移计是测量岩体深层变位的仪器，施工中通过灌浆等方法将钻孔多点位移计的锚头与岩体连接为一体，当岩体发生位移时，其位移就通过与锚头连接在一起的测杆传递至孔口的传感器上，从而给出与位移成比例的电压，并可由数字显示出来。根据地下工程的埋深等情况，每测孔内可选择 1~6 个测点。与分层沉降仪相比，钻孔多点位移计的测量精度更高。

3）监控量测方法和频率。使用分层沉降仪测量地层中的沉降和基坑隆起时，首先应将分层沉降管通过钻孔埋入地层中，用水准仪测出管口的标高，并测出各道钢环的初始位置（深度）。在施工过程中，每次都要测定钢环的位置和管口标高，通过前后两次监控量测的钢环相对位置的比较，即可得出地层的沉降变化情况。测定钢环位置时须缓慢地上下移动电磁探头，当接收仪上的指针偏转最大时，从钢尺上读出钢环的相对深度位置。

监控量测频率一般为2次/周，地面沉降较大时，应增加监控量测次数。

使用钻孔多点位移计测量地层中的沉降和基坑隆起时，同样须预先在测孔位置钻孔，埋设测试元件。由于测得的各点位移为相对于孔口的位移，同样需用水准仪测出孔口的标高，得到前后两次测得的变化值。监控量测的频率与分层沉降监控量测时相同。值得注意的是，必须确保锚头和岩体相连接，以便两者同步变位，才能保证监控量测的位移值为岩体的沉降值。地中垂直多点位移监控量测是为了寻找覆盖层的松弛范围，对优化设计与施工参数具有一定的参考价值。当有重要的管道（煤气管、高压水管等）在隧道顶部地层通过时，应进行该项监控量测，以控制其沉降值，确保管线安全。

（8）地中水平位移的监控量测。邻近房屋处的浅埋暗挖法地下工程施工中，为了掌握施工对邻近建筑物基础的影响，了解开挖过程中结构两侧地层的松动范围和变化规律，应该进行地中水平位移监控量测。由于这种监控量测费用较高，应作为选测项目，必要时才进行。

1）测点布设。地中水平位移量测的测点，一般在结构两侧的地面提前钻孔布设。钻孔与结构的距离一般为2~3m。测点纵向平面位置应结合地面建筑物来确定。由于安装和测试费用较高，所以布点要尽量少，以能达到监控量测目的为准。

2）监控量测仪器和设备。目前，大多用测斜仪监控量测地中水平位移，仪器设备包括带“十”字卡槽的塑料测斜管与测斜仪、传感器等，见图9-13。

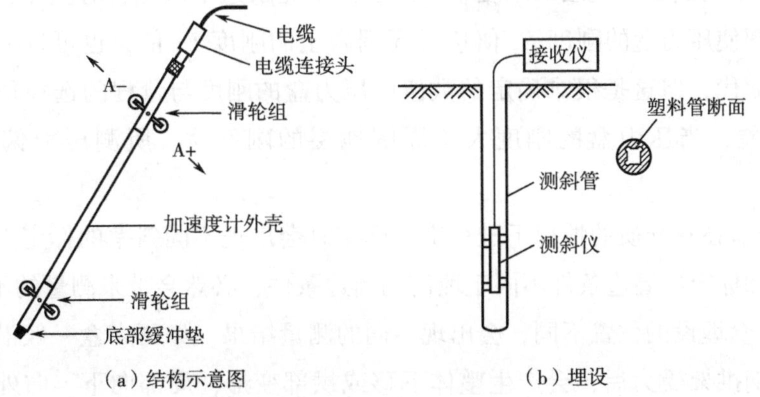

图9-13 测斜仪及其埋设

测点始终保持铅直方向，当地层产生水平位移时，会带动测孔倾斜，只要测得变位后的测管与垂直线的倾角，即可算出水平位移。在测斜仪探锤的上端固定一个弹簧片，簧片上端为固定端，当测斜仪沿埋入地中的测管沟槽移动倾斜时，簧片就发生弯曲，由粘贴在簧片上的电阻应变片输出电信号，测出簧片的弯曲变化即可知倾角的变化，从而获得水平位移的数值。

3）监控量测方法和频率。用测斜仪监控量测地中水平位移时，应预先在土层中钻孔埋入测斜管，并量取初始读数，然后在施工过程中根据需要按一定频率监控量测。监控量测时将测斜仪沿测斜管的定向槽放入测斜管（两个垂直的槽口，其中一个垂直于隧道走向，另一个沿隧道走向），每间隔一定距离（0.5~1.0m）测定测斜管与垂线之间的倾角变化，即可测得不同深度的水平位移。由于测斜管与地层间用沙回填，假定测斜管和地层协调变形，因此测得的测管水平位移即为相应处的地层水平位移。必须指出，测斜仪测的是两轮之间的相对位移，因此，必须选择测斜管中已知的不动点作为参考点（基点）。目前有两种方法：一是将钻孔钻深到结构底部影响范围以外（通常在结构底部以下4~6m），以此作为参考点；另一种方法是在测斜管顶端设置一测点，用经纬仪监控量测该点的水平位移，推算出测斜管不同点的水平位移。

（9）围岩接触应力的监控量测。对于浅埋暗挖法施工的地下工程，从安全角度出发，工程设计时应考虑初期支护承受拱顶以上地层的全部荷载。从理论上讲，通过压力监控量测，掌握施工过程中荷载作用在初期支护上的动态变化是很有必要的，了解作用在衬砌结构上荷载的大小、分布规律以及随开挖面前进过程中的荷载变化情况，对检验初期支护参数很有意义。

因此，有条件时应进行围岩接触压力的监控量测。但是，压力监控量测设备和方法存在许多问题，许多工程实例的监控量测结果对于指导设计和施工意义不大，主要存在以下几个问题：

1）压力盒的刚度和地层的刚度不一致。为了克服这个缺点，有些压力盒加了一个沥青腔，企图使压力盒的刚度 E_J 值接近周围岩土的刚度 E_J 值，也可近似地用地基弹性抗力值来取代，但这是很难确定的数值。压力盒的刚度与量程的选择很难匹配，带来了较大误差，当压力盒的刚度大于周围地层的刚度时，所测压力偏大，反之则偏小。

2）压力盒在有介质的情况下进行室内标定时会出现不同斜率的标定直线，标定值的不准确性和标定的周边条件不同于埋设的周边条件，必然会带来测量的不准确性。

3）压力盒埋设的位置不同，会出现不同的测量结果，如压力盒一般沿钢拱架的外侧布设，当钢拱架受力后，会产生整体下移或拱部变形，局部向下、向外变形时，会引起压力盒的压力卸载或增大，往往在拱顶处的压力盒所测压力较小，甚至测不到，而拱腰处则很大。这种埋置压力盒的方法，必然会出现压力盒的数字忽大、忽小、量不到等不规律的现象。

4）压力的变化过程与施工方法、地层特征有密切关系。地层的应力调整是一个缓慢的长期过程，在开挖面处荷载只下来一部分，1 倍洞径处的荷载和后部 2 倍、3 倍洞径处都不一样，这些压力的变化又随着二次模筑衬砌的修筑而发生大的变化，压力监控量测的环境已不具备，所以测量的必要性、指导性就显得微弱了。

5）地下工程衬砌的厚度确定不是由强度控制的，而是由施工工艺、刚度和结构的安全可靠性来确定。二次模筑衬砌按脱模要求必须大于 25cm。造成隧道的塌方、开裂的原因大多因为结构的选择不合理，比如不设防水隔离层、衬砌背后有较大空洞等，引起裂缝和失稳发生。

综上所述，压力监控量测投入的资金很大，耗费的工时也很大，但是成效不大，而且两侧的压力值根本不能作为设计的参考值使用。因此，建议工程设计和施工部门少用、慎用。它只能作为非必要的选测项目，在一些特殊工程的个别特殊部位上选择布设。

1）测点布设。围岩接触应力的测点一般沿结构开挖轮廓线，在初期支护与围岩间按一定间距布设。根据浅埋暗挖法施工的地下工程的受力特点，通常在拱顶、拱脚、墙中、墙脚、仰拱中部等关键部位设置测点，见图 9-14。

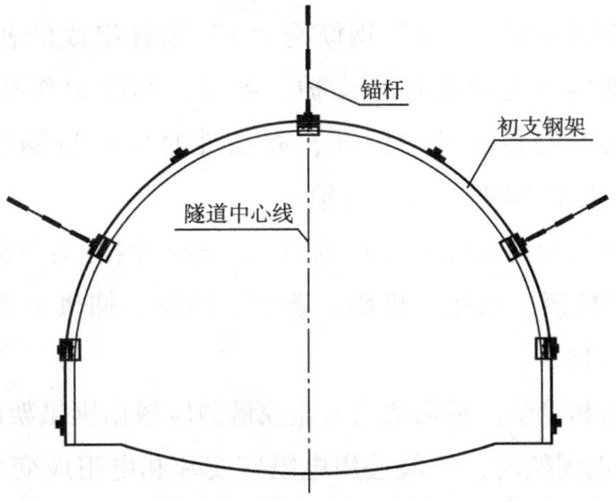

图 9-14 隧道压力、应力的监控量测和测点布设

2）监控量测仪器和设备。围岩接触应力常用压力仪监控量测。压力仪包括土压力传感器和接收仪器两部分。土压力传感器（也称土压力盒）有振弦式和电阻应变式两种，相应的接收仪分别为频率仪和电阻应变仪。工程施工中常用振弦式土压力盒。其工作原理是，当膜片受到围岩的压力而变形时，弹性钢弦的张力就发生改变，自振频

率也随之改变，测量钢弦的振动频率即可测得膜片所受的围岩压力。测量频率时，先给电磁线圈一个脉冲电流，使铁心产生磁力线，给钢弦一个激发力，引起钢弦振动，振动的钢弦与铁心间的缘子间隙发生周期性变化，从而引起磁力线回路的磁阻发生变化，导致线圈的感应电动势发生与钢弦振动相同频率的变化。

3）监控量测方法和频率。用土压力盒监控量测围岩接触应力时，首先应将土压力盒埋设在初期支护与围岩之间，为保证监控量测精度，应埋设牢靠。有钢拱架时，土压力盒应牢牢固定在钢拱架与围岩之间；无钢拱架时，压力盒应使用如图 9-15 所示的振弦式土压力盒钉固定，以防喷射混凝土时压力盒移动和转向。土压力盒埋好后应立即读取初始读数，并在施工过程中根据工程需要按一定的频率进行监控量测。值得注意的是，必须根据以往的经验预估压力值，并选择相应的压力盒，以提高测试精度。

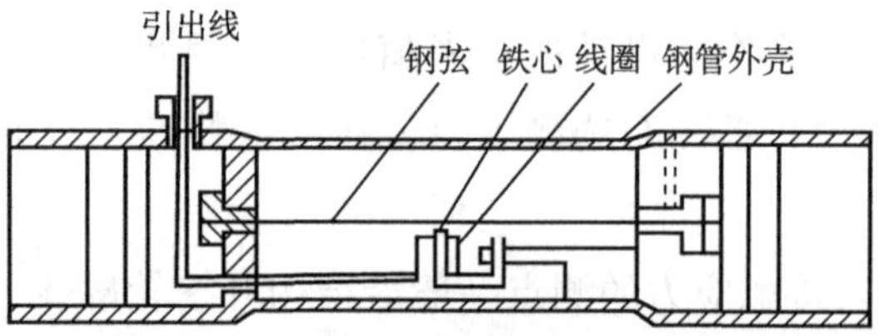

图 9-15　振弦式钢筋应力计

（10）钢拱架应力的监控量测。地下工程浅埋暗挖法施工中，当地层较差，地面沉降要求严格，以喷射混凝土“+”钢筋网“+”锚杆组成的初期支护不能满足强度要求时，常采用钢拱架支撑来加强支护、此时，钢拱架作初期支护的主体，其受力状况直接影响结构的稳定性。因此，有条件时应进行钢拱架应力监控量测，它比使用土压力盒监控量测更直接、更精确。

1）测点布设。钢拱架应力监控量测的测点一般沿钢拱架外缘或主筋弧长，每间隔一定距离布设。在拱顶、拱腰、拱脚、墙中、墙脚、仰拱中部等关键部位都应布点，测点布置见图 9-14。

2）监控量测仪器和设备。钢拱架应力监控量测应根据钢拱架的类型选择相应的仪器和设备，当采用型钢钢架时，一般选用电阻应变片和电阻应变仪进行监控量测；当采用网构钢拱架时，多选用钢筋应力计和接收仪器进行监控量测。目前地下工程施工中多选用后者。

钢筋应力计又可分为振弦式和电阻应变式两种，相应的接收仪器分别为频率仪和电阻应变仪。地下工程中常用的振弦式钢筋应力计，其构造如图 9-15 所示。其工作原理与振弦式土压力盒相似，当钢管外壳受轴向力作用时，引起钢弦张力变化，从而改变其自振频率，通过频率仪测得钢弦频率，即可得出作用力的大小，此力即为钢筋拉

(压) 力。

3) 监控量测方法和频率。采用钢筋应力计监控量测网构钢拱架应力时，首先要将应力计焊接在网构钢拱架的受力主筋上，通常是在需要布设测点的地方将原主筋割断，然后将钢筋应力计的两端分别与钢筋对接或搭接焊接，焊接强度应达到设计要求，能够承受使用过程中的力学荷载，焊缝质量应与钢筋基体具有相同的强度。焊接时应注意防止焊接高温对钢筋应力计的破坏，为此，可在钢筋应力计两侧一边浇水、一边焊接。为使测试结果更接近实际情况，应在钢拱架的内、外缘主筋上各焊接一个钢筋应力计，读取两者的监控量测平均值。在钢拱架安装前读取初始读数，并在施工过程中根据工程需要，选择一定的监控量测间隔时间，随着工程施工的进程，随时检测钢拱架受力的变化情况，这对指导施工是非常有效的。

(11) 孔隙水压力的监控量测。

1) 监测仪器。主要是振弦式传感器、脉冲激发器的频率仪。其特点是稳定性好、可靠性高、不受导线长度限制、反应迅速、使用方便，适于长期观测。

2) 测点埋设。孔隙水压力盒在埋设前，要排除其空腔内的空气，将压力盒透水面朝上，向内灌满水，然后按图 9-16 埋入。埋设时，可在透水面上覆盖一层厚度约 1cm 的细沙，以便透水。

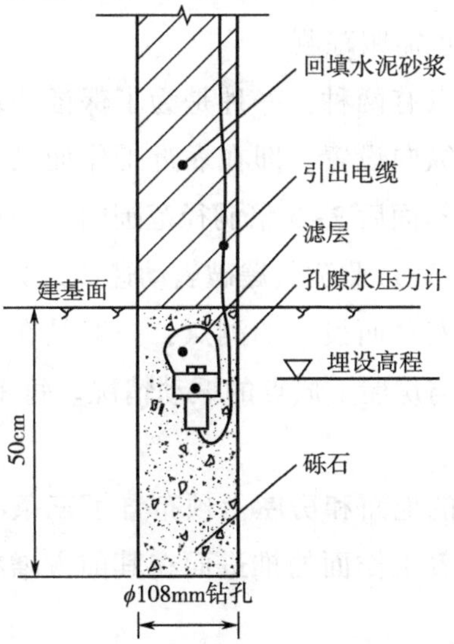

图 9-16　孔隙水压力计算埋设示意

3) 工作原理。在微幅振动条件下，钢弦的自振频率与应力之间的关系为：

$$f = \frac{1}{2L}\sqrt{\frac{\sigma}{\rho}} \tag{9-3}$$

式中：f——钢弦的自振频率；

L——钢弦在两支点间的长度；

σ——钢弦所受的应力；

ρ——钢弦的质量密度。

当弹性薄板受力挠曲后，一端嵌固在薄板上、另一端固定钢弦的应力将发生变化，弦的自振频率也相应地发生变化。利用脉冲激励，使钢弦起振，并接收其频率，即可按事先标定的“压力-频率”关系曲线得出压力值。透水面的作用是将土壤颗粒与孔隙水分离，使孔隙水进入空腔，水压作用于弹性薄板上。

（12）爆破震动安全监控量测。浅埋暗挖法施工的地下工程，尤其是城市浅埋暗挖法施工的地下工程，在采用钻爆法施工时，为确保结构本体和周围环境的安全，还应进行爆破震动安全监控量测。由于隧道距地面较浅，若地面上是城市闹市区，民宅密集，则民宅的结构安全、结构稳定性问题必须受到重视。因此，必须在开挖施工中进行爆破震动监测，以利于及时评价居民楼结构的安全状况，同时监控施工质量，反馈设计，及时调整开挖方案并修正控爆参数，达到减震目的。

爆破震动安全监测是城市浅埋地下工程钻爆法施工不可缺少的工序。为了找出合理的钻爆参数，测试一般在钻爆试验阶段进行。通过现场爆破震动效应的测试，及时了解其震动危害程度；通过调整钻爆参数，使钻爆施工规范化。同时，在岩性发生变化，需要变更钻爆设计时，也需跟踪测试。

爆破震动安全监测的测点有两种：一种是为了保证浅埋地下工程结构本体的安全而设置的测点，一般沿结构纵向设置，即在靠近工作面已开挖并支护过的结构上按一定间距布设测点（通常在工作面后2~3倍洞径范围内，每隔3~5cm在结构拱顶、拱脚及边墙上各布设一组测点），通过监测其爆破震动速度来判定结构本体的稳定性；另一种是为了保证地面建筑物的安全而设置的测点，一般是在工程附近的建筑物的关键部位布设测点，重点监测地面与房屋上质点的振动情况。每个测点上布置能够测量垂直、水平两个方向的传感器。

在三个隧道工作面上方的地面和房屋上预布置了三条测线，一般一次性布置4~6个测点形成一条测线，并随着工作面的推进而在其前方增补测点。测点间距视现场情况而定，一般相距3~9m。

9.5 盾构法施工监测

在盾构隧道施工过程中，复杂多变的地质条件和周边环境，工程规划、勘察、设计和施工上的不足，管片拼装质量差，同步注浆不及时，盾构机偏转等因素，都会导致盾构掘进过程中的地层损失、地面沉降、管片开裂和渗漏水，甚至破坏周边环境。为了减小上述因素的影响效果，减少或避免盾构掘进对周边环境的扰动，就需要对盾构法施工全过程进行动态监测和信息化管理。通过精确监控和量测，基于反馈的监测数据信息，施工员可以及时有效地调整盾构机参数，采取保护措施，最大限度地减少地层的损失和对周边环境的影响。因此，工程监测对于建设者而言，在确保盾构施工质量和安全，以及环境保护方面具有重大意义。

广义的盾构施工监测，不仅包括隧道掘进过程中的施工监测、贯穿后的贯穿量测，周边环境监测，还有附属工程施工监测，如工作井、风井、泵站、旁通道等施工监测。这里仅对盾构机掘进施工监测进行探讨。

9.5.1 监测目的

监测的目的具有多方面的重要性，具体包括以下几点：

1）监测数据信息反馈，使建设各方能实时了解所穿越地质条件和周边环境，以及盾构机的掘进状态，及时调整盾构施工参数，有效减小对周边地层的扰动和环境的影响。

2）监测数据拟合和预测分析，预测地层变形，预先调整盾构施工参数，采取防控措施，减小穿、跨越周边环境时，对周边建筑物管线、道路、桥梁等的影响，降低施工赔偿风险。

3）通过监测数据预报警，使建设、设计、施工、监理各方提高对工程的关注度。建立多方联动机制，确保盾构正常施工的同时，对于突发性情况，可以快速反应、及时采取有效措施，确保工程安全，同时减少对周边环境的影响，进而降低工程成本。

4）监测数据的统计归纳和整理存档，为类似工程和科学研究提供理论依据和经验参考。

5）一旦发生民事纠纷，可以作为法律依据。

盾构法施工作为一种在地表以下暗挖隧道的施工方法，由于在技术上的不断改进，其机械化程度越来越高，对各种地层的适应性也越来越好，同时其埋置深度可以较深而不受地面建筑物和交通的影响，因此在水底公路隧道、城市地下铁道和大型市政工程等领域均被广泛采用。

但在软土层中采用盾构法掘进隧道，会引起地层移动而导致不同程度的沉降和位移，即使采用先进的土压平衡和泥水平衡盾构，并辅以同步注浆技术，也难以完全防止地面沉降和位移的发生。因此在盾构隧道施工时，必须通过监测掌握由盾构施工引起的周围地层的移动规律，及时采取必要的技术措施改进施工工艺，控制对周围地层产生的位移量，确保周边环境的安全。加强在盾构施工过程中的地表变形监测，有以下几方面的作用。

1）通过施工监测找出沉降最大的监测断面，研究分析最大沉降产生原因，及时采取有效施工措施，通过对最大沉降断面的控制来控制地面的整体沉降。

2）根据施工现场监测反馈的数据结果，分析断面竖向位移变化、应力、应变变化情况、建筑基础的倾斜值以及地下管线的破坏情况。

3）通过施工监测检验施工方法是否能够有效控制地面沉降，尽可能将地面沉降减少到最小。

4）总结分析施工监测结果，为其他类似施工环境、土壤特性、地下水条件地区的隧道施工提供参考依据。

5）对于施工周围必须采取保护措施的建筑物和结构，例如国家文化遗产建筑、学校、医院以及年代久远的房屋，通过布置测点定时进行监测，以确保建筑结构安全和人身及财产安全。

6）通过施工监测取得减少地面沉降和保护工程的费用，从而降低工程总造价。

9.5.2 监测内容

盾构隧道施工监测一般采用巡视监测和仪器监测相结合的方法进行。

1. 巡视监测

整个工程施工期内，每天均应派专人进行巡视检查。巡视检查主要包括以下内容。

（1）盾构隧道结构。

1）管片状况（管片变形、开裂等）。

2）管片拼装后状况（错台、拼接缝、掉块以及漏水状况等）。

3）盾构机姿态、开挖面土压力、推力、推进速度和出土量等参数是否同步采集。

4）洞内有无渗水等状况。

（2）盾构隧道区间周边环境。

1）地下管道有无破损、泄漏情况。

2）区间隧道上部建筑物有无裂缝出现。

（3）监测设施。

1）基准点、测点完好状况。

2）有无影响观测工作的障碍物。

3）监测元件的完好及保护情况。

（4）设计要求或当地经验确定的其他巡视检查内容。巡视检查以目测为主，可辅助放大镜等工具及摄影摄像设备进行。如发现异常，及时通知委托方及相关单位。

2. 仪器监测

监控量测是一项长期的、连续的工作，正确地选用监控量测元件和仪器是做好监控量测工作的重要环节。由于监控量测元件和仪器的工作环境大多是在室外甚至地下，而且埋设好的元件不能置换，因此，如果元件和仪器选用不当，不仅造成人力、物力的浪费，还会由于监控量测数据失真而导致对工程运行状态的错误判断，进而引发难以设想的后果。因此，监控量测仪器必须适应监控设计的需要。实践证明，监控用的仪器必须满足下列要求：

1）能在测点快速地埋设。地下工程开挖过程中，围岩应力场和位移场的变化大多与开挖作业面的空间位置密切相关，一般情况下，应力、位移的变化在测点前后2倍洞径的范围内为最大。监控用的测点仪器一般都是在开挖后埋设的，为了尽可能完全地量测位移、应力等变化情况，测点仪器应紧跟工作面埋设。另外，为了尽可能减少监控量测与施工之间的相互干扰，测点仪器的埋设要快速而准确，第一次测试与埋设的时间间隔要尽量短。这里要特别指出，对于复合式衬砌结构，测点仪器主要是针对初期支护进行监控量测，而不是把测点仪器穿过初期支护埋设在围岩上，因为那样监控量测的数据不能反映整个洞室的受力特点，对于施工没有指导意义。对于没有初期支护的衬砌结构，可将测点仪器埋设在有代表性的围岩上进行客观监控量测。

2）每次监控量测的时间要尽可能短。为了减少监控量测作业对施工的干扰，必须尽可能缩短监控量测时间，除了操作人员必须技术熟练外，监控量测方法要简单，仪器要可靠。

3）传感器要有较好的防潮、防震、防磁干扰能力，应满足可靠性、坚固性、通用性的要求。可靠性是指元件和仪器在按设计规定的工作条件下和工作时间内，保持原有的技术性能的程度。可靠性包括耐久、坚固和易于检修三个方面，它是评价元件和仪器性能的首要因素。坚固性通常是指元件和仪器在运输、埋设过程中承受外荷载的能力，包括对道路颠簸、搬运冲击等的承受能力。精密的量测元件和仪表一旦损坏，在现场条件下常常难以修复，因此坚固性是选用元件和仪表时应考虑的重要因素之一。

4）测试的数据要可重复、可靠、准确。

5）埋设的传感器性能要稳定、可靠，长期有效。

6）测试仪器要有足够的精度和量程。选用监控量测元件和仪器时，要注意量测精度必须满足监控量测精度的要求，这是进行测试的必要条件，数据如果失真，会导致错误的结论。但选择过高精度的元件和仪器，不仅会造成资金的浪费，带来不必要的工作量，而且提供的信息也不会有更高的实用价值。量程和灵敏度是相互制约的两个指标，一般是量程大，灵敏度较低；灵敏度高，则量程较小。通常优先满足测量对量程的要求。

7）由于现场开挖和支护的过程是连续、循环进行的，所以信息反馈必须及时，否则容易影响施工进度或者未反映险情，从而造成严重后果。为了便于信息反馈，测试数据以直观为好，即测到的数据不需经过复杂的计算就可直接应用，可以使用微机快速处理，尽快拿出监控量测结果。

监控量测仪器和监控量测元件必须配套使用，如果在同一工程中使用不同厂家的监控量测元件，必须相应配置不同厂家的监控量测仪器，这样必然会增加投资费用，并给日后的使用和管理带来不便。因此，合理的办法是选用通用性较强的元件和仪表。

盾构隧道施工仪器监测的主要内容有：隧道隆陷、隧道净空收敛、地表沉降、地下管线沉降、建筑物变形、裂缝、衬砌结构内力、土压力、孔隙水压力等。

1）隧道隆陷监测。在隧道底部管壁螺栓孔上选取易于立尺的螺栓作为监测点（考虑在管片上钻孔对管片损坏大，会影响管片寿命时间），螺栓顶部磨成半圆。监测方法采用水准仪监测。

2）隧道净空收敛监测。在隧道两侧管片上拧下螺栓，将专用的收敛环套在螺栓上，把收敛环和螺栓一起拧紧。使用数显钢尺收敛计，将收敛计钢尺挂钩分别挂在两个测点上，然后收紧钢尺，并用卡钩将钢尺固定，调节钢尺拉力到基准值，读出测点距离。初测读数与每次读数之差，即为收敛值。

3）地表沉降监测。根据国家规范要求埋设测点，采用专用内嵌式沉降观测标，或者专用测钉打入路面基层，监测方法采用水准测量法进行。

4）地下管线沉降监测。施工影响范围内地层不同程度的沉陷，可能会引起地下管线的变形、断裂而直接危及其正常使用，甚至引发灾难性事故，因此需对地下管线进行严密监测。

在管线轴线相应的地表，凿开路面结构层，将钢筋直接打入地下，深度与管线顶部一致，并且延伸到地面，顶端磨成半球形并涂上防锈漆，测点顶突出地表5mm以上，注意保护测点不被破坏和人为移位。监测方法采用高精度水准仪和铟钢尺等仪器进行地管线沉降或隆起监测。

5）建筑物变形监测。在建筑物四角、承重墙或者柱上按规范要求位置采用专用沉降观测标埋设测点，并做标记。监测方法采用高精度水准仪和铟钢尺等仪器进行建（构）筑物沉降或隆起监测。

6）裂缝监测。裂缝监测应包括裂缝的位置，走向、长度、宽度及变化程度，需要时还包括深度。对裂缝宽度监测，可在裂缝两侧贴石膏饼、划平行线或贴埋金属标志等，采用千分尺或游标卡尺等直接量测的方法，也可采用裂缝计、粘贴安装千分表法、摄影量测法等。

7）衬砌结构内力监测。一般通过量测管片中的钢筋应力后计算出隧道衬砌测点处的弯矩和轴力。钢筋应力一般采用钢弦式钢筋应力计进行测量，钢筋应力计的埋设是在管片钢筋笼制作时把钢筋应力计焊接在管片内外缘的主筋上面。

8）土压力、孔隙水压力监测。监测通过埋设在土体中的土压力计和孔隙水压计进行，土压计和孔隙水压计分为钢弦式和电阻应变式两种，数据采集分别由频率仪和电阻应变仪测得。

周围地层的土压力和孔隙水压力监测点是采用钻孔埋设，隧道衬砌的土压力测点一般在预制管片时预留埋设孔，在管片拼装前将土压计埋设在预留孔内，土压计外膜必须与管片背面保持在一个平面上。

9.5.3 监测项目

盾构施工监测的对象大体可分为岩土介质、周边环境、隧道结构。

1）岩土介质监测一般包括地下水位、孔隙水压力、土压力、土层分层沉降、土体回弹。

2）周边环境监测一般包括地面、建（构）筑物、桥梁、管线、道路、铁路、隧道、防汛墙等水平位移和竖向位移，建（构）筑物、桥梁倾斜和裂缝等。

3）隧道结构监测一般包括隧道收敛、沉降、轴线等。

除此之外，为了保证盾构机掘进正常，盾构机操作系统实时对施工参数进行监控。土压平衡盾构施工参数包括千斤顶推力、掘进速度、出土量、切口土压力、同步注浆压力、注浆量、注浆时间、管片拼装时间、螺旋出土机转速、刀盘扭矩、方向角、俯仰角、回转角、埋深等。

实际工程中，当地质、水文、周边环境发生变化时，盾构机施工参数和监测项目根据需要也在不断调整。盾构隧道监测项目见表9-5。

表9-5 盾构隧道监测项目

隧道系统	监测项目	监测元件与仪器	分类
隧道主体	管片拱顶沉降及洞内收敛	全站仪、精密水准仪、收敛计	必测
	管片钢筋应力及混凝土应力	钢筋应力计	选测
	管片外注浆效果	地质雷达	选测
	水压力	渗水压力计	选测
	土压力	土压力盒	选测
	深层土体水平、垂直位移	测斜仪、水准仪	选测
地表环境	岸边段地表沉降	精密水准仪	必测
	盾构下穿既有铁路等变形监测	精密水准仪	必测
	建（构）筑物沉降、倾斜	水准仪、全站仪	必测
	地下管线沉降	精密水准仪	必测
	河床监测	测探仪等	必测

续表9-5

隧道系统	监测项目	监测元件与仪器	分类
其他	日常巡视（管片环缝、纵缝、渗水等）	现场巡视	必测

9.5.4 监测方案

监测方案规定了监测工作预期目标、拟采用的技术路线和方法、工作内容和开展计划，以及所需的经费投入等，其制订必须建立在对工程地质条件和周边环境，包括建（构）筑物、道路、管线、桥梁、隧道、人防设施等的详细调查基础上，同时还须与工程建设单位、施工单位、监理单位、设计单位、市政及交通主管单位沟通和协商。

监测方案的制订一般须经以下几个步骤：

1）收集和阅读拟建场地地质条件、周围环境有关材料。

2）现场踏勘，重点掌握周边建（构）筑物、道路、管线、桥梁、隧道、人防设施等的分布情况。

3）拟订监测方案初稿，提交建设单位等讨论审定。初步通过后提交由市政道路监察部门召集主持各相关主管单位参加的协调会议。方案通过后，监测工作方能正式实施。

4）监测方案在实施过程中可根据实际施工情况适当调整与补充，但大的原则一般不能更改，特别是埋设元件的种类和数量、监测频率和报表数量等应严格按商定的方案实施。

监测方案应包括工程概况、场地工程地质条件、基坑周边环境状况、监测目的、监测依据、测点布置及布点图、监测方法及精度、监测频率、监测报警值、监测成果的主要内容、监测人员组成及主要仪器设备、信息反馈制度等，同时要针对项目特点进行重、难点分析，并提出相应防范措施和应急预案。

实际工程中，一套完整的盾构隧道施工方案，还需包括附属设施施工监测的内容。

9.5.5 监测频率

监测总周期涵盖了施工阶段的全程，确保对工程的全面把控。在监测过程中，监测频率的设定至关重要，其直接关系到数据的准确性和监测的有效性。一般情况下，监测频率如下：

1）在盾构距离监测断面（点）前 50m 时，需要埋设好测点，并读取初始读数，为后续监测提供基准数据。

2）在盾构距离监测断面前 50m 到前 30m 的阶段，监测频率 1 次/d。

3）当盾构距离监测断面（点）前 30m 到前 1 倍盾构直径时，监测频率提升至 2 次/d，以更精确地捕捉变形。

4）在盾构距离监测断面（点）前1倍盾构直径至盾尾通过后3天的关键阶段，为确保实时掌握变形情况，监测频率增至3次/d。

5）盾尾通过监测断面（点）后3天至离监测断面（点）30m内，监测频率减为2次/d。

6）在盾尾离通过监测断面（点）后30m到50m时，监测频率再次调整为1次/d。

7）在盾尾离监测断面（点）50m后的阶段，监测频率逐渐降低，通常为1~2次/周，以持续观察变形情况。

8）在盾尾通过监测断面（点）30天后，进入长期监测阶段，监测频率1次/周，以确保工程的长期安全稳定。

仪器检测频率见表9-6。

表9-6 仪器监测频率表

监测对象	监测项目	开挖面与监测点或监测断面的间距	监测频率
周边岩土体及其所处环境	开挖面的前方	$5D<L\leqslant 8D$	1次/（3d~5d）
		$3D<L\leqslant 5D$	1次/2d
		$L\leqslant 3D$	1次/d
管片结构与周边岩土体以及其周边环境	开挖面的后方	$L\leqslant 3D$	（1次~2次）/d
		$3D<L\leqslant 8D$	1次/（1d~2d）
		$L>8D$	1次/（3d~7d）

注：1. 区间日常监测范围为：盾构机后方30m，盾构机前方50m，共80m范围，1次/d。

2. D为盾构隧道开挖直径，L表示开挖面与监测点或断面的水平间距。

3. 管片结构位移与净空收敛的监测应在衬砌环脱出盾尾间隙且视线无阻时进行。

4. 监测数据稳定后，可降低监测频率，调整为每15~30天监测1次。

监测频率要满足工程监测工作实际需要，根据不同等级而不同。当监测项目的累计变化值接近或超过报警值时，应加密监测；当出现工程事故或其他因素造成监测项目的变化速率加大，应按指挥部指示或进行连续监测，直至危险或隐患消除为止。当时态曲线趋于平衡时，及时进行回归分析，推算其终值不超过监测控制值。

监测工作布置的基本原则是在确保隧道施工安全的前提下，本着“经济、合理、可靠”的原则安排监测进程，尽可能建立起一个完整的监测预警系统。监测工作从隧道掘进开始到全线贯通后，延长1个月为止。

9.5.6 测点布设

监测点的布设原则应在监测方案之上，根据工程实际中盾构穿越的地质条件、周边环境、盾构机类型、盾构施工工艺进行合理化调整和补充，一般遵循的基本布点原则如下：

（1）按监测方案在现场布设测点，当现场情况发生变化时，应及时调整布点。

（2）测点应布设在设计要求的关键部位，通过监测数据信息反馈，可以辅助设计及时调整方案，进一步指导施工。

（3）各项目的监测点既能反映对象的变形特征，又便于仪器监测，且有利于测点保护。

（4）监测点的位置不能妨碍正常施工，同时不会影响结构的正常受力状态，导致结构损伤。

（5）各项目布点的空间位置应保持一致，在同一监测断面内的各项目的监测数据可以相互验证。

（6）应严格按照相关规范埋设测点，采集初始值，并准确记录。

（7）监测点遭到破坏时，应及时在原位置增补测点。如果原位置无法补点，应在紧邻原位置附近补点，并确保补点数据同样能反映对象的变形特征，确保监测数据的连续性。

下面介绍盾构法监控测量方法以及测点布设。

（1）地表沉降基点埋设。基点应埋设在沉降影响范围以外的稳定区域内。基点的埋设要牢固可靠，基点应和附近水准点联测取得原始高程，并且基点应埋设在视野开阔的地方，以利于观测。

沉降测点的埋设：先用冲击钻在地表钻孔。测点元件一般采用 ϕ28mm，长 250mm 半圆头钢筋制成，测点四周用水泥砂浆填实。

（2）土体水平位移测点埋设。预先将测斜管连接好并绑扎牢固，随后将其放入钻孔内。观测时从测斜管自下而上每 1m 测读 1 次数据直至管口。为提高测量精度，消除测量设备的系统误差，逐段正、反方向各测读 1 次，然后取其差值的一半计算各段的位移量。测斜管的埋设图见图 9-17。

（3）相邻建筑物沉降、开裂监测。

1）建筑物沉降观测。沉降测点布设在建筑物的转角、变形缝两侧等位置且应布设在主体结构上，同一座楼两相邻测点的距离不宜大于 10m，位于隧道正上方的建筑物在此基础上应适当加密监测点，以通过计算局部差异沉降评价建筑物的安全状态；裂缝测点布设在已出现裂缝处。当建筑物差异沉降过大时，可考虑增设建筑物倾斜测点。

测点布置与埋设：测点的埋设与地表下沉测量方法的埋设相同，测点布设前事先与建筑物的产权单位进行协商。布设是采用小型发电机现场发电，用冲击钻在建筑物墙体上钻孔，然后将预埋件放入，孔与测点四周空隙用水泥砂浆填实。测点基本布设在被测建筑物的角点上，测点的埋设高度应方便观测，同时对测点应采取保护措施，避免在施工和使用期间受到破坏。点位编号并做好明显标记，以便保护。测点的布置见图9-18。根据现场情况，有些建筑物将采取隐蔽点式观测标志。

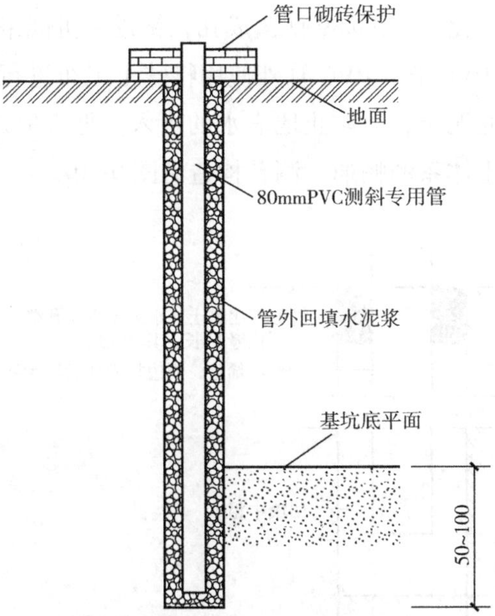

图9-17　测斜管埋设示意图

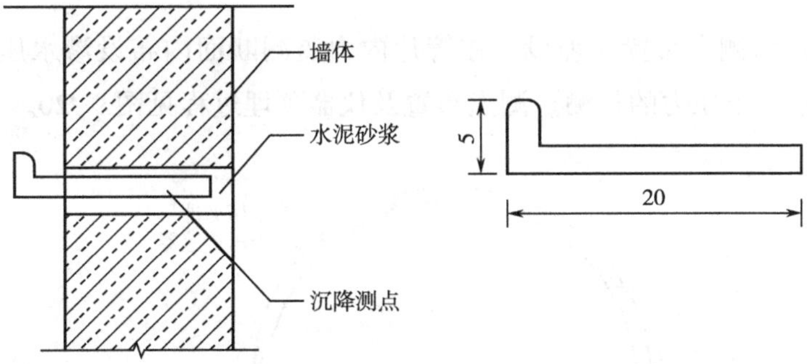

图9-18　建筑物沉降测点示意图（cm）

2）建筑物裂缝观测。采用直接观测的方法，通过裂缝观测仪进行裂缝宽度测读。由于裂缝数量和位置无法估计，监测数量和位置根据施工及监测情况进行调整，在建筑物出现较大变形的同时密切关注是否有裂缝的产生，并跟踪观测。

（4）地下管线沉降及变形监测。地下管线沉降测点设置前，应对地铁施工影响范围内的地下管线进行全面、细致的调查，其中特别应了解有压管线的结构、材料情况和雨污水管的接头和渗漏状况，在调查的基础上做出本区段管线平、断面图。

地下管线测点重点布置在有压管线（如煤气管线、给水管线等）上，对抗变形能力差、易于渗漏和年久失修的雨污水管也应重点监测。沿着管线延伸方向每 5~10m 布置一个测点。

（5）地下水位测点埋设。测点埋设采用地质钻钻孔，孔深根据要求而定（确保能测出施工期产生的水位变化）。用 ϕ89 钻头成孔，钻进尽可能采用清水钻进，埋设直径为 ϕ53 的专用水位监测 PVC 管，PVC 管外使用特殊土工布进行无缝包扎，下管后用中砂密实，孔顶附近再填充泥土，以防止地表水的渗入。埋设完成后，立即用清水洗孔，以保证水位管与管外水土体系的畅通。测孔构造见图 9-19。

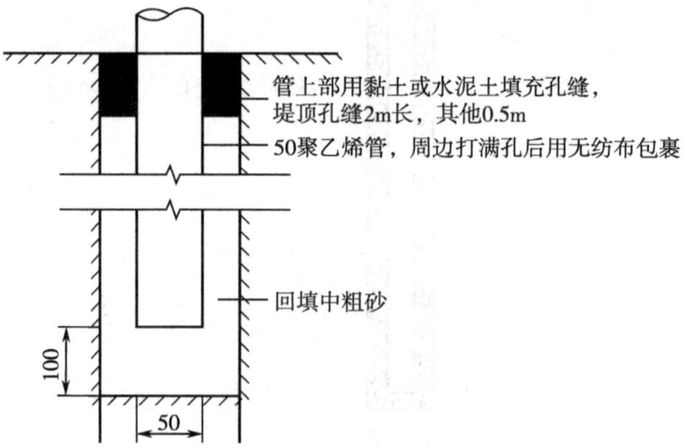

图 9-19　测孔构造图

（6）水土压力测点布置与埋设。在管片内力监测断面内布设渗水压力计、土压力计进行管片外水、土压力的量测。测点布置及仪器预埋过程见图 9-20。

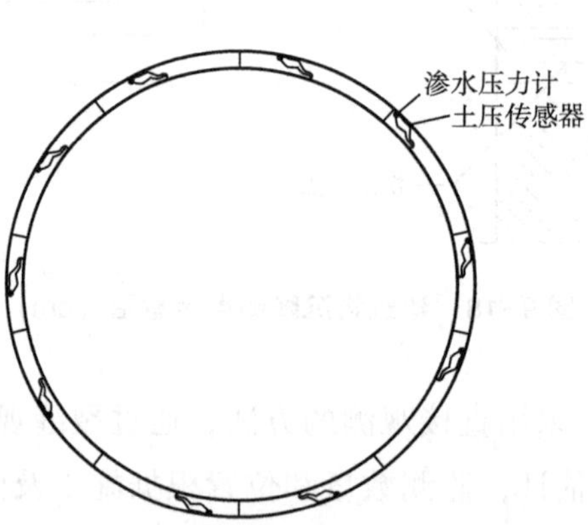

图 9-20　土压传感器及渗水压力计布置图

（7）盾构管片结构竖向、水平位移和净空收敛监测。盾构隧道施工中，需在关键区段如盾构始发与接收段、联络通道附近等每隔 20m 左右设监测断面，尤其在地质复杂区段。在重要建（构）筑物和地下管线附近，需设管片结构位移和净空收敛监测点。

其余地段每 100m 设 1 个监测断面。每个监测断面建议在拱顶、拱底和两侧拱腰设净空收敛监测点，确保数据准确。这些点也可兼作位移监测点。盾构管片结构水平位移和净空收敛监测点示意图见图 9-21、图 9-22。

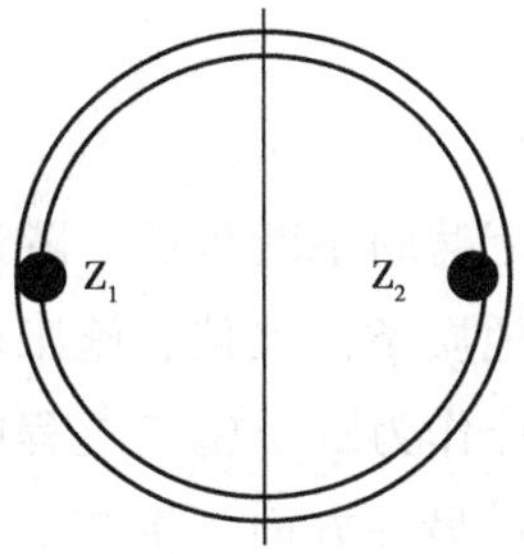

图 9-21　管片水平位移监测点布置图

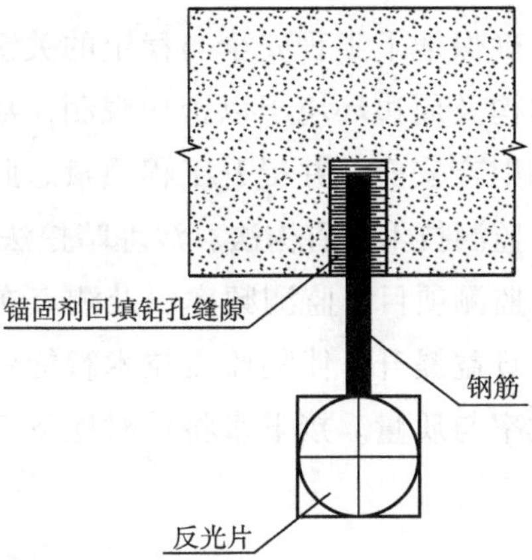

图 9-22　管片净空收敛监测点埋设示意图

（8）管片注浆效果。首先在拱顶、隧底和边墙部位选取 3~5 条纵向测线，采用地质雷达进行检测；在纵向测试的基础上，对壁后注浆存在的薄弱环节进行环向测试，从整体上了解隧道密实度。

（9）定期检测仪器。

1）水位变化。地下水的变化可能会引起隧道产生不均匀沉降因而影响隧道结构受力，所以必须明确地下水的变化。

水位监测是利用水位传感器把水位变成数字化信息。目前采用的传感器主要有浮子式水位计、压力式水位计、超声波水位计和雷达水位计等。这些传感器大都可以直接接到数据处理器，自动取得及储存监测水位参数。地下水位与河床水位的监测方法相同。压力式水位计的好处是它体积小，而且内储存数据可达 2 万余个。工程人员只需使用计算机便能在野外下载数据。压力式水位计的精度能达 5mm。

2）河床断面监测。沉降监测仪器可分为地面和深层两类。现时一般使用的地面沉降监测方法是设立沉降监测点，然后使用水平仪测量沉降量。如到测量困难的地方可以使用自动化系统获取数据。深层位移监测一般使用测斜仪、轴向引伸计。

9.6 本章小结

伴随地下隧道项目监控施行范畴的不断延展，隧道施工监控已被运用于众多重要工程及关键性工程之中，并且在地质条件欠佳、施工难度较大的工程中，施工监控愈发受到人们的关注。隧道监测监控作为隧道施工进程中的一个不可或缺的环节，一方面为施工质量与安全提供了保障；另一方面，将施工和设计紧密相连，给同类结构的设计提供了重要的参照依据。与此同时，怎样更为完善、更为精准地开展监测监控有待进一步深入探究。

地下工程监测技术乃是确保地下工程安全与稳定的关键手段，其借助实时监测与数据采集，对地下工程的结构及周边环境予以密切观测，从而能够及时察觉潜在的问题与风险，守护人民生命和财产安全，并提升工程质量。此章重点阐述了地下工程监测技术的主要任务与内容，监测技术在盾构法、浅埋暗挖法以及明挖法中的应用方式，包括监测目的、监测内容、监测项目、监测频率以及测点布设等方面。地下工程监测技术持续进步，智能化程度日益提升，伴随监测技术智能化的发展，自动监控、监测技术进一步提高了施工的效率与质量。接下来将针对地下工程施工控制信息技术展开介绍。

思考题

1. 测试与监控技术工作的主要任务是什么？
2. 现场量测的作用。
3. 盾构法施工监测包含哪些内容？
4. 浅埋暗挖法施工监测的内容是什么？
5. 浅埋暗挖法的施工监测方法。
6. 明挖法施工监测项目有哪些？

参考文献

[1] 刘波，李涛，陶龙光．城市地下空间工程施工技术［M］．北京：机械工业出版社，2021：184-186.

[2] 王梦恕．地下工程浅埋暗挖技术通论［M］．合肥：安徽教育出版社，2004：

626-632.

[3] 郭院成. 城市地下工程概论 [M]. 郑州：黄河水利出版社，2014：239-241.

[4] 王晓冉. 盾构法隧道施工监测方法研究与应用 [D]. 武汉：武汉理工大学，2013：46-50.

[5] 郭欣. 明挖法和局部盖挖法地铁车站施工监测及数值模拟分析 [D]. 合肥：安徽建筑大学，2015：57-58.

10 城市地下工程施工控制信息技术

城市地下工程具有投资规模大、施工周期长、施工技术复杂、不可预见因素多以及对社会环境影响大等特性。就地下工程而言，其工程、水文地质条件纷繁复杂且多样，地层力学参数及设计荷载参数难以确切判定，上述特点致使地下工程施工蕴含极大的不确定性与安全风险。故而城市地下空间施工进程中的安全把控极为关键，对地下工程施工的信息化技术提出了严苛的要求。本章主要介绍地下工程施工控制信息技术、信息化监测系统的应用、智慧化管控平台的构建以及多源数据管理与管控技术等内容。通过本章内容的学习，能够熟知地下工程施工信息化系统，凭借现场监测数据对项目的安全状态和环境影响展开实时判断与预测，并及时予以反馈达成信息化的动态设计与施工，进而降低施工风险，提高施工效率。

10.1 概述

自新奥法提出以来，随着岩土地下工程理论及监测技术的不断发展，以信息化带动工业化发展思路的不断深入，利用信息技术来提升地下工程建设安全管理水平的研究越来越受到重视。近年来，岩土地下工程领域也一直比较强调信息化设计、施工。

信息化设计、施工是指通过在地下工程施工过程中埋设传感器或者监测系统，实时采集施工过程中支护体系内力、地层变位、土体压力、地下水位变化等各类工程信息，对这些工程信息实时分析，并及时反馈，用以指导设计方案变更及施工方案调整等过程，从而做到动态设计、动态施工。在岩土地下工程中实行信息化设计、施工是十分必要的。刘建航院士曾经提出了在岩土地下工程领域进行施工的十六字方针，即“理论导向，量测定量，经验判断，快速反馈”，其中特别强调了现场监测及信息快速反馈的重要性。针对地下工程的不确定性，通过信息化设计、施工可以有效地降低风险，建立报警系统，从而实现施工安全控制，完成经济目标。

自20世纪70年代至今，地下工程施工监控量测技术逐步在全世界范围内得到重视并广泛应用。目前，国内地下工程建设的现场监控量测技术应用与国外尚存在较大差距，一方面是整体技术水平相对较低；另一方面是项目参建各方对现场监控量测工作的重视程度不够。相当一部分人认为施工监测工作的整体技术含量不高，只需要能够操作仪器、完成数据测读，最后进行一些简单的数据处理并形成报告就算工作完成；甚至还有人认为施工监测可有可无，只要将重点放在“精心设计、认真施工”就足够保证项目的安全施工。然而，施工监控量测的门槛看似不高，但要想将这项工作做好、做精却还是需要付出更多的努力与经验积累。目前，施工监测已成为地下工程施工技术的一个重要组成部分，是地下工程实现动态设计、动态施工的基础。施工监测技术人员需要同时掌握设计、施工、地质、测绘、数据处理分析、概率统计、数据库、计算机软件应用及编程等土木、信息及交叉学科的大量知识。

当前，监测单位普遍将重点投放在新型设备仪器的开发和量测数据的高效自动采集，忽视了对于量测数据的处理和反馈。由于缺乏实用、高效的监控量测数据分析、处理技术，导致最终获取的量测数据难以真正发挥指导设计、指导施工的作用。目前，国内地下工程监控量测领域的信息化管理水平仍旧较低，对监测数据的处理、应用主要还是通过简单的、经验的、感性的方法实现，以此辅助支护设计优化参数的最终确定和施工工艺合适方案的最终选取。对于量测数据的处理，普遍通过一些简单的可视化手段形成位移-时间曲线和位移-空间曲线，或者单纯直接通过数值大小与以往的工程经验相比照，据此判定结构是否安全、经济。这种方法虽然取得了一些比较成功的应用经验，但无疑是依赖于技术人员拥有足够丰富的工程经验才能适用。由于缺乏坚实的理论基础，所以目前这样的数据处理方法可靠度还不高。

近些年，我国地下工程监测技术有了比较快速的发展，更多地向自动化方向发展，同时数据后期的管理也逐渐得到重视。但是由于自动化成本较高、数据管理难度较大，同时技术人员对监测数据的重视不够等各种原因，限制了监测技术在我国的发展。目前，监测施工与设计还没有形成完全意义上的融合，主要呈现出如下特点：自动化程度低、可视化程度弱、缺少数据的自动分析及预测功能、预报警分析技术不完善等。

综上所述，地下工程施工安全控制信息技术主要包括以下几个方面的问题：

1）通过数据挖掘等信息技术对施工安全形态判别依据及控制指标进行定量研究。

2）通过自动化监测技术完成监测数据的自动化采集。

3）通过无线传输技术完成对所采集海量数据的实时传送。

4）通过搭建自动化监测系统平台实现对施工过程的信息化管理。

10.1.1　施工安全形态控制指标

绝大多数的工程事故发生前通常在现场都会出现一些征兆，从而表现为某些监测数据的异常波动。因此，在地下工程施工过程中，为避免工程事故的发生，需要建立一套科学、精准、实用的监测技术体系。在地下工程施工过程中对工程自身及周边环境进行监测、分析、判断，预测施工中可能出现的险情，对监测数据出现异常波动或者超过警戒值的工程及时报警，调整施工方案，必要时增加辅助施工措施以确保施工的安全性和经济性，并将施工过程对周边环境的影响尽可能降到最小。这种通过对监测数据设定警戒值实现对工程安全性的实时判定的方法已经在大坝工程、隧道工程、基坑工程等项目中得到广泛运用，并取得了良好的现场应用效果。

目前，国内对于监测数据警戒值的设定普遍通过设计文件要求结合相关规范加以确定，而这一方法并不能满足实际工程应用中的要求。相关规范中所给出的警戒值往往是通过将工程项目粗略划分为几个不同等级，并且采用较为刻板的统一控制指标，如此具有一般性的指标用在具有各自独特个性的地下工程中是相对困难且不经济的。例如，规范要求浅埋暗挖法施工条件下地铁的地表沉降应当控制在30mm以内。该要求最早是基于北京地铁施工经验提出的，而北京地区地下施工普遍无水且地质条件较好。对于处于沿海或者河滩的富水地区，如长三角、珠三角城市群，单单只是辅助的降水施工往往就可能会造成超过规范允许值的地表沉降，而实际上这样的沉降并未对地面结构、交通路线造成明显的影响。因此，安全监测警戒值的设定应充分考虑工程所具有的特性，如所在地区、工程类型、工况组合、重要性类别等因素，并结合实际情况及相关的现场经验来确定，不能拘泥于各地规范或设计院所给定的控制标准。

目前，地下工程施工安全监测警戒值的设定尚未形成统一的标准，主要有以下6种方法作为参考来加以选用：

1）根据相关规范规定或设计院给出的建议值作为工程监测警戒值。

2）根据混合模型确定所谓正常值，并将正常值加若干倍标准差作为监测警戒值。

3）采用设计极限值的相对值作为监测警戒值。

4）采用容许极限位移值作为监测警戒值。

5）采用容许位移速率和位移加速率作为监测警戒值。

6）采用有限元计算结果确定出的相应变位作为变形监测警戒值。

当然，以上列出的监测警戒值确定方法均有各自的适用条件，主要包括工程的现场情况、监测项目的数据特点、警戒值的应用目的差异等。对于不同的地下工程，由于其应用目的不同，因此其警戒值的确定方法也会有所不同。

近年来，随着人工智能、数据库和统计学的不断发展，数据挖掘技术迅速发展。由于该技术在复杂信息处理和知识获取过程中具有显著优势，因而得到广泛关注。考虑到在以往的大量地下工程建设过程中已积累了大量的现场监测数据，尤其像上海、杭州等沿海软土地区。如在上海地铁建设过程中，通过对基坑、隧道等地下工程的监测数据开展全面搜集，并以此为基础对相关的监测数据进行了数据挖掘，最终得出一些有益的结论。

根据工程建设经验，提出了指标报警和工程报警两种报警标准。指标报警是指最大累积变形或最大变形速率其中之一超出可接受的范围，工程报警是指两者同时达到不可接受的范围。对于指标报警的警戒值的确定，按照95%的保证率，并考虑施工规范程度的要求，最终的分级结果见表10-1。

表10-1 不同保护等级的测斜报警警戒值标准

保护等级	变形比	最大变形速率/(mm/d)	施工要求
一级	1.5	5.0	必须做到规范施工，不允许出现不规范施工情况
二级	3.0	6.0	允许被动出现不规范情况，不能出现极不规范情况
三级	6.0	7.0	允许被动出现极不规范施工情况

因此，地下工程警戒值建议按如下方法确定：对于实测资料较为丰富的地区，建议警戒值在参考规范或者设计院确定的控制指标基础上，采用数据挖掘等信息技术对实测资料的统计分析结果来确定，并根据统计计算结果，参考安全等级、设计资料、监测资料、施工资料等，最终确定各监测项目的警戒值；对于前期实测资料比较匮乏的地区，前期采用相似工程的警戒值或规范规定的控制指标，并在后续实施过程中进行统计分析，并根据统计结果及时调整和修正相应的警戒值。

10.1.2 自动监测技术

根据数据采集方式的差别，监测方法可以分为人工监测和自动监测。人工监测方法是指数据通过人工采集、手工输入的方式获得。自动监测方法是计算机系统通过数据采集仪来控制传感器自动获取监测数据。

对于地下工程，尤其是城市地下工程，由于其施工安全的问题变得越来越重要，对周边环境保护的要求也越来越严格。如果还是采用人工监测的方法对工程建设中的各种指标进行监测，不可避免地要动用大量的人力和物力，而且测量结果的精度和测量的频率难以满足工程管理人员的需要，难以真正做到万无一失。而自动化监测因其特有的优势，无疑是一种更加合适的手段。

采用自动监测技术不但可以保证监测数据准确、及时，而且一旦量测数据超出预警值范围，系统可以立即发出警报，帮助工程技术人员做出正确的决策，及时采取相应的技术措施。整个反应时间不过几分钟，真正做到“未雨绸缪，防患于未然”。

1. 地下工程自动化监测原理

地下工程自动化监测，通过在工程现场安装具备数据自动采集功能的传感仪器，使得支护体系位移、支护结构内力、地下水位、地层水平位移、地层分层沉降等工程相关信息实现全天候、连续化、高频率的自动监测。各个传感器所采集的监测数据通过有线或无线传输方式进入自动采集模块，实现海量数据的自动采集。智慧管控平台应具备自动采集信息、数据智能分析、多发协同管理、安全智慧管控等功能，可分为数据采集层、数据分析层、数据反馈展示层，如图 10-1 所示。数据采集层充分利用物联网技术和移动应用提高现场数据采集的效率和精度。通过二维码、RFD、高清摄像头、传感器及一些智能设备，实现对项目建设过程的全过程、全方位管控，对场内敏感参数状态的智能化感知；处理分析层通过云计算、大数据分析算法等尖端信息技术，对施工全过程精细化管控带来的海量多源数据做到高速传输、低成本存储及高效分析处理，避免多项目管理过程中的数据延宕访问；应用展示层通过网页端、现场监控、手机端，将系统后台的监控系统、分析结果进行参数化、可视化动态展示，使各类人员方便、高效地获取目标信息、数据，增强施工各个环节的安全管控水平。

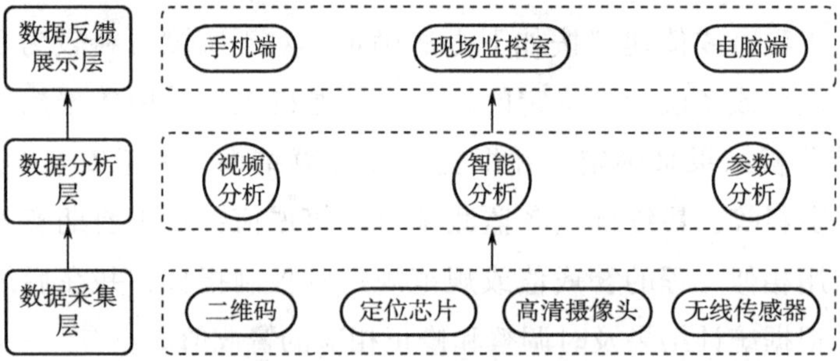

图 10-1　地下工程自动化监测原理

2. 自动化监测与人工监测对比

在地下工程中采用自动化监测相对于传统人工监测主要有以下五个优点：数据采集实时性强、数据采集连续性好、数据低误差率、数据可见范围广及便于实现运营过程中的安全监测等。

1）数据采集实时性。自动化监测方法采用自动数据采集，监测数据可以根据现场需求随时提供，并且数据采集的频率可以依据现场需求进行优化调整，通过网络传输，施工管理人员可以在第一时间完成对工程数据的实时掌握，有效保障项目安全管控的时效性。而传统的人工监测方法受人力、环境及气候等因素影响，监测数据一般仅为 1 次/1d，尽管特殊条件下可适当加密频度，但是由于人工采集数据的低效率，监测频率不可能达到要求。通常情况下，采用人工监测所采集数据要晚于日常施工工况约 24h。

2）数据采集连续性。通过自动化监测方法，数据的采集可以根据工程需求，自行设定时间间隔多次连续采集，时间间隔可达 1 次/3s 甚至更高，尤其在夜间或者雨期，也能做到数据正常采集，具有数据采集全天候的优势，这对于一些需要特别关注的关键点的监测尤为重要。传统的人工监测方法受仪器作业条件制约，在夜间和雨期一般都很难有效完成数据采集工作，使得工程监测存在空档期。

3）数据采集误差率低。通过自动化监测方法，监测数据的采集是通过仪器自动完成的，数据的可靠性仅依赖于传感器的准确性和可靠性，实际工程中可根据工程需求选用不同精度和工作环境的传感器，来保证数据采集的准确性。传统的人工监测方法依靠人工完成数据采集，数据的准确性受到人工操作方法和后台处理方法等多因素影响，准确性较低。

4）数据采集可见范围广。自动化监测方法收集的数据可以通过网络平台实现授权开放式查阅，数据覆盖范围广，数据传递效率高。而传统的人工监测方收集的数据可见范围多局限于报表送达范围，数据的传递效率也较低。

5）便于实现运营过程中的安全监测。地下工程一旦投入运营，现场一般不再具备人工监测的场地条件，而通过施工过程中已经形成的自动化监测系统，可以方便、有效地对该项目进行包括运营期的全生命周期安全监测。

不同于传统的人工监测，自动监测方法也有以下一些明显的缺点：仪器价格昂贵。自动数据采集所涉及的关键型设备仪器大多依赖进口且价格昂贵，因此购置成本比传统人工监测所采用的设备仪器昂贵很多；仪器所覆盖的范围有限。人工数据采集具有灵活性大、量测范围比较大等优点，若采用自动数据采集，在仪器数量有限的条件下，一次只能完成某几个项目某几个测点的监测任务，无法形成完整的测点网络布置，容易造成监测数据不全面；数据量大，处理不方便。采用自动监测采集设备，数据采集的连续性及频率一般比较高，数据规模庞大，数据处理困难。但是随着数据挖掘、数据分析技术的不断发展，处理海量数据并从中提炼有效信息的相关技术也更加进步；抗干扰性差。采用全自动测量的方法，施工过程中一旦仪器受到外部干扰，容易出现数据漏测的情况。通过加强现场管理、注重强调施工和运营过程中对监测仪器的保护，可对该类问题加以克服。

自动监测技术在大规模地下空间开发安全监控中的优势是显而易见的，而其缺陷也正在随着信息技术的不断发展而逐步得到改善。自动监测技术必将在今后的地下工程建设中发挥更加显著的作用。

10.1.3 信息系统管理平台

地下工程远程监控系统平台建设的总体目标是围绕地下工程施工的安全管控需求，重点实现地下工程监测数据的快速采集、无线传输、后台汇总整理、后台安全分析、施工安全状态评估及管理和超限预报警管理等。总的来说，远程监控系统主要包含监控功能和管理功能，每个大功能下又涵盖多项子功能，如组织架构管理功能、授权权限管理功能、监测数据管理功能、施工工况采集功能、系统地图页面导航功能、安全分析评估功能、预报警管理功能和短信预警功能等。

1. 权限管理

用户权限管理。远程监控系统能根据用户的职责范畴，设计用户组及用户组权限，分配不同用户具体的平台使用权限，包括功能权限、操作权限和工程权限。功能权限是设定不同使用者的平台信息使用权限；操作权限是设定不同使用者使用平台的操作权限；工程权限是根据不同使用者的合同隶属关系，设定不同使用者对不同合同权属工程的信息使用权限。

安全登录管理。远程监控系统具备用户登录安全控制功能，对于3个月内没有更改过密码的用户，系统将自动发送提醒短信，通知用户需通过手机获取动态密码验证后方可登录，以保证用户使用账号的安全性。

2. 监测数据管理

远程监控系统具备监测数据采集与分析功能，主要供各监测方使用，以便将采集的监测数据传输至后台数据库，系统将得到的监测数据进行汇总分析，通过曲线、图表等多种途径在前台予以展示。系统也可提供信息的查询、打印等辅助功能。

人工监测数据录入功能。对于采用传统人工监测的工程，远程监控系统支持监测数据人工录入，监测人员可通过批量导入或数据录入窗口，定期把监测数据、监测日志录入至系统。

监测数据自动采集功能。远程监控系统内置多种与常见自动化采集仪器相符的传输协议标准，对于已经采用自动化监测的工程，可以通过参数和传输协议后台配置，自动从监测设备上获取相关的数据信息。

数据过滤功能。监测数据录入功能模块中，系统内置了监测数据信息的过滤功能，通过设定数据过滤的范围，便于将不准确、无效的数据系统过滤；具备数据合法性校验功能，录入数据人员可对录入的数据做初步校验，保证数据录入的准确性。

3. 工程资料管理

文档资料分类功能。远程监控系统具备工程资料综合管理功能，能够对工程建设相关资料，如设计文件与设计变更等资料管理、施工方案管理、监测方案管理等进行整合。系统可根据设定的分类方式对工程资料进行分类管理。

文档资料关联管理。鉴于工程资料具有关联性，远程监控系统内置工程资料关联管理模块，具备资料关联功能，实现用户查阅文件的联动化。并且可通过文档查询功能，实现文档的属性、级别、等级等的关联查询。

工程图纸电子化管理。系统具备工程建设图纸的电子化管理功能，便于通过监控系统平台方便调阅工程设计图纸。

4. 地图页面导航

远程监控系统具备地图页面导航功能，平台使用者可以通过地图首页快速进入所关注工程的具体关注项。也就是说，地图版页面导航可更加直观地管理入口，可通过图示链接快速进入监测数据查询、安全状态查阅、预警事件查阅等功能模块。深基坑远程监控系统功能见表 10–2。

表 10–2　深基坑远程监控系统功能明细表

功能	模块	具体内容
监控功能	监测数据采集	工地现场监测数据采集、数据标准化、数据存储
	工程信息采集	工地现场的（监理、监测、施工单位等）周报、月报等多种工程资料信息的录入、归档、存储
	数据后台分析	利用后台程序和某些特定功能的服务程序对采集的数据进行实时分析、汇总、存储，并把后台分析后的数据展现出来，用户可以根据自己的需求进行查询，或用作二次利用，支持导出、打印等功能
	数据信息展示	把后台分析后的数据展现出来，用户可以根据自己的需求进行查询，或用作二次利用，支持导出、打印等功能
	数据曲线分析	提供多专业的数据曲线的查询、分析和数据交互
	电子信息地图（GIS 系统）	实现电子信息地图和工程信息交互
管理功能	安全分析评估	各方安全风险分析信息的汇总（安全评估、风险评估、定期分析、报警事件查询等）
	工程资料管理	工程的各种文档资料的统一管理，支持文档发布
	风险预警报警	提供自动和人为控制的风险预警报警功能
	安全监控管理	提供远程监控日常工作，作为各种信息汇报、发布、交流的窗口
	数据子系统	通过数据子系统实现监控系统与管理系统之间数据共享、汇总
	短信模块	预报警短信提醒、文件传阅提醒、重要信息提醒等

目前，尽管自动化监测系统在地下工程施工建设项目中得到了越来越多的应用，但多局限于针对监测数据的管理，而对于整个项目的其他相关信息并未能进行平台化管理。因此对于地下工程的安全风险管控，可通过建立一个更全面、更系统的信息管理平台，使得项目相关信息尽可能多地得以集中管理，便于查询、交互及使用，如图 10–2 所示。

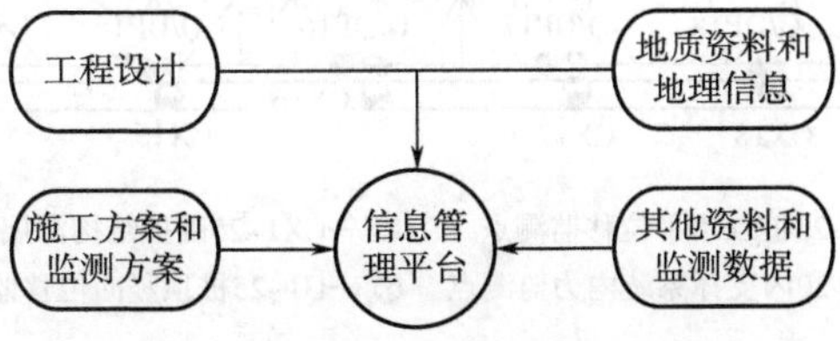

图 10–2　地下工程信息管理平台

10.2　地下工程信息化监测系统应用

我国已经初步形成信息化安全控制指标，具备了相对成熟的自动化监测技术，建立了信息技术管理平台，并且已经广泛应用于各类工程实际项目。下面以上海市浦东新区的川沙 A-1 地块工程为例讲述信息化监测系统在实际工程项目中的应用。

10.2.1　工程概况

某基坑工程项目规划面积约 700 万 m^2，采用真空预压进行软基处理，处理面积约 168 万 m^2。根据地勘资料，地层由上而下依次是杂填土、素填土、淤泥质黏土、粉细砂和灰岩。基坑开挖深度为 25m，围护结构采用地下连续墙+内支撑支护形式。地下连续墙厚度 1200mm，深约 50m；共设置 4 层 C30 钢筋混凝土内支撑，截面尺寸为 1000mm×1000mm。采用智能化监测手段，对监测围护结构深层水平位移、桩顶位移、内支撑轴力等项目进行分析，具体布点方法如图 10-3 所示。具体工况见表 10-3。

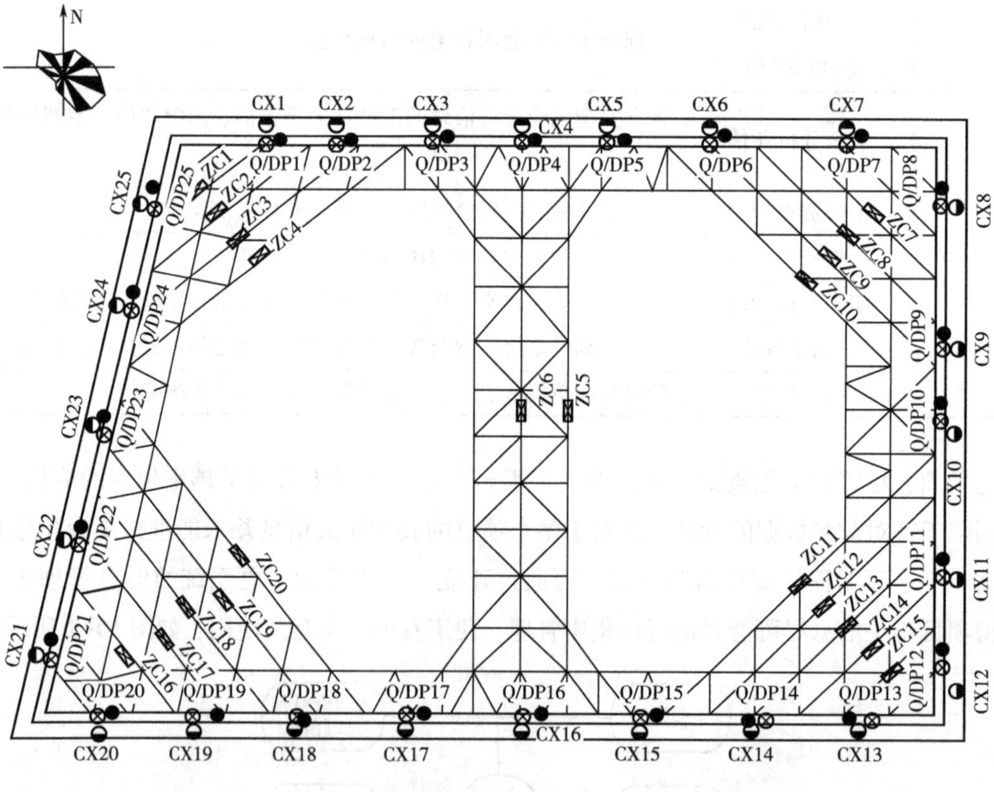

●—DP1~25桩顶水平位移监测点　◒—CX1~25围护结构深层水平位移监测点

⊠—ZC1~20内支撑系统内力监测点　⊗—Q1~25桩顶竖向位移监测点

图 10-3　检测平面布点示意图

表 10-3　项目工况表

序号	模拟工况	关键工序
—	第 1 步地应力平衡	—
—	第 2 步建立围护结构	地下连续墙及桩基施工
工况 1	第 3 步计算基坑第一层开挖	开挖至地面 1.5m
工况 2	第 4 步激活第一层水平支撑	架设首层支撑
工况 3	第 5 步计算基坑第二层开挖	开挖至地面 7m
工况 4	第 6 步激活第二层水平支撑	架设第 2 层支撑
工况 5	第 7 步计算基坑第三层开挖	开挖至地面 13.5m
工况 6	第 8 步激活第三层水平支撑	架设第 3 层支撑
工况 7	第 9 步计算基坑第四层开挖	开挖至地面 18.5m
工况 8	第 10 步激活第四层水平支撑	架设第 4 层支撑
工况 9	第 11 步计算基坑第五层开挖	开挖至地面 25m

10.2.2　系统搭建原理及主要构成

完整的信息化监测系统由四部分构成：各类监测传感器、信息采集模块、信息发射模块、信息接收与后端处理终端。本项目采用以下流程进行自动化监测：采集系统根据内置发送规则自动对各类传感器下发指令实施测量，采样时间间隔可以根据现场工程需求自由设置；信息采集模块将传感器得到的测量数据进行电信号和物理量的转换，输出监测值对应的物理量；信息发射模块通过 GPRS 无线网络，将监测物理量数据传输至后台服务器；服务器通过 Internet 网络实现数据采集和监控，服务器软件可设置自动报警，现场管理人员通过手机短信能实时得到现场报警信息。自动化监测系统现场供电采用常规 220V 电源，为防止现场断电导致监测无法进行，采集箱内另配置 12V 锂电池。

本监测系统的创新点在于监测数据能够根据平台采集指令自动采集和传输。基于信息采集模块和传输模块，平台实现对场地所有监测传感器的统一管理，规范了监测数据格式，提高了系统管理效率，为之后各类监测数据的交叉分析提供了信息基础。考虑到设备适用性和通用性，本系统选择 GPRS 作为信息传输模式。通过 GPRS 网络快速将监测数据远程发送至系统后端，为实现远程化施工监测提供传输媒介。

本监测系统由于采用自动化监测方法，人力需求得到最大程度减少，全时段、全天候的监测成为可能，人工监测可能存在的错误和误差得到有效规避。系统传输基本无延时，因此监测数据能够更加实时反映当前土体的沉降变形，对风险控制、地基改良参数的设置都具有重要意义。

10.2.3 监测结果分析

以基坑围护结构侧向变形为例进行分析。选取围护结构中间部位4个测点（CX4、CX10、CX16、CX23），提取深层水平位移，得到结果由图10-4所示，图中为4个测点在不同工况下深层水平位移变化关系曲线。由图中可以看出：数值模拟结果和监测结果吻合较好；桩顶水平位移实测值略大于模拟值，其中差值最大在CX10点位，为1.52mm，由于基坑在实际施工过程中受周围施工车辆活荷载的影响，导致了桩顶实测位移值相对模拟值偏大，同时，数值模拟未考虑时间效应，南京软土地区基坑随着开挖蠕变也会造成实测值大于模拟值。另外，基坑开挖完成后，支护结构桩身变形形式为中部大、上部和底部较小甚至无变形的“凸”字形，这是由于钢筋混凝土内支撑结构的作用使得围护结构中部变形相对于上部和下部嵌入端更大。

同时，从图中看出，4个测点围护结构最大水平位移都发生于0.66倍（16.5m）基坑深度处。由于基坑尺寸效应以及内支撑体系刚度在基坑中分布不均匀导致最大水平位移值分布规律为：CX16>CX4>CX10>CX23。CX16位于围护结构c-d段中心，c-d长度最长、临空面最大且临近中央大道，周边活荷载较密集，故由于尺寸效应外加密集荷载群导致CX16测点桩身水平位移最大；CX4位于围护结构a-b段中心，较大临空面积使得CX4桩身最大水平位移仅次于CX16；CX23位于围护结构a-d段中心，CX10位于围护结构b-c段中心，a-d围护段与下部角撑支撑角小于90°，该支撑形式更好发挥了支撑内力作用，故CX23桩身最大水平位移相对更小。

工况1，基坑的围护结构为悬臂结构，桩体最大的位移处于顶部，变形曲线是向前的，围护结构的水平位移呈上大下小的悬臂状；工况3，随着首道内支撑铺设，桩顶位移受支护设置的限制，围护结构逐渐向“弓形”过渡；工况5~9，围护结构出现最大水平位移的位置逐渐向下移动。当开挖第5层土体（工况9）至底板时，围护结构变形显著，模拟和实测的变形增量最大分别为12.2mm和13.5mm，呈明显的非线性增长。这是由于基底及上部分开挖土体为淤泥质黏土和粉细砂土层，被动区土体强度较差且一次性卸荷较多，开挖面以上的支撑物的刚度较大，导致水平变形向下发展，造成变形量大，变形位置明显下移。因此，在开挖至地基时，开挖墙附近围护结构的水平位移变化率应是重点。对比4个测点，CX16在不同工况下位移变形量相对其他3个测点明显要大且最大深层水平位移模拟值和实测值均在规定的控制标准范围内（$y \leqslant 0.25\% L$，且小于40mm），证明设计的合理性。从4个监测点位的图中可知，随着基坑开挖深度的增加，在不同工况下其侧向位移呈先增加后减小的趋势；对于同一点位不同工况下侧向位移大小为工况9>工况5>工况3>工况1。

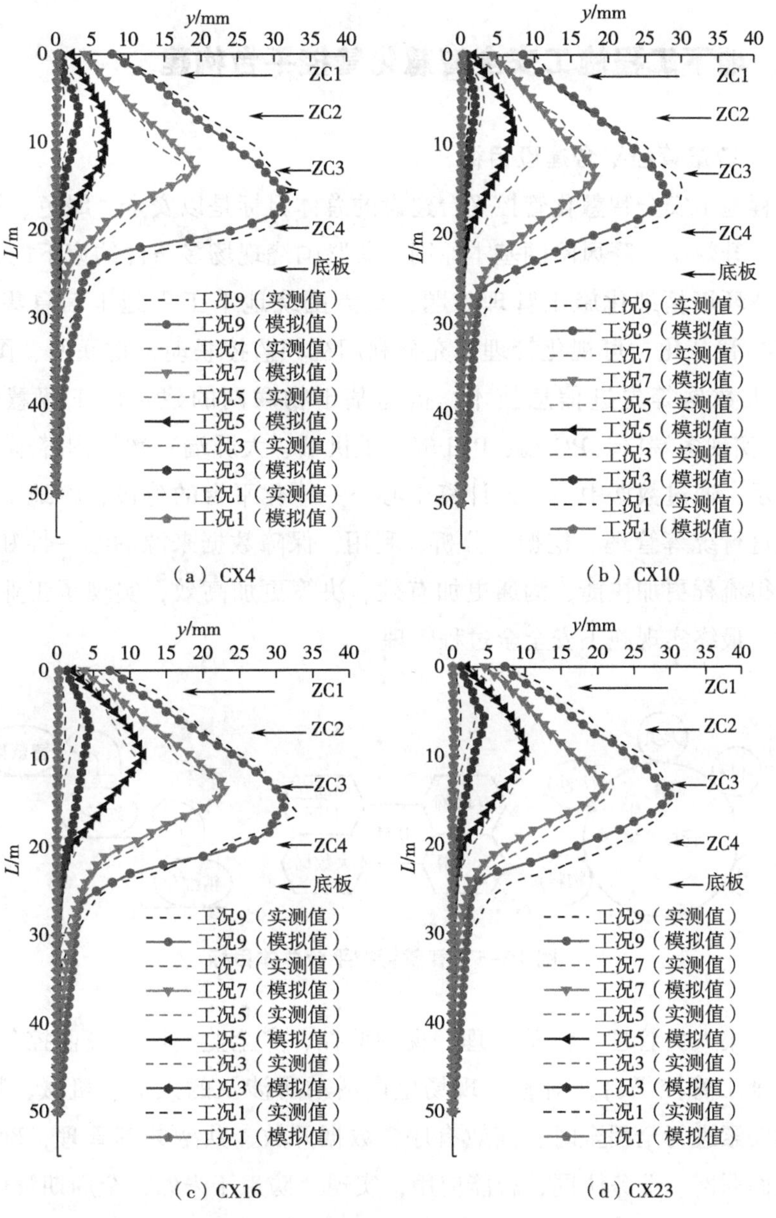

图 10-4 不同工况下桩体侧向位移

目前我国工程监测主要依靠人工监测，相比日本、美国等发达国家，呈现出监测手段落后、极度依赖人工、监测管理和应用机制不健全等特点。为解决这些弊端，针对性开发了信息化远程监测系统，并在上海迪士尼乐园大面积地基处理工程中进行了示范应用。本系统实现了数据采集方式自动化、数据传输方式自动化，解决了常规人工监测存在弊端的问题。实际工程证明，该系统具有优良的稳定性与可靠性，可供后续工程借鉴。

10.3 地下工程施工安全智慧化管控平台构建

10.3.1 智慧管控平台建设目标

地下工程施工安全智慧化管控平台建设的总体目标是以安全、绿色、智慧为核心，遵循促环保、升效率、降风险的基本原则，紧紧围绕现场多条件约束下的人员、机械、物料、方法、环境精细化施工管理难题，重点围绕地下工程施工信息集成化、定量化、实时化、智慧化、可视化管理，充分利用视频监控联动、物联网、图像（视频）内容识别及大数据等先进信息技术，搭建基于物联网的建筑施工智慧化管控平台（图 10-5），实现多端口（PC 端、Pad 端、手机端、大屏端）数据内容远程实时更新、动态过程展示，通过数据中心、云计算中心、一体化平台的建设，将地下工程的所有数据、流程进行统筹管理、挖掘、分析、利用，保障数据来源的唯一性和业务流程的连贯性，使得流程更加快捷、沟通更加有效、决策更加高效，实现了工业化和信息化的深度融合，最终实现施工安全全过程管理。

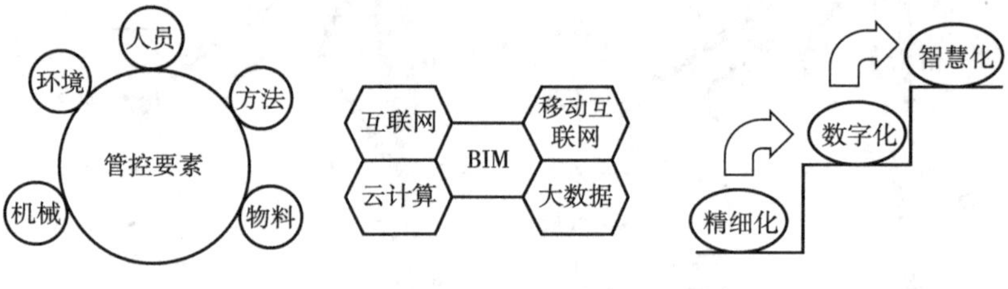

图 10-5 智慧管控平台总体目标

通过建立集人员管理、设备管理、视频监控、安全监控和环境监控各个子模块于一体的智慧施工管控平台，对施工现场生产活动所涉及的人员、机械、物料、方法、环境等关键要素进行全程全时、高效有序、数据开放、共融共享管理，确保施工全过程管控、全面联网、业务协同、智能应用，实现“防患于未然，全周期管理”。

10.3.2 智慧管控平台总体架构

地下工程施工安全与质量实时监控系统基于 WebAPI 及实时通信框架，搭载三维可视化基础平台，采用 SOA 的设计思想开发实现多层次的应用体系结构。

系统构架分为 5 个层级，由 IaaS、DaaS、PaaS、SaaS、Users 组成，见图 10-6。其中，IaaS 是获取数据的最基本设施，主要负责硬件设备和网络环境的条件保障；DaaS 从各类外部系统或新建系统中获取基础数据，并提供接口接入数据上传至通用服务层。PaaS 提供数据服务和应用服务两类支撑，数据服务提供统一的数据存储、管理，应用服务提供通用的服务构件。SaaS 包括地下工程定位、质量评定、混凝土质量监控、信息可视化集成与预警决策业务的组织，其中信息可视化集成与预警决策业务是在其他业务模块基础上，集成其他业务并进行分析与预警。Users 主要服务于现场施工及管理人员，通过 PC、大屏幕、手机移动终端实现页面展现、预警预报、指挥决策等功能。

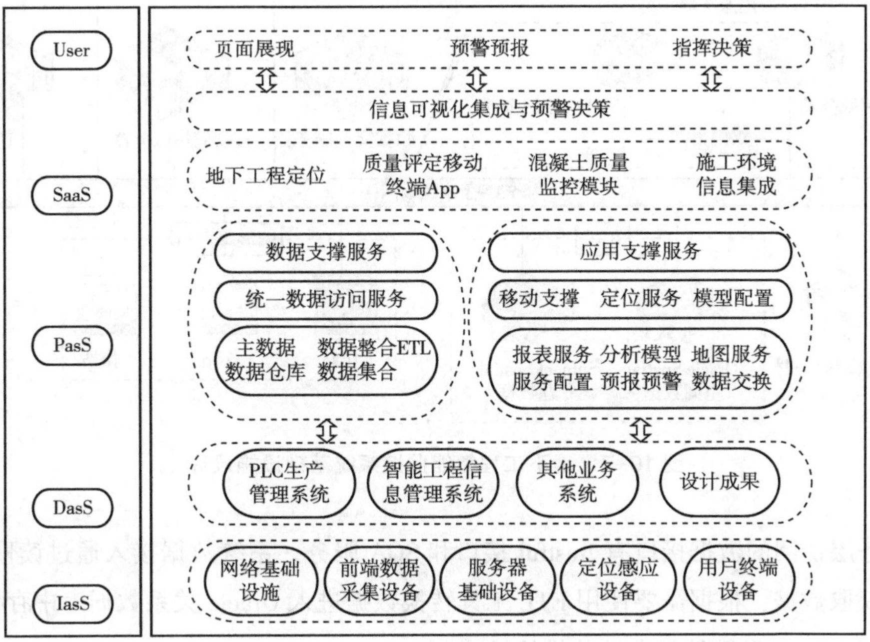

图 10-6 智慧平台总体架构

地下工程施工安全与质量实时监控系统采用 Oracle 来对数据进行物理存储，通过 GIS 服务器、数据交换服务器、移动应用服务器、FTP 服务器及 Web 应用服务器对数据进行处理，经过 SAN 存储区网络传输至工作站进行呈现，见图 10-7。

地下工程施工安全与质量实时监控系统的数据结构由数据应用层、数据存储层、外部系统及内部数据接口四部分组成。其中，数据应用层是从外部系统和内部数据接口，以及系统使用者获取源数据，经过加工处理后录入数据库；数据存储层是在数据源的基础上，通过 ETL 进行数据整合形成供上层计算或业务使用的数据仓库及数据集；外部接入系统通过接口链接向数据应用层及数据存储层提供数据；内部数据接口主要功能是向系统应用层提供所需的数据，并批量导入至数据存储层。

地下工程施工安全与质量实时监控系统数据分析设计分为 5 个核心技术。其中，系统采用 Boot-Strap 框架作为 UI 的基本实现，其他特殊需求采用 DHTMLX 的 UI 库的功能进行实现，系统报表使用 Echarts 库来呈现；系统主要业务功能实现采用 PHP 技术框架 ThinkPHP，数据实时采集部分使用后端通信框架进行 Socket 实时通信；系统数据库采用 Oracle 对数据进行物理存储，对于性能响应要求高的部分使用 Redis 内存存储，提

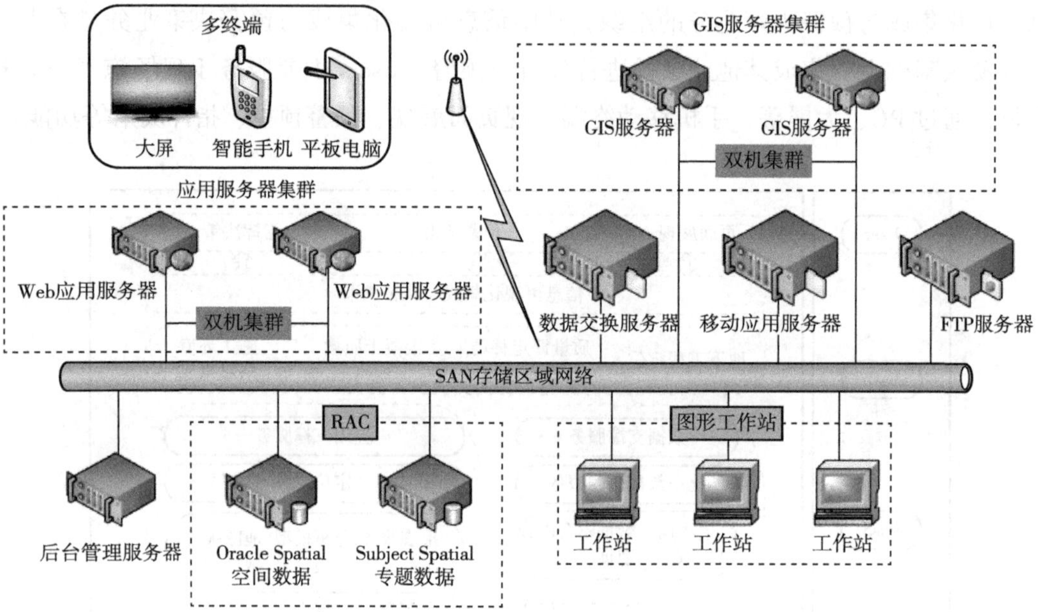

图 10-7　地下工程智能监控系统基础设施设计

供给业务层访问的数据接口有 Restful 接口和 SOA 服务。系统数据接入通过读取数据采集设备获取数据，根据需要使用 ETL 工具转换数据进入 Oracle 关系数据库中存储。

10.3.3　智慧管控平台功能性设计

1. 人员安全智慧管控

实行施工现场人员安全管控是整个智慧管控平台的核心。基于视频+物联网技术实现施工人员实时分类管理，随时掌握施工现场作业人员情况，配合其他硬件实现系统高效多部门远程联动管控。对工地范围内人员进出进行了有效、全面的管理，保障了工地现场的人、财、物全方位的安全。

1）劳务实名制。建立施工人员劳务实名制管理模块，每个进场的人员必须经过实名制登记方可进场作业。登记在场施工人员的姓名、年龄、工种、公司、历史施工记录、合同情况、培训证书、病史等情况。通过对工人进场信息的全方位录入，强化现场合法用工管理，同时还保证工人工资的按时足额发放。

2）进出场人员安全管理。结合安全帽识别和人脸识别，对进出施工安全通道的人员自动开展进出人员归属单位、归属工作区域的双重认证，对于危险区域的闯入人员进行语音警告，同时记录人员信息。智慧平台通过多闸机组网实现对施工人员实时分类考勤管理，可实时显示在场人数与工种分布，智能统计日、周、月流量。通过视频图像自动识别区域内人员是否违章，对人员安全违章情况进行自动语音提醒。

2. 设备安全智慧管控

机械设备智慧管控的实施内容主要包括设备信息远程管理、设备入场信息化审核、设备日常巡检管理、施工材料智慧管控。利用图像识别技术和二维码技术，能实现机械设备进出场和合规性安全管理。

1）设备信息远程管理。搭建机械设备信息化管控平台，系统展示现场设备数量、使用状况，平台具有PC端和Pad端，让项目管理人员可随时随地查看现场设备使用是否满足安全规章要求。

2）设备入场信息化审核。机械设备通过信息化入场审核模块进行流程管控。在入场时机械设备提前贴二维码标签，标签信息包括设备型号、制作部厂商、操作人员信息，在入场前现场管理人员可通过手机端直接快速查询设备相关信息。监理及相关审核人员具有审核权限，经现场审核通过后方可允许设备进场和使用。项目管理人员可以通过设备管理平台查看设备资料及入场时间。

3）设备日常巡检管理。对大型设备，如吊机、桩机等，设备管理平台通过巡检管理模块进行现场管控，设备负责人将设备维护信息，包括文字、图片，定期上传至二维码信息库。监理可随时通过手机端查看维护记录，并记录设备违规使用情况。项目管理人员可以通过设备管理平台查看设备在场应用情况和违规情况。

4）施工材料智慧管控。施工材料智慧管控主要包括钢筋、脚手架钢管及扣件、钢结构构件、钢筋混凝土构件等，需对其进行使用状况分析和痕迹追踪，确保施工材料的安全管理。材料智慧管控实施内容包括供需管理、台账管理、材料进出场管理、材料周转调用管理。施工单位监管人员从材料、易耗品到工地现场后将名称、型号、数量（对于扣件这类小型材料，领用数量可用领用重量代替）等信息作为初始数据上传至系统，并在材料使用前将使用者、使用数量、使用日期等信息传入，系统可以自动统计材料使用情况，并结合计划报表分析到场材料是否不足，对库存不足情况进行预报警。

施工单位监管人员在易耗品领用前将领用者、领用数量（对于扣件这类小型易耗品，领用数量可用重量代替）、领用日期、预计归还事件等信息传入，系统可以自动统计易耗品使用情况，并在易耗品归还后自动分析易耗品损耗情况，当出现未归还或损耗过大情况时自动报警。为解决传统派人称重效率低、舞弊情况时有发生的弊端，利用既有传统地磅，建立智能地磅系统。智能地磅系统包括车牌识别系统、既有地磅称重逻辑判断系统、地磅称重数据采集系统、地磅称重数据远程传输系统等模块，实现既有传统地磅的升级改造。升级改造后的智能地磅系统主要功能包括：①车牌识别、自动称重与数据远程传输。该系统杜绝了手工输入，缩短了过磅时间，提高了工作效率。②基于电脑和手机端的远程即时查询，包括当前称重数据、称重数据统计分析等功能，结合视频监控实时监控称重计量现场。③基于特定供应商的混凝土实际重量与理论发货重量自动校核，误差提示。④材料进出安全管理。通过称重出场车辆重量，阻止过重车辆出场，防止拉错货和偷运事件发生。⑤违规现象即时报警。对于称重异常及车辆未称重欲出场情况，通过手机短信和系统弹窗进行报警。

对于一些使用频率高、在多工地反复周转应用的材料，可以通过电子标签记录使用历史和使用或存储位置，在需要时，可以通过材料名目和需求数量在系统上查询附件仓库是否具有可调用的材料，并自动推荐距离近的仓储地，提高材料的应用效率，实现材料周转智慧化。

3. 施工视频智能监控

1）施工作业行为安全管控。通过视频场内人员行为管控技术，平台结合安全帽识别和远程视频监控技术（图 10–8），自动识别区域内人员是否佩戴安全帽、安全帽佩戴是否正确，对未佩戴情况自动进行语音提醒，并以弹窗方式及短消息、微信多途径通知管理人员，确保施工现场安全帽的正确佩戴（图 10–9），保障工人安全。

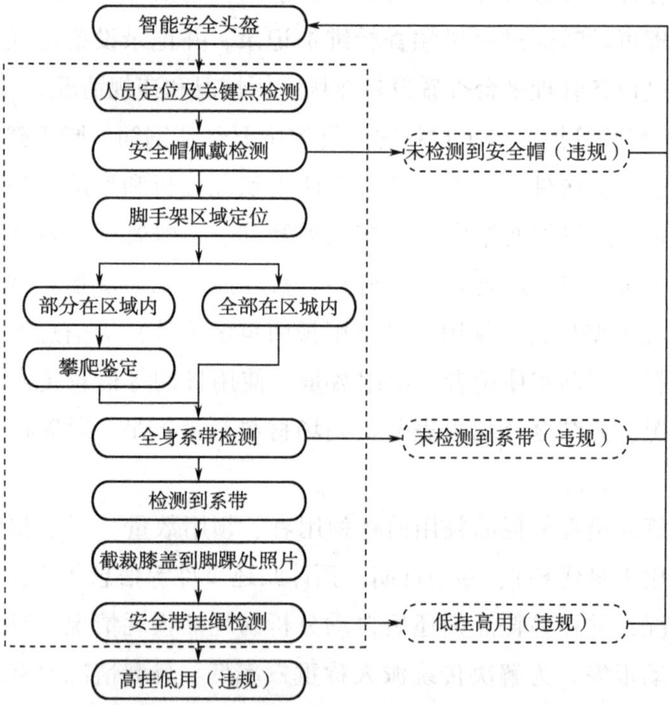

图 10–8　智能监测系统

2）高风险性设备安全管控。应对高风险设备管控，如高压电箱等，设立设备安全管控模块，要求设备维护人员定期采用照片拍摄、上传方式记录设备维护情况和设备安全状况。监理可现场扫描设备二维码查看设备维护记录，快速上传违规使用情况。

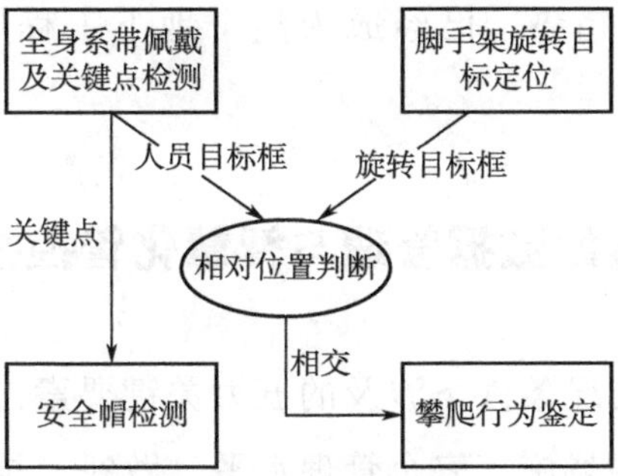

图 10-9 安全帽监测

4. 施工环境智慧管控

1）施工作业环境智慧管控。施工作业环境智慧管控是基于自动监测环境传感器，结合物联网、云计算和无线网络通信技术，对施工现场的扬尘浓度、噪声等级进行监测，如图 10-10 所示。通过前端监测设备采集扬尘浓度，后台数据处理系统自动分析污染等级并发出预警，辅助管理人员有效控制扬尘浓度。平台提供自动触发、人工干预两种管控模式，可进行手动、自动变换设置。在设置为自动状态时，当扬尘浓度达到设定值时，系统会自动开启喷淋作业，直至扬尘浓度降至设定最低值时自动关闭，也可以手动远程开启现场喷淋系统和雾炮机等设备，实现施工现场按需降噪、降尘。

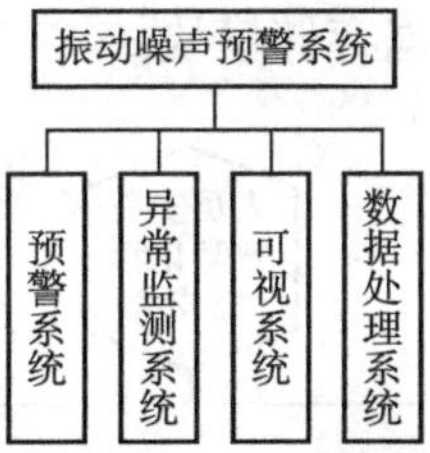

图 10-10 噪声管理

2）施工周边环境智慧管控。中心城区复杂条件下的地下工程施工不当极易对周边环境造成一系列灾难性后果，如路面沉降开裂、建筑物倾斜损伤、地下管线变形破裂等。近年来，随着地下工程信息化施工技术的不断发展，针对地下工程周边环境的变形、变位监测已成为确保地下工程施工安全的必要性辅助手段。随着监测信息化水平的不断提升，监测实施的精细化程度也在不断加强，监测数据的规模与维度也不断递增，以往简单的监测数据曲线分析、可视化展示方法已经不能满足海量数据的实时分析应用。因此，如何透过海量的监测数据对地下工程周边环境当前所处的安全状态给予评价，如何利用一些数学模型、智能算法能够预测得出基坑周边环境即将出现的灾变趋势，已经成为整个地下工程周边环境智慧管控所需重点把握的方向。

10.4 地下工程多源数据管理与智慧化管控技术

综上，针对现场复杂工况条件下涉及的五大关键要素，开展建立地下工程施工安全智慧化管控体系，提高现场施工安全管理水平，做到“早发现、早预防、早整治”，尽量避免施工安全事故发生，具有广泛的现实意义。

10.4.1 人员安全智慧化管控技术

地下工程施工属于传统劳动密集型产业，一线工人文化程度普遍较低，安全意识相对淡薄，施工作业过程中一旦出现操作不当极易引发安全事故；随着我国人口老龄化，一些“超龄用工”现象也大大增加了现场安全施工管理压力；而且由于地下工程的自身特点，各分部分项工程，如基坑围护、钢筋笼吊装、承压水降水等工程所涉及的各类特殊工种人员存在较高的安全风险。因此，对于现场工人开展全方位、实名制、全过程的安全监管是整个地下工程安全管控中的重中之重。

人员安全智慧化管控技术（图 10-11），指通过构建人员管理系统充分实现人员安全远程可视化管理。人员管理系统由人员管理硬件设备和人员管理平台组成。其中，人员管理硬件设备包括人员安全信息采集设备、人员安全信息反馈设备；人员管理平台包括人员数据分析模块、人员数据存储模块。

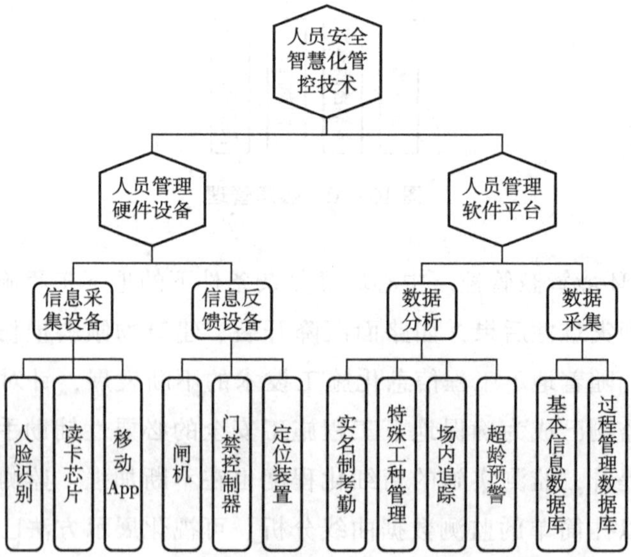

图 10-11　人员安全智慧化管控技术组成

人员信息采集设备包括人脸识别组件、读卡芯片等，需具备自动读取证件信息、自动识别、自动记录等功能。人员信息反馈设备包含闸机、门禁控制器等。利用该设备对整个施工现场的人员建立完整的基本信息数据库。其中，对于施工作业人员的基本信息主要包括实名制信息记录、安全教育培训记录、考勤记录、评价记录等。对于施工管理人员的基本信息主要有实名制信息记录、考勤记录、评价记录等。施工现场的人员一般可分为施工作业人员与施工管理人员。对这两类人员的安全管理方法也存在一定的差异性。施工管理人员既要接受现场人员安全管控，更要组织落实整个人员安全智慧化管控技术的实施。通过建立人员安全管控系统平台，对现场人员的基本信息及过程信息全面掌控，进行动态预警及时响应，从而达到通过智慧化加强人员安全管理力度的基本目标。

通过人员管理平台对人员管理硬件设备采集得来的数据进行自动统计、自动分析、自动显示。其中，人员数据分析模块可以进行实时人数显示、工种分布统计等分析各项信息的功能。

施工作业人员实名制信息主要包括参建单位信息、班组信息、工人详细信息、资格证书信息等。工人详细信息主要包括姓名、头像、性别、民族、出生日期、籍贯、户籍住址、现住址、证件类型、证件编码、工种、联系方式、紧急联系人及联系方式、进出场时间等。

施工管理人员实名制信息主要包括参建单位信息、部门信息、管理人员详细信息、资格证书信息等。管理人员详细信息主要包括姓名、头像、性别、民族、出生日期、籍贯、户籍住址、现住址、证件类型、证件编码、岗位、联系方式、紧急联系人及联系方式、进出场时间等。

特殊工种人员进场前首先验证其是否持有上岗证书，还应当着重考察其对施工工序、设备操作的熟练程度及应急判断响应能力；特殊工种人员进场后应进行上岗培训，接受安全交底；还须继续定期组织对其进行安全教育。特殊工种施工安全管理包括从业资格管理、上岗培训记录、工前安全交底记录、历次违规操作记录、技能提升继续教育等。

考虑到作业人员场内分布散乱，依靠个别或者有限的几名安全管理人员对整个场区的安全管理不具备现实操作意义，采用监测、监控技术，必要时还可对施工作业人员进行全方位、无感化场内追踪管理，对存在的人员不安全行为进行智能识别、自动警报、自动存档等。通过人员安全智慧化管控系统，可以大幅提升施工场地内作业人员的安全作业水平，主要包括：①可以实时完成高危工种的持续出勤工时统计，预防疲劳作业的发生，减少因疲劳作业导致施工事故的发生；②可以实时完成施工高风险区域，如隧道、坑道的进出场人数统计，一旦人员因故未能按时撤出，及早发现及早开展救援；③可以结合视频监控或无线传感设备，实时定位人员的当前所处位置，结合图像识别技术可以完成人员危险作业区域侵入统计及警告等功能，提升人员作业风险意识，降低人员作业风险。

10.4.2 设备安全智慧化管控技术

地下工程施工现场有塔吊、升降机、工程桩机、汽车吊、履带吊等大量特种施工设备甚至盾构顶管设备等大型机械等。这些设备对先进地下施工工艺的实施具有决定性的作用，但同时普遍属于具有重大安全风险的危险源，需要进行专项安全管控。

设备安全智慧化管控技术组成如图10-12所示，就是利用无线传输、数据库管理、二维码识别、摄像头车牌识别等相关技术，实现对现场各大型特种机械的全过程追踪管理，运行安全状态实时监控，设备维、检修状态管理，智能化违规操作预警，从而尽可能将特种设备所存在的潜在安全风险控制在最低水平。同时，还需对所有设备相关年检证书、操作手资格证书等进行规范化管理。

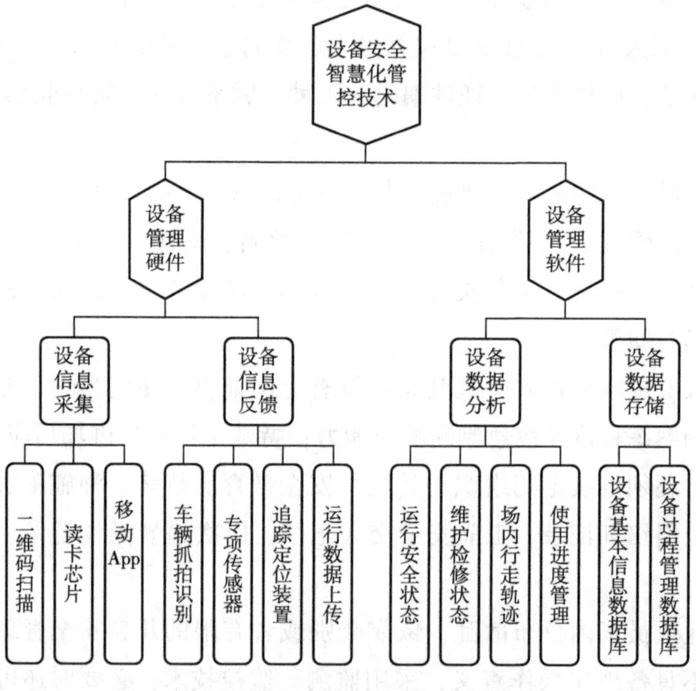

图10-12 设备安全智慧化管控技术组成

地下施工现场的特种设备一般可分为自带运行状态监控系统与加装运行状态监控系统。对于自带运行状态监控系统的设备如盾构机、顶管机、铣槽机等，可直接将其数据连接智慧化施工平台加以统一管理、统一利用，对于需另外加装运行状态监控系统的设备如塔吊、升降机等，就应考虑采用相应的安全管理子系统，并接入智慧化施工平台。

应对整个施工现场的所有施工机械设备建立完整的基本信息数据库。设备基本信息主要有设备名称、规格参数、应用工况、进出场日期、检修历史等。

通过构建施工机械设备管理系统实现远程可视化管理。施工机械设备管理系统主要包括设备基本信息管理、设备入场信息管理、设备维护记录管理、设备人员作业记录及各类统计数据汇总等功能。

施工机械设备管理系统一般具备利用移动设备手机、Pad 等进行数据输入、查询和设备审核的功能。同时，施工机械设备管理系统通过实行权限管理，能够赋予监理等相关责任人进行设备审核和定期巡查的权限。施工机械设备管理信息（表 10-4）包括设备基本信息、设备入场信息、设备维护记录、设备人员作业记录及各类统计数据。

表 10-4　施工机械设备管理信息

序号	设备信息类型	设备信息种类
1	基本信息	设备名称，设备型号，设备类型，生产厂商等
2	入场信息	设备使用工区、设备入场时间、设备所属单位
3	维护记录	合格证、有效年限内的检测报告、产权单位及拆装单位的资质证明、机械设备备案证明等
4	其他各类统计数据	设备人员作业记录及各类统计数据

通过移动设备或系统平台对设备进场记录、定期安全检查记录进行数据定期采集和查看，采集设备自身控制系统提供的运行参数，或者外装安全监测系统进行采集。对施工机械设备的历史运行数据包括设备使用记录、维护保养记录及设备运行监测参数等，通过系统后台对其进行自动汇总分析，综合评价得出设备当前的安全运行状态等级，确保设备始终处于安全生产状态。

由于中心城区地下工程施工场地空间狭小，但大型设备普遍偏多，若场区内部的设备通行管理不当极易造成一系列的安全问题。通过 RFID、二维码等方式，对进场的机械设备进行场内行走轨迹跟踪管理，确保设备行进路线处于安全空间内。

施工机械设备管理信息等存储数据须保证一定时限内可查可追溯，一般影像存储数据不宜少于一个月，图片存储数据不宜少于半年，而数据报表则不宜少于 2 年，条件允许的情况下尽量延长数据存储的时限。施工场所采集的机械设备数据一般进行自动分类存放，方便进行读取和检索。

施工机械设备管理系统具备项目完整周期的大型机械设备运行记录存储能力，且支持导入相关统计软件中进行后续分析。同时系统可以提供一些具有预测性的大数据分析功能，对施工设备的运行安全状态及工作性能参数进行实时分析，一旦出现异常，将自动预警以便即时处理。

10.4.3 施工视频智能监控管理技术

施工生产的有效开展，离不开对整个施工活动进行完整的计划安排并进行充分的组织管理，同时需严格按照设计文件、标准、规范、规程等相关要求完成精细化施工。为保障整个施工过程中质量、进度、安全得到有效控制，实际施工过程中需严格要求现场施工队伍按照设计及规范要求开展施工。随着视频监控硬件性能的快速提高、设备成本的不断降低，同时基于图像智能识别算法的不断发展和成熟，通过建立视频监控系统，完成对整个施工场地的作业活动进行全过程监控，真正做到防患于未然，降低施工风险。

施工视频智能监控管理技术组成如图 10-13 所示，利用视频摄像头、视频图像内容识别、无人机航拍、无线高速传输等相关技术，实现对现场无人化、无感化、自动化、智能化实时监管；通过建立视频监控网络系统，对场内重点区段进行全天候监控预警，对场内重要工序进行全过程监控并留档，实现事故多方位预警、全过程可追溯。

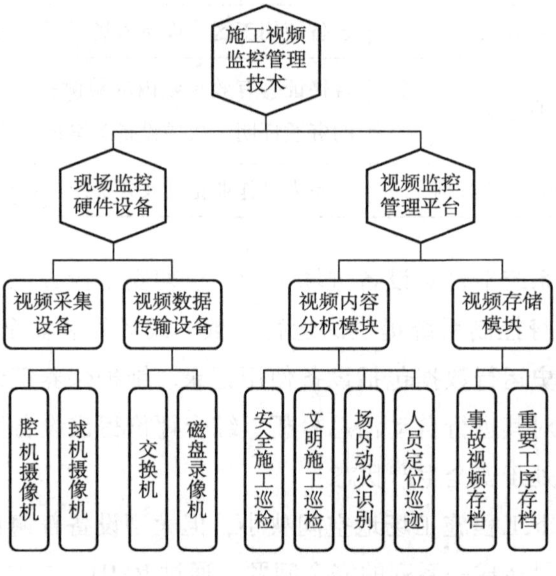

图 10-13 施工视频智能监控管理技术组成

针对地下工程施工本体建立完整的安全监控网络，对工程进行全覆盖无死角在线实时监控，基于 AI 智能识别算法完成对视频数据的内容识别及分析处理。首先，可以对视频画面中出现的“人的不安全行为、物的不安全状态、环境的不安全因素”进行识别，从而实现安全施工全面巡检。其次，可以对视频画面中可能出现的材料堆放杂乱、道路积水情况、场地裸土情况、渣土泥浆等废弃物清理情况等进行识别估算，从而实现文明施工全面巡检；对于易燃易爆品存放位置，需重点监控该区域并进行明火识别，一旦发生明火情况便可发出警报，还可以自动启动灭火设施进行主动灭火；根据人员的身高体态、行走姿势等特征进行人员识别、画面跟踪，从而实现对人员场内行走轨迹进行定位巡迹，一旦出现偏离安全区域的情况即刻报警，同时也为人员分区管理的实现提供技术支持。

视频监控系统一般须在开工之前布设完成，可根据施工情况调整。场地围合后一周内，根据现场情况动态调整。同时，现场视频监控系统、设备要求应符合《建筑工程施工现场视频监控技术规范》JGJ/T 292—2012 的规定。视频监控系统包括现场监控设备及视频监控管理平台。视频监控管理平台能通过有线或无线传输方式即时展示现场监控设备拍摄画面。视频监控应覆盖工地出入口、围墙、施工作业面、材料堆放区、材料加工区、垃圾堆放区、塔吊顶部及其他施工现场制高点等区域。现场监控设备室内安装高度应不低于 2. 5m，室外安装高度应不低于 3. 5m。现场监控设备有稳定可靠的电力供应，方便安装和检修通信线路。同时，施工现场应采用必要的措施对视频监控系统进行定期维护，应安排专人定期对视频监控设备运行情况进行检查、维护，巡检密度不能低于 1 次/周。视频监控管理平台应当实现监控画面云控制，可以实现监控设备远程变焦、转向；应当能够存储和回放视频监控画面，视频数据存储记录不宜少于 3 个月。视频监控系统应当能满足整个施工期不间断监测的要求。智能安全帽检测应具备违章行为自动拍摄、自动鸣声警示功能，并能通过视频监控管理平台进行违章行为报警和自动记录。

通过施工视频智能监控管理技术，可以有效降低由于现场不文明、不规范施工所导致的安全事故隐患，同时由于对关键工序的全过程、多方位在线实时监控，大大提升施工现场的安全应对能力及事故处理的追溯分析能力；视频存证功能则对事故成因的有效分析、切实追责都起到良好积极的作用。

10. 4. 4 施工环境智慧化管控技术

由于地下工程施工的特点，施工环境管控的重点并不仅仅局限于地面场地的绿色化施工水平提升、施工作业面作业环境的管控，更大程度上在于地层地质环境、邻近管线、建筑等施工周边环境的影响性监测及控制。因此，以下将从施工作业环境、施工周边环境两个方面分别阐述地下工程的施工环境智慧化管控技术。

1. 施工作业环境智慧化管控

施工作业环境智慧化管控如图 10-14 所示，就是采用环境监测仪器结合信息化、智能化管理手段，对施工区域及周边环境的扬尘、噪声、风环境、温度、湿度进行实时监控，确保施工现场环境具备健康生产及安全生产的作业条件。尤其对于中心城区施工，还需充分降低因施工作业对周围商业居住环境质量的影响，从而使得整个项目施工满足绿色施工、文明施工管理的重点要求，进一步确保施工安全管理的控制力度。

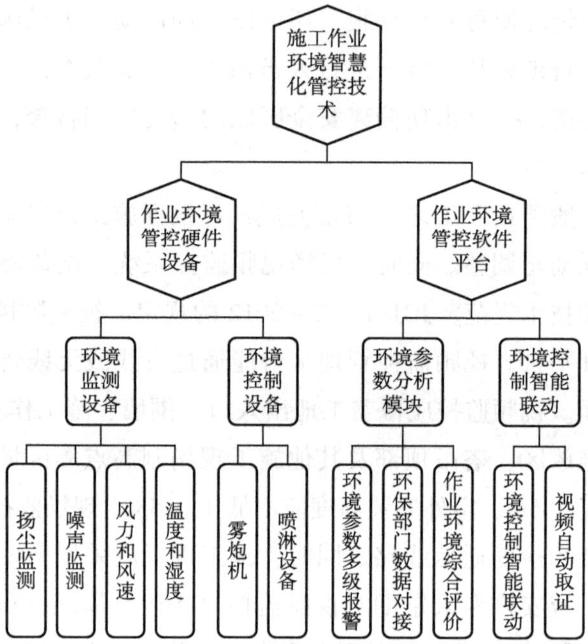

图 10-14　施工作业环境智慧化管控技术组成

考虑到当前环境监测设备、系统及各地环卫部门的平台数据标准缺乏一致性，因此项目环境监测的顺利实施必须考虑与当地环卫部门的数据有效对接。环境监测参数普遍敏感性、随机性比较高，采用简单的单级阈值预警容易造成报警过于频繁，且存在大量误报现象。因此，通过设置现场级、项目级、政府级三级报警机制，一旦发生监测参数异常，一定时间内给予启动现场排查流程。若该时间段参数依旧保持异常，则自动上报项目级管理人员，并规定其在一定时间内完成排查、处理；若各方处理无效且参数持续异常，则最终启动信息报交政府环保部门。

环境参数监测不仅敏感性、随机性较高，而且由于环境监测一般只能反映监测点位附近较小区域内的实际环境质量，因此对于整个场区的环境评价，还要联合各个监测点位的所有监测数据进行统一分析、综合评价，才能较客观反映当前施工作业环境的总体质量水平。

通过构建环境管理系统实现远程可视化管理。环境管理系统包括环境数据采集设备和环境数据管理平台两个部分。通过环境数据管理平台，将环境数据采集设备上得到的信息以曲线和图表方式进行展示。

环境信息采集设备布设应符合下列要求：①环境数据采集设备应在项目开工前或围挡封闭前完成安装及调试工作，并于整个施工期间实时监测。②环境监测内容应包括总悬浮颗粒物、噪声、大气温度、大气湿度和风速风向等。③监测点数量应根据规范要求并不低于表中要求。环境信息采集设备布设要求如表 10-5 所示。

表 10-5 环境信息采集设备布设要求

工地占地面积/万 m^2	监测点数量/个
<2	1
≥2，<10	每 2 万 m^2 不少于 1 个
≥10	10 万 m^2 不少于 5 个，每增加 5m^2 增加 1 个

监测点应布设于工地出入口或围挡内侧，避免有非施工作业的高大建筑物、树木或其他障碍物阻碍监测点附近空气流通和声音传播。同时，环境数据采集设备需具备稳定可靠的电力供应，方便安装和检修通信线路，日常巡检次数不少于 1 次/周。环境数据采集设备应具有对环境监测数据实时监测并上传的功能。环境数据管理平台通过对报警值预设，当监测瞬时值达到报警值时，应自动报警。另外，平台应当能够存储调用环境历史数据，数据报表存储不宜少于 3 年和整个工期。同时，环境管理系统还需能满足整个施工期不间断监测的要求。

对于智慧化应用等级要求较高的项目，环境数据管理平台应当提供具备远程喷淋降尘控制功能。远程喷淋降尘控制可通过环境数据管理平台和手机 App 实现。环境数据采集设备的数据传输方法必须兼容环境数据管理平台，在平台启用前，采集设备的信号参数应当提前和平台软件对接。数据采集与传输应具备自动和手动数据补传功能，并应定期上报在线监测数据；数据存储与处理应采取保证数据有效性的措施，并保证原始数据存储时间和修改记录。

通过施工作业环境智慧化管控技术，为施工现场的实际作业环境建立完善的量化评价体系，更为客观判定不良作业环境的出现，避免现场人员因作业环境的恶化所增加的一系列潜在的安全事故风险，从而确保绿色施工、文明施工的有效落实，降低安全管理的偶然性风险。

2. 施工周边环境智慧化管控

除了一般建筑工程中所涉及的施工作业环境，地下工程施工环境管控还应包括施工周边环境，具体而言，就是地下工程施工应确保周边的地铁线路、地下管线及邻近建筑的安全。地下工程施工过程中，对周边地层难以避免地会产生一些变形影响，由于地下环境的隐蔽性，缺乏直观有效的方法来确定实际的影响范围及影响程度。

目前，采用三维数值模拟的方法可以有效预测一些施工过程影响，但限于科技的发展及计算机性能，目前难以做到实时分析、动态预测。常规的做法还是尽量加强监测作业的精细化程度，根据实测数据反映周边环境的实际安全状态、评估周边环境的安全风险。近年来三维可视化技术、AR 虚拟现实技术的突飞猛进，为地下工程施工周边环境的智慧化管控提供了有力手段。

10.5 本章小结

伴随国民经济的迅猛发展，城市地下工程步入了蓬勃兴起的阶段。在未来，我国将开展大规模的地铁及其他地下工程建设，与此相应，亦会出现众多的岩土工程技术难题亟待解决。尤其是城市地下工程施工所引发的地表沉降，有可能威胁到周边建筑物以及地下管线等的安全，导致严重的经济损失与社会影响。故而，怎样于施工进程中防范坍塌，可靠地预估并有效地遏制施工所导致的过大的地表沉降，保障周边建筑物和地下管线的安全，已演变为城市地铁及其他地下工程建设中务必要攻克的一项关键课题。就地层软弱且富水的繁杂工程地质条件、暗挖结构呈洞群系统的复杂工程施工状况、近邻建筑物和管线密集分布的复杂工程边界情形而言，其施工的难度与风险甚为巨大，地表沉降的机理以及施工引发的地表沉降分布形态也极为复杂。

鉴于多重因素，城市地下工程的构建进度滞后于城市建设的整体进程，特别是城市地铁工程通常多建于建筑物高度密集的区域，需在城市道路下方以及各类管线周边穿行。工程施工作业往往会引发地层变形与地表沉降。此类变形和沉降给周边既有的建筑物及设施所造成的损害不容小觑。举例而言，施工会形成一定范畴的地表沉降，一旦沉降达到临界数值，便会致使建筑物倾斜、开裂等情况出现，严重时甚至会致使建筑物功能丧失；城市中众多高层建筑所采用的是桩基础，地下工程施工所引发的地层移动会对桩基础施加轴向与侧向的作用力，这种作用力有可能导致既有结构的损伤。故而，针对地下工程在施工进程中对周边环境的影响及其控制技术展开研究，显得极为关键。

近些年来，伴随移动互联网、云计算、大数据、人工智能等一系列信息化软硬件技术的持续突破以及广泛运用，信息化、智能化时代中的新技术顺势而生。此类技术的应用能够显著增强地下工程建设的数据整合水平、管理运行效率以及风险预判能力，切实节约投资成本，为城市地下空间发展的信息化、智能化赋予了先进的技术手段。借由当下施工安全智慧化管控平台的构建以及多源数据管理与智慧化管控技术，为城市地下空间的发展指明了新的方向。

思考题

1. 简述施工控制信息技术指标、自动检测技术和信息管理平台。
2. 简述施工信息自动监测技术原理。
3. 简述施工信息管理平台的作用。
4. 简述信息化监测技术在实际工程项目中的应用。

5. 简述地下工程施工安全智慧化管控平台构建组成。

6. 简述地下工程多源数据管理与智慧化管控技术的组成。

参考文献

[1] 龚剑．地下工程施工安全控制及案例分析［M］．上海：上海科技出版社，2021.

[2] 郭院成．城市地下工程概论［M］．郑州：黄河水利出版社，2014：7-9.

[3] 孙钧．地下结构设计理论与方法及工程实践［M］．上海：同济大学出版社，2016.

[4] 杨彬林，钟为，林开盛，等．地下工程智能施工信息管理系统研发与应用［J］．水利水电快报，2021，42（03）：74-78，84.

[5] 胡巍，杨强，杨林远．基于5G+AI的智慧工地安全监督平台创新实践［C］//中国电力技术市场协会．2023年电力行业技术监督工作交流会暨专业技术论坛论文集（上册）．中核苏能有限公司，江苏核电有限公司，2003.